Panorama of Mathematics

数学概览 11

DUICHEN DE GUANNIAN
ZAI 19 SHIJI DE YANBIAN

对称的观念在19世纪的演变：Klein 和 Lie

— I.M. 亚格洛姆　著

— 赵振江　译

高等教育出版社·北京

Felix Klein and Sophus Lie: Evolution of the Idea of Symmetry in the Nineteenth Century
Authored by I.M. Yaglom
Translated by Sergei Sossinsky
Edited by Hardy Grant and Abe Shenitzer
With 35 Illustrations and 18 Photographs

图书在版编目（C I P）数据

对称的观念在19世纪的演变：Klein 和 Lie /（俄罗斯）亚格洛姆著；赵振江译. -- 北京：高等教育出版社，2016. 5
（数学概览 / 严加安，季理真主编）
书名原文：Felix Klein and Sophus Lie: Evolution of the idea of Symmetry in the Nineteenth Century
ISBN 978-7-04-045070-5

Ⅰ. ①对… Ⅱ. ①亚… ②赵… Ⅲ. ①对称－普及读物 Ⅳ. ①O1-49

中国版本图书馆 CIP 数据核字（2016）第 057185 号

策划编辑 王丽萍　责任编辑 李华英　封面设计 姜 磊　版式设计 马敬茹
责任校对 高 歌　责任印制 韩 刚

出版发行 高等教育出版社
社　　址 北京市西城区德外大街4号
邮政编码 100120
印　　刷 涿州市星河印刷有限公司
开　　本 787mm×1092mm 1/16
印　　张 19.5
字　　数 320 千字
购书热线 010-58581118
咨询电话 400-810-0598
网　　址 http://www.hep.edu.cn
http://www.hep.com.cn
网上订购 http://www.hepmall.com.cn
http://www.hepmall.com
http://www.hepmall.cn
版　　次 2016 年 5 月第 1 版
印　　次 2016 年 5 月第 1 次印刷
定　　价 59.00 元

本书如有缺页、倒页、脱页等质量问题，请到所购图书销售部门联系调换

物 料 号 45070-00

《数学概览》编委会

《数学概览》序言

当你使用卫星定位系统 (GPS) 引导汽车在城市中行驶, 或对医院的计算机层析成像深信不疑时, 你是否意识到其中用到什么数学? 当你兴致勃勃地在网上购物时, 你是否意识到是数学保证了网上交易的安全性? 数学从来就没有像现在这样与我们日常生活有如此密切的联系。的确, 数学无处不在, 但什么是数学, 一个貌似简单的问题, 却不易回答。伽利略说: "数学是上帝用来描述宇宙的语言。" 伽利略的话并没有解释什么是数学, 但他告诉我们, 解释自然界纷繁复杂的现象就要依赖数学。因此, 数学是人类文化的重要组成部分, 对数学本身以及对数学在人类文明发展中的角色的理解, 是我们每一个人应该接受的基本教育。

到 19 世纪中叶, 数学已经发展成为一门高深的理论。如今数学更是一门大学科, 每门子学科又包括很多分支。例如, 现代几何学就包括解析几何、微分几何、代数几何、射影几何、仿射几何、算术几何、谱几何、非交换几何、双曲几何、辛几何、复几何等众多分支。老的学科融入新学科, 新理论用来解决老问题。例如, 经典的费马大定理就是利用现代伽罗瓦表示论和自守形式得以攻破; 拓扑学领域中著名的庞加莱猜想就是用微分几何和硬分析得以证明。不同学科越来越相互交融, 2010 年国际数学家大会 4 个菲尔兹奖获得者的工作就是明证。

现代数学及其未来是那么神秘, 吸引我们不断地探索。借用希尔伯特的一句话: "有谁不想揭开数学未来的面纱, 探索新世纪里我们这门科学发展的前景和奥秘呢? 我们下一代的主要数学思潮将追求什么样的特殊目标? 在广阔而丰富的数学思想领域, 新世纪将会带来什么样的新方法和新成就?" 中国有句古话: 老马识途。为了探索这个复杂而又迷人的神秘数学世界, 我们需要数学大师们的经典论著来指点迷津。想象一下, 如果有机会倾听像希尔伯特或克莱因这些大师们的报告是多么激动人心的事情。这样的机会当然不多, 但是我们可以通过阅读数学大师们的高端科普读物来提升自己的数学素养。

作为本丛书的前几卷, 我们精心挑选了一些数学大师写的经典著作。例如, 希尔伯特的《直观几何》成书于他正给数学建立现代公理化系统的时期; 克莱因的《数学讲座》是他在 19 世纪末访问美国芝加哥世界博览会时在西北大学所做的系列通俗报告基础上整理而成的, 他的报告与当时的数学前沿密切相关, 对美国数学的发展起了巨大的作用; 李特尔伍德的《数学随笔集》收集了他对数学的精辟见解; 拉普拉斯不仅对天体力学有很大的贡献, 而且还是分析概率论的奠基人, 他的《概率哲学随笔》讲述了他对概率论的哲学思考。这些著作历久弥新, 写作风格堪称一流。我们希望这些著作能够传递这样一个重要观点, 良好的表述和沟通在数学上如同在人文学科中一样重要。

数学是一个整体, 数学的各个领域从来就是不可分割的, 我们要以整体的眼光看待数学的各个分支, 这样我们才能更好地理解数学的起源、发展和未来。除了大师们的经典的数学著作之外, 我们还将有计划地选择在数学重要领域有影响的现代数学专著翻译出版, 希望本译丛能够尽可能覆盖数学的各个领域。我们选书的唯一标准就是: 该书必须是对一些重要的理论或问题进行深入浅出的讨论, 具有历史价值, 有趣且易懂, 它们应当能够激发读者学习更多的数学。

作为人类文化一部分的数学, 它不仅具有科学性, 并且也具有艺术性。罗素说: "数学, 如果正确地看, 不但拥有真理, 而且也具有至高无上的美。" 数学家维纳认为"数学是一门精美的艺术"。数学的美主要在于它的抽象性、简洁性、对称性和雅致性, 数学的美还表现在它内部的和谐和统一。最基本的数学美是和谐美、对称美和简洁美, 它应该可以而且能够被我们理解和欣赏。怎么来培养数学的美感? 阅读数学大师们的经典论著和现代数学精品是一个有效途径。我们希望这套数学概览译丛能够成为在我们学习和欣赏数学的旅途中的良师益友。

严加安、季理真
2012 年秋于北京

中文版前言：对称的传记

1 导言

对称是重要的而且是无处不在的。但对称的生平，或者对称概念的演变，不是一帆风顺的。在您手里的这本书是对称观念的一本传记。因为数学是人创造的，而且数学家们在他们的作品上留下了他们的印记，因此这本书也是许多人的传记，这些人使得对称成为我们的科学文化和背景的一部分。

在日常生活中，对称与美有关，可能没有人喜欢一张不对称的面孔。但是，美和对称之间的关系是微妙的而且是复杂的。例如，一个物体对称到何种程度才是它令人愉悦且吸引人的恰当的度？一个极端的情形是一个依照球为范本的人，而球是对称度最高的形状。

所有科学家都会认同对称在现代科学中，尤其是在物理学中起着必不可少且根本的作用，范围从经典力学中的守恒定律到核物理学中的基本粒子和弦理论。

在数学中，对称是数学文化的一部分。对称与我们息息相关，即使我们有时可能没有认识到。例如，在平面几何学中，当我们谈论三角形全等的时候，我们用了对称，或者确切地说用了平面的等距群。

尽管对称的这种应用在古希腊时期就已为人知，但人们为了恰当地理解对称的性质还是用了很长的时间。

但是，确切地说对称是什么？怎样精确地描述它？

众所周知，对称后面的数学观念是伽罗瓦引入的群的概念。

但是, 谁写出了关于群论的第一本书而且贡献了被普遍接受的群的概念?

是谁使得群和对称成为大部分数学的基础?

这本独一无二的书回答了这些问题以及其他问题。事实上, 在科学和人文学科中已经有了许多种关于对称及其应用的书。无论它们是否期待, 它们倾向于给出一些优美的应用。但在您手中的这本书是不同的。它着重于对称的数学理论形成期间的许多伟大数学家的生平和数学著作, 始于伽罗瓦和阿贝尔, 终于克莱因和李。这些描述合在一起给出了数学上对称思想的起源、发展和威力的相当详细且精确的说明, 而且它们还告诉您为了求解问题所涉及、发现和应用了哪些数学。在这种意义上, 这本书是对称早期生平的一部传记。它是关于对称的一个丰富的和动态的故事。对称或群的应用的广度使得不可能有任何人写出一部对称的完整的全新的传记。

既然对称的观念在古希腊时期已被认识到了, 为何本书的作者选取 19 世纪作为对称的数学理论的发展时期呢?

对称的故事是复杂的。我们都知道几何学的经典, 或者数学的经典, 是欧几里得的著作《几何原本》, 而且最具对称性的立体: 5 种正多面体, 在该书的最后一章中被描述和分类。

可能不那么为人所知的是, 在某种意义上欧几里得阻碍了对称的发展。欧几里得是一个伟大的阐释者, 而且他对西方文明和数学的贡献是不可估量的, 这丝毫没有问题。另一方面, 泰勒斯和毕达哥拉斯是比欧几里得更伟大的数学家。本质上, 在泰勒斯和毕达哥拉斯的著作中已经使用了对称, 或物体的运动和空间中平面的等距, 而且也出现在他们对自然, 以及他们对世界的思考中。后来希腊人抛弃了在几何学上使用对称(或运动), 而且认为它们是低级的或者是不严格的。例如,《几何原本》一书避免使用运动, 尽管在一定程度上使用了对称的某些观念。

由于欧几里得著作的巨大影响, 重新拾捡起并强调这个概念花去许多个世纪是不令人惊奇的。其中有两个人是欧洲科学的奠基人: 开普勒和牛顿。对称的概念在开普勒的工作中起了至关重要的作用, 例如他的书《宇宙结构的神秘》(*Mysterium Cosmographicum*), 该书用 5 个正 (即柏拉图) 多面体描述当时已知的行星的轨道,《论六角形的雪》(*De nive sexangula*) 研究雪花晶体的六边形对称性, 而且《新天文学》(*Astronomia Nova*) 中他的著名的行星运动定律隐含地使用了对称和守恒定律。但在牛顿的工作中几何对称性没有被系统地使用或强调。

自然地, 为了澄清开普勒的行星运动定律的含义, 牛顿发现且应用的微积分顺理成章地使牛顿成为启迪欧洲后来的科学家和数学家们灵感的导师。

这一历史再次证明任何根本的和重要的东西不会被永远埋没。对称性的严格的数学表述以及它的许多应用是在 19 世纪实现的。

由于对称是重要的和无处不在的, 许多伟大的数学家在诸多主题上对群的理论以及它们的应用有所贡献是不令人惊奇的。

那么, 为何原书的作者通过用菲利克斯 · 克莱因和索菲斯 · 李的名字作为本书书名而把这两个人挑选出来呢? 伽罗瓦和阿贝尔开启了群论而且做出了实质性的贡献。为何不用他们的名字作为该书的书名呢?

公平地说, 是李和克莱因的工作和观点使群成为几何学这一博大学科的基本部分。例如, 正如克莱因在他的名著《正二十面体和五次方程的解讲义》(*Lectures on the Icosahedron and the Solution of the Fifth Degree*) 中所说:

> 我受惠于李教授的时间回溯到 1869 年至 1870 年, 当时我们正在柏林和巴黎以亲密的同志关系度过我们学生生活的最后时期。在那时我们联合构思了一个方案, 它通过群的变化的手段研究变换所允许的几何形式或分析形式。这一目标对我们随后的工作有直接的影响, 尽管这可能看起来相距甚远。当我最初把我的注意力指向离散运算的群时, 而且这导致正多面体以及它们与方程理论的关系的研究, 李教授攻研了连续变换群, 以及微分方程的高深理论。

大多数人知道克莱因的著名的埃朗根纲领有效地且永久地将群与几何学联系在一起。除了统一已存在的许多不同的几何学之外, 它还澄清了几何学的本质: 所考虑空间的对称群的不变量。

但鲜为人知的是李对埃朗根纲领做出了本质的贡献, 而且埃朗根纲领的成功使这两个亲密的朋友失和且公开地争斗。

这本在其他各方面出色的书似乎对李不公平, 而且没有以确切的方式描述克莱因和李之间的冲突。我们更仔细地审视一下这场冲突, 对我们这个时代的人可能会是一个有益的教训。

2 克莱因和李之间的一场不幸的冲突

在更详细地讨论克莱因和李之间的这场冲突之前, 让我们引用该书的第 8 章:

> 在李的神经和身体不适的这个时期, 发生了一个不幸的事件, 它损害了他与克莱因除此之外的融洽和友好的关系: 在与恩格尔合写的《变换群理论》(*Theorie der Transformationsgruppen*) 的第 3 卷, 李以不寻常的生硬指出: 许多人认为他是克莱因的学生, 而事实上反过来的关系才是真的。这相当没有策略的评论, 很不合时宜地出现在纯粹的科学著作中, 对克莱因伤害很大, 也许正是因为李离真相不太远。然而这一评论是多此一举 —— 无疑朋友间的学术影响是相互的。不过, 克莱因选择了不去回应。

似乎本书的作者和许多其他数学家引用李的陈述: “我不是克莱因的学生, 反之亦然, 即使它也许更接近真相。” 而没有恰当地解释其背景。我们将要根据当事人所写的及保存下来的材料检查发生了什么, 以及这场冲突怎样影响其他相关的人。

除了把历史弄准确之外, 这样做的一个目的是我们能从这个不幸的事件中学到一些教训。克莱因和李在他们年轻的时候就是亲密的朋友, 而且每一个人对另一个人的数学有巨大的正面影响。公平地说, 对于他们中的每一个人, 没有来自另一个人的影响, 可能不会成为伟大的数学家。更多的细节包含在 [3], [2], [1], [4] 中。

这场冲突的主要原因与在那时已经非常出名的埃朗根纲领中的想法的系统的阐述和归属有关。1892 年, 克莱因最终在最著名的杂志《数学年刊》(*Mathematische Annalen*) 上发表了他的小册子《埃朗根纲领》(*The Erlangen program*)。在此之前不久, 当克莱因关于重新发表它的想法询问李时, 李说这是一个好的想法, 因为他认为这是来自 1872 年那个时期克莱因的最重要的工作, 而且感到与在 1872 年它初次以小册子流传时相比, 在 1892 年它会得到更好的理解和评价。当克莱因讨论并试图修订它, 而且包含正式发表的他的某些合作的工作以及李的工作的时候, 李认为克莱因占有的功劳多于他应得的。他们有不同的意见, 而且开始了这场冲突。

更多地引用来自李 [1, 第 19 页] 的序言可能有所帮助:

菲利克斯·克莱因，在这些年跟得上我的所有的想法，有时对不连续群发展了类似的观点。在他的埃朗根纲领中，依据他的和我的想法他作了报告，除此之外，他谈论的群，按照我的术语，既不是连续的，又不是不连续的。例如，他谈到所有克雷莫纳变换的群以及畸变的群。他忽视了这些类型的群与我称作连续的群（事实上我的连续群能借助微分方程定义）之间存在本质差异这一事实。而且，在克莱因的纲领中几乎没有提到微分不变量的重要概念。这个概念来自我，克莱因无从分享，基于它可以建立一个普遍的不变量理论，而且他从我这里了解到由微分方程定义的每一个群确定的微分不变量能通过完全系统的积分得到。

我觉得提出这些意见是因为克莱因的学生们和朋友们反复错误地表达他的工作和我的工作之间的关系。此外，与克莱因有趣的纲领的新版本（到目前为止，出现在 4 种不同的杂志上）相伴的一些评论会引入歧途。我不是克莱因的学生，反之亦然，尽管后者可能更接近真相。

当然，所说的这一切我并没有打算批评克莱因在代数方程理论和函数论上的原创工作。我高度推崇克莱因的才能而且永远也不会忘记他在我的研究努力上的惺惺相惜的兴趣。不过，我不认为在归纳和证明之间，在一个概念和其应用之间他做了充分的区分。

根据 [5, 第 317 页]，

李断言克莱因在埃朗根纲领中出现的群的类型之间没有清楚地加以区分 —— 例如克雷莫纳变换的群以及旋转群，按照李的术语，这些群既不是连续的，又不是不连续的 —— 而且李后来借助微分方程定义群：

"人们发现在克莱因的纲领中几乎没有微分不变量这一重要概念的任何迹象。这个概念，首先基于它可以建立一个普遍的不变量理论，是与克莱因无关的东西，而且他从我这里了解到每个群由微分方程定义，它确定的微分不变量能通过可积系统的积分得到。"

...李继续写道，克莱因，以及冯·赫尔姆霍茨，德·提利 (de Tilly)，Lindermann (林德曼)，基灵，在他们的几何学基础的研究中都犯了大错, 而且很大程度上是由于他们缺乏群论的知识所致。

为了更好地理解李的这些激烈的言辞, 一些解释也许是需要的。根据 [4, 第 XXIII–XXIV 页]:

> 索菲斯 · 李逐渐发现菲利克斯 · 克莱因对他的数学工作的支持不再与他自己的兴趣一致, 而且这两位朋友之间的关系变得冷淡。在 1892 年, 当菲利克斯 · 克莱因想重新发表《埃朗根纲领》并解释其历史时, 他把手稿寄给索菲斯 · 李, 让他评论。索菲斯 · 李看到菲利克斯 · 克莱因所写的感到惊愕, 而且得到这样的印象: 他的朋友现在想把索菲斯 · 李认为是他的生平的工作的那一份据为己有。为了把事情弄得一清二楚, 他请求菲利克斯 · 克莱因把他在《埃朗根纲领》写就之前寄给克莱因的信借给他。当他得知这些信已不存在, 1892 年 11 月索菲斯 · 李致信菲利克斯 · 克莱因。

在 1892 年 11 月, 李致克莱因的信这样写道 [1, 第 XXIV 页]:

> 我非常彻底地通读了你的手稿。首先, 就你而言, 我恐怕你不会成功地拿出我能作为正确的而接受的表述。在你当前的表述中, 甚至有几个要点是不正确的, 或者至少会误导, 这是我已经尖锐批评过的。我将尽可能努力把我的批评集中到特别的要点上。如果我们不能成功达成一致, 我认为我们各自独立提出我们的观点是唯一正确的和合理的, 之后数学界会形成他们自己的意见。
>
> 目前我只能说, 我对你能烧掉我如此重要的信函是多么得遗憾。在我的眼中这是野蛮行为; 我曾得到你的特别的保证, 你会珍藏它们。
>
> 我已经告诉你, 我的天真的时期已经过去了。即使我仍然保留着来自 1869—1872 年的美好记忆, 尽管如此, 我将努力把我认为是自己的想法仅供自己使用。似乎你有时认为使用了我的想法就拥有了它们。

李的包罗广泛的传记 [5, 第 371 页] 对这场冲突的起源给出了其他细节:

> 他们 [李和克莱因] 之间的关系在近些年无疑冷淡了, 尽管他们按照相同的方式互通信函, 但不如过去那样频繁。不过, 对于李现在中断关系这一事实的核心, 首要的是专业的分歧。随

> 着李的《变换群理论》第一卷的出版, 克莱因判断存在充分的兴趣让他再次发表他的埃朗根纲领。但在克莱因的来自 1872 年的文本重新出版之前, 克莱因曾与李联系, 以便发现应该怎样表述 20 年前他们之间的工作关系和想法的交流。对克莱因计划描述他们的想法和工作的方式, 李强烈反对。但克莱因的埃朗根纲领付印了, 而且是以德文, 意大利文, 英文和法文在四种不同的杂志上发表 —— 没有考虑李的评论, 这关系到在构思这一 20 岁的纲领上他的帮助。在数学界克莱因的埃朗根纲领越来越被说成是在上一代发生的几何学范式转移的核心。李关于变换群的伟大著作的第三卷的大部分专注假设或公理的深入讨论, 这些假设或公理应被规定为一门几何学的基础, 这门几何学 —— 无论是否接受欧几里得的公设 —— 被令人满意地阐明为经典几何学, 以及高斯, 罗巴切夫斯基, 波尔约和黎曼的非欧几里得几何学。
>
> 根据李, 外面散布的关于克莱因和李各自的工作之间的关系既是错误的且引起误导。李认为他曾经是配角但热衷 "把握形势", 而且抓住了最初的和最佳的机会。他把他的 20 页的序言置于他的著作的专业内容之前。分裂他们的友谊而且通过数学背景产生冲击的强烈指责为时很短, 也很苦涩。

克莱因是德国数学中的国王, 而且在那时可能也是欧洲数学中的国王。人们对李的这一激烈的序言的反应是什么? 也许希尔伯特在 1893 年写的一封信对此可以解释 [4, 第 XXV 页]: "在他的第三卷, 他的妄自尊大像火焰一样喷射。"

在这场与克莱因的冲突中, 李在职业上可能没有太多的损失, 因为他在莱比锡大学有教授职位。但对恩格尔情形就不同了。因为恩格尔的名字也出现在该书上, 为此他不得不付出代价。恩格尔正在寻找一份工作, 而当时柯尼斯堡大学有一个教授职位的空缺, 柯尼斯堡是希尔伯特的家乡而且他在他家乡的这所母校担任教授, 这样空缺的职位对恩格尔是自然的且有可能的选择。在致克莱因的同一封信中, 希尔伯特继续写道 [4, 第 XXV 页]: "恩格尔完全不在我的考虑之列。尽管在该书的序言中他本人没有做任何评论, 我认为他在一定程度上要为不可理解的和完全无用的个人敌意负有共同责任, 这种敌意充斥在李关于变换群的著作的第三卷。"

有几年时间恩格尔无法得到一个学术职位,* 而且克莱因安排恩格尔编辑格拉斯曼的全集, 之后又编辑李的全集; 他为编辑李的全集工作了几十年。

3 克莱因和李之间的和解

克莱因和李从他们的事业的开始就是亲密的朋友。他们都是伟大的数学家和高尚的人。尽管他们有冲突, 他们有一个幸福的结局, 这个结局与本书作者描述的也有些不同。

使本书的作者述说克莱因和李的这一故事的结局的什么? 让我们再次引用该书的第 8 章:

> 在短时间内, 李显然也由于自己的毫无策略的行为而受到损害 —— 曾处于抑郁状态 —— 再次出现在克莱因的住所, 他当然受到与以往一样的热情欢迎。李和克莱因再也没有提这个插曲, 而且幸运的是他们的友谊全然没有受到它的伤害。

不过, 真正的故事更有趣且更感人。1894 年, 为了纪念伟大的几何学家罗巴切夫斯基, 在俄国的城市喀山设立了一项国际奖。该奖颁给几何学研究, 尤其是在非欧几里得几何学发展上的研究。1897 年, 罗巴切夫斯基奖委员会请求克莱因写一篇关于李的工作的报告, 这篇报告帮助了李在 1897 年获奖, 这是该奖项的首次颁发。在克莱因的报告中, 他强调李在《变换群理论》的第三卷中的贡献, 而且克莱因的报告一年后在《数学年刊》上发表。

1898 年, 李在读过克莱因关于自己的报告之后, 他致信克莱因且因为这篇报告感谢他。这是自他们在 1892 年闹翻之后的第一封信。李还告诉克莱因他已经辞去在莱比锡大学的教授职位且不久将返回挪威。不幸的是, 李在返回挪威后不久去世。

李和克莱因之间的最后的和解生动地描绘在这个事件多年之后克莱因的妻子写的一封信中 [6, 第 XIX 页]:

---

* 另一方面, 恩格尔苦尽甘来。在 1904 年, 当他的朋友爱德华 · 施图迪卸任在格赖夫斯瓦尔德大学的数学教授一职, 他接受了这一职位, 而且在 1913 年, 他成为吉森 (Giessen) 大学的数学教授。恩格尔也获得了罗巴切夫斯基金质奖章。罗巴切夫斯基奖章不同与他的导师李及他的同国人威廉 · 基灵获得的罗巴切夫斯基奖。这一奖章在一些情形颁发给评审被提名的受奖者的人。例如, 在 1897 年克莱因因为他关于李的工作的报告也获得一枚金质奖章。

> 夏天的一个晚上，当我们短途旅行回家的时候，那里，在我们的门前，坐着一个面色苍白的有病的男子。我们在快乐的惊奇中喊道："李!" 这两个朋友握手，彼此看着对方的眼睛，而且自他们上次见面之后所发生的一切都被忘记了。李与我们在一起待了一天，这位亲爱的朋友，然而已经变了。想到他和他的悲剧性的命运我不能不动情。不久他去世了，但这位伟大的数学家在挪威已像一位国王那样被欢迎了。

在某种意义上，克莱因和李之间的这场冲突是人之常情，但也非常复杂并且相当不幸。人们在与其他人的交流中做数学。一旦一个新的想法、方法或前景出现，清楚地且精确地看清应归功于谁常常是困难的。类似的冲突在他们之前和之后都发生过，而且只要这种文明存在而且人们仍对研究感兴趣，它们将继续发生。希望所有的冲突会有好的和荣耀的结局。

4 结论

这本书可以在几个层次阅读。如果您只对与对称相关的主要人物的传记感兴趣，这里的材料是相当全面的和高效的，而且提供了一个方便的熔炉。但这样做时会失去很多。本书用容易接近的方式讨论了许多令人激动的数学。在某种意义上，通过这些伟大的数学家们的生平和相互影响使得数学变得栩栩如生。这本书独特的特色是用小号字体印刷的部分及书后的注记包含不少更高深的数学。如果读者愿意，你可以以一种有趣的方式学到许多重要的数学和历史，而且会深信对称概念的重要性。

这个中译本由赵振江博士细心译出。对于本书中所用的或引用的拉丁文和俄文，他对照了原文并且增加许多脚注。所以，这个中译本比英译本更为准确，而且读者会赏识赵振江博士的努力。

参考文献

[1] B. Fritzsche, Sophus Lie: a sketch of his life and work. *J. Lie Theory* 9 (1999), no. 1, 1–30.

[2] 季理真, Felix Klein: 他的生平和数学, Klein 数学讲座, 高等教育出版社, 2013.

[3] L. Ji, Sophus Lie, a real giant in mathematics, Notices of International Congress of Chinese Mathematicians, Volume 3 (2015), Number 1, pp.

66–80

[4] E. Strom, Sophus Lie. *The Sophus Lie Memorial Conference* (Oslo, 1992), Scand. Univ. Press, Oslo, 1994.

[5] A. Stubhaug, *The Mathematician Sophus Lie. It was the audacity of my thinking.* Translated from the 2000 Norwegian original by Richard H. Daly. Springer-Verlag, Berlin, 2002.

[6] W. H. Young, Christian Felix Klein, *Proceedings of the Royal Society of London.* Series A. Vol. 121, No. 788 (Dec. 1, 1928).

季理真
美国密歇根大学

前　言

在某种程度上, 这本关于数学史的书可以被看成是一部传记. 然而, 本书并不是具体地讲述一个特别的个人的生平故事 (或者就像本书的书名会让人们料想是两个人的故事), 而是讲述一个相当普遍的概念, 即对称的发展的故事. 我坚信在所有起源于 19 世纪且在我们的世纪被继承的普遍的科学观念中, 对于我们时代的知识氛围, 没有一个观念的贡献比对称更大. 这也被不同题材和种类的致力于物理学中的对称, 化学中的对称, 生物中的对称等, 或一般的 (间或哲学上的) 对称概念的众多书籍所证实. 在现代的教育中, 对称概念所起的重要的作用甚至被很多教科书的封面设计证明了, 例如雅各布斯的《几何学》(*Geometry*) (弗里曼出版社, 1974 年). 对称同样也在艺术中起了作用, 比如说, 人们对著名的荷兰 "数学" 设计者毛里茨 · 科内利乌斯 · 埃舍尔的作品所表现的兴趣, 就是例证. 因此, 描述数学上对称的概念的起源和演变似乎是合适的. 本书也是这样做的, 它面向包括非专家但对数学史和一般科学问题有兴趣的广大读者.

描述对称概念的起源和发展很自然地与两位数学家的名字相联系: 德国人菲利克斯 · 克莱因和挪威人索菲斯 · 李, 他们在识别相关的概念的重要性上以及在创造有能力表达它们的数学工具方面起到了带头作用. 对称理论的历史, 就其数学的部分而言, 并不太长. 不过, 涉及对称概念的数学的真正的起源, 正如数学思想的第一次出现所显示的, 要追溯到旧石器时代且归功于以克罗马农人 (Cro-Magnons) 知名的现代人的先驱者. 这里我们发现带有几何图案的物品, 在把这些图案制作得更规

则的最初尝试中 —— 这与对称密切相关 —— 显示了古人对形式和符号的一种异乎寻常的感觉: 带有数的标志的手镯, 这些数解释为基于一定的对称关系的短线、切痕或孔的图案, 在许多仪式之下, 表现了对数 7 和 14 的明显的偏好. 转到数学科学 (古希腊的证明的数学) 的起源, 我们又看到了对称在米利都的泰勒斯的爱奥尼亚学派和毕达哥拉斯信徒的南意大利学派的作用. 泰勒斯给出的一系列的定理 (在一个等腰三角形中底角相等; 对顶角相等; 直径把一个圆分成全等的两部分, 直径上的圆周角是一个直角; 有相等的一条边和相等的两个邻角的两个三角形全等, 等等) 清楚地显示它们的证明, 正如爱奥尼亚学派所给出的, 是基于对称和运动的 ("等距"), 因为这样的证明对这些定理无疑是最自然的. 人们还知道毕达哥拉斯的信徒们寻求揭示宇宙的和谐, 和谐的表现之一是数和数的关系的对称; 因此他们对有某种内在对称的数有很大的兴趣. 不过, 雅典和亚历山大里亚时期的正经历较大发展的数学, 既抛弃了作为爱奥尼亚学派典型的对于几何对称的强调, 又抛弃了最早的毕达哥拉斯的信徒们的数的神秘主义. 此外, 后亚里士多德时期的学者们认为广泛应用图示和对称概念是泰勒斯的弱点, 并且认为这是必须要克服的. 欧几里得的《几何原本》(*Elements*) 是鼎盛的古典时期的数学知识的权威汇集, 其中明确没有提及对称. 人们对欧几里得有一个清晰的印象, 那就是他尽力避免提及运动 —— 尽管在这方面他并不是前后一致的. 欧几里得《几何原本》的最后几卷致力于正多面体, 对称的概念与此密切相关. 但是即使这几卷 (在欧几里得之后它们被加入到《几何原本》的正文中并证明在古代科学中毕达哥拉斯传统的牢固) 也没有直接提到对称和运动 (等距).

在随后数学的发展中, 因为欧几里得的影响, 人们很难改变对于对称的概念及其应用的怀疑态度. 在恢复对数学和自然科学研究 —— 经过了超过一千年的停顿 —— 的近代欧洲学者中, 约翰 · 开普勒是最接近毕达哥拉斯的信徒的人, 而且他对, 例如, 正多面体, 有强烈的兴趣不是偶然的. 不过, 开普勒主要是天文学家而不是数学家. 他对后来的学者们的影响也不是非常大. 牛顿反感开普勒是因为欧洲科学的这两位奠基人的智力品质大相径庭, 表现在, 例如, 牛顿几乎完全不提开普勒, 即使在一些以开普勒的成就为基础的工作上. 引人注意的是, 极端神秘的牛顿欣然提及理性主义者伽利略多于像他本人一样神秘的开普勒! 欧洲科学在随后的发展中, 坚定地把牛顿而不是开普勒认作其导师和理论家.

因此, 对于现代数学中对称观念的起源的任何叙述大都会始于 19 世纪初, 正如本书所做的.

本书在充分关注 "新的" 欧洲数学中对称概念的起源的同时, 并没有在这里详尽叙述相关思想的进一步发展. 来自克莱因和李的想法对 20 世纪的整个数学有深远的影响; 本书中的叙述很大程度上限制在 19 世纪. 我们既没有处理 19 世纪在自然科学与科学的晶体学相关的大量研究, 也没有处理 20 世纪对称在理论物理学上大量的一般应用和在基本粒子理论上大量的特殊应用. 因此这本简单的导论性质的书没有在任何意义上声称是详尽的. 我们的目的是激起读者的兴趣, 并且推动他 (或她) 去探索相关的文献.

了解高中的数学知识就足够阅读本书了. 本书面向不同的读者群, 诸如大学主修数学的学生、高中生、高中老师和大学老师, 还有那些没有数学训练但对科学史和一般的科学问题感兴趣的人. 这就解释了本书不寻常的结构: 正文之后紧接着是众多而且往往是详细的注记, 尤其是, 它们包含了大量的参考文献. 建议读者初次读这本书时忽略注记, 或者在使用它们时有所选择. 参考书目只是为期望继续研究本书中所考虑的问题的那些读者准备的.

本书预期读者可能多样的兴趣和背景使得本书内容具有多样性. 某些部分会使数学家感兴趣, 同时其他的部分是写给对一般的历史及科学史更感兴趣的那些人. 这就是为何本书参考文献的难易程度有如此大的变化.

书中所展示的公式由放在它的右边的括号中被一个圆点分开的两个数字表示; 因此数字 (X.Y) 表示在第 X 章中的公式 Y.

本书基于作者在雅罗斯拉夫尔大学对主修 "纯粹" 数学的研究生的讲义, 他们中的大多数随后在中学任教; 这有可能影响到书中材料的选择和叙述的方式. 本书深受作者与其朋友和同事们关于这个主题的讨论的影响, 尤其是金迪钦、罗森菲尔德, 以及阿基瓦 · 莫伊谢耶维奇 · 亚格洛姆. 不过, 作者对本书的内容负全责, 特别是有些可能会带来争议的想法. 对本书的译者谢尔盖 · 索辛斯基把原来的俄文精确地译成英文, 对我的同事阿列克谢 · 索辛斯基的协助, 以及哈迪 · 格兰特和阿贝 · 施尼策尔对英文文本的编辑, 作者表示感谢.

伊萨克 · 莫伊谢耶维奇 · 亚格洛姆

目　录

第 1 章

先驱者们: 埃瓦里斯特 · 伽罗瓦和卡米耶 · 若尔当

1832 年 5 月 30 日上午, 送蔬菜到巴黎市场的一个法国农民在中途停车载上一位受伤的年轻人, 并把他带到一家医院. 一天之后, 这位年轻人在他弟弟 —— 他必须向垂死的哥哥表示安慰 —— 的面前死去.

逝者是不到 21 岁的埃瓦里斯特 · 伽罗瓦 (1811—1832), 一个数学家和著名的革命者, 刚从监狱被释放不久. 据说警察曾调查过那场决斗, 在那场决斗中他受了致命伤.[1]

伽罗瓦短暂的一生没有留下成功的痕迹. 他两次试图进入法国最好的学校: 享有盛誉的巴黎综合理工学院 (the École Polytechnique)但两次都失败了, 主持考试的数学家们的能力无疑比应试者低得多;[2] 因为政治原因他被巴黎师范学校 (the École Normale) 开除, 这是在他完成第一年的学习之后, 该校那时是第二好的学校;[3] 他的科学成就在那时没有被承认.[4] 伽罗瓦写信给他的同时代的领头的数学家们, 法国科学院院士奥古斯坦 · 路易 · 柯西 (1789—1857) 和西梅翁 · 德尼 · 泊松 (1781—1840), 告诉他们他的结果, 但柯西全然没有回复, 而泊松发现收到的论文不可理解就退给了作者. 伽罗瓦认定保守的且是保王党人的柯西一定有意隐瞒了一个被确认的共和主义者所获得的结果. 不过, 柯西是被冤枉的: 他未能理解伽罗瓦的结果. 事实上, 在那时没有人能够理解它们. 如果柯西曾读过伽罗瓦的信, 他的反应极有可能与泊松的反应类似. 但是在那时, 柯西忙于其他事务. 他曾离开法国, 拒绝向在 1830 年取代波旁王朝的奥尔良的路易 · 菲利普宣誓效忠, 柯西总是忠于波旁王朝.[5] (反过来, 波旁王朝器重柯西: 查理十世甚至授予他侯爵的头衔.) 多年以后, 在得到了不用向新政府宣誓效忠的特许之后, 柯西返回巴黎. 无疑, 柯西没有读过伽罗瓦的信. 正如我们将看到的, 事实上, 这被证明是非常不幸的.

柯西在 1857 年去世. 在 19 世纪 60 年代决定出版柯西的全集,[6] 且那时是领头的数学家的卡米耶 · 若尔当 (1832—1922) 被指定检查他的文稿, 以便发现那些未发表的能收录在新版全集中的著作.

埃瓦里斯特· 伽罗瓦

若尔当没有发现柯西的任何没有发表的著作, 但在后者的文稿中他发现了伽罗瓦的信, 它无所事事地躺了超过 30 年而且显然未曾被读过; 他因为此信而大吃一惊. 在此期间, 人们在数学上获得了一些大的成功; 可被用于认可伽罗瓦的成就的相关的基础性工作已经做了大部分[7], 而若尔当正是恰如其分地为其评功摆好的人. 与伽罗瓦的这封引人注目的信中包含的想法相近的思想可能在更早的时候已令若尔当感兴趣了, 而现在它们引起了他的认真注意. 若尔当试图找到在伽罗瓦的一生中发表的所有著作, 或者尽可能多的在他去世后发表的著作, 而且若尔当在 19 世纪 60 年代发表的一些论文专用于解释和详述同样的想法. 最终, 关于数学的这一分支, 若尔当决定写一部分量大的专著. 该书于 1870 年出版, 书名是《置换和代数方程专论》(*Traité des substitutions et des équations algèbriques*). 在普及和详述伽罗瓦的想法方面, 很难高估这部书的重要性.

伽罗瓦对数学的贡献是什么? 他的主要贡献与代数方程用根式的可解性这一重要问题有关. 但是无论伽罗瓦证明的一些定理是多么重要, 通过它们得到这些结果的方法更为重要. 不仅是 (或者不那么关心) 伽罗瓦证明了什么, 而且主要是他是怎样证明的. 为了解释他的结果的意义, 我们必须转到代数学的历史上, 尤其是, 转到伽罗瓦时代之前的 (代数) 方程理论的发展上.

众所周知, 可以从简单的公式 $x = -p/2 \pm \sqrt{(p/2)^2 - q}$ 发现二次方程 $x^2 + px + q = 0$ 的根. 这个公式已为古巴比伦人所知: 几千年前用于指导未来祭司的楔形文字的铭文, 包含了一大批借助平方根表求解的二次方程的问题. 这些问题往往有几何特性, 但借助于直角三角形的毕达哥拉斯定理[1]能化为二次方程, 巴比伦人知道毕达哥拉斯定理 (当然, 不是通过这个名字). 在古希腊, 几何学比代数学盛行, 解二次方程的方法以几何的形式给出: 求根公式被 (对方程系数的不同的符号由不同的) 法则取代, 从已知的线段 p 和 q 通过作图 (constructing) 得到使得 $x^2 \pm px \pm q = 0$ 的 x. 希腊数学家有广泛的几何学知识, 甚至知道微积分的原理, 但对代数学所知有限. 他们没有比解二次方程走得更远, 尽管有这样的事实: 他们考虑过的几何问题中包括的几个问题涉及三次方程的解.[8]

[1] 在中国被称为勾股定理. 该定理的历史十分古老, 但可能是希腊人最早给出了证明. —— 译者注

中世纪阿拉伯的数学家们表现出了对三次方程的强烈兴趣,[9] 他们普遍对代数学比对几何学更为关注."代数学 (algbra)" 一词本身起源于阿拉伯, 来自阿拉伯数学家使用的解方程的一个特殊方法的术语 (一个方程的项改变符号从一边移到另一边). 中世纪欧洲的学者们, 尤其是最杰出的中世纪的数学家, 意大利商人列奥纳多 · 皮萨诺 (1180—1240) 也考虑过一些三次方程. 皮萨诺更以斐波那契 (Fibonacci) (意为善良人 —— 波那科 (Bonacco) 的儿子, 波那科是列奥纳多的父亲的外号) 知名. 不过, 这些数学家没有做出决定性的突破, 也许因为他们的创作潜力由于过度尊重古希腊人而被遏制了, 一个先验 (a priori) 的信仰是希腊人是不能被超越的. 文艺复兴时期的数学家们取得的三次和四次方程的解是重要的, 主要是因为它终结了这种极为有害的错觉.

霍亨斯陶芬王朝的弗里德里希二世 (1194—1250) 在两西西里王国的统治是文艺复兴的预演. 1197 年, 3 岁的弗里德里希二世成为国王, 并且在 1215 年成为神圣罗马帝国的皇帝. 但他不喜欢荒凉的德意志, 而热爱意大利南部. 他也不喜欢中世纪骑士 (尤其是他的祖父弗里德里希一世巴巴罗萨[2]) 喜爱的竞赛, 竞赛中有装备的人彼此弄残对方; 在意大利他支持较少血腥的比赛, 在比赛中对手不是用剑或长矛交手, 而是用数学问题挫败对方. 正是在这些较量中列奥纳多 · 皮萨诺的才能初露锋芒; 在这里他显示了解三次方程 (可能是列奥纳多本人选择的, 因为他的经常的对手巴勒莫的约翰是列奥纳多的好朋友, 约翰是西西里的一个商人而且后来成为一位大学教授) 的能力. 在文艺复兴时期的意大利数学竞赛的传统持续着, 而且它在欧洲科学记录的最初的重大成功上起了重要的作用.

显然, 三次方程

$$x^3 + px + q = 0 \tag{1.1}$$

(任意一个三次方程能化为形式 (1.1)[10]) 最先是被希皮奥内 · 费罗 (1456—1526) 解决的, 费罗是博洛尼亚大学的教授, 博洛尼亚大学是意大利北部的主要的且最好的大学之一.[11] 费罗把他的解法告知他的一个亲戚安东 · 马利亚 · 菲奥尔. 拥有解三次方程的公式, 菲奥尔以一次数学竞赛向意大利首屈一指的数学家尼科洛 · 塔尔塔利亚 (1500—1557)[12] 挑战. 起初, 塔尔塔利亚一点也不担心, 他知道菲奥尔是一位二流的数学家. 不

[2] 巴巴罗萨的意思是红胡子. —— 译者注

过, 在竞赛开始前不久, 他被告知菲奥尔拥有求解任意的三次方程的一个公式, 对这种竞赛这是无价之宝, 这个公式是从他的亲戚费罗那里得到的. 在虚荣心以及可能被击败的恐惧的驱使下, 塔尔塔利亚不久就依靠自己的力量发现了相同的公式. 结果是, 他战胜了菲奥尔. 首先塔尔塔利亚很快解出了菲奥尔提出的所有的问题 (它们都涉及三次方程的求解), 而在这之后心烦意乱的菲奥尔未能解出塔尔塔利亚的问题中的任何一个.

了解塔尔塔利亚的发现之后, 那个时代的另一位杰出的数学家吉罗拉莫 · 卡尔达诺 (1501—1576)[13] 急切地想把它包括在他正在撰写的代数学教科书 (《大法》(*Ars magna*)[14]) 中. 他成功地把塔尔塔利亚引诱到乡下镇子中的一个小店内, 在卡尔达诺的胁迫下, 塔尔塔利亚在这里用拉丁文[15]的诗句描述了求解方程 (1.1) 的公式的关键. 塔尔塔利亚宣称卡尔达诺保证不发表对应的结果, 这个结果塔尔塔利亚留下来要用于他本人正在准备的书中. 我们可以想象当在卡尔达诺的《大法》中看到求解方程 (1.1) 的公式时他的气愤. 这里是它以现代的形式出现的公式:[16]

$$x=\sqrt[3]{-\frac{q}{2}+\sqrt{\left(\frac{q}{2}\right)^2+\left(\frac{p}{3}\right)^3}}+\sqrt[3]{-\frac{q}{2}-\sqrt{\left(\frac{q}{2}\right)^2+\left(\frac{p}{3}\right)^3}}. \tag{1.2}$$

这个公式仍被称为卡尔达诺公式, 虽然卡尔达诺没有宣称发现它并且实际上他写道是从塔尔塔利亚那里得到它的事实.[17] (与公式 (1.2) 相联系的一些困难是由于这样的事实: 方程 (1.1) 的实根经常用涉及复数的表达式的组合给出,[18] 博洛尼亚大学的杰出的数学家中最后的一位 —— 拉法埃莱 · 邦贝利 (约 1526—1573), 在他的大约写于 1560 年而在 1572 年出版的《代数学》(*L'Algebra*) 中 —— 解释了这些困难.)

卡尔达诺的《大法》包含另一个著名的结果: 求解任意四次方程[19]

$$x^4+px^2+qx+r=0 \tag{1.3}$$

的法则, 这个法则是卡尔达诺的学生卢多维科 · 费拉里 (1522—1565)[20] 得到的. 费拉里把方程 (1.3) 重新写成

$$(x^2+p/2)^2=x^4+px^2+(p/2)^2=-qx-r+(p/2)^2,$$

在该方程的两边加上表达式 $2(x^2+p/2)y+y^2$, 这里 y 是一个不确定的数, 得到等式

$$(x^2+p/2+y)^2=2yx^2-qx+(y^2+py-r+(p/2)^2).$$

这里我们在等式的左边有一个完全的平方; 在右边有一个未知数为 x 的二次三项式 $Ax^2 + Bx + C$, 如果 $B^2 = 4AC$, 即如果

$$q^2 = 2y(4y^2 + 4py - 4r + p^2), \tag{1.4}$$

它也变成一个完全平方.

方程 (1.4) 是未知数为 y 的一个三次方程, 现在被称为方程 (1.3) 的费拉里预解式. 如果 y_0 是方程 (1.4) 的一个根 (这可通过使用公式 (1.2) 得到), 那么 (1.3) 转化为两个二次方程

$$x^2 + p/2 + y_0 = \pm\sqrt{2y_0}(x - q/(4y_0)),$$

它的根与初始方程 (1.3) 的根重合.

因此解所有的三次方程和四次方程的问题被证明不是特别困难: 相关公式的发现是欧洲的数学思想从中世纪[21]的千年沉睡中觉醒以后取得的首次胜利. 只有在这一点产生解 (一般的) 五次方程的问题才是自然的. 然而, 几个世纪的考验只产生了许多不正确的解法: 没有人能发现正确的解法!

一般的五次方程全然不能被求解的假设, 即不存在类似于 (1.2) 的公式从该方程的系数通过数目有限的代数运算 (加法和减法, 乘法和除法, 乘方和开方) 找到其根, 最初是由约瑟夫 · 路易 · 拉格朗日 (1736—1814) 提出的, 他出身于一个法国家庭, 这个家庭曾定居意大利而且在一定程度上意大利化了. 当拉格朗日非常年轻时, 他的杰出的数学才能就变得非常明显了. 在 19 岁时, 他被任命为位于他的家乡都灵的炮兵学院的教授,[22] 一年以后, 他积极参与创建都灵科学院 (实际上, 由拉格朗日和他的朋友们组织的一个科学学会稍后得到了这个名字). 都灵科学院的出版物中包含许多拉格朗日的关于数学、力学和物理学的论文. 在 1759 年, 由于著名的莱昂哈德 · 欧拉 (1707—1783)[23] 的推荐, 23 岁的拉格朗日被选为柏林 (普鲁士) 科学院的外籍院士, 柏林科学院是欧洲最有影响力的科学学会之一. 随着欧拉离开柏林到圣彼得堡 (到圣彼得堡科学院, 终其一生欧拉都与它有联系), 普鲁士的国王弗里德里希二世在欧拉的建议下和他非常尊敬的巴黎人让 · 勒龙 · 达朗贝尔 (见注记 176) 的鼓励下, 任命 30 岁的拉格朗日为柏林科学院数学部的主任 (此前由欧拉担任的职务).[24] 拉格朗日在其柏林时期, 这一直持续到 1787 年, 在代数学上进行了他的基本研究.

约瑟夫 · 路易 · 拉格朗日

拉格朗日奉献给方程论一篇长长的论文 (超过 200 页).《关于方程的代数解法的思考》(*Réflexions sur la résolution algèbrique des équations*) (1770—1773) 被用作伽罗瓦以及鲁菲尼、阿贝尔和柯西 (见注记 7) 的出发点. 为了确定所有以前试图求解五次方程失败的共同的理由, 拉格朗日的论文以对它们的批评性复查开始. 他指出, 三次方程化为二次方程 (见注记 15) 和四次方程化为三次方程本质上基于一个共同的想法: 它被详细地写在拉格朗日的 "解法" 中, 且在三次方程的情形发现了塔尔塔利亚的预解式 (见注记 15) 以及在四次方程的情形发现了费拉里的预解式 (如上面的文中所解释的). 不过, 这个方法用于一个五次方程时把它变换为一个六次方程, 而且一般地, 对于所有的 $n \geqslant 5$, 一个 n 次方程的拉格朗日预解式的次数被证明高于初始方程的次数. 这导致拉格朗日怀疑对求解 $n \geqslant 5$ 的一个 n 次方程的公式的存在性. 尤为重要的是, 在拉格朗日的研究中, 起主要作用的是方程的根的特定的置换. 拉格朗日对置换理论是该问题 (用根式求解代数方程) 的真正的关键甚至做出了无疑是预言家的陈述. 随后, 这一相当不清楚的假设在伽罗瓦的工作中得到了光辉的证实. 应该注意, 尽管拉格朗日不知道术语 “群”(这将在下面论述) 而且也没有在任何地方引入这个概念, 通过根的置换的研究他被引向了群. 这就是群论中最早的定理中的一个以他的名字命名的原因.[25]

不可能用根式求解五次或更高次的一般方程的第一个证明由意大利的医生和杰出的业余数学家保罗 · 鲁菲尼 (1765—1822) 给出; 这陈述在他 1799 年自费出版的书名相当长的代数学教科书《方程的一般理论, 其中证明了超过四次的一般代数方程求解的不可能性》(*Teoria generale delle equazioni, in cia si dimonstra impossibili la soluzione algebraica delle equazioni generali di grado superiore al quatro*) 中. 在意大利之外, 这本出色的书几乎没有引起人们的注意;[26] 同时在意大利, 就数学家们而言, 以权威的詹弗朗切斯科 · 马尔法蒂 (1731—1807) 为首, 它遭到了强烈的反对, 马尔法蒂是费拉拉大学的教授, 以多次不成功地尝试找到五次方程的解的一个公式而著称.[27] 显然, 数学家们不高兴一个医生闯入他们认为是自己的一个领域; 不过, 在鲁菲尼的晚年, 他成为摩德纳大学的教授. 鲁菲尼对一般的五次方程不能被求解的证明不是无懈可击的, 但其本人可能对此最为知晓了. 后来他在一长串的论文 (1801—1813) 中做了改进这个证明的几次尝试, 但他只得到了部分的成功. 人们常说现代的代数学始于鲁菲尼的著作的出现, 尽管如此, 在他们的时代这没有被任何一个人理解.

一般的五次方程 $ax^5+bx^4+cx^3+dx^2+ex+f=0$ 只用系数 a, b, c, d, e 和 f 的只涉及加法、减法、乘法、除法、乘方和开方运算求解的公式的一个 “没有瑕疵的”[3] 证明在 1824—1826 年由一个年轻的挪威人 (当时还是一个学生) 尼尔斯 · 亨里克 · 阿贝尔 (1802—1829) 给出, 他是 19 世纪最伟大的数学家之一, 跟伽罗瓦一样, 他的生活极为悲惨.[28] 在阿贝尔的一生 (以及后来, 见第 2 章和第 8 章), 挪威非常荒僻; 那里没有有资格的人能指导他的学习. 非常幸运的是, 在他的学校碰巧有一位认识到这个学生的才能的良师, 并把他的注意力引向牛顿、欧拉和拉格朗日的

[3] 这里的没有瑕疵 (flawless) 有些言过其实, 哈密尔顿在阅读阿贝尔的这篇论文时就发现了两个错误. 当然, 它们对阿贝尔的论证不是至关重要的, 可以改正, 而且哈密尔顿也这样做了, 见他的论文: *On the Argument of Abel, Respecting the Impossibility of Expression a Root of Any General Equation above the Fourth Degree by Any Finite Combination of Radicals and Radical Functions.* —— 译者注

尼尔斯 · 亨里克 · 阿贝尔

著作. 在克里斯蒂尼亚 (奥斯陆) 大学没有人能阅读他的论文; 尤其是, 没有人能发现阿贝尔在 1823 年给出的求解一般的五次方程的公式中的错误.[29] 不过, 阿贝尔不久就认识到他的解法中有错误, 而且在 1824 年发表了一个单独的小册子, 其中给出了一般的五次方程不能用根式求解的极为简明的证明.[30] 赞助阿贝尔的人钦佩这位贫穷的年轻人的勤奋和毋庸置疑的才能, 但缺乏有资质的人检查或指导他的研究, 他们为他成功地获得了来自挪威政府的奖学金. 这使得终生受穷的阿贝尔能访问德国和法国, 向这些国家的数学家请教, 并且在著名的大学里雕琢他的知识. 这次行程对阿贝尔是非常有益的, 尽管由于他的谦虚和羞涩, 他未能与德国和法国的杰出的科学家建立私人关系. 令人震惊的是, 实际上唯一承认阿贝尔的才能的人不是一位专业的科学家, 而是杰出的德国工程师、企业家和业余数学家奥古斯特 · 利奥波德 · 克雷尔 (1780—1855), 一个长于识人的人, 他没有实质性的科学贡献, 因此在学术界不怎么受尊重. 克雷尔是柏林科学院的院士, 尽管他的当选更多的是由于他作为工程师的贡献和他的组织活动而非他的纯粹的科学成果. 他也是一个非常富有的人: 那时大多数德国的铁路是根据他的提议建设的. 克雷尔对阿贝尔和施泰纳深信不疑, 施泰纳是瑞士的一个非专业人士且不为有名望的科学家所知 (下面更多地论及他), 这促使他在德国创办第一份专业的数学杂志. 它被称为《纯粹和应用数学杂志》(*Journal für reine und angewandte Mathematik*); 但与克雷尔的愿望相反, 不久这份杂志在学术界被讽刺地称为《纯粹非应用数学杂志》(*Journal für reine unangewandte Mathematik*). 它继续在德国的科学上起着重要作用. 前面的几卷满是阿贝尔 (和施泰纳) 的论文. 尤其是, 几乎一发行它就被称为《克雷尔杂志》(*Crelle Journal*), 它的第 1 期, 除了其他作品之外, 包含阿贝尔的一篇长长的法文论文:《超过四次的一般方程的代数解法的不可能性的证明》(*Démonstration de l'impossibilité de la résolution algébrique des équations générales qui passent le quatrième degré*) (1826), 这使所有的数学家可以得知他的结果.

阿贝尔在《克雷尔杂志》上发表的这篇论文引起了著名的卡尔 · 雅可比 (见注记 240) 和其他德国科学家的关注; 正是雅可比引入了 "阿贝尔积分", "阿贝尔函数" 等. 由于他们的努力, 阿贝尔在 1828 年被选为柏林大学的教授, 但是正式的通知在他去世几天之后才到达克里斯蒂尼亚 (奥斯陆), 他在 27 岁时死于肺结核 (阿贝尔确实得到了他当选的私人通知 —— 他去世前最后的安慰).

鲁菲尼的著作显然不为伽罗瓦所知; 不过, 伽罗瓦知道阿贝尔的论文并且对它们评价很高. 但是鲁菲尼 – 阿贝尔定理只是断言对求解每个五次方程缺乏一个通用的公式, 但是未能证明其根不能通过根式表示的特别的方程的存在性 (可以想象, 只对给定的方程而不是所有的方程可以通过一个公式这样表示其根). 而且它既没有确定一个给定的方程是否能用根式求解,[31] 也没有指出当一个方程能用根式求解时怎样找到它的解. 伽罗瓦第一个回答了所有这些问题, 而且他应用的方法和概念注定在 19 世纪和 20 世纪的整个数学中都要起重要的作用.

伽罗瓦把他的工作建立在一个代数方程的 "对称程度" 的特定的估计上. 显然五次方程 $x^5-1=0$ 比方程 $x^5-x^4+x^3+x^2+2=0$ (见图 1(b), 其中显示了这个方程的根) "更对称", 方程 $x^5-1=0$ 的 (复) 根表示在图 1(a) 中, 而后一个方程比根为 $x_1=-1$, $x_2=0$, $x_3=2$, $x_4=2\frac{1}{2}$, $x_5=4$ (见图 1(c)) 的方程 $2x^5-15x^4+29x^3+6x^2-40x=0$

更对称. 类似地, 比如说一个正方形比一个等腰梯形 (见图 2(b)) 更对

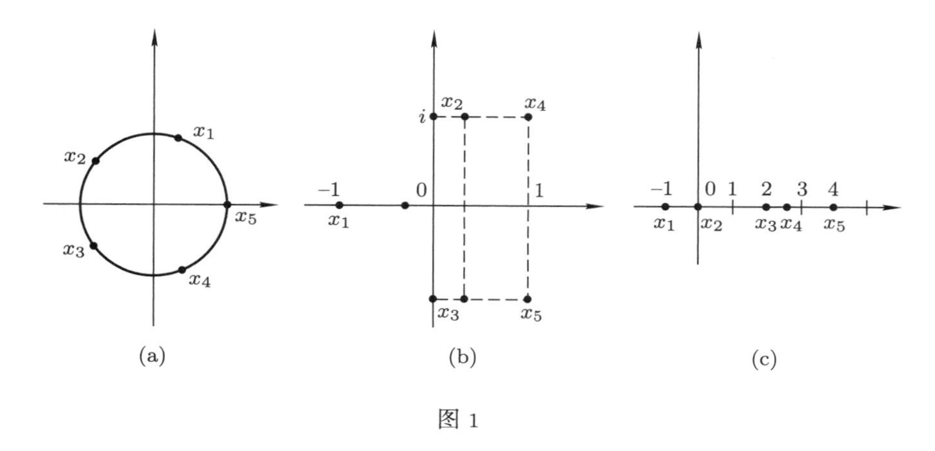

图 1

称, 而后者比一个表示在图 2(c) 中的不等边四边形更对称. 一个多边形的对称性在数学上的度由多边形到自身的保持距离的映射的集合确定. 因此, 对于正方形 $A_1A_2A_3A_4$ (见图 2(a)), 这个集合包括正方形围绕其中心的 90° 的转动, 它把顶点 A_1, A_2, A_3 和 A_4 分别送到 A_2, A_3, A_4 和 A_1 (我们将这个转动写成 $A_1A_2A_3A_4 \to A_2A_3A_4A_1$, 或置换 $\begin{pmatrix}1234\\2341\end{pmatrix}$, 它表示顶点 1 被送到顶点 2, 顶点 2 被送到顶点 3, 如此继续); 转动 $A_1A_2A_3A_4 \to A_3A_4A_1A_2$, 或置换 $\begin{pmatrix}1234\\3412\end{pmatrix}$, 围绕中心 O 转动 180° (或关于 O 的反射); 转动 $A_1A_2A_3A_4 \to A_4A_1A_2A_3$, 或置换 $\begin{pmatrix}1234\\4123\end{pmatrix}$, 围绕中心 O 转动 270°; 关于对角线 A_1A_3 和 A_2A_4 的反射 $A_1A_2A_3A_4 \to A_1A_4A_3A_2$, 或置换 $\begin{pmatrix}1234\\1432\end{pmatrix}$, 以及 $A_1A_2A_3A_4 \to A_3A_2A_1A_4$, 或置换 $\begin{pmatrix}1234\\3214\end{pmatrix}$; 关于中线 KL 和 MN 的反射 $A_1A_2A_3A_4 \to A_4A_3A_2A_1$, 或置换 $\begin{pmatrix}1234\\4321\end{pmatrix}$, 以及 $A_1A_2A_3A_4 \to A_2A_1A_4A_3$, 或置换 $\begin{pmatrix}1234\\2143\end{pmatrix}$, 当然还有恒等变换 $A_1A_2A_3A_4 \to A_1A_2A_3A_4$, 或置换 $\begin{pmatrix}1234\\1234\end{pmatrix}$, 它不移动四边形

的任何顶点. 总之, 正方形到它自身的变换的集合由 8 个置换

$$\pi_1=\begin{pmatrix}1234\\2341\end{pmatrix},\quad \pi_2=\begin{pmatrix}1234\\3412\end{pmatrix},\quad \pi_3=\begin{pmatrix}1234\\4123\end{pmatrix},\quad \rho_1=\begin{pmatrix}1234\\1432\end{pmatrix},$$
$$\rho_2=\begin{pmatrix}1234\\3214\end{pmatrix},\quad \sigma_1=\begin{pmatrix}1234\\4321\end{pmatrix},\quad \sigma_2=\begin{pmatrix}1234\\2143\end{pmatrix},\quad \varepsilon=\begin{pmatrix}1234\\1234\end{pmatrix}\tag{1.5}$$

给出, 而且因此相对地变化多端. 另一方面, 在图 2(b) 中对于等腰梯形 $A_1A_2A_3A_4$ 的保持距离的到自身的映射的集合要贫乏得多, 它仅由反射 $A_1A_2A_3A_4 \to A_2A_1A_4A_3$, 或置换 $\begin{pmatrix}1234\\2143\end{pmatrix}$, 以及恒等映射构成; 在图 2(c) 中不等边四边形 $A_1A_2A_3A_4$ 的保持距离的到自身的映射的集合仅由恒等映射构成.

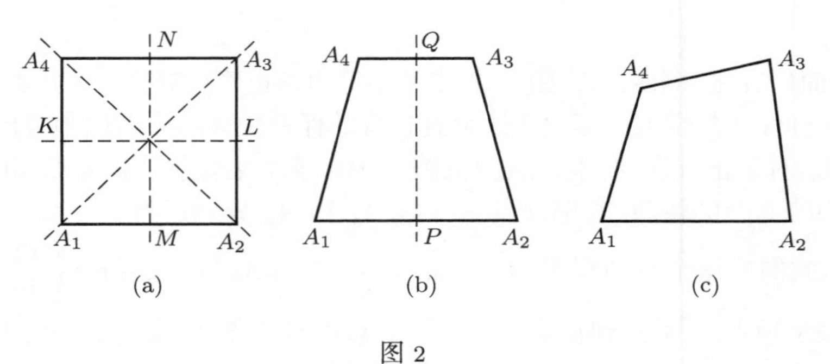

图 2

类似地, 根据伽罗瓦的工作, 带有理系数的一个 n 次方程 $f(x)=0$ 的对称性的度可以由其根 $x_1,x_2,\cdots,x_n$ 的置换的集合描述, 这些置换保持它们之间的代数关系 (由形如 $P(x_1,x_2,\cdots,x_n)=0$ 的方程表示, 这里 $P(x_1,x_2,\cdots,x_n)$ 是一个带整系数的 n 个变量 $x_1,x_2,\cdots,x_n$ 的多项式, 当然, 它可以依赖一些, 而不是所有的 n 个变量). 因此, 在所谓的循环多项式 $x^5-1=0$ 的情形, 根之间的所有的关系约化为等式 $x_5=1$ 以及关系 $x_1^2=x_2$, $x_1^3=x_3$, $x_2^2=x_4$, 等等. 这些关系的集合在置换 $(x_1,x_2,x_3,x_4,x_5)\to(x_2,x_4,x_1,x_3,x_5)$, 或 $\begin{pmatrix}12345\\24135\end{pmatrix}$ (例如, 在这一置换下, 关系 $x_1^2=x_2$ 变成 $x_4^2=x_3$); $(x_1,x_2,x_3,x_4,x_5)\to(x_3,x_1,x_4,x_2,x_5)$, 或 $\begin{pmatrix}12345\\31425\end{pmatrix}$; $(x_1,x_2,x_3,x_4,x_5)\to(x_4,x_3,x_2,x_1,x_5)$, 或 $\begin{pmatrix}12345\\43215\end{pmatrix}$; 当

然, 还有恒等置换 $(x_1,x_2,x_3,x_4,x_5)\to(x_1,x_2,x_3,x_4,x_5)$, 或 $\begin{pmatrix}12345\\12345\end{pmatrix}$ 之下是不变的. 因此, 所考虑的问题的集合仅由如下 4 个置换构成:

$$\tau_1=\begin{pmatrix}12345\\24135\end{pmatrix},\quad \tau_2=\begin{pmatrix}12345\\31425\end{pmatrix},\quad \tau_3=\begin{pmatrix}12345\\43215\end{pmatrix},\quad \varepsilon=\begin{pmatrix}12345\\12345\end{pmatrix}. \tag{1.6}$$

方程 $x^5-x^4+x^3+x^2+2=0$ 的根之间的所有的代数关系约化为等式 $x_1=-1$; $x_2^2=-1$; $x_2+x_3=0$; $x_4^2-2x_4+2=0$; $x_4+x_5=2$. 这些关系的集合在恒等置换以及置换 t_1: $(x_1,x_2,x_3,x_4,x_5)\to(x_1,x_3,x_2,x_4,x_5)$, 或 $\begin{pmatrix}12345\\13245\end{pmatrix}$; t_2: $(x_1,x_2,x_3,x_4,x_5)\to(x_1,x_2,x_3,x_5,x_4)$, 或 $\begin{pmatrix}12345\\12354\end{pmatrix}$; t_3: $(x_1,x_2,x_3,x_4,x_5)\to(x_1,x_3,x_2,x_5,x_4)$, 或 $\begin{pmatrix}12345\\13254\end{pmatrix}$ 之下是不变的. 因此, 对所考虑的方程, 保持其根之间的所有代数关系的置换的族由

$$t_1=\begin{pmatrix}12345\\13245\end{pmatrix},\quad t_2=\begin{pmatrix}12345\\12354\end{pmatrix},\quad t_3=\begin{pmatrix}12345\\13254\end{pmatrix},\quad \varepsilon=\begin{pmatrix}12345\\12345\end{pmatrix} \tag{1.7}$$

构成. 最后, 由于等式 $x_1=-1$, $x_2=0$, $x_3=2$, $2x_4=5$, $x_5=4$ 处于连接方程 $2x^5-15x^4+29x^3+6x^2-40x=0$ 的根的代数关系中, 保持所有这些关系的置换是恒等置换 $\varepsilon=\begin{pmatrix}12345\\12345\end{pmatrix}$.

显然, 四边形 $F\equiv A_1A_2A_3A_4$ (或 n 边形 $F\equiv A_1A_2A_3\cdots A_n$, 或任意的图形 F) 的到它自身保持距离的映射的集合 I_F 一定包含恒等映射 (多边形顶点的恒等置换 $\varepsilon=\begin{pmatrix}123\cdots n\\123\cdots n\end{pmatrix}$). 进一步, 如果 $\sigma=\begin{pmatrix}1&2&\cdots&n\\a_1&a_2&\cdots&a_n\end{pmatrix}$ 和 $\tau=\begin{pmatrix}1&2&\cdots&n\\b_1&b_2&\cdots&b_n\end{pmatrix}$ 是两个顶点置换对应的多边形 $F\equiv A_1A_2A_3\cdots A_n$ 的到它自身保持距离的映射, 则它们的积

$$\tau\sigma=\begin{pmatrix}1&2&\cdots&n\\b_1&b_2&\cdots&b_n\end{pmatrix}\begin{pmatrix}1&2&\cdots&n\\a_1&a_2&\cdots&a_n\end{pmatrix}=\begin{pmatrix}1&2&\cdots&n\\b_{a_1}&b_{a_2}&\cdots&b_{a_n}\end{pmatrix}$$

包含在集合 I_F 中 (如果 σ 和 τ 两者都把 F 映射到它自身, 则它们的积 $\tau\sigma$ (先 σ 后 τ!) 也如此). 最后, 如果 $\pi=\begin{pmatrix}1&2&\cdots&n\\p_1&p_2&\cdots&p_n\end{pmatrix}$ 是对应于

多边形 $F \equiv A_1A_2A_3\cdots A_n$ 的到它自身保持距离的映射, 则逆映射对应于逆置换

$$\pi^{-1} = \begin{pmatrix} p_1 & p_2 & \cdots & p_n \\ 1 & 2 & \cdots & n \end{pmatrix} \left(= \begin{pmatrix} 1 & 2 & \cdots & n \\ q_1 & q_2 & \cdots & q_n \end{pmatrix} \right).$$

这里, 比如说 q_1, 是使得 $p_{q_1} = 1$ 的一个数; 应当指出, 在用于置换 $\pi = \begin{pmatrix} 1 & 2 & \cdots & n \\ p_1 & p_2 & \cdots & p_n \end{pmatrix}$ 的记法中, 起作用的只是列 $\begin{pmatrix} 1 \\ p_1 \end{pmatrix}, \begin{pmatrix} 2 \\ p_2 \end{pmatrix}, \cdots, \begin{pmatrix} n \\ p_n \end{pmatrix}$ 而不是它们的顺序, 因此这个置换 π 也能被写成 $\pi = \begin{pmatrix} i_1 & i_2 & \cdots & i_n \\ p_{i_1} & p_{i_2} & \cdots & p_{i_n} \end{pmatrix}$, 这里 $(i_1, i_2, \cdots, i_n)$ 是 $(1, 2, \cdots, n)$ 的任意一个排列. 事实上, 映射 π 把多边形 $F \equiv A_1A_2A_3\cdots A_n$ 送到相同的多边形 $F' = A_{p_1}A_{p_2}\cdots A_{p_n}$, 同时逆映射 π^{-1} 把 F' 送到 F, 即它也是 F 到它自身的保持距离的映射.

显然, 代数方程 $f(x) = 0$ 的把它的根之间的所有代数关系变换到同一方程的根之间的 (其他) 关系的置换的集合 $\mathscr{G}$ 有下列三个性质:

(1) 包含 (唯一的) 恒等置换 $\varepsilon = \begin{pmatrix} 1 & 2 & \cdots & n \\ 1 & 2 & \cdots & n \end{pmatrix}$;

(2) 对每两个置换 $\sigma = \begin{pmatrix} 1 & 2 & \cdots & n \\ a_1 & a_2 & \cdots & a_n \end{pmatrix}$ 和 $\tau = \begin{pmatrix} 1 & 2 & \cdots & n \\ b_1 & b_2 & \cdots & b_n \end{pmatrix}$ (这里不排除等式 $\sigma = \tau$), $\mathscr{G}$ 包含它们的积

$$\tau\sigma = \begin{pmatrix} 1 & 2 & \cdots & n \\ b_1 & b_2 & \cdots & b_n \end{pmatrix} \cdot \begin{pmatrix} 1 & 2 & \cdots & n \\ a_1 & a_2 & \cdots & a_n \end{pmatrix} = \begin{pmatrix} 1 & 2 & \cdots & n \\ b_{a_1} & b_{a_2} & \cdots & b_{a_n} \end{pmatrix};$$

(3) 对每个置换 $\sigma = \begin{pmatrix} 1 & 2 & \cdots & n \\ a_1 & a_2 & \cdots & a_n \end{pmatrix}$, $\mathscr{G}$ 也包含它的逆置换

$$\sigma^{-1} = \begin{pmatrix} a_1 & a_2 & \cdots & a_n \\ 1 & 2 & \cdots & n \end{pmatrix} = \begin{pmatrix} 1 & 2 & \cdots & n \\ \alpha_1 & \alpha_2 & \cdots & \alpha_n \end{pmatrix},$$

这里 $\alpha_{a_i} = i$; $i = 1, 2, \cdots, n$.

伽罗瓦称满足条件 (1), (2) 和 (3) 的任意置换的集合为一个置换群. 实际上, 群的概念 (现在被认为是在整个数学中最重要的概念之一[32]) 的出现早于伽罗瓦.[33] 已经指出它出现在拉格朗日的著作中. 鲁菲尼和阿贝尔的研究也深深涉及群论的思想, 但这些没有以一个清晰的方式阐明.[34]

另一方面, 在代数方程的研究中, 伽罗瓦对群论作用的理解比他的前辈要清楚得多; 这一新概念被赋予一个专名 (而且群论的术语已经形成) 的事实无疑有很大的重要性. 由伽罗瓦清楚地概述的主要的想法在于, 每个方程通过根的置换群确定的 “对称的程度” 刻画, 根的置换群保持该方程的根的代数关系不改变. 伽罗瓦称这个群为该方程的群; 它现在以 (方程的) 伽罗瓦群著称. 当然, 这样的群的最简单 (最小) 的群是由恒等置换构成的群. 方程 $2x^5-15x^4+29x^3+6x^2-40x=0$ 的例子表明对于最简单的群存在对应的最简单的方程 —— 那些其解是有理的, 即能不用根式写出其解.

在方程论中, 群的概念对于伽罗瓦来说是不充分的; 对于他同样重要的是更复杂的域的概念, 域的概念本质上也来自拉格朗日的著作. 同时一些数学家, 包括阿贝尔, 曾经研究过域, 是伽罗瓦命名并严格地定义了这一概念. 对于伽罗瓦, 一个数域是对于加法和乘法封闭 (即一个集合, 使得集合中任意两个数的和与积也属于这个集合) 的数的集合; 这个数域一定包含数 0 和 1, 以及任意两个数的差与商 (分母不为 0). 域的最知名的例子是有理数域 $\mathbf{Q}$, 实数域 $\mathbf{R}$ 和复数域 $\mathbf{C}$; 在 $\mathbf{Q}$ 和 $\mathbf{R}$ (或 $\mathbf{C}$) 之间的域通过 “附加” 在 $\mathbf{Q}$ 中不可解的某个方程的根扩张得到 (如果这样一个方程通过二次方程 $x^2-2=0$ 或 $x^2+1=0$ 起作用, 则我们分别得到形如 $a+b\sqrt{2}$ 和 $a+b\mathrm{i}$ 的数域, 这里 $\mathrm{i}^2=-1$)[35] —— 伽罗瓦在考虑这样一个 “域的代数扩张” 时追随拉格朗日, 它在伽罗瓦的构造中起了主要作用. 域的概念源自与方程的 (伽罗瓦) 群的基本概念的联系: 在伽罗瓦群 $\mathscr{G}$ 的定义中一定要指出所考虑的群所在的域. 特别地, 伽罗瓦群保持初始方程 $f(x)=0$ 的根 $x_1,x_2,\cdots,x_n$ 之间的代数关系, $f(x)=0$ 由 n 个变量的等于零的特定的多项式 $P(x_1,x_2,\cdots,x_n)$ 这一条件表示, P 的系数来自给定的域 F. 代数基本定理断言, 复数域 $\mathbf{C}$ 中的每个 n 次方程 $f(x)=0$ 恰有 n 个根 $x_1=c_1, x_2=c_2,\cdots,x_n=c_n$; 这蕴含在这个域上的任意方程的伽罗瓦群是平凡的, 即仅由恒等置换 ε 构成. 伽罗瓦构造的理论从两个过程的平行考虑开始: 主域 F (包含在方程根之间关系的 $P\ (x_1,x_2,\cdots,x_n)$ 的系数) 的扩张和同时约化伽罗瓦群 $\mathscr{G}$.

为了理解起源于现在被称为伽罗瓦理论 (许多有价值的书[36]专门论述它; 全世界所有大学的数学系都学习伽罗瓦理论的课程[37]) 的代数学分支的相当复杂的构造; 伽罗瓦不得不获得对群论和域论的深刻洞察. 他引入了群论的基本术语, 包括诸如群、子群 (群的元素的一个子集, 相对

于给定的群中的 "元素的乘法" 运算, 它自身构成一个群) , 以及群的阶 (在一个群中的元素的数目; 见注记 25) 等名词. 他还引入了像正规子群 (见下文) 这样的重要概念, 并选出像单群和可解群[38]这样重要的类 (然而, 应当留意伽罗瓦的一些定义相当不完全, 而且他的大多数定理没有证明[39]). 伽罗瓦的主要结果是描述方程的伽罗瓦群是用根式可解的; 他发现了对于这样的可解性的充要条件, 而且它恰是可解方程的群, 他称这样的群是可解的.

显然, 一个多边形 F (或任意图形 F) 到它自身的保持距离的映射的集合也是一个群; 此后该群被称为这个图形的对称群 (symmetry group). 当然, 包含在 F 的对称群中的映射不一定要作为置换来考虑; 因此, 例如正方形 $F \equiv A_1A_2A_3A_4$ 的对称群 (1.5) 由 4 个旋转 π_1, π_2, π_3 和 ε (这里 ε 是 $360°$ 的旋转或恒等映射), 以及 4 个反射 ρ_1, ρ_2, σ_1 和 σ_2 构成, 该群的元素具有如下的 "乘法表":

(第二个因子)

(第一个因子)	ε	π_1	π_2	π_3	ρ_1	ρ_2	σ_1	σ_2
ε	ε	π_1	π_2	π_3	ρ_1	ρ_2	σ_1	σ_2
π_1	π_1	π_2	π_3	ε	σ_2	σ_1	ρ_1	ρ_2
π_2	π_2	π_3	ε	π_1	ρ_2	ρ_1	σ_2	σ_1
π_3	π_3	ε	π_1	π_2	σ_1	σ_2	ρ_1	ρ_2
ρ_1	ρ_1	σ_1	ρ_2	σ_2	ε	π_2	π_1	π_3
ρ_2	ρ_2	σ_2	ρ_1	σ_1	π_2	ε	π_3	π_1
σ_1	σ_1	ρ_2	σ_2	ρ_1	π_3	π_1	ε	π_2
σ_2	σ_2	ρ_1	σ_1	ρ_2	π_1	π_3	π_2	ε

(1.5′)

更一般地, 一个群 (一个任意的群不必由置换构成) 是任意的 (有限或无限的) 元素 (群的元素 ε 起特别的作用) 的族 $\mathscr{G} = \{\alpha, \beta, \gamma, \cdots, \varepsilon\}$, 其中定义一个 "乘法", 它对该群的每两个元素 α 和 β 分配第三个元素, 即它们的 "积" $\delta = \alpha\beta$, 以这样一种方式使下面的要求成立:

(1) 对所有的 $\alpha, \beta, \gamma \in \mathscr{G}, (\alpha\beta)\gamma = \alpha(\beta\gamma)$ (结合性);

(2) 对所有的 $\alpha \in \mathscr{G}, \alpha\varepsilon = \varepsilon\alpha = \alpha$ (该元素 ε 被认为是该群的恒等元素);

(3) 对每个 $\alpha \in \mathscr{G}$, 存在一个元素 $\alpha^{-1} \in \mathscr{G}$, 使得 $\alpha\alpha^{-1} = \alpha^{-1}\alpha = \varepsilon$ (该元素 α^{-1} 被认为是 α 的逆).

此外,

(4) 如果对所有的 $\alpha, \beta \in \mathscr{G}$, $\alpha\beta = \beta\alpha$ (交换性), 则群 $\mathscr{G}$ 被称为交换的.

对一个群的概念 (其中既不指定群的元素的性质, 也不指定 "群的运算" ("乘法") 的意义) 的这一 "抽象的" 研究方式源于注记 7 中提到的柯西的著作. 通过与表 (1.5$'$) (当然这样的表仅对有限群, 即有有限个元素的群可以写出) 类似的群的元素的 "乘法表" 定义一个群的想法来自英国数学家凯莱, 他的名字将在本书中多次出现. 这样的表被称为凯莱表. 显然, 形如 (1.5$'$) 的表定义一个群当且仅当它满足对应于性质 (1)—(3) 的特定条件: 因此, 例如, 它一定以对应于元素 ε 的 "恒等行" 和 "恒等列" 开始, 元素 ε 重复该行和该列的因子 (这对应于条件, 对所有的 $\alpha, \varepsilon\alpha = \alpha\varepsilon = \alpha$);[40] 元素 ε 在每行和每列中出现一次且仅出现一次, 等等.

交换群 —— 在另一个名字之下 —— 在鲁菲尼, 尤其是阿贝尔的研究中起了重要的作用. 这样的群因为阿贝尔现在被称为阿贝尔群.[41]

现在很清楚, 与一个等腰梯形或不等边四边形相比, 一个正方形有 "更大的对称性" 是它被规模更大的正方形的对称群所表示: 正方形的对称群 (1.5) 包含 8 个元素, 同时等腰梯形的对称群仅由 2 个等距构成, 而且不等边四边形的对称群仅由恒等映射 ε (它是每个图形的对称群的元素) 构成. 现在我们考虑与方程 $x^5 - x^4 + x^3 + x^2 + 2 = 0$ 相比有更大对称性的 "循环" 方程 $x^5 - 1 = 0$, 这在一开始似乎就是显然的, 但必须重新检查: 这些方程 (在有理数域上) 的伽罗瓦群有相同的 (4 个) 元素数目; 这些群 —— (1.6) 和 (1.7) —— 仅在它们的 "乘法表" (它们的凯莱表)[42] 上不同:

$$
\begin{array}{c|cccc}
 & \varepsilon & \tau_1 & \tau_2 & \tau_3 \\
\hline
\varepsilon & \varepsilon & \tau_1 & \tau_2 & \tau_3 \\
\tau_1 & \tau_1 & \tau_3 & \varepsilon & \tau_2 \\
\tau_2 & \tau_2 & \varepsilon & \tau_3 & \tau_1 \\
\tau_3 & \tau_3 & \tau_2 & \tau_1 & \varepsilon
\end{array}
\tag{1.6$'$}
$$

和

	ε	t_1	t_2	t_3
ε	ε	t_1	t_2	t_3
t_1	t_1	ε	t_3	t_2
t_2	t_2	t_3	ε	t_1
t_3	t_3	t_2	t_1	ε

(1.7′)

现在我们考虑任意的群 $\mathscr{G}$. 在群论中 (而且在伽罗瓦群的群理论的构造中) 起重要作用的是所谓的正规子群. 假设

$$a = \begin{pmatrix} 1 & 2 & \cdots & n \\ a_1 & a_2 & \cdots & a_n \end{pmatrix} \quad \text{和} \quad \alpha = \begin{pmatrix} 1 & 2 & \cdots & n \\ \alpha_1 & \alpha_2 & \cdots & \alpha_n \end{pmatrix}$$

是两个置换. 在置换 α (置换 $i \to \alpha_i$) 之下置换 a (置换 $i \to a_i$) 的像是置换 $a' : \alpha_i \to \alpha_{a_i}$; 因此, 例如, 置换 $\alpha = \begin{pmatrix} 1 & 2 & 3 & 4 \\ 4 & 2 & 1 & 3 \end{pmatrix}$ 把置换 $a = \begin{pmatrix} 1 & 2 & 3 & 4 \\ 4 & 3 & 2 & 1 \end{pmatrix}$ 送到置换 $a' = \begin{pmatrix} 4 & 2 & 1 & 3 \\ 3 & 1 & 2 & 4 \end{pmatrix}$ 或 $a' = \begin{pmatrix} 1 & 2 & 3 & 4 \\ 2 & 1 & 4 & 3 \end{pmatrix}$. (回忆置换的列的顺序是无关紧要的.) 更一般地, 在映射 $\alpha : x \to \varphi(x)$ 之下, 映射 $a : x \to f(x)$ 的像是映射 $a' : \varphi(x) \to \varphi(f(x))$; 不难看出 $a' = \alpha a \alpha^{-1}$. 类似地, 可以说置换 (变换) α 把置换 (变换) 的集合 $\{a, b, c, \cdots\}$ 送到集合 $\{a', b', c', \cdots\} = \{\alpha a \alpha^{-1}, \alpha b \alpha^{-1}, \alpha c \alpha^{-1}, \cdots\}$. 置换 (变换) 群 $\mathscr{G}$ 的一个子群 $\mathscr{H}$ 被称为正规的, 如果在 $\mathscr{G}$ 中的所有置换 (变换) 把 $\mathscr{H}$ 送到它自身.

这一定义可以重述如下: 假设 $\mathscr{G}$ 是一个群且 $\mathscr{H}$ 是它的由元素 ε (恒等置换, 或该群的恒等元素), $\kappa, \lambda \cdots$ 构成的子群. 对 (大的) 群 $\mathscr{G}$ 的每个元素 α, 定义 $\mathscr{G}$ 中元素的集合

$$\alpha\mathscr{H} = \{\alpha\varepsilon = \alpha, \alpha\kappa, \alpha\lambda, \cdots\}.$$

如果 $\alpha \in \mathscr{H}$, 那么, 显然来自 $\alpha\mathscr{H}$ 的所有元素属于 $\mathscr{H}$; 在这一情形, 也容易检验 $\alpha\mathscr{H}$ 与 $\mathscr{H}$ 重合. 如果 α 不属于 $\mathscr{H}$, 那么集合 $\alpha\mathscr{H}$ 中没有一个属于 $\mathscr{H}$. 类似地, 如果 α 和 β 是 $\mathscr{G}$ 中的两个元素, 则 $\mathscr{G}$ 中元素的集合

$$\alpha\mathscr{H} = \{\alpha, \alpha\kappa, \alpha\lambda, \cdots\}$$

和

$$\beta\mathscr{H} = \{\beta, \beta\kappa, \beta\lambda, \cdots\}$$

重合 (这是当 $\alpha^{-1}\beta \in \mathscr{H}$ 且所以 $\beta^{-1}\alpha \in \mathscr{H}$ 时的情形, 因为, 容易验证 $\beta^{-1}\alpha = (\alpha^{-1}\beta)^{-1}$) 或者 $\alpha\mathscr{H}$ 与 $\beta\mathscr{H}$ 没有公共元素.

现在考虑所有形如 $\mathscr{H}, \alpha\mathscr{H}, \beta\mathscr{H}, \gamma\mathscr{H}, \cdots$ 的元素的集合, 这里 $\alpha, \beta, \gamma, \cdots$ 是 $\mathscr{G}$ 中的所有元素. 这些集合中的一些重合, 一些没有公共元素. 因此, 我们得到整个群分为 "类" 的一个划分 $\alpha\mathscr{H}, \beta\mathscr{H}, \gamma\mathscr{H}, \cdots$ (包括子群 $\mathscr{H}$ 本身, 它能被写成 $\varepsilon\mathscr{H}$ 或 $\gamma\mathscr{H}$ 的形式, γ 为 $\mathscr{H}$ 中的任意一个元素). $\mathscr{G}$ 的这样一个分成不相交子集的划分 (见概略图 3) 以群 $\mathscr{G}$ 相对于子群 $\mathscr{H}$ 划分为左陪集而知名. 类似地, 可以通过 $\mathscr{H}$ 定义 $\mathscr{G}$ 的右陪集:

$$\mathscr{H}(= \mathscr{H}\varepsilon), \mathscr{H}\alpha, \mathscr{H}\beta, \cdots.$$

群 $\mathscr{G}$ 的一个正规子群 $\mathscr{H}$ 可以通过 $\mathscr{G}$ 对 $\mathscr{H}$ 的左陪集的集合与右陪集的集合重合这一性质定义 (因此在这一情形, 我们可以说 $\mathscr{G}$ 对 $\mathscr{H}$ 的陪集而不用形容词 "左" 和 "右"). 这里有可能在陪集的集合本身引入类的 "算术", 因为, 如果 $\mathscr{K}$ 和 $\mathscr{L}$ 是 $\mathscr{G}$ 对 $\mathscr{H}$ 的两个陪集 (这里 $\mathscr{H}$ 是群 $\mathscr{G}$ 的正规子群), 则所有可能的乘积 $\kappa\lambda$ 的集合本身是一个陪集, 这里 $\kappa \in \mathscr{K}$ 且 $\lambda \in \mathscr{L}$ (这可视作类 $\mathscr{K}$ 和 $\mathscr{L}$ 的乘积并记作 $\mathscr{K}\mathscr{L}$). 容易验证, 群 $\mathscr{G}$ 对于其正规子群 $\mathscr{H}$ 的陪集的集合本身是一个群, 它的恒等元素是子群 $\mathscr{H}$, 同时对于类 $\alpha\mathscr{H}$, 其逆元素是 $\alpha^{-1}\mathscr{H}$; "陪集的群" 被称为 $\mathscr{G}$ 对 $\mathscr{H}$ 的商群, 并记作 $\mathscr{G}/\mathscr{H}$. 这一构造似乎已为伽罗瓦所知. 不过, 这是一个猜测, 因为在伽罗瓦的笔记中没有提到它. 商群的概念 (连同名词 "商群" 以及符号 $\mathscr{G}/\mathscr{H}$) 是由若尔当引入的.

显然, 对于一个交换 (阿贝尔) 群 $\mathscr{G}$, 左陪集和右陪集之间没有差别 (因为关于这样一个群, 对于所有的 $\alpha, \nu \in \mathscr{G}$, $\alpha\nu = \nu\alpha$, 所以对于任意的 $\alpha \in \mathscr{G}$ 和群 $\mathscr{G}$ 的任意子群 $\mathscr{H}$, $\alpha\mathscr{H} = \mathscr{H}\alpha$); 所以交换群的每一个子群是正规的. 在群 $\mathscr{G}$ 中指数为 2 的任意一个子群 $\mathscr{H}$ 是正规的也是显然的, 即 $\mathscr{G}$ 相对于 $\mathscr{H}$ 的陪集的族仅有两个元素, 也就是子群 $\mathscr{H}$ 本身和不在 $\mathscr{H}$ 中的所有元素; 这里无论我们考虑 "左" 陪集或 "右" 陪集, 事实上, 对于把 $\mathscr{G}$ 划分为不相交的陪集的族 (一对), 仅有一种可能性. 特别地, 所有置换 $\begin{pmatrix} 1 & 2 & \cdots & n \\ i_1 & i_2 & \cdots & i_n \end{pmatrix}$ 划分为 "偶" 置换和 "奇" 置换[43] 的

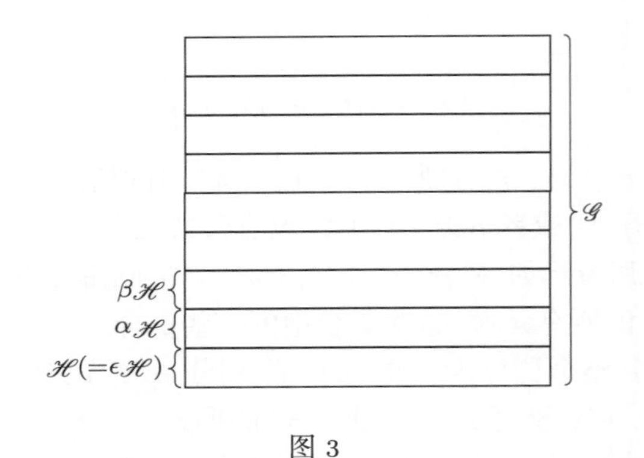

图 3

卡米耶 · 若尔当

可能性可回溯到拉格朗日. 任意两个偶置换的积仍是偶置换, 一个偶置换的逆是偶置换. 因此, 所有偶置换的族构成所有置换的群的一个子群 (n 个元素的所有置换的群 S_n 现在被称为 n 次对称群, 而且对应的偶置换的群 A_n 被称为 n 次交错群); 因为这是指数为 2 的子群, 它总是正规的. 一个群 $\mathscr{G}$ 对它的子群 $\mathscr{H}$ 的指数为 2 的商群 (比如说商群 S_n/A_n) 仅有两个元素; 它的结构显然是两个数 1 和 -1 的具有乘法表

$$\begin{array}{r|rr} & 1 & -1 \\ \hline 1 & 1 & -1 \\ -1 & -1 & 1 \end{array} \tag{1.8}$$

的最简单的群.

正规子群的另一个例子是平面上等距群的所有的平移构成的子群, 或平面上相似群的所有等距构成的平面的子群. (为什么?) 商群 $\mathscr{I}/\mathscr{T}$ 和 $\mathscr{S}/\mathscr{I}$, 分别与 "处于中心的" 等距群 $\mathscr{I}_0$, 即保持平面的一个点 O 固定的等距的群, 以及所有正实数 (其比刻画了单个变换 $\sigma \in \mathscr{L}$) 在乘法之下的群 $\mathbf{R}_+$ 有相同的 "结构" (证明留给读者),[44] 这里 $\mathscr{T}$ 是平移群, $\mathscr{I}$ 是等距群且 $\mathscr{S}$ 是相似群.

显然, 每个群 $\mathscr{G}$ 是它本身的正规子群 (这里 "陪集的划分" 只有一个元素 $\mathscr{G}$, 而且在这一情形, 在左陪集和右陪集之间没有差别是确定无疑的). 任意一个群 $\mathscr{G}$ 的另一个正规子群是由恒等元素组成的所谓的 "平凡" (恒等) 子群 $\mathscr{N}$ (显然对于带 "群运算" $\varepsilon \cdot \varepsilon = \varepsilon$ 的族 $\mathscr{N} = \{\varepsilon\}$, 刻画一个群的所有条件成立); 这里 $\mathscr{G}$ 分成它的陪集的划分是该群简单地划分为它的不同的元素. 伽罗瓦称没有 "非平凡" 的正规子群, 亦即没有异于 $\mathscr{G}$ 和 $\mathscr{N}$ 的正规子群的一个群 $\mathscr{G}$ 为简单的 —— 这个概念让人想起素 (自然) 数 n 的定义: 没有 "非平凡" 的因子, 亦即没有 1 和 n 之外的因子. 对于 $n \geqslant 3$, 对称群 S_n (n 个元素的所有置换的群) 不是简单的 (它是 "复合的"), 因为它包含 (非平凡的) 正规子群 A_n. 但是 A_n 本身是简单的吗? 伽罗瓦证明 12 阶 (即由 12 个元素构成) 的群 A_4 不是简单的, 而所有其他交错群 A_n 是简单的, $n \neq 4$. 从这一点来看, 群 A_4 (非简单的) 和 A_5 (简单的) 之间的这个差别反映了一般的四次方程 (它们有根式解) 和一般的五次方程 (它们没有根式解) 之间的差别. 于是伽罗瓦触及了有限单群这一论题 (参见注记 260).

他很难预见 20 世纪后半叶这个复杂论题的爆炸性发展![45]

当前, 一个域定义为带两个运算 ("加法" 和 "乘法") 的任意元素的集合 $\mathscr{M} = \{\alpha, \beta, \gamma, \cdots\}$. 这些运算对任意两个元素 $\alpha, \beta \in \mathscr{M}$ 指定两个新的元素分别表示为 $\alpha + \beta$ (α, β 的和) 和 $\alpha\beta$ (α, β 的积), 而且满足几个条件. 第一个条件是域的元素对加法一定构成一个交换群. 称这个群的中性元素, 亦即它被加到任意一个元素上不改变该元素 (前面称这个元素为 "单位" 元素), 是该域的 "零元素" 或简单地 "零" 是方便的, 而且用, 比如说希腊字母 o 表示:

$$\alpha + o = \alpha, \text{ 对所有的 } \alpha \in \mathscr{M}$$

(有时零元素用数 0 表示). 第二个条件是域的所有的非零元素相对于乘法一定构成一个 (交换)[46] 群; 当然, 这里我们排除零的事实是必须的, 因为从域的性质 (包括下面将要提到的可除性), 对域的每个元素 α, 我们有 $\alpha o = o$. 第三个条件是域的元素的加法和乘法通过分配律而相联系:

$$(\alpha + \beta)\gamma = \alpha\gamma + \beta\gamma, \text{ 对所有的 } \alpha, \beta, \gamma \in \mathscr{M}.$$

伽罗瓦通过产生所有可能的有限域显示了他深刻的洞察力. 这些域中最简单的, 当然是由可以用 0 和 1 表示的两个元素构成的域, 满足如下的法则[47]:

$$\text{加法表: } \begin{array}{c|cc} + & 0 & 1 \\ \hline 0 & 0 & 1 \\ 1 & 1 & 0 \end{array} \qquad \text{乘法表: } \begin{array}{c|cc} & 0 & 1 \\ \hline 0 & 0 & 0 \\ 1 & 0 & 1 \end{array} \tag{1.9}$$

结果是, 存在有 n 个元素的一个域, 当且仅当数 n 具有形式 p^q, 这里 p 是一个素数: 在这种情形, 对具有形式 p^q 的每个 n, 恰好存在一个 (在于表示元素的方式) 阶为 $n = p^q$ 的域. 所有这样的域现在被称为伽罗瓦域. 我们注意到曾被视作有些 "奇特" 的伽罗瓦域, 近来作为一个有许多应用的结果获得了很大的重要性: 它们能被非常有效地用于编码理论, 编码理论研究通过比如说无线电或电话传递信道信息的最有效的手段. 尤其是, 对于传送 $n = p^q$ 个不同信号 (比如说, $4 = 2^2$ 或 $8 = 2^3$ 个信号) 的信道, 域的理论产生对不同字母分组编码的一个非常方便的系统, 使得 (被编码的) 字母彼此非常不同而且不会被混淆, 而对不是形式为 p^q 的可能的信号数 m (比如说 $6 = 2 \times 3$ 个信号), 这样方便的一个编码系统是不存在的.

总之, 群的各种 (而且复杂) 的应用引导若尔当研究伽罗瓦的著作, 这一研究启发了他的《置换和代数方程专论》(*Treatise on permutations*···)[4], 它是关于伽罗瓦理论的第一部系统的教科书, 同时在世界文

[4] 原书名是 Traité des substitution et des équations algébriques. —— 译者注

献中是关于群论的第一部系统的教科书. 这部出色的书[48] 引入并研究了伽罗瓦没有时间发现的所有主要的群论的术语和概念: 商群的概念 (见上文) 和所谓的群 $\mathscr{G}$ 的正规列, 正规列由正规子群的嵌套序列构成

$$\mathscr{G} \supset \mathscr{H}_1 \supset \mathscr{H}_2 \supset \cdots \supset \mathscr{N} \tag{1.10}$$

(商群 $\mathscr{G}/\mathscr{H}_1, \mathscr{H}_1/\mathscr{H}_2, \cdots$, 被称为正规列 (1.10) 的因子); 是关于正规列的所谓的若尔当 – 赫尔德定理的主要部分,[49] 可递性 (以及非可递性) 和本原性的概念 (归功于鲁菲尼, 但他没有精确定义), 如此等等. 这一名单没有穷尽若尔当在研究群论上的成就. 接下来我们将有机会返回到他的另一个重要的贡献 —— 这个贡献与本书的主题很接近 (见第 6 章和注记 229).

第 2 章

若尔当的学生们

在卡米耶 · 若尔当专心于他的书且从相关的想法获得灵感的那个时期, 有两位年轻的数学家正跟着他学习. 他们已完成了大学学业, 且到巴黎开阔眼界并开始独立的研究工作. 他们是挪威人索菲斯 · 李和德国人菲利克斯 · 克莱因. 他们是若尔当的研究生, 而且证明他们的确是非常出色的学生. 虽然命运只让李和克莱因跟随若尔当学习了很短一段时间, 然而他们受益颇深, 并且伽罗瓦与若尔当的思想在这两位数学家今后的科学事业中起到了关键作用.

1842 年, 索菲斯 · 李出生于挪威的一个牧师家庭, 他的童年是在父母靠近卑尔根的海边的一座房子中度过的. 他徒步走遍了这个国家, 并且一生都钟爱挪威海岸的峡湾和挪威自然景色之美. 在学校, 李的所有功课都掌握得同样好, 但完成学业之后, 一开始他不能选择一种职业. 因为他的父亲希望他沿着自己的足迹成为一名牧师, 而且李也曾严肃认真地考虑过去学习神学. 后来, 经过许多思考, 并且带着一点疑虑, 他开始学习数学和自然科学. 起初, 在克里斯蒂尼亚大学的学习并没有终止他的疑虑. 在 1868 年, 当李阅读庞斯莱和普吕克 (下面会论及他们) 的著作时突破点出现了. 这两位杰出的几何学家给年轻的李留下了极为强烈的印象. 他们的著作导致了他最初的出版物的发表, 这些出版物之后, 他接连不断地发表了一系列的论文, 数十年没有间断. 为了继续接受教育, 1870 年李搬到了柏林, 在这里他遇到了克莱因, 而且很快成了朋友. 克莱因比李小 7 岁. 下面描述的李和克莱因合作的第一项工作, 出现在同一年. 自从那时在柏林的相遇开始, 李与克莱因之间的密切的私人关系和学术关系在这两位数学家的生活上都产生了重要的作用, 并且持续到李逝世.

在期待见到若尔当与加斯东 · 达布 (1824—1917) 的愿望的推动下, 这两个人造访巴黎. 在微分几何学上, 达布是最知名的专家, 微分几何学应用微积分研究曲线和曲面的局部性质 (即仅处理一个点的小邻域的性质)[50]. 达布的卷帙浩繁且深刻的著作 (首先应提及《曲面的一般理论和几何学应用无穷小计算[5]讲义》(*Lecons sur la théorie générale des surfaces et les applications géométriques du calcul infinitésimal*), 1—4 卷, 巴黎: 戈蒂埃 – 维尔拉出版社 (Gauthier-Villars), 1887—1896 年; 第二版, 1914—1925 年) 既影响了克莱因, 又影响了李, 尤其是李. 李的许多作品都受到了 "曲面的一般理论" (*General Theory of Surfaces*) 的研究方法的启发, "曲面的一般理论" 有机地结合了微分几何学和微分方程理论. 在这里几何学的问题被非常有效地化为分析学的问题, 而且两种途径都被用于研究微分方程. 所有这些都迫使我们更详细地介绍达布.

达布生于法国南部的尼姆, 但作为一个研究人员和教师, 他的一生都与巴黎有关. 自 18 岁起, 他一直在巴黎生活, 而且在巴黎的学术活动中起到了突出的作用, 首先他是法兰西学会 (L'Institut) 的会长, 而且是法国科学院 (the French Académie) (见注记 65 和 176) 院士. 达布的名字在很大程度上与巴黎师范学校的繁荣, 以及所有杰出的法国数学家在大学毕业后到中学任教的传统相联系. 达布实际上是第一位在巴黎师范学校学习过的杰出的数学家, 那时这所学校远不如巴黎综合理工学院 (见第 1 章) 知名. 随后他在巴黎师范学校任教多年. 达布享有的甚至来自政府阶层的尊敬不久被证明对李大有用处 (见下文). 不过, 在其他情况下, 达布的影响不那么令人喜欢: 例如, 达布在他的数学品味上有些保守, 他反对亨利 · 莱昂 · 勒贝格 (1875—1941) 的博士论文答辩. 只是在埃米尔 · 皮卡 (1856—1941) 的影响下, 才通过了勒贝格的论文答辩, 皮卡后来接替达布任法兰西学会的会长, 而勒贝格的博士论文在 20 世纪的数学中起到了重要的作用.

[5] 无穷小计算是微积分的另一种说法. —— 译者注

加斯东 · 达布

克莱因和李注定在巴黎停留的时间不长; 不过这两位数学家与若尔当 (以及达布) 的个人接触在他们随后的研究中起到了巨大的作用 (见第 8 章). 其实, 这两位朋友本来计划在巴黎停留足够长的时间, 以使他们能熟悉法国数学学派的主要成就, 然后去伦敦与英国数学家联系. 普法战争在 1871 年爆发, 而德国人克莱因不得不匆忙离开法国. (当时克莱因甚至没有被滞留在巴黎, 而且能自由地离开前去德国. 啊, 这田园诗般的时代!) 他打算随着普鲁士军队再次进入法国, 但他的军事生涯失败了 —— 他感染了斑疹伤寒, 同时法国很快溃败了. 李在朋友不在的情况下 —— 他是一个有经验的远足者 —— 打算借他们的学习被迫中断的机会穿过整个法国, 阿尔卑斯山区和意大利旅行. 但在战时的环境下他的计划被证明是相当不幸的. 因为他的法语很糟, 过高且过于英俊是纯粹北欧人的外貌,[51] 很快李被作为德国间谍逮捕, 并被监禁. 显然, 法国的爱国者发现李以一种出神的方式环顾四周 (那时他正思考某个数学问题), 然后在一个小笔记本上疯狂地书写 (他正在做数学摘记 —— 用挪威文), 这是非常可疑的. 他在枫丹白露 (正是巴黎的西南方向 —— 离阿尔卑斯山区很远!) 监狱度过了一个月. 达布一旦知道李被逮捕, 立刻动用他的一切关系让李获释. 但在监狱的情况不是太坏, 而且李用一些时间沉思普吕克的线几何学, 他的注意力曾被克莱因吸引到这里, 下面我们将更多地提及普吕克的线几何学. 从监狱被释放之后, 不知疲倦的远足者李继续他在法国和意大利的旅行.

李能被描述为 19 世纪的一个典型的学者, 而在对科学的态度上, 以及在气质上, 他的朋友菲利克斯 · 克莱因是一个非常不同的人. 克莱因是一个天生的领袖, 一个出色的辩才, 一个伟大的教师, 而且是一个杰出的组织者, 他是 20 世纪科学的一个先驱. 克莱因把组织者、教师和研究者的品质结合到罕见的程度. (当代与他极为相似的人是, 比如说, 作为布尔巴基学派领袖之一的巴黎人让 · 亚历山大 · 迪厄多内 (生于 1906 年)[6], 以及莫斯科物理学家列夫 · 朗道 (1908—1968).)

在李和克莱因的关系中, 年少的后者起到了长者的作用. 因此, 这两个朋友从柏林出发到巴黎和伦敦 (在那时他们未能到达伦敦) 的动议是克莱因的, 而且是克莱因 (多年之后) 建议李从挪威移居德国 (莱比锡), 如此等等. 克莱因的领导地位很快被骄傲和善良的李所接受, 尽管他微微感觉有些消沉. 像任何一个真正杰出的科学家那样, 李深知自己的工作的价值, 而且为此而骄傲 (他的工作在第 6 章详细介绍). 李同样知道, 从纯粹科学的观点来看, 他对克莱因的影响大于克莱因对他的影响. 无论如何, 这个学术优先的问题引起了克莱因和李仅有的冲突, 除此之外他们的友谊关系出奇地融洽.[52]

克莱因在 1849 年生于杜赛尔多夫的一个金融官员的家庭中. 他的父亲持有极端保守的旧普鲁士的观点; 克莱因追随一些人同时断然拒绝另一些人. 按照克莱因的父亲的愿望, 他在古典的文理高级中学 (gymnasium)[53] 学习. 这里更注意古代语言的学习, 而很少关注数学和自然科学. 克莱因发展的对文理高级中学的反感在他未来的教育观点方面起了重要作用. 从文理高级中学毕业后, 克莱因进入波恩大学. 在这里他很快引起尤利乌斯 · 普吕克 (1801—1868) 的注意并选拔了他, 普吕克是 (实验) 物理学系暨 (纯粹) 数学系的主任. 在 1866 年, 17 岁的克莱因成为普吕克在物理学系的助理.

普吕克打算让克莱因成为一名物理学家. 后者在物理学上显示了强烈的兴趣 (他是极有 "物理学头脑的 (physics-minded)" —— 下面会更多地提及), 而且没有反对普吕克的打算. 但是这些计划不是注定要被彻底执行的. 在 1868 年, 普吕克去世了, 准备出版他的恩师未完成的著作

[6] 迪厄多内已于 1992 年去世. —— 译者注

的许多费力的工作落到克莱因的头上, 尤其是重要的《空间的新几何学, 基于直线作为空间元素的考虑》(*Neue Geometrie des Raumes, gegründet auf die Betrachtung der geraden Linien als Raumelement*) 的第二部分. 在这本书 (在 1869 年出版) 上的工作启发了克莱因, 而且他的第一批独立的论文由此而来, 这对克莱因作为一个数学家的发展做出了贡献.

在普吕克去世之后, 克莱因失去了助理的位置, 他离开波恩并且来到哥廷根和柏林, 在这里他结识了年轻但非常有影响的哥廷根数学家鲁道夫 · 弗里德里希 · 阿尔弗雷德 · 克莱布施 (1833—1872), 物理学家威廉 · 韦伯 (1804—1891), 韦伯是伟大的高斯的朋友和同事,[54] 以及柏林数学学派的领袖卡尔 · 特奥多尔 · 威廉 · 魏尔斯特拉斯 (1815—1897). 应当注意到, 从一开始克莱因与克莱布施和韦伯的关系就非常友好, 他与魏尔斯特拉斯的关系是从起初就以双方隐瞒厌恶为标志. 这种敌对的根源是克莱因和魏尔斯特拉斯的学术见解 (scientific positions) 完全不能相容. 这值得做出更详细的解释.

现在, 众所周知人类的大脑是不对称的, 而且大脑的左半球和右半球都有它们的特别的功能. 目前重大的兴趣集中于这种不对称所反映的一系列问题上, 尤其是, 1981 年的诺贝尔生物学和医学奖授予在这个领域工作的美国生理学家罗杰 · 斯佩里. 在惯用右手的人的典型情形, 大脑的左半球负责分析的、逻辑的思维, 同时右半球提供世界的 “图画的”、综合的景象 (version) (当然, 这里我们描述的两个半球之间的差异是粗略的和不完全的). 同上面近似的程度相同, 可以说左半球无疑与说话、写作相联系,[55] 还与计算及在总体上使用自然数集, 掌控数学的代数方面 (因为算法程序不得不用代数公式的线性排列来做, 它们无疑属于大脑的左半球) 相联系, 同时大脑的右半球与几何景象、图形和图画相联系. 不过, 可能更正确的是大脑的左半球与逻辑学相联系, 而右半球与物理学相联系, 大多数物理学家的特点是全局性地探讨自然和自然科学的现象.

上面所说的对解释存在在某些方面相反的两类数学家的惊人的事实可能有部分帮助: 代数学家, 他们主要用逻辑、公式和算法过程思考; 几何学家或物理学家, 他们的思考大多从图或视觉的印象 (graphic and visual impressions) 进行, 而不是从公式进行. 这两种相关性很差的研究数学的途径的存在性, 以及存在这样的科学家, 他们在数学上的一个方面或另一个方面占主导地位, 已经被杰出的数学家赫尔曼 · 外尔 (1885—1955) 在一次演讲[56] 中指出了 (下面我们将再次碰到他的名字).[57] 在这次演讲中, 外尔提到克莱因和黎曼作为 "物理学家" 的例子, 而魏尔斯特拉斯作为 "代数学家" 的例子. 微积分的发现者被提出作为更早的例子, 一方面是伟大的物理学家伊萨克 · 牛顿 (1642—1727), 另一方面是伟大的逻辑学家戈特弗里德 · 威廉 · 莱布尼茨 (1646—1716). 克莱因和魏尔斯特拉斯在各自的科学观点之间的类似的差异似乎助长了他们的相互厌恶的发展.[58]

已经提到过克莱因的 "物理" 思维; 这在他的许多论文中有反映, 例如, 在著名的《黎曼曲面讲义》(*Lectures on Riemann Surfaces*) (在哥廷根讲授的一门课程, 讲义以油印本的形式流传) 中, 为了证明纯粹的数学定理, 克莱因自由地考虑电荷沿一个导体的分布, 导体的形状是有极为复杂的拓扑结构的一个抽象的黎曼曲面. 克莱因的教学 (见注记 60) 也被刻画为物理和图示的方法, 结果无疑是缺乏严格性的. 克莱因阐述的模式很大程度上是由于伟大的伯恩哈德 · 黎曼的影响. 克莱因崇拜黎曼, 同时严格性的狂热的拥护者魏尔斯特拉斯 (现代数学的精神和方式大多归功于他) 攻击黎曼和他的朋友勒热纳 · 狄利克雷, 而且认为他们的结果中的许多是尚未证明的甚至是错误的. 这一建设性的批评引起了实数理论和许多拓扑学概念的产生. 在这一联系上, 20 世纪最伟大的物理学家之一的阿诺尔德 · 佐默费尔德 (1868—1951) 讲述了一个 (非亲自经历的) 有趣的事件. 佐默费尔德是克莱因的学生且有许多年是他的一个下属; 克莱因任命佐默费尔德做他的助理, 一如他本人在物理学系曾被普吕克任命为助理那样.[59] 佐默费尔德说在 19 世纪 60 年代早期, 魏尔斯特拉斯怎样和杰出的德国物理学家、数学家、生物学家和医生赫尔曼 · 冯 · 赫尔姆霍茨 (1821—1894) 在乡下度过了一个夏天. 魏尔斯特拉斯为了在他的空余时间推敲并分析黎曼的著名的著作 (整个现代单复变函数论的来源) 而带着它 —— 同时有着高度 "物理思维" 的赫尔姆霍茨不能想象有何处需要推敲 (见佐默费尔德, 《克莱因, 黎曼和数学物理学》(*Klein, Riemann und die mathematische Physik*), 《自然科学》(*Naturwissenschaft*), 7(1919), 300—303).[60]

克莱因与李的亲密友谊以及后者对他的重要的学术影响弥补了他与魏尔斯特拉斯的没有产生学术成果的接触. 我们已经描述了李和克莱因一起到巴黎的旅行, 这在这两位数学家的事业上起到了重要的作用. 从法国回来且从斑疹伤寒中恢复之后, 克莱因在哥廷根定居, 住得离克莱布施和韦伯不远; 对于他这是一个极为高产的时期. 不过, 在详细论述克莱因和李的科学贡献之前, 必须简要地描述一下为他们的成功奠定基础的科学家们.

第 3 章

19 世纪的几何学: 射影几何学

科学的发展从来不是一帆风顺的. 它以潮起潮落为标志, 受外部条件的影响, 或刺激某个趋势的发展或相反地, 倒退. 在古希腊, 几何学[61]是数学的基本分支; 从那时起, “几何学家” 一词曾经常与 “数学家” 互换使用, 甚至在不太远的过去, 有时我们还能遇到这种现象 (见注记 24). 不过, 随之而来的是在很长一段时间, 数学上获得成功的分支忽视了几何学. 文艺复兴以及接着的时期, 主要的数学成就是在代数学上 (见第 1 章), 而且甚至在中世纪的阿拉伯 (更精确一些, 是说阿拉伯语的) 地区, 数学定位于代数学, 而不是几何学 (见第 1 章和注记 9).

17 世纪以微积分的发展为标志, 在随后的几个世纪微积分被认为是数学的主要分支. 这反映在名词 “高等数学”(或在德语中, “höhere Mathematik”) 的出现, 它意味着解析几何学、微积分, 以及相关的领域 (例如, 微分方程). 目前, 这个名词听起来很荒谬 (无疑, 概率论或数理逻辑现在不能认为是 “低” 于微积分的数学分支), 但它现在仍被广泛使用, 尤其是在说俄语和德语的国家.

除微积分之外, 17 世纪和 18 世纪见证了数论和概率论的 “时代的到来”. 在数论上, 大名鼎鼎的是法国人皮埃尔 · 德 · 费马 (1601—1665), 后来者是欧拉和拉格朗日, 以及在 19 世纪开始的高斯. 在概率论上, 享有盛名的是费马、布莱斯 · 帕斯卡和荷兰人克里斯蒂安 · 惠更斯 (1654—1695), 接着是雅各 · 伯努利 (1654—1705), 稍后是身为法国胡格诺派教徒的英国科学家亚伯拉罕 · 棣莫弗 (1667—1754), 以及在 19 世纪早期的高斯和拉普拉斯. 18 世纪后期以在代数学上决定性的成功为标志, 这一成功归之于拉格朗日和鲁菲尼. 不过, 有如此众多杰出的科学家和光辉成果的这两个世纪, 在几何学上仅有不大的成功, 只能指出法国建筑师和军事工程师杰拉尔 · 德萨格 (1593—1661) 的工作, 他显然走在他们的时代的前面, 而且不久就被忘却了, 还有伟大的科学家、作家、道德家和宗教人物布莱斯 · 帕斯卡 (1623—1662)[62] 对它们的继续和扩展 (尽管在当时也没有被承认), 以及欧拉得到的一些结果, 他的百科全书般的知识阻止他完全避免几何学, 而且在这个领域一些非常本质的工作不得不归功于他.[63]

但在 19 世纪, 这一情形发生了根本改变. 这个世纪可以称为几何学的黄金时代. 根据尼古拉 · 布尔巴基 (见他的《数学史原本》(*Eléments d'histoire des mathématiques*, 巴黎: 赫尔曼出版社 (Hermann), 1974) 这个时期大致从蒙日的《画法几何学》(*Géometrie descriptive*) (1795) 的出版延伸到克莱因的《埃朗根纲领》(*Erlangen Programm*) (1872) 的出版. 壮观的是, 几何学领域在整个范围的迅速繁荣, 同时出现了不少杰出的几何学家, 他们有不同的创造性方法, 而且 —— 伤哉 —— 在数学研究的这一最古老的潮流上的兴趣的快速减退和出人意料的没落,[64] 这个时代改变了几何学的面貌, 从它出现了与以往完全不同的一门科学而进入到 19 世纪.

19 世纪法国数学的奠基者是几何学即将到来的成功的先驱者. 他们中包括法国科学和教育的主要组织者之一加斯帕尔 · 蒙日 (1746—1816), 在法国革命时期的政府中他曾任海军部长, 以及蒙日的学生拉扎尔 · 马格里特 · 卡诺 (1735—1823),[65] 科学家和政治家, 法国革命胜利的著名的组织者, 救国委员会有影响的成员, 实际上是革命时期的法兰西的国防部长.

加斯帕尔 · 蒙日出生在勃艮第的一个小镇的商店店主之家. 他的父亲是几乎完全没有受过教育的人, 然而, 他深深地尊重知识, 而且寻求给予他的孩子们他所能提供的最好的教育; 他终有回报 —— 蒙日和他的两个兄弟先后成为数学教授, 在革命前的法国, 对于一个贫穷的乡下人的家庭这是难以置信的. 一个官员旅行时偶然穿过蒙日家所在的小镇,

加斯帕尔 · 蒙日

他看到了年轻的蒙日很有才气地制作的该镇及其周边的一幅地图, 就安排蒙日进入在阿登的梅齐埃尔的一所军校. 这是法国最古老而且最好的高等军事院校之一. 蒙日被辅助系接受, 该系为军队培养技术人员, 因为仅有出身高贵的人才被允许进入训练军官的系. 不过, 由于提供了关于要塞规划问题的最佳可能的解法 —— 它应用了画法几何学的观念, 到这个时候他已经有了这些观念, 并将随后在巴黎综合理工学院的著作中描述为在一片平整的纸上描绘三维物体的艺术,[66] 在梅齐埃尔, 蒙日被赋予讲授数学, 后来讲授物理学的特权. 他的杰出的教学、科研和行政事业是从这一点开始的.

当蒙日进入在梅齐埃尔的学校时他 18 岁; 在 19 岁他成为一名教师, 而且是数学教授查尔斯 · 博叙 (1730—1814) 的助手; 在 24 岁他被任命为数学和物理学的正教授; 28 岁时, 在博叙和著名的达朗贝尔 (下面还要遇到他的名字) 及安托万 · 尼古拉 · 德 · 孔多塞 (1743—1794) 的推动下, 他被选为法国科学院的通讯院士.1780 年, 蒙日成为院士. 起初, 他把在梅齐埃尔的教学和长时间住在巴黎结合起来, 在巴黎他参加法国科学院的会议, 后来他永久性地移居巴黎.

1789 年的法国大革命使作为一介平民的蒙日欢欣鼓舞. 他短期作为海军部长并不特别成功; 然而, 他的组织活动在大革命时期是相当重要的. 他参与组织了火药的制造和铸造火炮; 在负责法国采用公制的委员会中他起了重要作用. 但他的最伟大的成就是参与创建一所新型的学院, 不久它被称为巴黎综合理工学院.[67]

蒙日的巴黎综合理工学院是为培养高水平的工程师而建立的. 它提供 3 年的课程, 3 年之后毕业生可以在更专更高的机构或军事院校继续接受教育. 巴黎综合理工学院的课程表局限于一般的领域, 即数学、理论力学和物理学; 不过, 因为有一个杰出的讲师和教师的团队, 教学的水平是极高的, 对他们的选择, 蒙日被赋予最高的优先权. 入学考试是选拔性的, 而且在全国的许多地方同时进行. 参加考试者以解答一定数目的问题为条件, 这些问题从提供给他们的有许多问题的清单中选择. (当然, 该清单对于所有人都是一样的: 参加考试者在举行考试的许多地点同时打开装有问题清单的信封; 每个问题的解答有特定的分值.)

在该校的教学过程中, 解答困难的问题一直起着重要的作用, 而且在学习期间获得的分数计入毕业的考量. 毕业之后的事业与他们在毕业时获得的名次关系很大. 起初该校的 “校长” 每月一换, 而且根据蒙日的建议, 拉格朗日被任命为首任校长; 蒙日本人是第二任. 后来, 在管理上每月一换的不方便的制度被废除了, 而且有许多年蒙日是独一无二的校长.

在 19 世纪欧洲的科学中, 巴黎综合理工学院扮演了一个重要的角色. 尤其是, 它为克莱因在德国哥廷根大学的活动树立了一个榜样.[68] 毫无疑问, 在 19 世纪后期和 20 世纪早期, 德国 (在苏黎世, 慕尼黑, 布拉格和其他地方) 在创建技术学院 (Technische Hochschule) 时, 考虑了以巴黎综合理工学院作为榜样; 它也有助于创建著名的美国技术院校 (麻省理工学院, 加州理工学院) 和位于靠近莫斯科的多尔戈谱鲁德内镇的莫斯科物理和技术学院. 蒙日在巴黎综合理工学院, 部分地在巴黎师范学校发布的讲义实际上是他创立的几何学新领域的两本教科书的基础: 上面提到的《画法几何学》(1795) 和《分析学在几何学中的应用》(*Application de l'analyse à la géométrie*) (1795 年; 第二版, 1801 年; 第三版, 1807 年; 第四版, 1809 年).[69]

拿破仑高度尊重蒙日的科学、教育和组织活动, 他授予了蒙日许多荣誉. 他是接受拿破仑设立的荣誉军团勋章的第一个平民; 他是元老院议员并被授予伯爵的头衔. 就蒙日本人来说, 他完全忠于拿破仑. 在 "百日王朝" 期间蒙日支持拿破仑, 此时后者试图在波旁王朝[70] 复辟后重新掌权, 当波旁王朝第二次恢复权利时蒙日因此受到冲击: 他被逐出法国科学院, 并且被剥夺了所有的头衔, 巴黎综合理工学院暂时关闭, 当它重新开学时蒙日不再是它的成员. 所有这些在一个老教授身上有明显的效果. 从拿破仑第二次失败的 1815 年到蒙日去世的 1818 年, 他处于抑郁状态. 巴黎综合理工学院的学生们被严禁参加蒙日的葬礼; 然而, 这些不能阻止他们凑钱在葬礼之后的第一个星期天买花装点他的坟墓.

我们曾经称蒙日 (和卡诺) 是 19 世纪几何学兴旺发达的先驱者. 也许这个世纪的第一个真正伟大的几何学家是另一位法国官员, 蒙日在巴黎综合理工学院的学生让 · 维克托 · 庞斯莱 (1788—1867).

庞斯莱是拿破仑军队中的一个军官, 在 1812 年的俄国战役中他成了俘虏, 作为战俘在一个农村度过了 2 年, 该村靠近伏尔加河沿岸的萨拉托夫. 不过, 对法国军官而言, 生活条件并不特别恶劣, 为了消磨时光, 庞斯莱开始为他的军官同事们的一个小组讲授几何学, 他们大都像他那样毕业于巴黎综合理工学院, 曾是蒙日的学生. 返国后, 这位年轻的军官阅读当时可得到的文献并发现他在萨拉托夫讲课中提出的想法相当独创, 而且能作为几何学的一门全新分支的基础, 庞斯莱称这门新分支为射影几何学.

庞斯莱在他的大厚本的《图形的射影性质专论》(*Traité des propriétés projectives des figues*) (1822) 中总结他当战俘时获得的结果, 这本书为他带来了名声. 在后来的岁月, 例如, 当 "专论" 的一个新版本 (1864—1866) 出版时, 庞斯莱 —— 现在是将军 —— 痛苦地抱怨过早成名. 这位年轻军官在 1822 年出版的这部书的成功开始了他的管理生涯. 庞斯莱在军队和科学上获得了极高的位置, 包括国防委员会和著名的巴黎综合理工学院理事会的成员, 他曾在该校如此有成效地学习; 他还在组织伦敦 (1851) 和巴黎 (1855) 国际博览会上处于主导地位. 但与高级头衔和官阶相联系的职责几乎使庞斯莱完全脱离了他非常热爱的科学[71]. 因此, 例如, 随着他的 "专论" 的出现而来的射影几何学的胜利几乎完全没有他的参与, 这是他在晚年痛悔的一个事实. 在积极的生活和观望生活之间的旧的冲突给他的晚年带来了一定的不和谐, 正如克莱因在他的传记中指出的.

庞斯莱从蒙日关于画法几何学的讲义开始, 这是蒙日在研究三维图形在平面上 (比如说, 在一张纸上) 的表示时创造的. 因为把一个三维图形 F 放在一个平面上是不可能的, 因此一定要使用它的所有点通过射影在一个像平面上得到的表示. 蒙日偏爱正交射影, 它把 F 的每个点 A 送到在像平面上它的正交射影 A' (A' 是自 A 到该平面的垂线 AA' 的垂足, 见图 4(a)). (现在广泛应用于画法几何学中的蒙日方法, 三维图形 F 由它在 3 对垂直的平面上的正交射影 F_1, F_2 和 F_3 所取代. 显然, 这个三维图形被 (平面) 图形 F_1, F_2 和 F_3 完全确定, 而且图形 F_1, F_2 和 F_3 也允许我们复原图形 F.)

另一方面, 庞斯莱对一个 (平面或空间) 图形 F 和它的中心射影 F' 之间的关系感兴趣, F' 由像平面 π 与所有的直线 OA 的交点构成, 这里 O 是射影的固定的中心且 $A \in F$ (见 4(b)).

显然, 一个平行射影 λ (把图形 F 的每个点 A 送到点 A', $A' = \lambda(A)$ 使得 $A' \in \pi$ 且 $AA' // \ell$, 这里 ℓ 是一条固定的直线 (如果 $\ell \perp \pi$, 则 λ 被称为一个正交射影)) 对图形 F 改变不大. 因此, 如果 F 是一个三角形 (见图 4(c)), 则 $F' = \lambda(F)$ 也是一个三角形, 尽管通常 F' 异于 F. 一个中心射影 ζ 可以更多地改变一个图形: 因此在图 4(b) 中的射影 ζ 把三角形 $F \equiv ABC$ 送到由在 A' 的两个对顶角构成的图形 $F' = \zeta(F)$, 其中的一个的顶端由线段 $(B'C')$ 代替. 庞斯莱称在中心射影下图形保持的性质为射影性质, 而且研究这些性质的学问被称为射影几何学.[72]

射影几何学的基本概念是什么? 在这一点上, 比较射影几何学和仿射几何学 (源于欧拉; 见注记 63) 是方便的, 仿射几何学研究在平行射影下图形保持的性质.[73] 显然, 平行射影 λ 把每一条直线 a (被认为是其点的集合) 送到一条新的直线 $a_1 = \lambda(a)$; 它把平行线 a 和 a_1 送到平行线 $a' = \lambda(a)$ 和 $a_1' = \lambda(a_1)$; 而且它保持 3 个共线点 A, B 和 C 的 "简单比" $(A, B; C) = AC/BC$ (按照图 4(a) 的记号, $AM'/BM' = AM/BM$). 因此, 在仿射几何学中, 关于一条直线 (以及属于直线 a 的一个点 A), 直线 a 和 a' 平行, 以及三个点 $A, B, C \in n$ (三个点在一条直线 n 上) 的简单比 $(A, B; C) = AC/BC$ 的概念都是有意义的. 另一方面, 平行射影可以

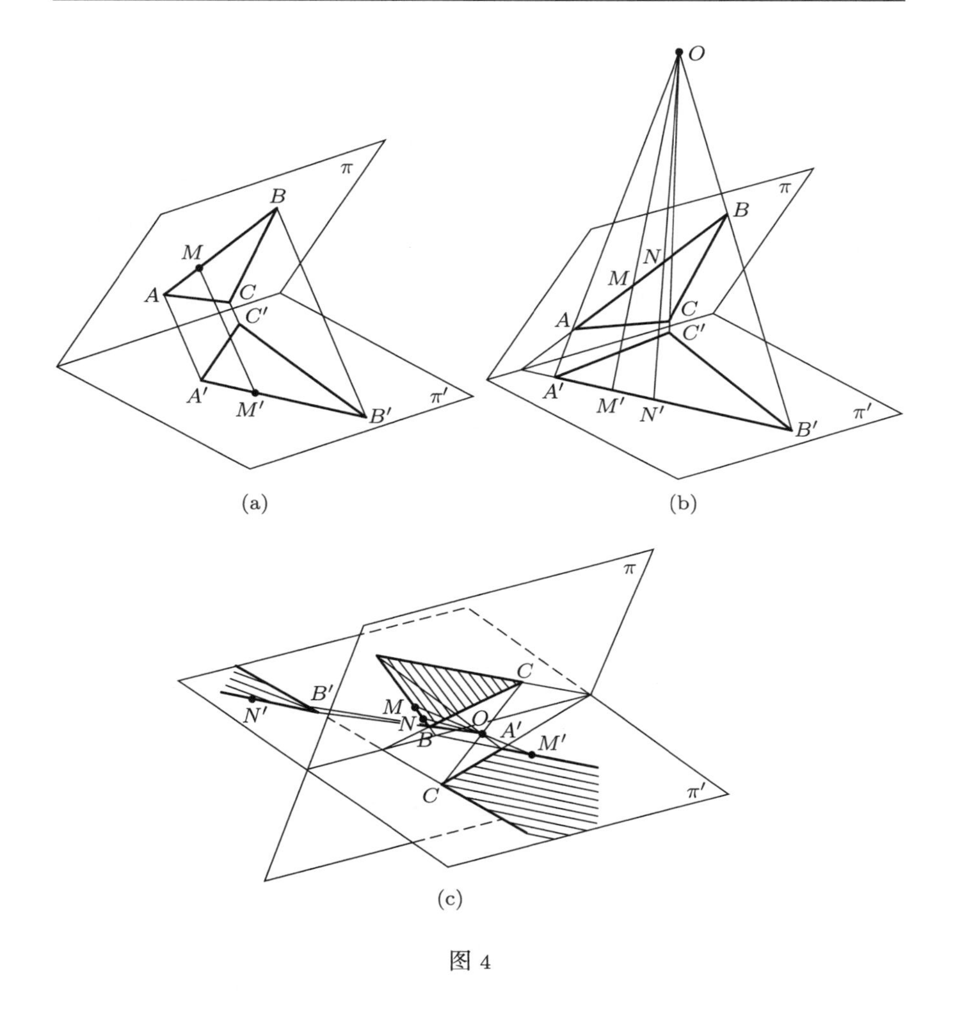

图 4

把一个圆变换为一个椭圆 (见图 5(a), 这里平面 π' 上的圆 S' 被平行射影送到平面 π 上的椭圆 S), 所以, 在仿射几何学中圆的概念是没有意义的, 在一定的意义上, 椭圆承担它的作用. 类似地, 一个中心射影 ζ 把一条直线 a 变换为一条新的直线 $a'=\zeta(a)$, 而且保持 4 个共线点的所谓的交比 $(A,B;C,D)=(A,B;C)/(A,B;D)=(AC/BC)/(AD/BD)$ (两个简单比的商); 如果 $B,C,M,N\in n$ 且 $B'=\zeta(B),C'=\zeta(C),M'=\zeta(M),N'=\zeta(N)$ (参见, 例如, 图 4(b)), 则 $(B',C';M',N')=(B,C;M,N)$; 这就是为何在射影几何学中能说一条直线; 属于一条直线 a 的一个点 A; 以及 4 个

共线点的交比 $(A, B; C, D)$ 的原因. 另一方面, 一个中心射影 ζ 可能把平行线变换为相交的直线 (见图 6, 这里 $AP//BQ$, 同时 $A'P'B' \cap Q' = C'$, 因此 "半条状带" $PABQ$ 变成三角形 $A'B'C'$); 由于这个原因, 在射影几何学中不存在平行线. 在射影几何学中圆锥截线, 即椭圆、抛物线和双曲线 —— 换言之, 由一个圆经过中心射影得到的曲线 —— 承担圆的作用. 因此, 在图 5(b) 中, 中心为 O 的中心射影把平面 π' 上的圆 ζ 变换为平面 π_1 上的椭圆, 或平面 π_2 上的抛物线 ζ, 或平面 π_3 上的双曲线 ζ.

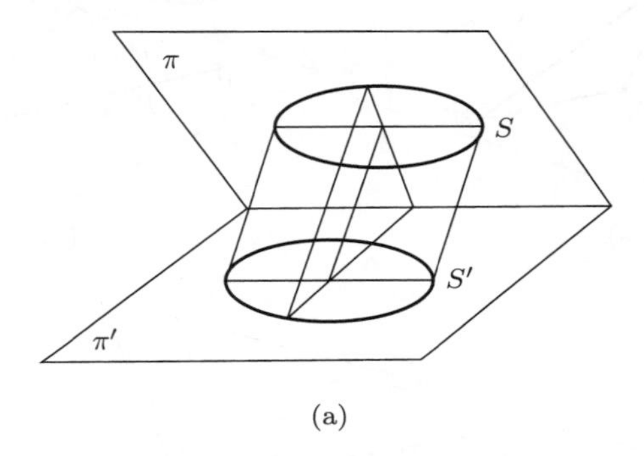

(a)

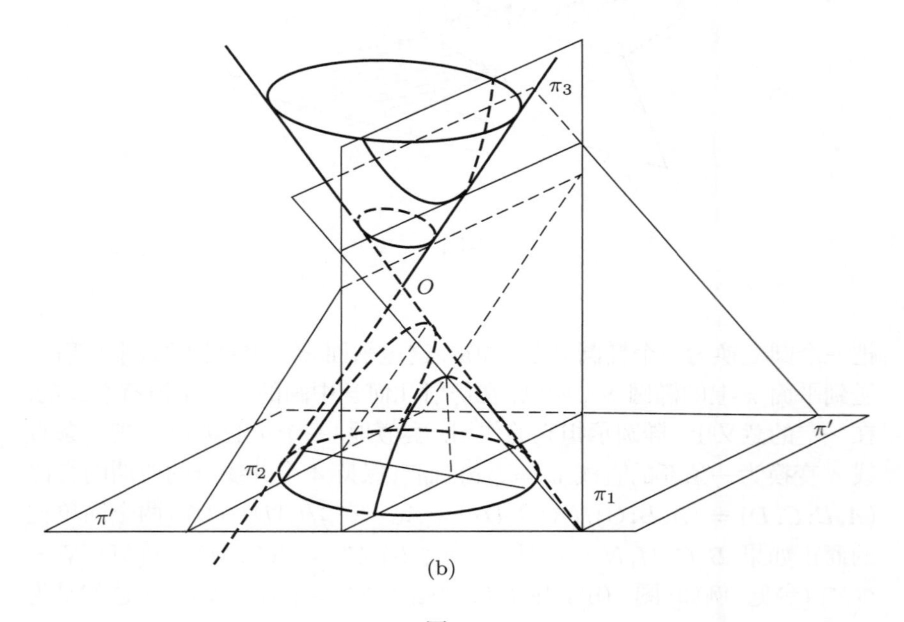

(b)

图 5

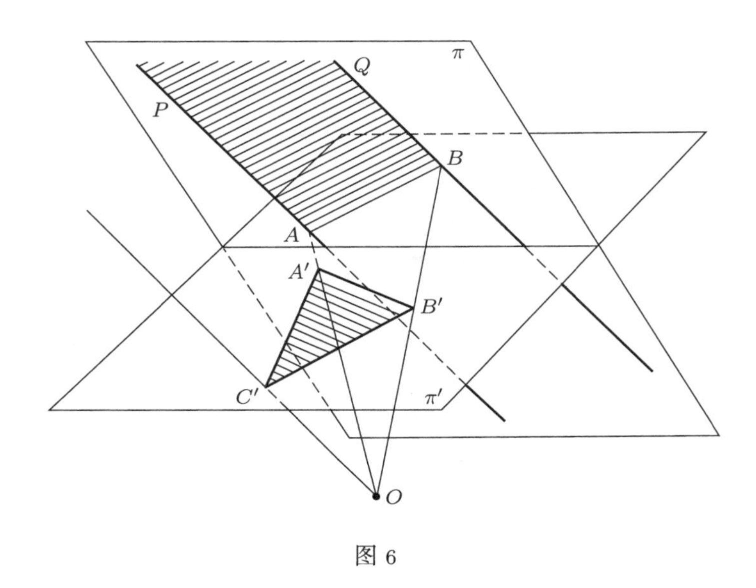

图 6

图 6 解释了另一个重要的事实: 一个中心射影 ζ 并不建立一个给定的平面 π 上的点与它的像平面 π' 上的点之间的一一对应 —— 没有点 $C' \in \pi'$ 对应于点 $C \in \pi$, 因为 $OC'//\pi$. 因此, 在映射 $\zeta: \pi \to \pi'$ 中既非 π, 亦非 π' 能被认作通常 (欧几里得或仿射) 的平面, 这就是说, 在射影几何学中平面的概念必须有一些修正. 亦即, 我们假设如图 6 所示的在射影 $\zeta: \pi' \to \pi$ 之下点 C' 的像是无穷远点 C, 在那里直线 AP 和 BQ 相交 (尽管它们不是在一般的平面上相交!), 即 $\zeta: C \to C'$ 或 $\zeta(C) = C'$. 现在, 因为在点 M 相交且在平面 π 上的一束直线被中心射影 $\zeta: \pi \to \pi'$ 变换为平面 π' 上的一束平行线 (图 7), 从射影几何学的观点来看, 平行于某条固定的直线的 (欧几里得或仿射) 平面上的所有平行线汇聚于一个单独的 "无穷远点" 是方便的. (因此, "从仿射的观点来看", 我们可以假设 "无穷远点" 就是平行线束, 正如一个普通的点 M 可以与相交于 M 的线束等同.) 假设射影平面 π 上所有的 "无穷远点" 属于同一条 "无穷远直线" o 是有用的 (它的像在以 O 为中心的中心射影 $\zeta: \pi \to \pi'$ 下是直线 o', 其中平面 π' 交于穿过 O 平行于 π 的平面 ω). 在椭圆、抛物线和双曲线之间的 "欧几里得几何学上的差异" 现在可以通过说椭圆不包含无穷远点, 抛物线恰好包含一个无穷远点 (对应于它的对称轴的方向, 沿着它抛物线 "走向无穷"), 同时双曲线包含两个无穷远点 (对应于它的渐近方向 —— 在这些方向上双曲线 "走向无穷") 得到解释.

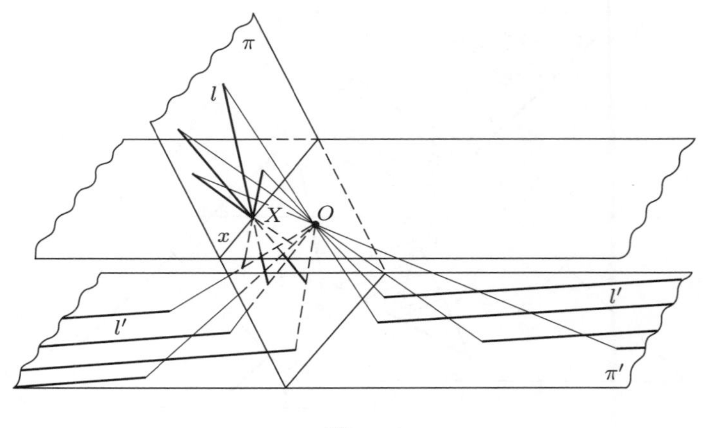

图 7

因此, 射影几何学的 “作用域” —— 射影平面 —— 与通常的欧几里得平面不同, 对射影平面上的每一条直线必须增加一个点 (无穷远点, 这在欧几里得几何学中不存在), 使得一束平行线的所有无穷远点重合, 而且该射影平面的所有无穷远点的集合构成单一的 “无穷远直线”. 当然, 这样对射影平面的描述基于我们通常的 (欧几里得几何学的) 观念, 在射影几何学中通常的欧几里得几何学的观念是无意义的; 实际上, 在射影几何学中, “无穷远点” 与其他点是不可区分的, 因为中心射影可以把任何一个普通的点变换为无穷远点, 而且反之亦然. 射影平面的概念和中心射影的概念之间的关系把我们引向如下的射影平面的 “模型”, 它经常变成有用的: 射影平面是经过一个固定点 O (“射影中心”) 的空间中所有的直线束和平面束; 这里, 穿过 O 的直线被称为射影平面 π 的 “点”, 而穿过 O 的平面被称为 “直线”.

注意射影平面中的任意两条直线 a 和 b 必定相交于一个唯一的点 (如果在欧几里得平面或仿射平面 π_0 上 $a \not\parallel b$, 该点就是一个普通的点; 射影平面 π 通过在 π_0 上增加一条无穷远直线 o 得到, 如果 $a//b$ 或直线 a 或 b 是 o, 该点是一个无穷远点); 这个事实决定了在射影平面上点和直线的性质之间的类似. 事实上, 在欧几里得平面, 点和直线的性质之间的类似被破坏了, 因为存在不相交的 (平行的) 直线; 然而, 在射影平面上, 没有平行线. 点和直线的性质之间的类似可以用所谓的射影几何学的对偶性原理 (duality principle) 的形式来叙述, 它说在射影几何学的任何一个定理中, “点” 可以用 “直线” 代替且反之亦然, “位于” 可以由 “穿过” 代替且反之亦然, 这样得到的新定理 (被称为已给定理的对偶) 为真, 只要原始定理为真. 对偶性原理是射影几何学的基石之一. 不幸的是, 它的发现由于在庞斯莱和另一位法国几何学家约瑟夫 · 迪亚斯 · 热尔岗 (1771—1859) 之间的相当不愉快的争论而蒙尘, 他们都宣称了优先权.[74]

19 世纪是射影几何学的黄金时代, 它无疑是这个时期几何学中的领头分支.[75] 除了庞斯莱和热尔岗之外, 米歇尔 · 沙勒 (1793—1880) 在射影几何学的发展中起到了积极的作用, 沙勒是另一位杰出的法国几何学家, 他在巴黎综合理工学院当了多年教授 (在 1886 年一个几何学系特地为他而设立). 沙勒只比庞斯莱年轻 4 岁, 但他们的科学活动属于不同的时代: 庞斯莱只在他的青年时期做数学研究, 沙勒只是在后来的岁月才领悟了自己的科学潜力. 当沙勒还是巴黎综合理工学院的学生时, 他的第一篇科学出版物出现了; 但在完成学习的课程之后, 他没有匆忙地开始在科学方面工作, 而认为他应该用其他手段首先在物质上养活自己. 他定居在自己的家乡沙特尔城, 在这里他作为一个企业家和高度成功的金融专家很快有了名声. 由于他在银行业的活动, 他变得富有, 之后他转向研究几何学. 他的第一部长篇出版物是《几何学方法的起源和发展的历史概述》(*Aperçu historique sur l'origine et le développment des méthods de la géométrie*) (1837).[76] 这一回顾被许多几何学家作为研究的起点, 尤其是对沙勒本人. 他的其他出版物很快接着出现. 沙勒在巴黎综合理工学院关于高等几何学[77] 的课程特别有影响. 沙勒完全致力于几何学中发展坐标方法 (对此下面要更多地说到) 的 “解析方向”; 而且他拥有独一无二的解析直觉, 这使他能够从没有个性的公式储备中得到大量令人印象深刻的几何学事实. 不幸的是, 在沙勒的晚年, 一桩在巴黎有广泛反响的丑闻使他名声受损. 多年来, 这位著名的科学家和法国名列前茅的学校的教授是手稿的狂热收藏者, 他莫名其妙地成为一个骗子的牺牲品, 这个骗子为他提供伪造的文件, 诸如克利奥帕特拉写给尤利乌斯 · 恺撒的信. 这一事件令沙勒有了可疑的名声: 成为阿尔方斯 · 多代的《不朽者》(*The Immortal*) 的主人公的原型 (不过, 多代没有让他的故事的主角像沙勒那样成为法兰西学会的一个成员, 而是成为法兰西学术院 (the French Academy) 的一个成员, 只有文人才能入选法兰西学术院 (见注记 176)).

奥古斯特 · 费迪南德 · 默比乌斯

沙勒改进的几何学的解析方法是以德国几何学家奥古斯特 · 费迪南德 · 默比乌斯 (1790—1868) 的研究为基础的. 反过来, 默比乌斯爽快地承认受惠于法国人庞斯莱和热尔岗; 科学的发展总是国际性的, 而且超越国界的科学观念的输入从来不被认为是走私. 在科学上, 默比乌斯和法国几何学中在解析方向上占鳌头的沙勒不分伯仲. 另一方面, 就为人来说, 他们两个非常不同, 必须承认, 默比乌斯具有极为吸引人的人格.[78]

8 月, 默比乌斯生于位于萨克森的舒尔普福塔的皇家学校, 此处离莱比锡不远. 他的父亲是宫廷的舞蹈教师. (喜欢沉思遗传性的读者可能对这一事实感兴趣: 默比乌斯的儿子[7]后来成为杰出的神经病学家, 而且是一部臭名昭著的关于女性生理弱点的书的作者.) 默比乌斯在舒尔普福塔完成中学学业并在 1809 年进入莱比锡大学, 在这里他首先学习法律, 然后是物理学和数学. 从 1813—1814 年, 在哥廷根, 默比乌斯在高斯手下学习, 不过, 高斯仅是为他作为一个天文学家的事业做准备, 未能发

[7] 应为默比乌斯的孙子 (Paul Julis Möbius).—— 译者注

现他的学生的杰出的数学能力.79 然而, 默比乌斯在哥廷根的学习对他有持续的影响, 终其一生他自认为是高斯的一个学生, 就默比乌斯来说, 高斯的每一封信是他孩童般骄傲的目标. 在 1814 年, 默比乌斯返回莱比锡大学. 毕业之后, 他接受了在莱比锡郊区的普莱森堡[8] 天文台的一个职位. 他在这里工作超过了 50 年, 直到他 1868 年去世; 他从较低的职位升至天文台台长一职 (在他的晚年, 他把台长的工作和在莱比锡大学的教授职责结合起来). 默比乌斯的整个生活在普莱森堡天文台的围墙中度过; 他的书房, 他与妻子和孩子们住的公寓, 他总是喜欢在那里讲课的大厅, 都在天文台内. 在天文台, 默比乌斯认真履职, 这是他的性格. 他写了一些实用天文学的书, 包括改进望远镜的光学系统的研究, 他的天文观察手册直到 20 世纪 20 年代在德国还很流行 (最后一版的日期是 1916 年).

作为一个人, 默比乌斯是心不在焉的教授的典型. 他很害羞, 而且不善社交、怕生, 他对思考如此痴迷以致他迫使自己做出记忆规则的一个完整系统 (也不总是起作用), 以便离家散步或去莱比锡大学时不忘记带他的钥匙, 或不离左右的雨伞及手帕. 他的整个生活都在一座城市, 而且在一座建筑物中度过. 他年轻时在哥廷根学习以及在德国的两三次短程旅游是他的主要 "冒险". 他的生活的一幅完整的图画可以从他每晚写的科学日记中得到, 通过日记我们能追踪他的看法、兴趣和观念的发展, 这些是在完全刻板的生活中仅有的变化的东西. 在日常生活中谦虚而且甚至是羞涩与在科学中的大胆、奇想和发明才能, 深刻的思想, 以及出色的教学能力的组合是矛盾的. 默比乌斯的所有著作, 包括他的长篇的《重心计算》(*Der barycentrische Calcul*) (1827) 和两卷本的《静力学教程》(*Lehrbuch der Statik*) (1873), 不仅以新奇的思维和深刻的洞察力, 而且以风格的简洁、叙述的清晰和出色的结构著称. 大多数数学家的数学才能随着年龄而减弱 (庞斯莱和克莱因是相关的例子). 但时间没有减少默比乌斯的天赋. 他的最令人印象深刻的发现 —— 单侧曲面, 诸如著名的 "默比乌斯带"80 —— 是他差不多 70 岁时做出的, 而且他去世后在他的论文中发现的所有的工作显示了同样出色的形式和深刻的思想.

即使以 19 世纪几何学的显著的成就作为背景, 默比乌斯的造诣也是杰出的. 不幸的是, 这些成就不是以合作的精神, 而是在无休止的争吵

[8] 原书误为 Pleisenburg, 应为 Pleissenburg, 在德语中写作 Pleiβenburg.—— 译者注

和痛苦对抗的背景下取得的. “纯几何学的” (综合的) 方法的倡导者们攻击 “分析家们”, 法国学派与德国学派争斗, 等等. 这些争论和冲突涉及庞斯莱、沙勒、施泰纳和普吕克. 谦虚的默比乌斯 (像冯 · 施陶特, 在性格和脾气上与他类似) 远离任何非纯科学性的讨论. 此外, 在默比乌斯的著作中, 他引入了令人印象尤为深刻的对争辩有节制的注记: 他的著作成功地联合了几何学中分析的和综合的方法, 并作为其后许多胜利的基础. 同时, 正如上面已经指出的, 默比乌斯爽快地承认法国数学家在创造射影几何学上的优先权 —— 这位著名的科学家不仅摆脱了个人的傲慢自大, 而且也摆脱了民族的偏见.

默比乌斯的射影几何学的关键想法, 首先是射影坐标的想法, 这个想法对射影平面上的每个点分配一组数 —— 这个点的坐标. 在现代的阐述中, 这些坐标通常作为三维空间 $\mathbf{R}^3$ 中普通的 (“仿射”) 坐标引入, 其中的直线束和平面束 (以原点为 O 的坐标系统) 构成射影几何学的模型. 从这一描述中, 射影平面上的每个点 (即三维空间中穿过原点 O 的每条直线) 由 3 个坐标 x, y, z 或 x_0, x_1, x_2 描述, 其中至少有一个不消失, 同时成比例的坐标 3 元组 (x_0, x_1, x_2) 或 $(\lambda x_0, \lambda x_1, \lambda x_2)$ (这里 $\lambda \neq 0$) 描述坐标平面的同一个点 (因为, 如果 $M_1 = (x_0, x_1, x_2)$ 且 $M_2 = (\lambda x_0, \lambda x_1, \lambda x_2)$, 则 OM_1 和 OM_2 表示线束的同一条直线).

默比乌斯以不同的方式在射影平面中引入坐标. 他考虑平面 π 中一个任意的固定的三角形 $A_0A_1A_2$, 以及放置在点 A_0, A_1, A_2 上的一个质量系统 m_0, m_1, m_2 的重心. 如果我们假设质量允许是 “负的” (即对应的 “重量” 的指向不仅可以垂直向下, 也可以向上), 那么, 容易验证对该平面上的每个点 M, 我们能选择一个数的系统 m_0, m_1, m_2 (这里 $m_0 + m_1 + m_2 \neq 0$) 使得质量 $A_0(m_0), A_1(m_1), A_2(m_2)$ 的重心与 M 重合; 默比乌斯称这些数 m_0, m_1, m_2 或 x_0, x_1, x_2 为点 M 的重心坐标 (barycentric coordinates) (相对于重心或 “barycenter” 的坐标). 使 $m_0 + m_1 + m_2 = 0$ 的数 m_0, m_1, m_2 是射影平面的 “无穷远点” 的重心坐标. 很清楚, 一个点的 (重心或射影) 坐标 x_0, x_1, x_2 仅确定到一个公共因子 $\lambda \neq 0$ 的倍数, 即它只是这些相关坐标的比. 这要求建议的记号 $M(x_0 : x_1 : x_2)$. 现在, 默比乌斯通过齐次线性方程 $a_0x_0 + a_1x_1 + a_2x_2 = 0$ 定义直线, 它与在一条直线上的点的坐标 x_0, x_1, x_2 有关, 并定义圆锥截线为 “二阶曲线”, 即通过形如 $a_{00}x_0^2 + a_{11}x_1^2 + a_{22}x_2^2 + 2a_{01}x_0x_1 + 2a_{02}x_0x_2 + 2a_{12}x_1x_2$ 的齐次方程定义, 等等.[81]

应该注意源于默比乌斯的几何学的另一个分支, 在 19 世纪它有显著的发展. 这就是所谓的圆几何学或反演几何学, 它研究图形在平面的反演下不变的性质. 以 O 为中心的次数为 k 的一个反演 i 定义为映射 $i: A \leftrightarrow A'$, 它把平面上的每个点 A 送到点 A', 使得 A' 属于直线 OA 且 $OA \cdot OA' = k$. 反演的一个独特的性质是它们把圆 (在这一语境下, 增加 "无穷半径的圆" —— 直线是方便的) 变换为圆的事实; 反演能把直线变换为圆. 因此, 在圆几何学中, 圆 (半径有限或无限) 的概念是有意义的, 同时直线的概念是无意义的.[82] 最后, 由于发现类似于默比乌斯带或七面体 (见注记 80) 的单侧曲面, 默比乌斯也对拓扑学做出了本质的贡献.

19 世纪射影几何学在德国的发展相当迅速:《克雷尔杂志》(上面提到过) 的第 1 卷出现在 1826 年, 它包含施泰纳早期的论文; 默比乌斯的《重心计算》在 1827 年出版; 普吕克的《解析几何学的发展》(*Analytisch-geometrische Entwicklungen*) 的第 1 卷出现在 1828 年; 施泰纳的《几何形的相互依赖性的系统发展》(*Systematische Entwicklung der Abhängigkeit geometrischer Gestalten von einander*) 的第 1 卷 (不幸的是, 也是最后一卷) 出现在 1832 年, 而且在特定的意义上, 冯 · 施陶特的出现于 1847 年的《位置的几何学》(*Geometrie der Lage*) 完成了射影几何学的发展. 几何学的综合方向以施泰纳为首, 他们以几何学公理 (在这时通常叙述得不清楚) 的直接推理为基础. 几何学的解析方向以普吕克为首, 他们强调坐标 (回想普吕克的书的标题). 这两个人忙于无休止的争吵.

在 19 世纪的数学上, 最富有色彩的人物和最杰出的几何学天才曾是瑞士的牧羊人, 他叫雅各 · 施泰纳 (1796—1863). 施泰纳出身于一个贫穷的农民家庭, 远离科学和文化的中心, 在他的童年没有受到教育. 后来, 他喜欢回忆他在 18 岁时几乎不会书写, 尽管他依靠自己获得了一些数学和天文学知识, 在年轻时他特别喜欢它们. 这个年轻的牧羊人的知识和兴趣令杰出的瑞士教师约翰 · 海因里希 · 裴斯泰洛齐 (1746—1827) 的一个同事惊奇, 他偶然遇到施泰纳, 而且经过一些努力, 他说服这位牧羊人的父亲让这位农业急需的人手上裴斯泰洛齐的学校. 施泰纳在这里先学习然后教数学. 在 1818 年, 他离开裴斯泰洛齐的学校到最近的德国主要的大学中心海德堡. 不过, 施泰纳不得不上许多私人辅导课 —— 他唯一的收入来源 —— 他没有从海德堡大学毕业, 尽管他参加了几门大学课程, 他居留在海德堡相对来说无利可获. 在 1821 年, 听说柏林的一所中学招聘一位数学教师, 施泰纳移居柏林, 他留在这里直到去世. 因

雅各 · 施泰纳

为他没有毕业文凭, 他需要通过一次考试. 他显示了广泛的几何学知识, 不多的代数学和三角学知识, 但完全不熟悉微积分; 只是由于他提供的带有赞美的推荐信的效力, 以及他的惊人的几何学能力, 他被允许在该中学教所有班级的数学, 但毕业班除外. 施泰纳在这所中学任教, 直到 1835 年. 只有当他不能忍耐时, 他才偶尔离开正常工作, 通过给落后学生上私人辅导课 (亦无多大快乐!) 挣生活费 (如他年轻时所做的). 作为一个中学教师, 施泰纳不是很胜任, 因为他只关注最有才能的学生; 其他的学生只能激怒他. 这些年在施泰纳的生平中的幸事是他结识了富有的工程师和数学爱好者克雷尔 (见上面提到的克雷尔和阿贝尔). 克雷尔从第一次见到施泰纳就信任他并尽一切可能支持他: 1826 年创办的《克雷尔杂志》成为论坛, 通过它这位无名的中学教师能向全世界宣布他的几何学思想. 施泰纳没有失去这一良机, 对工作他拥有罕见的耐力和能力. 由于他的出色的科学著作, 在 1834 年他被选入柏林科学院, 而且为了永久地在柏林大学工作, 他在 1835 年离开了中学. 奇怪的是, 施泰纳发现在中学教书是痛苦的, 但他在大学的授课从一开始就极为成功. 这被证明在一定程度上对几何学是有害的: 施泰纳的课程是如此有影响, 以致在许多大学, 即使是现在, 射影几何学课程以他的大纲为基础, 并使用这位从来没有受过正规训练的昔日的牧羊人引入的古朴的术语.[83]

在 19 世纪的几何学中起重要作用的另一位中学教师是克里斯蒂安 · 冯 · 施陶特 (1796—1868), 在所有其他方面, 他与施泰纳相反. 冯 · 施陶特出身于弗朗科尼亚的一个贵族家庭. 在年轻时他跟着高斯学习, 不过, 高斯没有察觉到这位年轻人的能力. 毕业之后, 冯 · 施陶特在一所中学和一所多科工艺学校 (类似于现在的技术学院) 任教多年. 只是在 1835 年, 他成为埃朗根大学的教授, 克莱因后来在这里任教. 冯 · 施陶特在这里工作, 直到去世, 他很少与人交流, 而且不紧不慢地写他的著作. 他的风格是非常严格而且正规的, 符合 20 世纪而不是 19 世纪的标准. 因为冯 · 施陶特缺乏各方面的教学能力, 他的著作的形式使它们难于理解, 因此它们没有立刻被承认.[84]

尤利乌斯 · 普吕克 (1801—1868) 出身于莱茵的一个工厂主的家庭, 与和他同时代的任何一位德国几何学家相比, 他和法国及英国科学家的联系更为密切. 普吕克在波恩大学和巴黎大学学习, 由于他与极有影响力的施泰纳的冲突 (也许由于这两位杰出的科学家的社会地位的差异), 他在德国数学界的地位相当不稳定. 在注记 68 提到的书中, 克莱因指出, 普吕克交互地致力于数学和物理学, 长期放弃几何学, 只是当他得知施泰纳去世后, 他才重新回到几何学上. 另一个出人意料的事实是: 普吕克把处理他的时代最抽象的数学的天赋与实验物理学的技能结合起来 (这是非常罕见的). 他的一些物理学发现 (例如, 阴极射线[85]) 即使今天也令人感兴趣.

当然, 不可能在这里详细描述施泰纳、冯 · 施陶特和普吕克的基本的科学成就. 施泰纳在射影几何学上的主要贡献也许是圆锥截线的 (综合的) 理论.[86] 作为解析方法的一个根深蒂固的反对者, 施泰纳抛弃通过二次方程定义圆锥截线 (见上文), 并代之以几何学的定义; 与图 5(b) 相联系的定义, 圆锥截线的概念与圆 (在射影几何学中不存在[87]) 的概念有关. 综合几何学的一个更大的胜利是冯 · 施陶特引入的点和直线的射影"坐标" (涉及几何构造而不是数), 以及共线点 (或共点线) 的交比. 冯 · 施陶特的精细的构造[88] 为射影几何学不是自相矛盾的证明提供了最后一笔, 而且其发展能不求助欧几里得几何学.

尤利乌斯 · 普吕克

最后, 普吕克的重要成就是他的线几何学, 它既给克莱因 (他曾为出版他的老师在这个领域的著作的第 2 卷做过准备), 又给李留下了深刻的印象. 从平面射影几何学的对偶原理, 如果我们取直线作为平面射影几何学的基本元素 (一种点), 则我们到达一个几何学系统, 它与原来的并没有差别. 在空间射影几何学的情形, 事情相当不同: 这里对偶原理断言, 在射影空间中平面 (不是直线!) 的几何学 (其中平面作为基本元素的几何学) 与通常的射影空间几何学没有差别. 然而, 在 (射影) 空间中线的几何学是相当新的事情, 如果只是因为在空间中线的集合是四维的, 即一条直线的位置由 4 个参数 (坐标) 确定; 可以取这样的坐标, 比如说点 M 的坐标为 (x, y), 在这里直线 l 与水平面 xOy 相交, 而且 l 与平面 xOz 的交点 N 的坐标为 (x_1, z) (图 8). 于是普吕克的新的空间几何学是四维几何学, 其中直线作为基本元素. 普吕克通过巧妙引入的而且极为方便的线的 (外) 坐标 —— 现在以普吕克坐标著称, 以巨大的深度和技巧发展了这一几何学[89].

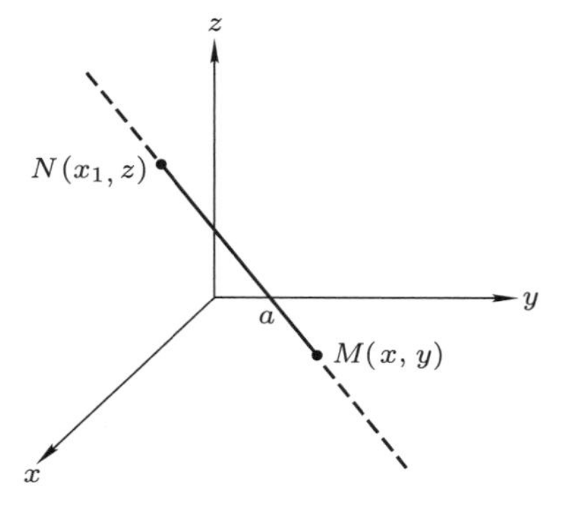

图 8

第 4 章

19 世纪的几何学: 非欧几里得几何学

在我们对 19 世纪几何学发展的评论中, 我们曾如此完全地忽略一项极其重要的成就 —— 第一个非欧几里得几何学的发现, 它以罗巴切夫斯基几何学或双曲几何学知名, 在这一联系中驳斥了这一信仰: 原则上仅有一种几何学系统能为我们周围的真实的 (物理的) 空间 (用纯粹数学的术语) "建模". 当然, 欧拉的仿射几何学和庞斯莱的射影几何学业已是非欧几里得系统, 从根本上与在学校学习的传统的欧几里得几何学不同; 但是, 仿射 (或射影) 几何学与 "经典的" (或学校的) 几何学间的差异的深度, 使得我们难于比较它们, 而且难于认识到存在许多值得注意的可能的几何学系统 (类似于数学家研究的不同的代数系统 —— 群、环、域、格, 等等). 球面几何学 (关于欧几里得球的表面的几何学) 与欧几里得几何学非常接近, 而且在古代是众所周知的.[90] 但球面几何学被认为仅是欧几里得立体几何学中的一章, 研究在三维欧几里得空间中的球面 (很像在平面几何学中研究圆). 黎曼 (或者也许是兰伯特; 见下文) 第一个指出几何学的这部分独立的重要意义. 第一个真正的非欧几里得几何学系统是双曲几何学,[91] 几乎同时而且独立地由德国人卡尔 · 弗里德

里希 · 高斯 (1777—1855)、匈牙利人亚诺什 · 波尔约 (1802—1860) 和俄国喀山的尼古拉 · 罗巴切夫斯基 (1792—1856) 所发展.[92]

很多文献致力于研究非欧几里得几何学的兴起.[93] 我们自己的叙述是粗略的. 我们以在绝大多数欧几里得的《几何原本》的版本中给出的并且传给我们的 (相当意想不到的) 公设的清单开始. 这个清单只包含性质变动很突出的 5 条陈述. 公设 I—III 断言经过任意两个点画一条直线是可能的, 以给定的一个中心和给定的一个半径画一个圆是可能的, 无限地延长任意一条线段是可能的.[94] 这些陈述解释了欧几里得对几何作图的理解 (数学上而不是物理上, 亦即与理论而不是与实际作图相关); 这是 "作图公理" 的本质意义, 任何作图问题必须约化到作图 "公理" (这样的一个约化被称为问题的解).[94] 公设 IV 断言所有直角的相等性, 不是一个公理而是一个定理: 这个命题容易证明.[95] 最后, 有著名的公设 V: 如果一条直线落在两条直线上使得位于同一侧的内角小于两个直角, 这两条直线, 如果无限延长, 在 [内] 角合起来小于两个直角的一侧相遇. 这一笨拙而且相当复杂的陈述[96] 吸引了人们的注意 —— 人们想知道没有这个棘手的公设是否可行.

卡尔 · 弗里德里希 · 高斯

尼古拉 · 罗巴切夫斯基

尝试证明欧几里得的第五公设开始于古代而且持续了多个世纪.[97] 意大利耶稣会士吉罗拉莫 · 萨凯里 (1667—1773), 以及阿尔萨斯人约翰 · 海因里希 · 兰伯特 (1728—1777)[98] 独立地最接近于发现双曲几何学, 兰伯特在慕尼黑和柏林工作, 是 18 世纪名列前茅的数学家之一. 萨凯里和兰伯特的思路非常相似: 萨凯里考虑一个对称的 "双直角" $ABCD$: $\angle A = \angle B = 90^\circ$ 且 $AD = BC$ (图 9(a)); 兰伯特考虑 "三直角" $AMND$: $\angle A = \angle M = \angle N = 90^\circ$ (图 9(b)); 容易看出, 萨凯里四边形的对称轴把它分成两个兰伯特四边形.[99] 萨凯里证明欧几里得的第五公设等价于断言在一个萨凯里四边形中 (显然相等的) $\angle C$ 和 $\angle D$ 是直角; 类似地, 兰伯特发现欧几里得的第五公设成立当且仅当在兰伯特四边形中 $\angle D$ 是一个直角.

然后, 萨凯里和兰伯特考虑了 3 种逻辑上的可能性: 直角假设 ($\angle D$ 是直角的假设, 导致欧几里得几何学); 钝角假设 ($\angle D$ 是钝角的假设); 以及锐角假设 ($\angle D$ 是锐角的假设). 钝角假设被抛弃, 因为萨凯里很容易

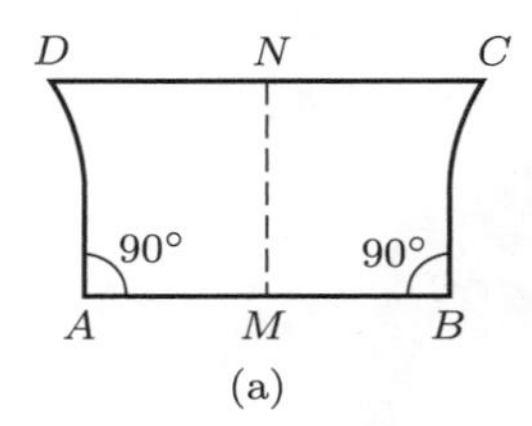

(a)

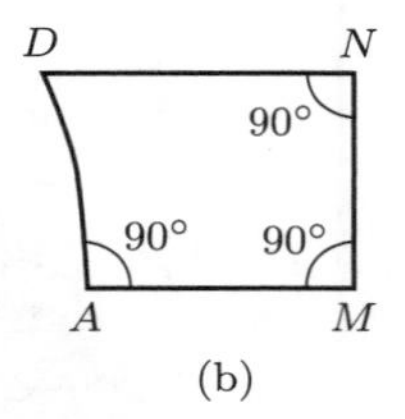

(b)

图 9

就发现它与几何学的基本公理矛盾, 所以 "反证了自身". 兰伯特更关注钝角假设, 注意到在球面几何学它被满足. 他甚至表明在球面几何学中特定的事实怎样来自这个假设; 两个这样的事实是在每个三角形 PQR 中的诸角之和大于 π, 以及差 $\angle P + \angle Q + \angle R - \pi$ (一个三角形的角超) 与三角形的面积成比例. 从结果 —— 兰伯特从钝角假设导出 —— 的优雅以及内在的逻辑来看, 以及一个简单且人所共知的模型 —— 球面几何学 —— 的存在性, 其中该假设和它的后续结果都成立, 兰伯特以不情愿地放弃这个假设告终; 事实上, 他用了一些篇幅处理从这些假设得到的 "几何学".

其次萨凯里和兰伯特考虑锐角假设 (应想起他们的研究是完全独立的 —— 兰伯特不熟悉萨凯里发表于 50 年前[100] 的结果). 两个人都从这个假设得到了一些深刻的几何学结果 —— 双曲几何学的一些定理, 正如我们现在称呼它们的. 萨凯里抛弃了这一假设, 由于它蕴含两条共面直线或者相交, 或者有一条公共的垂线, 在这条垂线的两侧它们无限地远离, 或者在无穷处 "彼此相切". 按照他的意见, 这与直线的本性矛盾. 不过, 作为寻根问底的研究者, 萨凯里禁不住做了一个比较 (他说) 在抛弃的两个假设之间存在着差异. 在钝角假设的情形, 所有事情 "是一清二楚的", 而抛弃锐角假设似乎没有那么令人信服.

在对源自锐角假设的几何学的研究上, 兰伯特甚至走得更远. 他吃惊地注意到所得结果的优美和没有矛盾, 以及与源自钝角假设且出现在球面几何学中的那些结果的 "相反的相似性": 因此, 在这里任意三角形 PQR 的诸角之和小于 π, 而且其面积正比于差 $\pi - \angle P - \angle Q - \angle R$ —— 该三角形的角亏.[101] 这仍然不能反证锐角假设, 兰伯特做了一个真正的预言性的陈述: "我几乎已经到达一个结论: 第三个假设在某个虚球上是成立的 —— 这里一定存在某种东西使得在如此长的时间在平面上难于反证它." 在后面我们会不断回想兰伯特关于在虚球 (半径为虚数的球) 上锐角假设成立的话.

但是兰伯特和萨凯里两人信服欧几里得几何学是唯一可能的几何学, 而锐角假设不成立.[102] 在作品中述说异于传统的欧几里得几何学的几何学系统是可能的第一人是费迪南德 · 卡尔 · 施韦卡特 (1780—1859). 施韦卡特不是数学家, 而是一个律师, 当时是俄罗斯 (实际上在乌克兰) 哈尔科夫大学的法律学教授. 施韦卡特没有受过正规的数学教育; 这也许能解释他不囿于关于几何学和空间性质的传统观念.[103] 无论如何, 在 1818 年, 施韦卡特给了高斯的朋友、天文学家克里斯蒂安 · 路德维希 · 格尔林 (1788—1864) 一则摘要, 这是写给高斯的, 其中他宣称存在两种几何学: 通常的欧几里得几何学和 "星际 (astral)" 几何学, 施韦卡特假设星际几何学对遥远的恒星成立. 施韦卡特认为在星际几何学中某些三角形的诸角之和异于 π. 从这一假设前进, 他严格地证明对所有的三角形这个和小于 π, 而且三角形的面积愈大, 这个和愈小. 此外, 施韦卡特建立星际几何学中 "自然的" (或 "几何的") 长度单位的存在性, 他称之为常数并定义它为一个等腰直角三角形当边无限增加时的极限. 高斯熟悉施韦卡特所写的这一切. 同时他没有支持施韦卡特, 甚至没有给施韦卡特写回信 (对推荐这一出色的摘要发表更是什么也没有说), 不过高斯写信给格尔林: "施韦卡特教授的摘要给了我无尽的快乐, 请以我的名义向他转达尽可能多的好话. 几乎所有这些都是从我的心灵中复制的."

双曲几何学的最早的印刷的说明是施韦卡特的外甥弗朗茨 · 阿道夫 · 陶里努斯 (1794—1874) 出资发表的两本小册子, 他深受舅舅的影响: 《平行线理论》(*Theorie der Parallellinien*) (科隆, 1825) 和《几何学的基本原理》(*Geometriae prima elementa*) (科隆, 1826). 第一本小册子实际上是说明施韦卡特在他的摘要中做出的假设. 陶里努斯强调存在大量对应于施韦卡特常数的不同值的 "星际" 几何学的可能性, 他称之为参数 (陶里努斯倾向认为施韦卡特常数的倍数值是新几何学的一个严重的缺点). 在第二本小册子中, 陶里努斯发展了 "星际三角学" 的原理, 而且指出人们能从球面三角学的公式中通过把球的半径替换为纯虚数而得到相关的公式 (回忆兰伯特的虚球, 在它上面锐角假设成立!); 在星际三角学中三角函数由所谓的双曲函数起作用:[104]

$$\cosh x = \cos \mathrm{i}x \left(= \frac{\mathrm{e}^x + \mathrm{e}^{-x}}{2}\right), \quad \sinh x = -\mathrm{i} \sin \mathrm{i}x \left(= \frac{\mathrm{e}^x - \mathrm{e}^{-x}}{2}\right).$$

不幸的是, 陶里努斯坚持要高斯也发表他对这个问题的观点, 尤其表现在第一本小册子的导言中, 这只能激怒高斯, 先前他曾对陶里努斯的信予以善意的答复. 高斯停止给陶里努斯写信, 没有收到回信的陶里努斯陷入绝望, 中止了他的几何学研究, 买回他已出版的小册子并付之一炬.

尽管施韦卡特和陶里努斯知道一种新的非欧几里得几何学的存在性 (施韦卡特称之为星际几何学 (Astrageometrie)), 但通常并不认为他们居于双曲几何学的创立者之中. 事实上, 法学家施韦卡特从来没有发表过关于非欧几里得几何学的任何东西; 似乎施韦卡特也认为他的常数 (陶里努斯的 "参数") 的存在是对新几何学系统的确切的反驳. 另一方面, 陶里努斯显然否定他舅舅的想法: 他烧掉他能到手的所有的小册子, 而且永远不再提起它们.

亚诺什 · 波尔约[9]

令人惊异的是, 新的几何学几乎同时由三位研究者 (高斯、罗巴切夫斯基和波尔约) 独立地发现, 他们在科学训练和心理特征上是不同的 (下面将要讲述罗巴切夫斯基和波尔约在走向他们的发现时的差异). 福尔考什 · 波尔约 (1775—1856) 写给他著名的儿子亚诺什的信中的重要的话语: "当时候一到, 科学思想被不同的人同时想到, 就像太阳一照耀, 紫罗兰就到处开放." 指出了这种巧合, 但没有解释. 高斯多次把自己的思想与罗巴切夫斯基和波尔约 (而且, 更早的施韦卡特和陶里努斯) 的构造的相似性作为 "奇迹". 在很长时间, 亚诺什 · 波尔约拒绝承认他不是达到关于几何学结论的唯一的人. 他相信高斯从亚诺什的父亲寄给他的著作中了解了新几何学, 而且加以剽窃, 并隐瞒了以笔名 "喀山的尼古拉 · 罗巴切夫斯基" 发表关于非欧几里得几何学的一个说明这一事实. 之后

[9] 这不是亚诺什 · 波尔约的画像, 见 Dénes Tamás, Real Face of János Bolyai. *Notices of the American Mathematical Society* 58(1): 41–51. —— 译者注

很久, 克莱因提出争论, 反对双曲几何学是三位作者同时且独立地发现. 在他的关于非欧几里得几何学[105] 著作的第一个油印的版本中, 他宣称高斯应被认为是这一新几何学系统的唯一的发现者: 亚诺什 · 波尔约无疑从他的父亲那里了解了新几何学, 亚诺什的父亲在学生时代是高斯的同学, 而罗巴切夫斯基从他的老师约翰 · 巴特尔斯 (1769—1836) 那里了解了它, 巴特尔斯曾在中学教过高斯而且是高斯的知己. 在比较克莱因的不同的书时, 他顽固地拒绝放弃他的错误观点 —— 这完全被李的两个学生保罗 · 施塔克尔 (1862—1916) 和弗里德里希 · 恩格尔 (1861—1941) 所反证, 他们写了一部详细的非欧几里得几何学史[106] —— 是显而易见的. 在注记 68 中提到的克莱因关于数学史的著作中, 关于高斯的优先权有相同的断言, 虽然是以较不明确的方式做出的, 因此, 罗巴切夫斯基和波尔约了解高斯观点的方式被弄得似乎相当神秘. 在克莱因去世后发行的《非欧几里得几何学讲义》(*Lectures on Non-Euclidean Geometry*)[107] 中, 在非欧几里得几何学的发现者中高斯仍被赋予了优先权, 但是, 没有罗巴切夫斯基和波尔约借用高斯的任何踪迹!

转到高斯、罗巴切夫斯基和波尔约想出双曲几何学的方式, 应当指出在基本假设上, 一方面, 罗巴切夫斯基和高斯, 另一方面他和波尔约, 有重要的区别. 对这三位科学家, 起点显然都是试图证明欧几里得的第五公设 (或者, 同样地, 普莱费尔关于平行线的公理); 在一段时间, 罗巴切夫斯基甚至认为他有一个证明. 不过, 把断言过不在直线 a 上的一个点 A 有两条与 a 不相交的直线作为出发点, 而且应用归谬法 (the reductio ad absurdum method), 这三位作者都逐步得到结论: 从这些假设得到的几何学系统没有矛盾. 他们看到得到的定理是不寻常和新奇的, 但没有矛盾; 事实上, 合在一起它们有一切没有错误的数学理论具有的特定的优雅和完美的特性. (很清楚, 断言直线 c_1 和 c_2 经过 A 且不与 a 相交等价于存在这样的直线的一个无穷集合的断言 —— 这里所有过 A 且位于一个角中的直线不与 a 相交, 这个角是 c_1 和 c_2 构成的一对对顶角中的一个 —— 见图 10(b).) 当然, 迈出萨凯里和兰伯特不敢迈出的这一步并不容易, 亦即承认不是存在一个而是两个真的几何学系统, 在一定意义上同等有效 —— 但高斯、罗巴切夫斯基和波尔约迈出了这一步, 这需要相当大的科学勇气.

在 18 世纪末高斯开始对平行线理论感兴趣. 在 1799 年, 关于试图证明第五公设, 他写信给他的朋友福尔考什 · 波尔约: “我确实得到了很

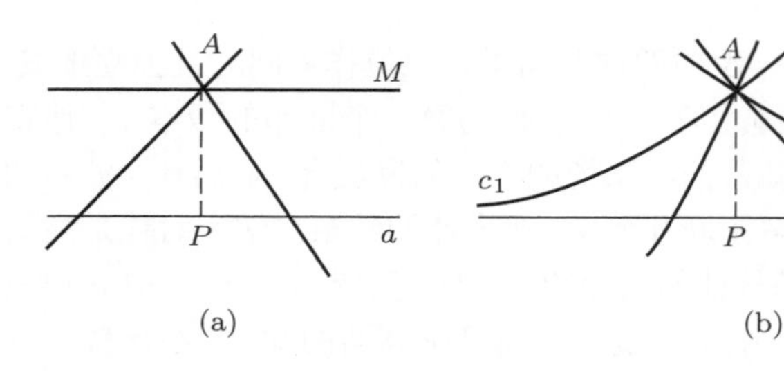

图 10

多, 作为证明, 它们足够了, 但是正如我所知道的, 这完全没有证明什么. 例如, 如果有人能证明一个三角形的面积大于任意给定的三角形的面积是可能的, 我就能给出整个几何学的一个严格的证明. 许多人会把这作为一个公理, 但我却不这么认为. 因此, 可能一个三角形的面积总小于某个限度, 无论在空间中该三角形的顶点相距多远. 我有许多这样的命题, 但我没有发现一个单独的命题满足几何学的基础." 有许多年, 高斯显然希望证明第五公设, 但在 19 世纪 20 年代的中期[108] 他最终得出存在两个同等有效的几何学系统的结论. 这一事实不仅与此前若干个世纪发展的所有观点, 而且和当时首屈一指的哲学家伊曼纽尔 · 康德 (1724—1804) 的信仰 (原本完全为高斯所共有!) 完全矛盾. 根据康德的理论, 我们被赋予的空间和时间的概念是先验的 (a priori), 而且因为几何学是空间的学问, 它必然是独一无二的. 在这一方面, 有一封极为重要的信在 1817 年由高斯寄给了他的老朋友天文学家威廉 · 奥伯斯 (1758—1840). 他写到: "我越来越相信我们的几何学的必然性不能被证明 —— 至少不能通过人类的理性 (human reason)[10] 且为了人类的理性而被证明. 也许在来生中我们对周围的空间的本性会有不同的观点. 到目前为止, 几何学一定不能被认为是与先验存在的算术等量齐观的, 而应被认为与力学是等量齐观的." 因此, 在这里高斯没有把几何学归入像算术那样 "数学的" 或 "逻辑学的" 领域, 而归入像物理学和力学那样的自然 (实验) 科学. 如果这个观点是正确的, 那么无论非欧几里得几何学 (高斯称呼他的新几何学系统) 是真是假都可以由实验确定 —— 而且大地测量学家高斯试图以最高的精确性测量一个大三角形的诸角之和, 它的顶点是观测者 (高斯本人) 以及两座远山的山顶. 在这一非欧几里得几何学中, 三角形

[10] 高斯用的词是 menschlichen Verstande.—— 译者注

的诸角之和小于 π. 假如高斯发现他考虑的三角形的诸角之和小于 180°, 这将意味着在现实世界中是非欧几里得几何学而不是欧几里得几何学成立.[109] 但是, 在高斯检验的这个三角形的诸角之和与 180° 之间, 他没有发现显著的差异, 至少在他设计的测量允许的精度之内是这样.

罗巴切夫斯基对几何学的认识与高斯很相像. 在他的一般的哲学和方法论的原理上, 如果不是在他对非欧几里得几何学和空间的本性的看法上, 罗巴切夫斯基可能通过在喀山任教的德国教授间接地受高斯的影响, 尤其是巴特尔斯. 当然, 罗巴切夫斯基不是高斯那样水准的科学家,[110] 但在喀山大学讲授的物理学和数学的总体水平还是相当高的, 尽管它远离科学中心 —— 罗巴切夫斯基所受的教育相当完整.[111] 从几何学基础的观点来看, 根据喀山教育部门学监马格尼茨基[112] 的指示, 罗巴切夫斯基在 1823 年写的几何学教科书尤其有趣. 由于著名的数学家、欧拉的学生和同事、科学院院士尼古拉 · 富斯 (1755—1826) 的非常负面的评论, 这一教科书在作者生前从未出版.[113] 传统主义者富斯不喜欢这本书是因为其作者尝试不以欧几里得的精神代表几何学, 亦即不作为从叙述的公理经过学究式的解释导出的一个系列,[114] 而是作为关于 (真正的) 空间的一门科学, 其中几何量的测量起主导的作用, 而且变换 (“运动”) 自由地用在定理的证明中; 由于欧几里得的源于埃利亚的芝诺 (约前 490— 前 430) 和亚里士多德的形而上学的原理, 欧几里得避免变换. 罗巴切夫斯基的原理得自狄德罗和达朗贝尔的著名的《百科全书》(*Encyclopedia*) 中由达朗贝尔撰写的长词条 “几何学”. 极有可能, 同时代的教科书在使用这些原理上与罗巴切夫斯基一样完全而且一致. 因此, 富斯的负面评价针对的不是它真正的缺点, 而是该教科书的优点, 以及它以一种明确的方式不同于一切现存的教科书的事实. 这是保守的富斯所不承认的.[115] 这里对于我们最有兴趣的是作者对几何学的 “物理的” (有人会说 “唯物主义的”) 研究方法, 这很大程度上源于法国启蒙运动的杰出人物达朗贝尔, 这在某种程度上甚至与罗巴切夫斯基的传统的宗教信条矛盾.

已经提到罗巴切夫斯基起初认为他已经证明了第五公设. 后来, 在 1826 年, 他开始坚定地相信否定第五公设的几何学系统是真的 (而且没有矛盾). 罗巴切夫斯基称这个系统为 “虚几何学” (后来受到高斯批评的名字), 后来称为 “泛几何学” (Pangeometry) (通过这个名字, 罗巴切夫斯基强调欧几里得的经典几何学能通过极限途径从他的几何学系统得到: 让施韦卡特常数趋向无穷).1826 年, 在喀山大学物理学和数学系的一次会议上, 罗巴切夫斯基第一次作了关于他的新几何学的报告. 这个报告的法文本准备在该系的《研究论文》(*Research Papers*) 上发表, 并被送给三位大学教授评论. 但罗巴切夫斯基的同事没有理解他的著作. 因为他们不想写负面的评价, 他们就"丢失了"文本. 作为一个后果, 论述双曲几何学的第一个出版物不是这篇 (显然是简要的) 报告, 而是罗巴切夫斯基的分为两部分的长篇论文《论几何学的基础》(*On the Elements of Geometry*)[11], 发表在 1829—1830 年的《喀山通讯》(*Kazan Vestnik*) (喀山大学的一份出版物) 上, 而且包含对新几何学基础的进一步的描述.[116] 从这以后, 罗巴切夫斯基的科学和著述活动几十年没有停止: 关于新几何学他出版了一些详细的著作 —— 论文和书. 在它们之中, 尤其是他发展了在非欧几里得空间中的解析几何学和微分几何学, 包含了许多特别的结果; 与高斯和波尔约相比, 罗巴切夫斯基把新几何学发展得最为深远 (见注记 125). 他在双曲几何学上的最后呈现是标题简明的《泛几何学》(*Pangeometry*)[12], 在 1855 年以俄文和 1856 年以法文出版, 在这时已是盲人的罗巴切夫斯基把它题献给他的学生和同事; 也许这就是为什么《泛几何学》没有包含一张草图, 而是由许多费心的分析段落构成, 显然是作者在他的头脑中想出的. 这里 —— 而且不是第一次 —— 罗巴切夫斯基沉思哪一个几何学 —— 欧几里得几何学或双曲几何学 —— 在围绕我们周围的空间起作用; 他的结论是, 这个问题可以通过测量一个大三角形的诸角之和而做出回答. 早先, 罗巴切夫斯基本人试图找出由地球和两颗恒星构成的三角形的诸角之和, 像高斯一样, 他没有发现它与 180° 的显著差异.

亚诺什 · 波尔约研究双曲几何学的方法有些不同. 波尔约的态度是逻辑学家的而不是物理学家的: 他把几何学作为基于公理的一个纯粹的逻辑系统, 而不是作为与现实空间相关的事实的一个集合考虑. 因此, 波尔约从来没有想到实际测量某个三角形的诸角之和, 因为这不会证明任何东西 (除了欧几里得几何学作为物理空间的一个数学模型的不适当性). 波尔约很有特色地为他的阐述设计了一种符号语言, 在一定程度上堪与数理逻辑的现代语言相比. 这一使用最少词语的符号语言使得波尔约的同时代人阅读他的伟大著作时非常困难. 波尔约的其他著作在他生前没有发表, 它们也有逻辑学专著的性质, 其中最大的关注付诸语言. 波

[11] 俄文原名为 Оначалах геометрии. —— 译者注
[12] 俄文原名为 Пангеометрии. —— 译者注

尔约的与非欧几里得几何学没有联系的唯一的重要的著作包含关于复数的形式理论的一个虽短但很高深的说明; 这在他生前也没有被正确地评价.

波尔约构造 "绝对的" 几何学的想法对于他的时代是杰出的, 而且是完全出乎意料的,[117] 该几何学不依赖平行公理, 既包含双曲几何学的一些结果, 又包含欧几里得的经典几何学的一些定理. 波尔约寻求有系统地表达他的定义, 以便它们既与双曲几何学, 又与欧几里得几何学相关. 例如, 波尔约定义通过不在直线 a 上的一个点 A 的一条平行 (按照波尔约的术语, 渐近) 线为不与 a 相交且使得包围在角 MAP 内的所有直线与 a 相交, 这里 P 是 A 在 a 上的射影. 这个定义不仅在欧几里得几何学中有意义, 这里它只是经过 A 的一条平行线, 而且在双曲几何学中也有意义, 这里有两条这样的线 (见图 10(a) 和 (b)). 再者, 比如说波尔约以下面的形式写出三角形的正弦定理 (我们对他的符号有些改变):[118]

$$\frac{\sin A}{s(a)}=\frac{\sin B}{s(b)}=\frac{\sin C}{s(c)}, \tag{4.1}$$

这里 A, B, C 是一个三角形的角, a, b, c 分别是与它们相对的边, 而 $s(x)$ 是半径为 x 的圆的周长. 按照这种形式, 该定理既在欧几里得几何学中, 又在双曲几何学中成立, 尽管在两种情形一个圆的圆周的公式是不同的.

从今天有利的角度来看, 波尔约对新几何学的逻辑结构的认识既比高斯深刻, 又比罗巴切夫斯基深刻. 难怪双曲几何学没有矛盾的事实缺乏一个完全的证明如此令波尔约心烦意乱 —— 他一生的许多年致力于寻找这样一个证明. 不过, 对于这一目的, 他的数学训练明显不充分. 应当注意到罗巴切夫斯基几乎证明新几何学没有矛盾. 事实上, 他的著作包含现在所说的双曲平面或空间的贝尔特拉米坐标; 假如他把欧几里得平面上的点 (x, y) 的贝尔特拉米坐标 x, y 赋予双曲平面的每个点, 他就会得到贝尔特拉米模型,[119] 并且会证明双曲几何学没有矛盾. 但是, 如同高斯一样, 罗巴切夫斯基对他创造的几何学体系没有矛盾这一事实的纯逻辑证明, 并没有太大的兴趣. 罗巴切夫斯基和高斯主要关心几何学与物理空间的关系, 这是远离任何逻辑 – 公理思维的一个问题. 这就是为何罗巴切夫斯基几乎发现双曲几何学没有矛盾的事实的一个严格证明 —— 这是波尔约热切地寻找的证明 —— 但他没有注意到这一珍宝是他力所能及的原因!

现在, 我们回到非欧几里得几何学的历史. 正如我们已经评论的, 高斯是想出新几何学系统的第一人; 不过, 他从未发表他的结果. 十分满足于他作为世界上首屈一指的数学家的位置, 数学家中的王子 (mathematicorum princeps)[120] 高斯欣然地与亲近的人分享他的想法, 但他没有公开它们的打算, 害怕"如果我打扰了蜂巢, 大黄蜂会飞到我的头上"(这句名言出自他 1818 年写给格尔林的信) 或"维奥蒂亚人的批评", 正如他稍后给弗里德里希 · 贝塞尔 (1784—1846) 的信中所写的.(显然高斯用"大黄蜂"和"维奥蒂亚人"代指康德先验哲学的拥护者们.) 典型的是, 在致陶里努斯的友好且有启发性的信的结尾, 高斯告诫他的通信者不要让任何人知晓他的观点: 当陶里努斯促请高斯在出版物中公开他的想法时, 高斯立即中断了与他的一切关系.

高斯的态度对罗巴切夫斯基和波尔约的命运有悲剧性的影响. 表面上, 罗巴切夫斯基过着可以被称为高度成功的生活: 尽管他出身于一个贫穷家庭[121], 但他得到了代理国务顾问 (acting state councillor) 的官衔, 对应于军队系统中的将军;[122] 这自动给他了一个世袭的头衔和一个家族徽章. 有许多年, 他是俄罗斯 6 所大学中的一所的校长, 而且是喀山地区教育系统的头面人物之一; 他获得了许多奖励, 包括最高的奖. 然而, 他感觉不幸福: 他仅是作为一个管理者受到尊敬, 他自认为是一个科学家. 在公共教育领域, 罗巴切夫斯基无疑是一个杰出的管理者, 为他的出生地喀山的大学做了许多好事. 他周围的人认为对如此杰出的一个人应原谅他的怪癖 —— 让他弄没人需要的虚几何学并出版他的不可理解的著作. 然而, 并不是所有人都这样想: 在 1834 年, 贬低罗巴切夫斯基的《论几何学的基础》的评论出现在圣彼得堡的两份杂志上, 署名是姓名的首字母 S.S. 而且使用了粗野的语言. 后来, 甚至有影响的政治作家尼古拉 · 车尔尼雪夫斯基[123] 也参加了反对罗巴切夫斯基的宣传运动. 当时最杰出的数学家之一, 科学院院士维克多 · 布尼亚科夫斯基 (1804—1889) 为俄罗斯科学院评论罗巴切夫斯基的工作. 他的评论是极端负面的. 布尼亚科夫斯基没有理解罗巴切夫斯基的思想; 他可能与隐藏在姓名的首字母 S. S. 后面的那个人有关. 《平行线理论的几何研究》(*Geometrische Untersuchungen zur Theorie der Parallellinien*) 一书在 1840 年以德文出版, 在同一年得到了非常负面的评论, 评论出现在德文的《格斯多夫的记录》(*Gersdorff's Repertorium*) 上. 关于这篇评论, 高斯在给他的朋友格尔林的一封信中写道, 任何有能力的人会很快看出这出自一个完全没有学识的作者; 而在另一封信中, 他称它为"胡说八道". 但罗巴切夫斯基对这些话一无所知, 而且也不知道高斯在他的信中和谈话中提及他时的许多赞美, 对高斯学习俄文以便阅读罗巴切夫斯基的著作124 的事实更不知晓. 因此, 尽管罗巴切夫斯基从大学和科学学会得到了荣誉 (他是莫斯科大学和喀山大学的荣誉 (honoris cause) 教授, 有很高声誉的哥廷根科学学会的会员, 他当选该学会会员是高斯提议的 —— 但他对高斯在这一事件中所起的作用一无所知), 罗巴切夫斯基认为这不是他在科学上的, 而是他在管理上的成就的标志. 罗巴切夫斯基的儿子的回忆, 以及其他人的回忆, 在晚年他被描写成一个阴郁的厌恶人类者, 在家庭生活中没有幸福, 而且几乎没有朋友.

然而与亚诺什 · 波尔约的一生相比, 罗巴切夫斯基的命运是田园诗一般的! 从一开始, 波尔约就没有得到他应当接受的教育. 当福尔考什 · 波尔约, 一度曾是高斯的亲密朋友, 向他的老朋友高斯描述男学生亚诺什的兴趣和才能, 请求高斯让这个年轻人寄居在他的房子里时, 高斯甚至不屑于回复这封 (相当不圆滑的) 信. 亚诺什被迫永远放弃他进入哥廷根大学的梦想. 他进入一所匈牙利军事学院; 在这里他获得了在物理学和数学方面的体面但有限的教育 —— 但他永不原谅父亲: 他既没有在大学学习, 也没有在父亲的指导下在家学习. 亚诺什无奈成为一名军官, 尽管他从来没有被军事生涯吸引过. 亚诺什与他的同僚关系极差, 因为他自认为高于周围的人, 其他军官自然不情愿接受这个看法. 他作为一个出色的剑客获得了一些名声, 与他争吵是不安全的. 然而, 他决斗的次数高得难以置信: 在一个特别的一天他格斗 12 次 (!), 仅请求允许在较量之间休息时拉小提琴; 而且他赢了所有这 12 场交战. 困难的物质状况阻止他结婚; 而且他几乎没有朋友, 也许卡尔 · 萨斯是一个例外, 他与萨斯一起开始研究平行线. 在最早的一个机会, 波尔约离开了他痛恨的军队. 由于他没有其他收入来源, 终其余生他饱受悲惨的贫困之苦.

波尔约关于非欧几里得几何学 (出色, 但极为难懂) 的想法的一个完全的说明显然在 1824 年已经准备齐全了. 亚诺什支付不起出版的费用, 但他不断加以改进. 幸运的是, 他的父亲同意出版这一著作 (他儿子付费) 作为自己的书的第一卷的一个附录, 这一著作以拉丁文的标题《尝试》(*Tentamen*)[13] (老波尔约的著作的长书名的第一个单词) 知名.《尝试》在 1831 年付印.125 其中的一册马上送给高斯并且急切地请求他评

[13] 中国科学院数学与系统科学研究院图书馆藏有该书, 是华罗庚 (1910—1985) 教授赠送的.—— 译者注

论亚诺什的著作: “我的儿子仰仗您的评论超过整个欧洲的意见,” 福尔考什向他的老朋友写到.

显然, 波尔约的《附录》给高斯留下了深刻的印象. 在接到书的那一天, 高斯致信格尔林, 说他从福尔考什 · 波尔约那里收到了一部出色的著作, 它的作者 (亚诺什 · 波尔约) 是 “第一等的天才”. 但高斯是在一个月后 —— 而且它是让亚诺什忍受不了的一个月 —— 才给波尔约回信. 更糟的是, 写给波尔约的信的格调与写给格尔林的信明显不同. 高斯致信福尔考什 · 波尔约说亚诺什的所有工作他都熟悉, 因此他不能称赞亚诺什, 因为那就意味着称赞他自己. (实际上, 高斯所说的并不真实: 不仅亚诺什 · 波尔约的研究方法异于高斯, 而且在《附录》中包含的一些具体结果 —— 例如, 在双曲几何学中存在与化圆为方有关的可解性问题 —— 无疑对高斯是新的).

我们已经描述过亚诺什对这封信的反应如何, 以及他怎样被罗巴切夫斯基的《几何研究》(*Geometrische Untersuchungen*) 所激怒, 高斯引起亚诺什对它的注意. 亚诺什不能以他的优先权自我安慰: 在罗巴切夫斯基的书的开端就是 1829—1830 年他用俄文发表的同一想法的完全地描述, 即早于波尔约的《附录》的出现 (高斯甚至写信给波尔约, 说这些俄文的出版物容易被匈牙利人亚诺什阅读; 高斯有匈牙利语与俄语属于同一语族的错误印象). 对罗巴切夫斯基的《几何研究》, 波尔约写了深刻、尽管有些偏见的评论 —— 他不得不承认罗巴切夫斯基有优先权. 波尔约也被高斯与另一位数学家谈话中的说法所激怒, 其中提到平行线理论, 高斯盛赞罗巴切夫斯基的著作 (然而, 罗巴切夫斯基对此从不知晓) 但甚至没有提到波尔约的《附录》.[126]

亚诺什 · 波尔约之后的岁月不是多产的. 已经注意到他关于复数理论的出色论文未被认可, 这篇论文以亚诺什简明且隐秘的风格写就. 亚诺什把它寄给莱比锡科学学会举行的一次竞赛, 但赞助人没有理解这一著作, 它没有获奖. 希望超越高斯和罗巴切夫斯基, 波尔约试图解决其他问题, 但由于他缺乏正规的数学训练而遭遇失败. 于是, 他试图证明每个代数方程可以用根式解, 并尝试发现求解的一般公式; 正如我们所知的, 这是不正确的. 他还试图发现第 n 个素数的一般公式. 在《尝试》中, 福尔考什 · 波尔约首次证明任意两个等面积的多边形是可同等分解的, 即能被分割成小的并重组成全等多边形); 亚诺什尝试把这个结果推广到空间中的多面体 —— 高斯一度研究过的一个问题, 由于太困难或者不正确,

他很快就放弃了 (现在我们知道它是不正确的, 但这仅在 20 世纪才得以证明[127]). 波尔约给人产生的一个更为奇怪的印象是他创造 “通用武器的科学”, 对此他密切关注了好多年, 还给它取了德文名字 “Allheillehre”. 尽管试图应用数学, 但他流传给我们的关于这个主题的笔记更接近宗教而不是自然科学或人文科学. 天才的亚诺什 · 波尔约现在作为匈牙利人的光荣而被颂扬,[128] 由于严重的心理疾病他在深深的抑郁中去世. 他的生活也由于多年与他父亲的冲突而深受其害.

因此, 在 19 世纪的第一个三分之一的时间, 不仅有一种, 而且有两种同等有效的几何学存在 —— 欧几里得几何学和罗巴切夫斯基 – 波尔约 – 高斯几何学 (当然, 在那时没有人考虑到欧拉的仿射几何学, 庞斯莱的射影几何学, 而且甚至托勒密的球面几何学是堪与欧几里得几何学或非欧几里得体系相提并论的) —— 似乎已被最终确立[129]. 不过, 高斯、罗巴切夫斯基和波尔约牢固持有的仅有两种几何学的观点没有支配多长时间. 19 世纪是不同的几何学发展的一个爆炸性时期. 尤其是, 几何学的进一步 (而且非常显著的) 进展与格奥尔格 · 弗里德里希 · 伯恩哈德 · 黎曼 (1826—1866) 的名字相关联, 他无疑是历史上最伟大的数学家之一, 而且是 19 世纪的两个 (还有高斯) 超一流的数学家之一.

黎曼是一个穷牧师的儿子, 1846 年被父亲送到那时世界上最顶尖的数学中心 (高斯在哥廷根大学任教) —— 哥廷根大学,[130] 不是学习数学而是学习神学. 然而, 他的数学兴趣不久就占了优势, 不顾家庭的传统, 黎曼改变了学习的科目, 完全致力于数学. 黎曼短暂的一生在数学上完全与哥廷根相关联 —— 起初是作为学生, 然后是作为无薪讲师, 再后来是 “副” 教授, 最后是 “正” 教授 (最后的一个头衔意味着终身职位).[131] 黎曼的教学生涯不是洒满玫瑰: 害羞而且没有安全感, 他不是一个成功的教员. 他也没有期待这样的成功. 在 1854 年的秋季, 他骄傲地给他的父亲写信: 他的课程吸引了 8 个听众. 他在 1855/1856 年冬季和 1856 年夏季开设的关于单复变函数的著名课程, 仅有 3 名学生. 这门在观念上丰富得难以置信的课程引发了 19 世纪和 20 世纪早期的整个的函数论, 而且数学的许多其他领域, 例如拓扑学, 从它汲取了许多观念. 幸运的是, 在这两季课程的听众中包括理查德 · 戴德金 (1831—1916), 在黎曼的学生中, 他是最有天赋且专心致志的, 很难高估他在组织 (绝大多数是在黎曼去世之后) 出版黎曼的著作和他的讲义 (很不幸, 它们不是很精确) 上的贡献. 不过, 黎曼在这所大学的位置低微, 同时许多才能远低于他的

格奥尔格 · 弗里德里希 · 伯恩哈德 · 黎曼

同事以高高在上的态度对待他, 这明显地伤害了他, 他很清楚自己的潜力. 年轻的戴德金的忠诚和与柏林大学的教授皮埃尔 · 勒热纳 · 狄利克雷 (1805—1859)[132] 的真诚的友谊未能补偿那些人对他的自尊的轻慢.

黎曼在哥廷根大学的地位随着有影响力的威廉 · 韦伯 (1804—1891)[133] 返回哥廷根而得到改善: 韦伯很快认识到黎曼的才能并以一切可能的方式支持他. 通过邀请黎曼担任以韦伯为首的实验物理学系的一名助理, 韦伯改善了黎曼在教职员中形式上的地位 —— 以黎曼对物理学的种种兴趣来看, 在为学习物理学的学生开设的实践讨论班上做助理教授的职责丝毫没有打扰他. 高斯去世后, 他的职位给了黎曼的朋友狄利克雷, 黎曼此时感到更有信心了. 也是在这个时候, 黎曼被提升为副教授, 这主要是韦伯、狄利克雷, 以及戴德金的努力, 那时戴德金已相当有影响了. 由于狄利克雷的去世, 黎曼继任了高斯的席位. 现在他可以从年轻时经历过的轻慢中恢复 —— 而且甚至结了婚, 对害羞的黎曼此事以前注定是不可能的. 但不幸的是, 留给他的时间不多了. 他在 1862 年结婚, 但在同一年患了严重的疾病. 由韦伯安排, 并且用哥廷根大学的经费, 黎曼 3 次到意大利旅行, 但他的健康没有恢复, 并在意大利因肺炎去世, 享年 40 岁.

黎曼的著作对现代数学的面貌改变很大. 克莱因的话 "对现代数学的决定性推动, 没有人能比得上黎曼" 即使今天也很难认为是过时的. 令人惊奇的是黎曼的科学兴趣的范围, 它扩展到他的时代几乎所有的数学领域 (有时甚至超越它们的界限: 因此黎曼可以被认为是拓扑学的先驱, 而拓扑学只是在 20 世纪才兴起), 到理论物理学和应用物理学, 而且到哲学和自然科学. 他是阿尔伯特 · 爱因斯坦的一个直接先行者, 爱因斯坦的 "广义相对论" 整个基于黎曼的想法.

在 1854 年的夏天, 黎曼被给予在哥廷根大学的广大成员面前发表一次报告的机会, 题目由他自己选择. 根据哥廷根大学存在的习惯, 这样的报告作为允许讲师履行讲课责任的基础 (见下文; 在这种情况下, 这关系到黎曼的助理教授一职的任命[134]). 黎曼提供了在物理学 (这对他的同事韦伯来说是自然的)、分析学和几何学上完全不同的题目. 选择落在几何学的题目上, 显然这不会不是由于年迈的高斯的影响. 听众专注地倾听黎曼的报告《论作为几何学基础的假设》(*Über die Hypothesen, welche der Geometrie zu Grunde liegen*), 但听不懂. 黎曼的光辉的思想创造了全新而且极为深刻的几何学概念, 它们如此超前他们的时代, 也许仅有高斯能理解它们 —— 正如我们知道的, 不要指望这位世界上最著名的数学家支持年轻的人才.[135] 然而, 所有的出席者都注意到高斯听完讲演在沉思中离开; 戴德金甚至回忆说, 高斯与韦伯一起离开会场, 在和韦伯的交谈中他称赞了黎曼. 黎曼得到了在这所大学讲课的权力.

在黎曼去世两年之后, 这篇报告第一次由戴德金在 1868 年发表. 1876 年, 戴德金首次发行了黎曼的《全集》(*Collected Works*), 这包含上面提到的报告. 随后, 这部《全集》重印多次, 并且被译成其他语言 —— 现在, 黎曼的报告实际上以所有的欧洲语言出现. 但黎曼的想法真正被理解, 只是它们被赫尔曼 · 外尔和阿尔伯特 · 爱因斯坦评论之后, 外尔是 20 世纪杰出的数学家. 1919 年, 外尔发表了带有深入评论[136] 的黎曼报告的新版本, 这些评论建立了黎曼的构造 (在口头的报告中, 它们不可避免地以非常普遍的形式呈现, 而且几乎没有公式)[137] 与当代 (张量)

探讨的内容之间的联系, 这些内容现在以黎曼空间理论著称. 另一方面, 1916 年爱因斯坦的著名论文《广义相对论的基础》(*Grundlagen der allgemeinen Relativitästheorie*)[138] 包含对黎曼思想的 —— 写得非常清楚且很用心 —— 非常详细的检查; 这可能反映了外尔的影响, 在 1913—1914 年, 外尔是爱因斯坦在苏黎世工学院 (Technische Hochschule) 同一个系的同事.[139]

黎曼的几何学思想以高斯著名的论文《关于曲面的一般研究》(*Disquesitiones generales circa superficies curvas*) (1828)[140] 开始, 高斯的这一著作在数学上继续且发展了源自欧拉和蒙日思想的一个方向, 现在它以微分几何学著称. 这一学科使用微积分的工具研究曲线和曲面的局部性质 (即仅相对于所选点的一个小邻域). 高斯的著作来自他的实践活动 (他接受汉诺威国王的指示对该王国进行详细的地形测量), 发展了在三维空间中任意 (弯曲的) 表面 Φ 的内蕴几何学的概念. Φ 的内蕴几何学由 Φ 的这些几何性质构成, 它们能 "不离开 Φ" 而被定义, 即借助于 "在 Φ 中的" 测量进行. 因此, 比如高斯定义两点 $A, B \in \Phi$ 之间的距离是在 Φ 中连接 A, B 的最短的曲线的长度. (表面的内蕴几何学的一个带有色彩的描述由数学家、博物学家和医学博士赫尔曼 · 冯 · 赫尔姆霍茨 (1821—1894) 提出, 他是一个杰出的德国科学家, 他的兴趣广泛得令人难以置信. 他以 (纯粹思辨的) 假设开始, 设想我们看到在水塘表面掠过的水生昆虫拥有一个二维灵魂, 即不能想象三维空间, 正如我们不能想象四维空间. 然后, 他建议给出所有这样的事实和定理的定义; 即生活在给定表面上的具有 "二维灵魂" 的生物在比较 "曲面 Φ 的内蕴几何学时" 能发现它们.[141]) 高斯的主要结果是, 在曲面的内蕴几何学的框架内计算它的每一个点的 (内蕴或高斯) 曲率[142] 是可能的. 如果这一曲率恒等于零, 则该曲面能在平面上展开. 代替位于通常 (三维的) 空间中的曲面, 黎曼提出考虑任意维的任何 "弯曲的" 流形 (下面更多论及这一概念), 其中 "度量" 由一个能测量在给定的流形中任意两点之间距离的公式定义 (今天带有一个度量的这样的流形被称为黎曼空间). 在黎曼的构造中起重要作用的是空间的曲率的概念. 特殊类型的带有度量的流形是有常数曲率的空间 (齐性的和各向同性的, 即使得它们所有的点是同等的且任何一个点没有异于其他点的方向): 零曲率的欧几里得空间、负曲率的双曲空间和正曲率的椭圆空间. 取二维流形的情形. 这里零曲率的例子是欧几里得平面, 双曲平面的内蕴几何学不异于罗巴切夫斯基平面

的几何学, 同时椭圆平面的 “形状” 正如普通的欧几里得球的表面.[143]

因此, 在黎曼的报告中所考虑的无穷多个弯曲的空间中这三个空间占有特殊的位置; 它们是欧几里得空间和另外两个空间 (它们在特定的意义上与前者一样 “好”) —— 双曲的罗巴切夫斯基空间, 以及椭圆空间, 现在常常被称为*黎曼非欧几里得空间*.[144] 当然, 早先已知的这两个空间并不构成黎曼对非欧几里得几何学的主要贡献. 更为重要的事实是, 在他的报告中, 他引入了带有不同曲率的一大类非欧几里得空间. 这些空间在后来爱因斯坦试图把质量 (它引起引力效应) 的分布直接包括在宇宙的几何学中时起了本质的作用.

我们知道球面是常正曲率的二维空间 (二维椭圆空间). 然而, 非欧几里得的黎曼平面通常意味着是与球面有些不同的一个几何学实体. 事情是这样的, 球面的任意一对大圆 (球面与过其中心的平面相交的曲线) —— 在球面几何学中起直线的作用 —— 不是交于一点而是两点. 这一情形产生了平面几何学和球面几何学之间的尖锐但并非根本的差别, 如果球面被视作对径点的集合, 而且每一个这样的对作为该几何学的基本的元素, 则能消除这种差别. 相对点的如此黏合可以想象成通过等同 (黏合) “赤道” 界定的被移去的 (比如说上面的) 半球面的对径点而得到的结果 (图 11). 这样的一个几何实体 (带黏合的边界点或看成对应点对的集合的球面) 常常被称为*黎曼椭圆空间*.[144]

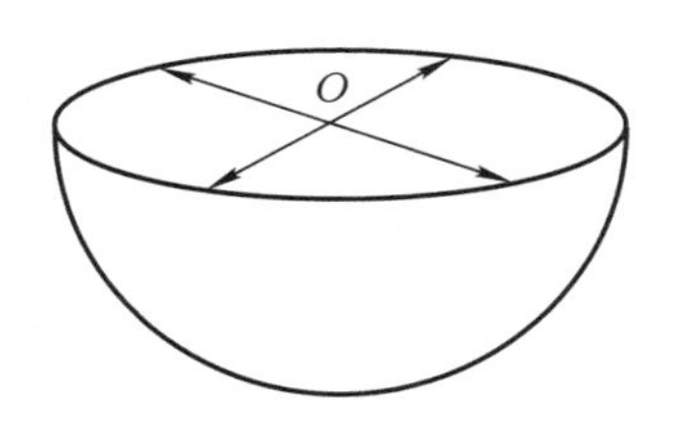

图 11

已经提到过黎曼的报告, 它现在如此吸引我们的想象, 但在它的时代, 由于它的深刻和不寻常的洞见以及其内容含蓄的特色, 数学家们并没有正确判断它的价值. 尽管在黎曼生命的最后几年, 他通过科学院和科学学会获得了真正国际性的认可,[145] 他的 “论假设” 从来没有被提到过. 因此, 当黎曼在 1859 年被任命为柏林 (普鲁士) 科学院的通讯院士, 以及在 1866 年被任命为同一科学院的 (外籍[146]) 院士时, 主要由在柏林的可敬的数学家卡尔 · 魏尔斯特拉斯写的相关的推荐信, 信中没有一次哪怕是略微地提及这个伟大的报告. (魏尔斯特拉斯作为纯粹的"逻辑学家"(或代数学家) 的程度与黎曼作为纯粹的"物理学家"(或几何学家) 的程度相当.) 更为值得注意的是, 由于魏尔斯特拉斯的推荐信中指出了黎曼关于函数论的工作, 在非常钦佩的同时也有严厉的批评.(顺便提一句, 这本身使人感到科学界在认可黎曼成就上的迟缓.) 黎曼的许多工作以狄利克雷原理 —— 借用狄利克雷讲课中的原理之一 —— 为基础, 这一原理在魏尔斯特拉斯看来是相当可疑的.[147] 很有特色的是, 第一个承认黎曼报告的人不被其他人或他本人 (这是错误的, 正如我们看到的) 认为是数学家. 1868 年, 赫尔曼 · 冯 · 赫尔姆霍茨在有启发性的论文《论作为几何学基础的假设》(*Über die Thatsachen, die der Geometrie zu Grunde*)[148] 中回应黎曼的伟大报告. 赫尔姆霍茨的论文以他对视觉生理的研究为基础,[149] 而且其标题完全复制黎曼报告的题目.[150] 赫尔姆霍茨的想法是, 把通过空间的特性 —— *齐性和各向同性* (用赫尔姆霍茨的术语是*自由移动性和单值性*) —— 描述常曲率空间作为对物理学最重要的性质.[151] 赫尔姆霍茨描述空间的问题, 按照第一章的精神, 我们现在会说作为具有*极大对称性*的描述, 这一问题后来特别地由索菲斯 · 李[152] 在论述他的*连续群论*的基础时在一定程度上作了重新解释, 下面我们将回到这一点; 现在这个问题被称为赫尔姆霍茨 – 李问题.

另一种扩大罗巴切夫斯基几何学的尝试是菲利克斯 · 克莱因做出的, 途径是把它包括在一个新的几何学结构中,[153] 菲利克斯 · 克莱因是我们的故事的两个主角之一. 与黎曼宏大的构造相比, 这一尝试更有局限性, 也许就是由于这个原因, 它的发表引起了更热烈的回应. 可以相信这一尝试在形成克莱因的关于几何学的一般观点上起到了举足轻重的作用, 下面我们将更详细地处理这些观点.

克莱因从英国代数学家阿瑟 · 凯莱的一项工作开始. 在 1854—1859 年, 在《伦敦哲学汇刊》(*London Philosophical Transactions*) 上的 6 篇关于"代数齐式 (quantics)"的论文中, 凯莱考虑 2 次或更高次的*齐次代数多项式* (正如他称它们为*形式*或*齐式*). 凯莱发展的方法是纯代数的, 当然, 多项式所依赖的变量空间能解释为射影空间. 依据独立变量的数目是 3 或者 4, 这一空间是二维的 (射影平面) 或三维的射影空间. (回忆在射影平面上的一个点有 3 个齐次坐标, 同时在射影空间中的一个点有 4 个这样的坐标.) 从这一几何的观点来看, 出现在 1859 年的《关于代数齐式的第六篇研究报告》(*Sixth Memoir upon Quantics*)[154] 可以被认为是在射影空间中引入 “度量” —— 使得在空间中点之间的距离和直线之间的角能通过在空间中的二次形式来度量 —— 的一种尝试. 依赖于形式的类型, 凯莱得到了不同种类的 “射影度量”. 1870 年 2 月, 在访问柏林期间, 克莱因在魏尔斯特拉斯的讨论班上作了一个关于凯莱工作的报告. 尤其是, 他提出凯莱的工作也许能与罗巴切夫斯基的非欧几里得几何学 (在当时克莱因对此仅知道点皮毛[155]) 联系起来. 但是魏尔斯特拉斯, 作为纯粹主义者和数学严格性的狂热信仰者, 没有善待仍处于形成期的克莱因的思想. 在数学上, 魏尔斯特拉斯不接受匆忙构思的想法, 而只承认完全完成且形式上无可挑剔的构造. 他严厉地批评了克莱因. 然而, 仅在一个很短的时期, 克莱因放弃了代数学家凯莱和几何学家罗巴切夫斯基的结果密切相关的思想. 他请求他的朋友施托尔茨 (他在数学上受过广泛的教育, 而且由于冯 · 施陶特的研究结识了克莱因; 见注记 84) 给他一个关于罗巴切夫斯基和波尔约的结果的详细的说明. 克莱因与施托尔茨交谈的结果是一篇长论文, 标题是《论所谓的非欧几里得几何学》(*Über die sognnante nichteuklidische Geometrie*) (1871),[156] 包含在平面和空间中射影度量系统的一个广泛的解释 (现在, 它们被称为凯莱 – 克莱因几何学).[157]

在克莱因考虑的几何学系统中仅有一个是经典的欧几里得几何学, 其中 (在平面的情形) 点 $A(x,y)$ 和 $A_1(x_1,y_1)$ 之间的距离由公式 $d_{AA_1}=\sqrt{(x_1-x)^2+(y_1-y)^2}$ 确定 (见图 12(a), 显示中心为 $Q(a,b)$ 且半径为 r 的欧几里得圆 —— 离 Q 的距离为 r 的点的集合). 在特定的意义上, 与它们匹配的是伪欧几里得几何学和半欧几里得几何学, 其中点 $A(x,y)$ 和 $A_1(x_1,y_1)$ 之间的距离分别由公式 $d_{AA_1}=\sqrt{(x_1-x)^2-(y_1-y)^2}$, $d_{AA_1}=\sqrt{(x_1-x)^2}=|x_1-x|$ 确定 (见图 12(b) 和 (c), 其中显示伪欧几里得圆和半欧几里得圆). 这两个简单的几何学拥有著名的力学解释: 半欧几里得几何学经常被用于描述牛顿的经典力学, 同时伪欧几里得几何学是赫尔曼 · 闵科夫斯基 (1864—1909) 为爱因斯坦的 (狭义) 相对论[158]的几何解释提出的, 对此在这里不能详细处理.[159]

克莱因还选出罗巴切夫斯基的双曲几何学和黎曼的椭圆几何学, 它们构成考虑之中的 “射影测度” 系统的部分. 特别地, 克莱因把罗巴切夫斯基 (平面) 几何学解释为圆锥截线内部的几何学 (比如说, 由圆 $\mathscr{K}$ 界定, 见图 13). 这里, 由圆 $\mathscr{K}$ 界定的圆盘内部的点是 “罗巴切夫斯基平

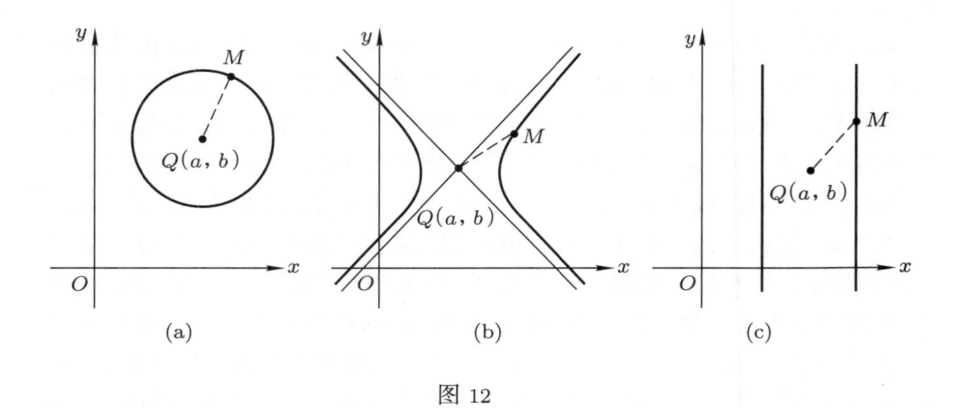

图 12

面的点"; (开的, 即没有端点的) 圆的弦是 "直线"; 罗巴切夫斯基平面上点 A 和 B 之间的距离 d_{AB} 由简单的公式

$$d_{AB} = \log(A, B; U, V) = \log\left[\frac{AU}{BU}\Big/\frac{AV}{BV}\right] \tag{4.2}$$

计算, 这里 U 和 V 是点, 其中直线 $AB = m$ 交于我们的非欧几里得平面的绝对的 $\mathscr{K}$, 这里不定的对数的底的选择等价于选择一个长度单位 (图 13; 由公式 (4.2) 直接得到, 整个欧几里得直线 $UV = m$, 或者甚至欧几里得半直线 AU 和 AV 是无穷的). 从图 13 容易看出, 穿过不在直线 m 上的一个点 M 有无穷多条直线与直线 m 相交 (比如直线 AM), 而且有无穷多条直线不与 m 相交 (比如直线 PQ 和 RS); 直线 MU 和 MV 把第一类直线与被称为在罗巴切夫斯基 (或波尔约) 意义上与 m 平行的第二类直线分开. 罗巴切夫斯基几何学的这个 "模型" 常常被用在罗巴切夫斯基几何学的讲授中.[160]

在很大程度上是由于后来的环境使克莱因的工作引起广泛的反响. 起初, 一大类新几何学的发现, 欧几里得、罗巴切夫斯基和黎曼的几何学系统被它包括作为特殊情形, 并没有在数学家中引起特别的热情. 一些科学家 (包括阿瑟 · 凯莱, 他的名字与克莱因描述的几何学系统 (恰如其分地) 关联) 从来没有接受这一发现, 因为他们怀疑这一理论中呈现的矛盾. 也许这是相对于几何学的过度丰富的无意识的反应.[161] 在这一联系中, 我们注意到, 克莱因本人在他 1871 年的论文 (以及注记 107 提到的长篇著作) 中认为他的主要成就不在发现大量新的几何学系统, 而只在发现一种新的 (而且普遍的) 方法, 它把先前已知的双曲几何学和

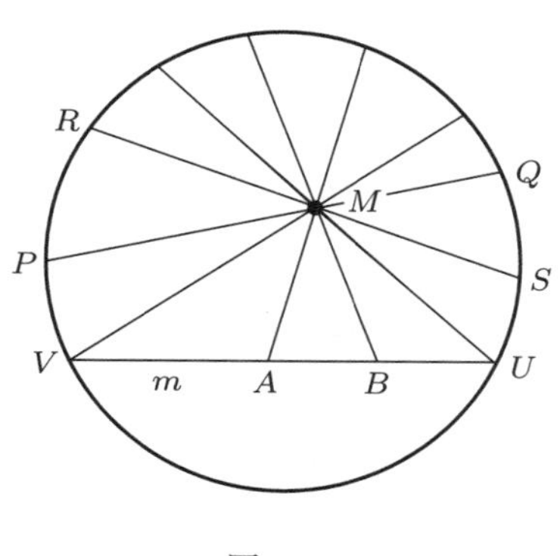

图 13

椭圆几何学与 (传统的) 欧几里得几何学联系起来, 同时建立了它们的相容性.[162] 令人震惊的是, 克莱因甚至不屑于计算他获得的几何学的数目. 这些几何学的第一个完全的分类是英国几何学家邓肯 · 萨默维尔 (1879—1934)[163] 在 1910 年做出的. 根据萨默维尔的分类, 有 9 种凯莱 – 克莱因平面几何学 —— 欧几里得几何学和 8 种非欧几里得几何学[164]; 27 种凯莱 – 克莱因立体几何学, 以及 3^n 种 n 维空间的凯莱 – 克莱因立体几何学, 这里 n 为任意的自然数.

因此, 克莱因在 1871 年的长篇论文的这一部分很快被许多人接受, 而且在图 13 中呈现的他的罗巴切夫斯基双曲几何学的简单模型变得非常流行, 它从图形上说明这一几何学的基本事实, 并令人信服地证明了它没有矛盾. 然而, 在它被相信时罗巴切夫斯基几何学的无矛盾性已被意大利数学家欧金尼奥 · 贝尔特拉米 (1835—1900)[165] 证明, 他似乎在 1868 年证明罗巴切夫斯基 (平面) 几何学可以在欧几里得空间中的一定的曲面上实现 (以带负常数曲率的一个表面的 “内蕴几何学” 的形式,[166] 例如, 在图 14 所示的所谓的伪球面上).[167] 因为伪球面在空间中可以用一个简单的方程确定,[168] 贝尔特拉米的结果, 如果是正确的, 蕴含如果平面欧几里得几何学不导致矛盾, 则平面罗巴切夫斯基几何学也不导致矛盾. 对于教学的目的, 贝尔特拉米在伪球面上的模型没有克莱因的非常简单的模型有说服力, 而且克莱因的模型更适于给人们关于双曲几何学的初始观念. 但这并不是这个故事的结局.

1903 年, 希尔伯特发现了罗巴切夫斯基双曲几何学的贝尔特拉米伪球面模型中的根本的且无法克服的缺陷: 他证明伪球面的尖锐 “边” 的

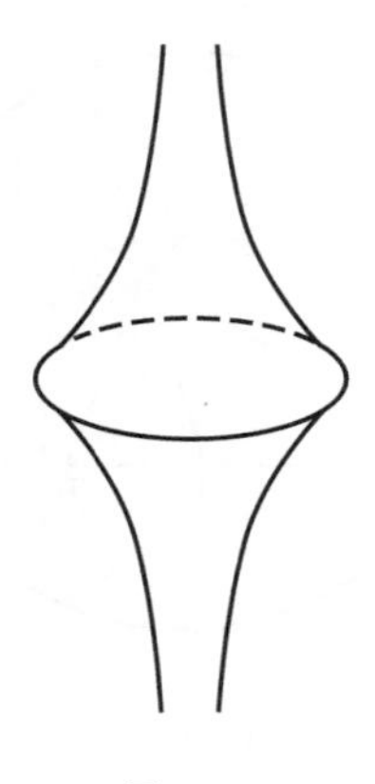

图 14

出现, 见图 14, 不允许我们在罗巴切夫斯基平面上的所有点和伪球上的所有点之间建立一个一一对应. 类似地, 仅把罗巴切夫斯基平面的一部分映射到任意其他负常数曲率的曲面是可能的.[169] 按照这种观点, 伪球面 (或任意其他负常数曲率的曲面) 不能在整体上被认为是罗巴切夫斯基几何学的一个模型 —— 现在, 贝尔特拉米伪球面的构造不再被认为是罗巴切夫斯基几何学的公理的逻辑相容性的证明. 然而, 接着他在伪球面上的惊人的 (但是, 正如希尔伯特所证明的, 不适当的) 模型, 贝尔特拉米 (在注记 167 中提到的 1868 年的第一篇论文中) 简要地指出双曲几何学的另一个 "在一个圆盘中的模型", 完全与图 13 显示的模型重合. 这一次, 贝尔特拉米的论文的结论没有引起充分的注意, 而且克莱因本人没有注意到它. 现在, 在图 13 中显示的非欧几里得的罗巴切夫斯基平面的模型被恰当地称为*贝尔特拉米 – 克莱因模型*.[170]

最后, 我们指出双曲几何学的另一个解释 (或模型), 这个解释属于著名的法国数学家和物理学家亨利 · 庞加莱.[171] 这一模型又一次提醒我们回忆兰伯特的关于虚球面的预言家的话, 如果这样的一个球面存在, 在它的上面将实现罗巴切夫斯基非欧几里得几何学. 我们已经指出, 球面几何学能作为黎曼*椭圆几何学*的一个模型. 该椭圆平面的点由定义是球面的点 (或球面的对径点的对, 或边界赤道相对点等同的半球面的点; 见图 11). 球面的大圆是黎曼椭圆几何学的直线. 球面围绕中心的转动是等距的 (在这一情形参照对径点对的集合比半球面模型更方便). 当然, 在欧几里得空间考虑任何虚球面或虚半径的球面是不可能的.[172] 这就是为

何我们从欧几里得三维空间转到带坐标 x, y, z 和度量

$$d^2 = (x_1 - x)^2 + (y_1 - y)^2 - (z_1 - z)^2, \tag{4.3}$$

的伪欧几里得三维空间, 这里 d 是点 $M(x, y, z)$ 和 $M_1(x_1, y_1, z_1)$ 之间的距离. 与欧几里得空间不同, 这一空间包含实半径的球面和虚半径的球面; 例如, 半径为 i 且中心为 (0,0,0) 的球面是离原点的 (虚!) 距离为 i 的在欧几里得空间中满足方程

$$x^2 + y^2 - z^2 = -1 \tag{4.3a}$$

的点的集合. 这个集合是以*双叶双曲面*著称的曲面. 该双曲面 (图 15) 的比如说由条件 $z > 0$ 选出的一叶 (部分), 可以作为一个虚半球面, 它类似于图 11 描绘的实 (通常的) 半球面. 如果我们取这个虚 "半球面" 的点为新的 (非欧几里得) 平面的点, 过原点的平面与 "半球面" 的截线是直线, 而且该球面的保持点之间的伪欧几里得距离的转动是等距的, 然后我们得到罗巴切夫斯基双曲几何学 (的一个模型).[173]

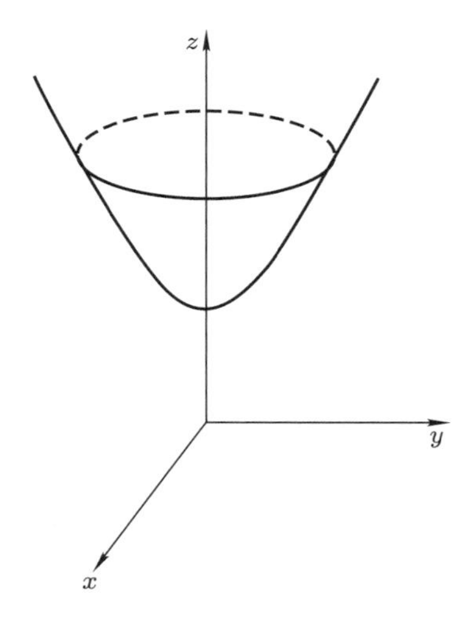

图 15

第 5 章

19 世纪的几何学: 多维空间; 向量和 (超) 复数

本章的主题有些离开构成本书核心的对称的观念及其在 19 世纪的发展, 但这对理解克莱因和李的工作是需要的.

一条直线段, 平面上的一个三角形以及空间中的一个四面体 (三棱锥) (图 16(a)); 一条直线上的点对, 平面上的一个圆以及空间中的一个球面 (图 16(b)); 一条直线上的一个闭区间, 平面上的一个平行四边形以及空间中的一个平行六面体 (图 16(c)); 在古代, 数学家们已经注意到它们之间的类似.[174] 甚至在引入坐标之前, 直线, 其图形拥有一个维度 —— 它们的长度 a; 平面, 其图形可以用两个维度刻画 —— 长度 a 和宽度 b; 以及空间, 其每个立体可以用三个维度刻画 —— 长度 a, 宽度 b 以及高度 c (见图 17); 数学家们能表达它们之间的差别. 一旦坐标被引入, 这种差别能方便地表达如下: 在一条 (一维) 线上的一个点由一个单独的数刻画 —— 它的单独的坐标 (横坐标)x; 在一个二维平面上的一个点有两个坐标 (它的横坐标 x 和纵坐标 y); 最后, 在三维空间中, 一个点的位置由三个数 (坐标) 确定 —— 横坐标 x, 纵坐标 y, 以及竖坐标 z (比较图 16(c)). 一条直线上的一个线段可以描述为点的一个

集合 $M(x), 0 \leqslant x \leqslant a$; 在一个平面上的矩形可以描述为点的一个集合 $M(x,y), 0 \leqslant x \leqslant a, 0 \leqslant y \leqslant b$; 在一个空间中的长方体可以描述为点的一个集合 $M(x,y,z), 0 \leqslant x \leqslant a, 0 \leqslant y \leqslant b, 0 \leqslant z \leqslant c$ (见图 16(c)).

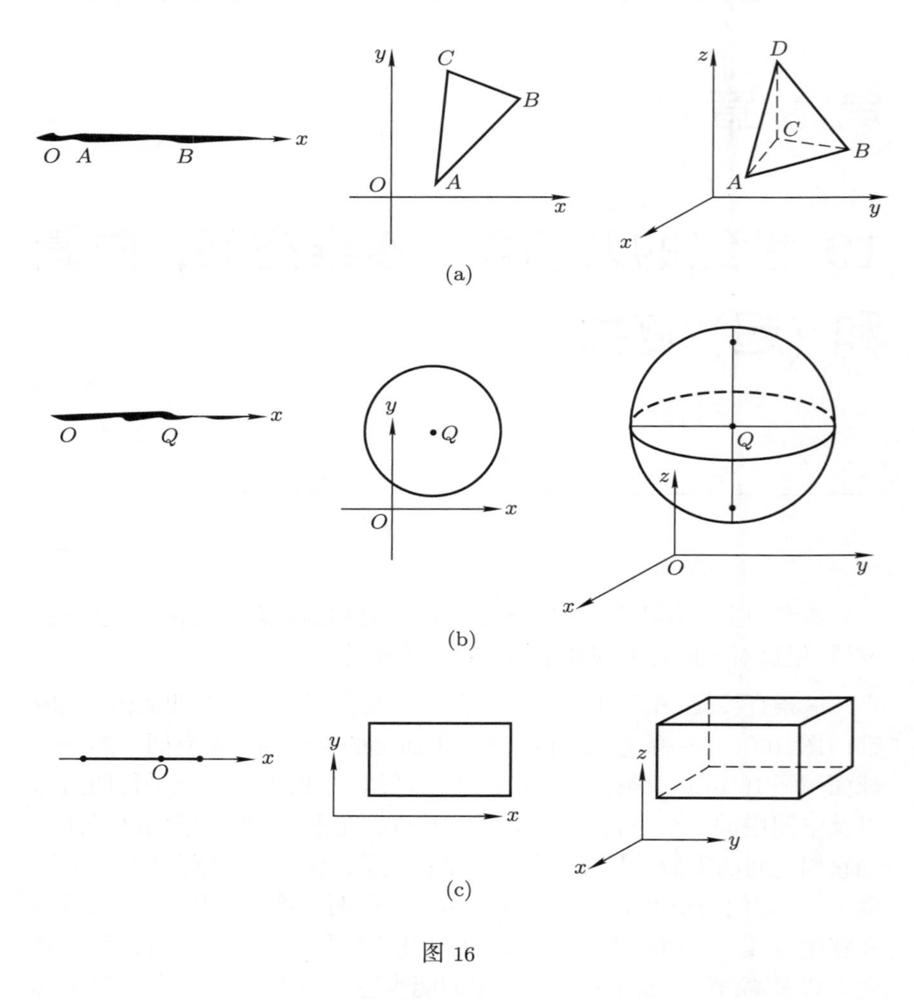

图 16

多维空间 —— 四维或更多维的空间 —— 的观念的萌芽隐含地, 而且有时以半神秘的形式出现在不同国籍的许多数学家和哲学家的著作中.[175] 对我们居住的世界是四维的这一事实的一个清楚的理解是由著名的法国数学家和哲学家让 · 勒龙 · 达朗贝尔 (1717—1783) 表达的, 因此每个事件由 3 个 “空间” 坐标 x, y, z, 和时间 t 刻画.[176] 达朗贝尔和德

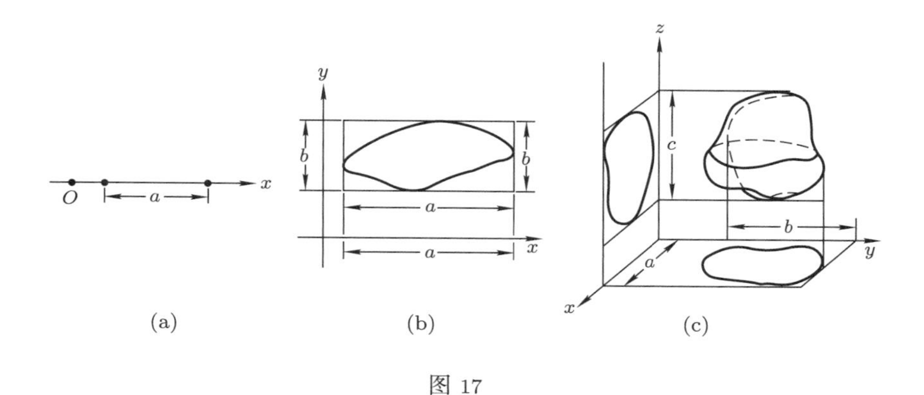

图 17

尼 · 狄德罗 (1713—1764) 是 35 卷本的《百科全书或科学, 艺术和工艺详解词典》(*Encyclopédia or Dictionaire raisonné des sciences, des art et des métiers*) (巴黎, 1751—1780) 的联合编辑. 在 1764 年出现的那一卷包含一个词条 ("维度"), 这对于一部 18 世纪的百科全书来说是不寻常的, 其中达朗贝尔写道: "人们可以把时间作为第四维度考虑, 因此在一种特定的意义上, 时间和体积之积是四个维度之积; 这个观念也许是可以争论的, 但我感到它有确定的价值 ······"

似乎是杰出的英国代数学家阿瑟 · 凯莱 (1821—1895) 在他的文章《论 n 维解析几何学的几章》(*Chapters on Analytical Geometry of n Dimensions*) 中首次使用了术语 "n 维几何学", 上面已多次提到过他.[177] 凯莱出生于一个富裕的英国家庭. 由于生意, 凯莱的父亲住在俄国的圣彼得堡, 在这里幼年的阿瑟度过了他的儿童时代. 凯莱在剑桥大学学习, 在这里他成为荣誉会考的第一名而且是史密斯奖的第一名. 他的第一篇科学论文出现在他大学毕业的那一年. 但是他感到数学不能保证充分的物质回报, 他开始学习法律. 不久他成了一位知名且成功的伦敦律师. 不过, 与沙勒形成对照, 由于经济上的考虑, 他推迟了对学术事业的追求, 在凯莱的律师生涯中他从未暂停他的数学工作, 他把他的实践与紧张且极有成果的研究活动结合起来. 在 1864 年, 凯莱考虑到自己足够富裕, 他为剑桥大学的一个教授职位离开律师界, 并留在这里直至去世,

矛盾的是, 凯莱的科研是深入的创造性与谨慎和保守的结合, 这经常阻止他更深地理解其他人以及他本人的成就. 因此, 他实际上是书写评论罗巴切夫斯基的非欧几何学的第一个重要数学家 (见前面), 但他

阿瑟 · 凯莱

一时没有理解它的重要性. 类似地, 他从来没有获得对现在以射影度量 (projective metrics) 或凯莱几何学[178] 著称的几何学系统的深入领会. 凯莱的保守主义也出现在论文《论 n 维解析几何学的几章》中. 在他对 $(n-1)$ 维射影几何学[177] 的特定事实的深入分析中, 及在这个领域的一些重要定理的证明中, 在使用几何学术语上 (除了对标题) 和符号上非常小心, 术语和符号虽未完全确立, 但显然适宜. 只是在这篇论文的结尾他注意到在三维的情形 (为何仅仅是这一情形?) 他的一些代数学结果 (代数学仅是形式, 不是内容) 等价于几何学上一些有意义的定理.[179] 类似地, 在他的著名的《关于代数齐式的研究报告》(*Memoirs upon Quantics*) 中, 尤其是在奠定 "凯莱度量或凯莱几何学" 基础的第 6 篇研究报告中, 他专门处理射影平面中的二阶曲线和三维空间中的二阶曲面, 尽管所有这些结果到一般 (n 维) 情形的推广是显然的. 巧合的是, 克莱因在 1871 年的著名论文《论所谓的非欧几里得几何学》(*On so-called non-Euclidean geometry*) 中仅详细地考虑了平面 (二维的) 和空间的 (三维的) 几何学,在这篇论文的末尾仅有一句提到推广到 n 维的可能性.

尽管凯莱处处谨慎, 只要不限于 “几章” 的文章, 不限于多维直觉的发展, 很难高估他在创造 n 维空间的概念上的作用和他的贡献. 凯莱的研究, 以及他的追随者、朋友, 以及有时的对手 (特别是不服输的旅行家、英裔美国人詹姆斯 · 约瑟夫 · 西尔维斯特 (1814—1897), 他从一个国家到另一个国家, 从一项活动转到另一项活动,[180] 以及爱尔兰数学家和神学家乔治 · 萨蒙 (1819—1904)),[181] 主要致力于线性代数学 (按照其几何的方面, 这约化为平面上的线性和二次轨迹以及多维仿射空间和射影空间中的二次曲面的研究) 的发展, 这为 n 维向量空间的理论以及 n^2 维空间的一个有意义的例子提供了一个重要的工具 (参见后文; 见凯莱《关于矩阵理论的研究报告》(*Memoir on the Theory of Matrices*) (《哲学汇刊》, 1858), 它也出现在凯莱的《全集》(*Collected Works*) 中).

赫尔曼 · 京特 · 格拉斯曼

然而, n 维空间这一概念的真正的创造者可能是德国人赫尔曼 · 京特 · 格拉斯曼 (1809—1877), 他是 19 世纪最有原创性的 (由于这个原因在他的时代没有被承认) 数学家之一. 格拉斯曼的《线性扩张论》(*Die lineale Ausdehnungslehre*)[182] 出现在 1844 年, 与凯莱的 “几章” 出现在同一年, 而这一著作的第二次完全的修订版 (《扩张论》(*Die Ausdehnungslehre*)) 出现在 17 年后 (1861 年). 与 n 维几何学密切相关的向量计算同时且独立地被格拉斯曼和著名的爱尔兰人威廉 · 罗恩 · 哈密尔顿 (1805—1865) 创造出来. (这是我们在前面曾遇到并描述过的一种现象的另一个例子.) 哈密尔顿是一个杰出的物理学家 (我们回想根据一些现代的观点, 物理学 “属于” 大脑的右半球) 而且格拉斯曼是一个领头的语言学家 (与语言学相联系的任何东西都与大脑的左半球有关).

赫尔曼 · 格拉斯曼[183] 生于德国的城镇斯德丁[14], 实际上他的整个一生都与它相联系. 他的家庭久以其对宗教和科学的兴趣著称, 而且智力生活的这两个方面总与格拉斯曼很密切. 他的祖父是牧师; 对他有很大影响的父亲曾是牧师, 直到他的科学兴趣占了上风并成为斯德丁文理高级中学的物理学和数学教授为止, 他的儿子从这里毕业并且在此任教多年. 老格拉斯曼也曾写过关于物理学、技术和初等数学的一些著作. 赫尔曼 · 格拉斯曼从这所中学毕业之后在柏林大学学习 3 年. 他没有学习数学, 学的是哲学、心理学、语言学和神学; 追随家庭传统, 他认真考虑过成为一名牧师, 只是当他在写《扩张论》时才完全放弃这个念头 (后来他反复表达对没有成为牧师的后悔). 在完成大学课程之后, 格拉斯曼通过了保证他教学资质的一次考试, 而且他在柏林的一所中等学校教了一年半学. 然后, 经过两次神学的综合考试 (此时他仍打算成为一名牧师), 再经过为在比中学形式更高的机构教学而参加的一次国家考试 (所有这些考试都发生在柏林), 格拉斯曼得到一个证书, 表明他有极好的资格讲授数学、物理学、矿物学和化学, 以及神学或宗教. 从 1836 年以来, 格拉斯曼无例外地在斯德丁工作, 在这里他先在弗里德里希 · 威廉中等学校任教, 接着在他父亲去世之后, 他担任了他父亲在这座城市的中学的位置. 他移居斯德丁, 在不同的时期在这里他教过德语、拉丁语、化学、矿物学、物理学和数学. 大多数时间他的教学负担非常重 —— 教不同的学科每周达 20 个小时. 出奇的是在那时格拉斯曼能找到时间在不同的领域进行出色的研究 —— 除了数学他在物理学上获得了出色的结果; 尤其是在电的理论和颜色 (这一工作被著名的赫尔姆霍茨评价很高) 的理论上. 格拉斯曼研究音乐和它的理论及元音理论; 他的听力很好, 在这些

[14] 今波兰什切青. —— 译者注

领域中听力被他用得得心应手. 在很长的时间他还是一份地方报纸的编辑或合作编辑 (与他的弟弟罗伯特), 以及一位活跃的撰稿人, 同时他还是著名的共济会会员和教会人物. 我们将会有机会讨论格拉斯曼在语言学上的兴趣和贡献, 这被某些人认为是他的紧张的智力生活的最重要的部分. 克莱因在关于格拉斯曼的高度同情的传记性随笔中以如下的话结束: "以如此多种多样的活动的观点来看, 有一个格拉斯曼没有掌握的领域: 他是一个非常蹩脚的老师." (与在前面内容中我们关于雅各 · 施泰纳所说的相比较.) 性情温和而且对每个人都友善, 格拉斯曼在课堂上不能保持所需要的纪律. 他只和几个最感兴趣的学生交谈, 而其他学生则 "玩得开心".

威廉 · 罗恩 · 哈密尔顿和他的儿子[15]

格拉斯曼的 "扩张论" 无疑不是他在纯粹数学上仅有的成就,[184] 但在这里只宜检查他在 1844 年和 1861 年出版的两本基本的著作. 实际上, 这两部书呈现了 n 维空间的理论 (非度量的 "线性的" 或 "仿射的" 空间出现在 1844 年的书中; n 维欧几里得空间出现在 1861 年的书中) 并

[15] 原书缺少这张照片的说明. 此照片约摄于 1845 年, 见 Thomas L. Hankins, *Sir William Rowan Hamilton*, Baltimore: The Johns Hopkins University Press, 1980, p.225. —— 译者注

分别使用了现在采用的两种基本方法. 在《线性扩张论》中, 很遗憾, 其作者遵守了在序言中对读者的承诺, 让他的著作 "不借助任何公式从普遍的哲学概念进行". 这些概念对应于现在的线性 (向量) 空间理论; 具体地说, 对应于它们的公理化的展开. 当今, 学习数学的大学生 (甚至一些中等学校的学生) 知道向量空间是被称为向量 (哈密尔顿的术语; 格拉斯曼谈论 "扩张的量") 的 (未定义的) 对象 $a, b, c, \cdots$ 的一个集合, 向量在两种运算下, 即对加法和纯量乘法封闭, 并且满足如下的公理:

$$a+b=b+a \text{ (加法的交换律)};$$
$$\lambda(\mu a)=(\lambda\mu)a;$$
$$(a+b)+c=a+(b+c) \text{ (加法的结合律)};$$
$$1a=a; \quad a+\mathbf{0}=a; \quad a+(-a)=\mathbf{0};$$
$$(\lambda+\mu)a=\lambda a+\mu a; \quad \lambda(a+b)=\lambda a+\lambda b \text{ (分配律)};$$

这里 $\mathbf{0}$ 被称为零向量, 而且 $(-a)$ 被称为向量 a 的加法逆. (迪厄多内的面向中等学校教师的《线性代数学和初等几何学》(*Linear Algebra and Elementary Geometry*) 以向量空间的公理开始; 似乎迪厄多内认为中学几何学教程应该按照这种方式开始.)[185] 不过, 在格拉斯曼的时代, 读者对这种表达方式和这样一种接近数学本质的途径 (不论回溯到毕达哥拉斯和柏拉图, 至少到莱布尼茨这个事实) 全然没有准备. 格拉斯曼的一般哲学观点[186] 在那时 (甚至今天) 不能被普遍地吸收, 这个观点被汉克尔 (见注记 189) 和乔治 · 布尔 (1815—1864)[187] 完全接受. 读者们对格拉斯曼的研究方法和他的个人特质没有准备, 尤其是, 对他自己的发明, 他用了许多奇怪的词语; 如果律师凯莱在使用新词语上过度小心, 语言学家格拉斯曼显然乐于发明它们! 因此格拉斯曼的第一本书被数学家们忽视了. 没有出版物把它作为参考, 也没有一个人评论它; 而且在它出现之后 20 年, 该书中的大约 600 册 (似乎印了 900 册) 作为废品被处置 (其他没有被卖掉的书免费送给任何想要的人). 该书也没有得到高斯的支持, 格拉斯曼曾送给他一本. 高斯的回应一如往常, 在一封短信中感谢作者; 取代评价该书, 他说: "您书中的倾向部分地与我沿着漫游了半个世纪的道路交叉." 高斯没有回应格拉斯曼的演算 (或代数学), 这是《扩张论》中最重要的东西. 我们在下面讨论它.

格拉斯曼对于他的失败并非全然不关心. 在该书的第二版 (1861 年)

的导言中, 他强调它 “经过完全的修订而且用数学公式的严格的语言表述.” 事实上, 这里潜在的处理方法是 “算术的” (构造) 方法, 即所有的构造基于 “算术的” 或 “坐标的” 空间 —— 由它们的坐标 $(x_1, x_2, \cdots, x_n)$ 定义的 “点” 的一个集合, 或者按照现在的术语, 是 (实) 数的 n 元组 $(x_1, x_2, \cdots, x_n)$ 的集合. 点 $x = (x_1, x_2, \cdots, x_n)$ 和 $y = (y_1, y_2, \cdots, y_n)$ 的加法和 x 乘以一个数 λ 的乘法分别定义如下:

$$x + y = (x_1 + y_1, x_2 + y_2, \cdots, x_n + y_n),$$
$$\lambda x = (\lambda x_1, \lambda x_2, \cdots, \lambda x_n).$$

该空间的线性子空间被定义为与点的坐标有关的一个或几个齐次线性方程的解集:

$$A_1 x_1 + A_2 x_2 + \cdots + A_n x_n = \mathbf{0}.$$

格拉斯曼第一次引入了点 $a_1, a_2, \cdots, a_k$ (我们现在说的向量; 格拉斯曼则说成 “扩张的量”) 线性相关的重要概念. 所考虑的点是线性相关的当且仅当存在一个关系

$$\lambda_1 a_1 + \lambda_2 a_2 + \cdots + \lambda_k a_k = \mathbf{0},$$

这里 $\mathbf{0} = (0, 0, \cdots, 0)$ 是零点 (向量) 而且并非所有的数 $\lambda_1, \lambda_2, \cdots, \lambda_k$ 都等于零. 这个概念使他能够定义这个空间 (或相联系的线性空间) 的维数为线性无关的点的最大可能的数目. 这个定义的一个结果是简单的格拉斯曼公式

$$\mathrm{dim}U + \mathrm{dim}V = \mathrm{dim}(U \cdot V) + \mathrm{dim}(U + V).$$

记号是现代的; dim 意指维数, U 和 V 是两个线性子空间, $U \cdot V = U \cap V$ 是它们的交, 同时 $U + V$ 是它们的 (向量) 和.[188] 另一个结果现在被称为格拉斯曼代数 (见下文), 由一个清楚的 “公式形式” 描述. 在《线性扩张论》的第二版中, 格拉斯曼在所考虑的流形中引入由表达式 $\sqrt{x_1^2 + x_2^2 + \cdots + x_n^2}$ 定义的一个度量, 并因此把该流形变换成一个 (n 维!) 欧几里得空间. (黎曼的著名的演讲《论假设》在那时已经发布, 其中考虑了更一般的度量; 不过, 格拉斯曼无从知道它, 因为住在远离科学中心的地方而且完全孤立于数学界; 甚至最知名的研究性杂志也到不了他手里.) 尽管该书的第二版更容易被固执的和有善意倾向的读者理解,

它还是用严格的抽象形式表述, 而且富含新词语; 它似乎比 1844 年的版本更不吸引人. 在格拉斯曼的晚年他准备了他的这本书的第一版的一个新版本; 这在 1878 年 —— 其作者去世一年之后 —— 推出. 应当注意到, 他的书的这两个版本的拙劣的、哲学性比数学性更强的语言, 而且包含大量读者不熟悉的新词语, 对格拉斯曼受邀到大学任教是一个障碍. 他两次向一所大学申请职位且两次被拒绝, 而且有一次对他的著作的负面评价 (强调上面提到的缺点) 出自知名的数学家埃内斯特 · 爱德华 · 库默尔 (1810—1893).

真正欣赏格拉斯曼的成就的第一位数学家似乎是哈密尔顿. 在 1853 年, 哈密尔顿写信给剑桥大学的代数学家和逻辑学家奥古斯图斯 · 德摩根, 其中他解释并赞扬了格拉斯曼的《扩张论》. 哈密尔顿的大部头的《四元数讲义》(*Lectures on Quaterions*) 也出现在这同一年. 作者赋予这些讲义特别的重要性而且在导言中他感谢他的德国同行的成就. 不幸的是, 格拉斯曼从来不知道他的著作对哈密尔顿产生的印象. 功成名就的德国数学家赫尔曼 · 汉克尔 (1839—1873) 从哈密尔顿的讲义中了解了《扩张论》, 在 1866 年他给格拉斯曼写了一封热情的信.[189] 在 1871 年, 格拉斯曼当选为哥廷根皇家学会的通讯会员[16], 但是这一迟到的 (且远远不适当的) 认可在格拉斯曼为了他一直倾向的语言学研究而在很大程度上放弃数学的时候到来. 早在 1843 年, 格拉斯曼和他的弟弟罗伯特[190] 出版了带练习的基础德语教科书 ("带有很多练习 (mit zahlreichen Übungen)"). 其第四版出现在 1876 年. 格拉斯曼关于德国植物名称的多方面的工作内容非常充实,[191] 正如他对德国民歌的研究, 尤其是他收集的德国民歌. 在他的晚年, 他的学术兴趣集中于古印度著名的文学和宗教著作《梨俱吠陀》(*Rig-Veda*) 的研究. 在 1873 年, 莱比锡的布奥克豪斯出版社 (Brockhaus) 印行了格拉斯曼 (用梵文) 为《梨俱吠陀》编的内容广泛的字典, 而且在 1876—1877 年 (格拉斯曼在 1877 年去世) 同一家出版社印行了两卷这一杰出著作的德文译本. 这是格拉斯曼仅有的获得一个学位的学术著作: 这位出名的学者被图宾根大学授予荣誉 (honoris causa) 哲学博士学位. 格拉斯曼的数学成就只是在他去世后才得到承认, 而且是由于菲利克斯 · 克莱因和索菲斯 · 李高度赞扬他的工作. 尤其是, 在克莱因的 19 世纪数学史中有许多篇幅专门用于论述格拉斯曼.[192] 在 1894—1911 年, 主要是由于李的提倡, 莱比锡的托伊布纳出版社 (B.

[16] 原文为 Göttingen scientific society. —— 译者注

G. Teubner) (李与它联系密切) 发行了《赫尔曼 · 格拉斯曼数学和物理学著作全集》(*Gasammelte mathematische und physikalische Werke von Hermann Grassmann*) 三卷 (6 册内容充实的书). 6 册书中的最后一册包含恩格尔写的格拉斯曼的传记 (见注记 183).

令人吃惊的是, 从少数同时代人评论格拉斯曼的 n 维几何学的观点来看, 相关的想法非常迅速地成为公共的知识. 在 1851 年, 伯尔尼大学的瑞士教授路德维希 · 施勒夫利 (1814—1895) 把一本大部头的著作《多连续性理论》(*Theorie der vielfachen Kontinuität*) 献给维也纳科学院; 尽管它只是在 50 年后才得以出版 (巴塞尔, 1901). 在施勒夫利的导言中 (他可能不知道的格拉斯曼的工作), 他说他的书 "用于描述分析学的一门新的分支的基础, 即一种 n 维解析几何学, 包含曲面和 $n = 2$ 和 3 的空间的一般的解析几何学". 施勒夫利的术语和记号与现在的术语和记号非常接近. 他还求解了一些 n 维 (欧几里得) 几何学的特殊问题, 如连接一个任意 (凸) 多面体的顶点、棱和面的数目的著名的欧拉公式[193] 的 n 维推广, 并且列出了 n 维欧几里得空间中正多面体的一张表.[194] 尽管它们被推迟出版, 施勒夫利的结果从他发表的论文 (而且也许从在伯尔尼和维也纳流传的手稿) 中为数学家们所知. 在上面提到的两个特别的问题中, n 维的欧拉公式 (尽管似乎它被庞加莱重新发现, 但他没有提到施勒夫利) 今天与施勒夫利的名字相联系. 不幸的是, 在文献中 n 维空间中正多面体的分类常常被归功于后来的作者们.[195] 在任何一种情形, 克莱因在他的 19 世纪数学史中指出在 19 世纪 70 年代 n 维空间的概念已广为人知. 在克莱因的 1872 年的埃朗根纲领中, 他本人只考虑了二维和三维的几何学, 但是注意到 (在论文《论所谓的非欧几里得几何学》中的一个单独的句子中) 他的主要思想显然在一般的 (n 维的) 情形成立. 最后, 如果我们不提到我们的 "老熟人" 卡米耶 · 若尔当, 那么我们的叙述就会是不完整的, 在形式上相当现代的长篇论文《关于 n 维几何学的论文》(*Essai sur la géomètrie à n dimensions*)[196] 中, 他提供了 n 维欧几里得几何学的一个本质的表述, 其中包括求解两个子空间之间的角 (以定常角 (stationary angle) 知名 —— 它们的数目依赖子空间的维数) 和最短距离的问题.[197] 在 1871 年的两个短篇的注记中, 若尔当还发展了 n 维欧几里得空间中 (光滑的) 曲线的微分几何学 (两篇注记都包括在《全集》(*Works*)[196] 的第 3 卷中), 并且奠定了在 n 维空间中的 m 维曲面 (这里 $m \leqslant n-1$; 最简单的情形是 $m = 1$ (曲线) 和 $m = n-1$ (超曲面)) 的微分几何学的基础.

让我们转到在本章的标题中所引用的第二个主题, 而且它与 n 维空间的主题密切相关, 即向量演算 (vector calculus) 的兴起. 戈特弗里德 · 莱布尼茨 (1646—1716) 曾经梦想过直接处理几何对象而不是数的几何演算. 蒙日的学生拉扎尔 · 卡诺 (见注记 65) 在他的《位置的几何学》(*Géométrie de Position*) (巴黎, 1803) 中构造了这样的一个演算的相当不恰当模型. 莱布尼茨的梦想被格拉斯曼和哈密尔顿实现了, 他们从完全不同的方向得到他们各自的演算.

与格拉斯曼的哲学和科学兴趣相符合, 他非常尊重莱布尼茨. 格拉斯曼专门用一本书《与莱布尼茨发现的几何特性相联系的几何分析》(*Geometrische Analyse geknüpft an die von Leibniz erfundene geometrische Charakteristik*) (莱比锡, 1847) 解释莱布尼茨的几何思想. 具有讽刺性的是, 这是格拉斯曼的被数学家注意的仅有的著作: 在一次全德国科学著作的竞赛中它得奖并且在莱比锡出版 (不是在斯德丁, 就科学来说斯德丁是极其偏僻的一个城镇), 而且有默比乌斯的导言性的 "解释性论文 (mit einer erläuternden Abhandlung)". 这一词语显然源自默比乌斯, 清楚地表明作为流利表述的大师, 默比乌斯难以同情格拉斯曼的笨拙的 "哲学原则 (philosophemas)". 格拉斯曼认为他的演算, 其中纯粹的几何对象被加、被减、被乘和被除 (而且纯量允许乘法), 是莱布尼茨的纲领的一个精确的实现.

按照现代的术语, 很容易解释格拉斯曼代数. 自 n 维空间 (欧几里得的, 但这一理论在大多数时候并不需要欧几里得度量) 产生, 格拉斯曼引入 n 个 (线性无关的!) 基向量或单位 $e_1, e_2, \cdots, e_n$ 的形式和及它们的积, 并检验这些单位的积满足反交换律和结合律:

$$[e_i, e_j] = -[e_j, e_i] \text{ 当 } i \neq j, [e_i, e_i] = [e_i^2] = 0.$$

因此我们有单位的积和 "乘积的积" $[e_{i_1} e_{i_2} \cdots e_{ip}] \cdot [e_{j_1} e_{j_2} \cdots e_{jq}]$, 它非零仅当所有的指标 $i_1, i_2, \cdots, i_p$ 是不同的, 所有的指标 $j_1, j_2, \cdots, j_q$ 是不同的, 而且没有 i_s $(s = 1, \cdots, p)$ 等于 $j_t (t = 1, \cdots, q)$. 如果就是这种情形, 则这样的积能写成这样的形式

$$\pm e_{k_1} e_{k_2} \cdots e_{k_r}, \quad \text{其中 } 1 \leqslant k_1 < k_2 < \cdots < k_r \leqslant n, \quad r = p + q.$$

于是格拉斯曼代数与“普通的” (n 维) 向量

$$x_1e_1+x_2e_2+\cdots+x_ne_n,$$

其中 x_i 是数, 以及更复杂的和

$$x_0+\sum x_ie_i+\sum x_{ij}e_{ij}+\sum x_{ijk}e_{ijk}+\cdots+x_{12\cdots n}e_{12\cdots n} \tag{5.1}$$

有关, 这里 x 仍代表数, 而且, 例如

$$e_{ij}=[e_ie_j],\quad i<j,\quad e_{ijk}=[e_ie_je_k],\quad i<j<k.$$

这样的表示恰是格拉斯曼所说的“扩张的量”.

格拉斯曼的“外代数”对于数学分析学 (不给出细节, 我们指出复积分的表示式中, 在积分符号后包含的独立变量的微分的外积), 几何学和拓扑学 (在格拉斯曼的时代它还在婴儿期) 有在当时不可预测的非常大的重要性. 也不能预测在他去世后不久出现的狂热的格拉斯曼学说的信奉者 (Grassmannites) 的学派 (见后文). 这个代数系统的重要性被亨利 · 庞加莱, 尤其是被 20 世纪几何学领域中的重要人物之一的埃利 · 嘉当[198], 和实现嘉当的代数学和几何学与庞加莱的分析学和拓扑学综合的瑞士人乔治 · 德拉姆所完全认识.

除了单位的反对称的“外”积, 其中 $[e_i,e_j]=-[e_j,e_i]$, 格拉斯曼还考虑了满足法则

$$(e_ie_j)=0,\quad \text{当 } i\neq j \text{ 时},\quad (e_ie_i)=(e_i^2)=1 \tag{5.2}$$

的对称的“内”积. 一个向量乘以自身的内积, 即一个向量的内平方或纯量平方被格拉斯曼把它与其长度 (在欧几里得度量下) 关联起来. 类似地, 格拉斯曼定义了任意的扩张的量或表示的内积. 特别地, 他把“二阶扩张表示” $\sum x_{ij}e_{ij}(=\sum x_{ij}[e_ie_j])$ 与曲面元素[199] (这些构造在《扩张论》的第一版中以几何形式实现) 以及这样的一个表示的“内平方”与曲面元素的面积联系起来.

在二维和三维向量空间的最简单的情形审视向量的格拉斯曼代数是有教益的. 在这两种情形, 内积运算赋予每一对向量 $a=x_1e_1+x_2e_2(+x_3e_3)$ 和 $b=y_1e_1+y_2e_2(+y_3e_3)$ 一个数 (见公式 (5.2))[200]

$$a\cdot b=(a,b)=x_1y_1+x_2y_2(+x_3y_3). \tag{5.3}$$

在二维的情形, 外积赋予每一对向量 a 和 b 一个数

$$a \times b = [a, b] = (x_1 e_1 + x_2 e_2) \times (y_1 e_1 + y_2 e_2) = (x_1 y_2 - x_2 y_1) e_{12}; \quad (5.4a)$$

我们说, 建议性地说 "数" 是因为 "向量因子" e_{12} 对任何一对向量 a 和 b 是相同的, 所以可以被略去. 在三维的情形, 两个向量的外积也是三维空间中基为 $\{e_{12}, e_{23}, e_{31}\}$[201] 的一个向量

$$\begin{aligned} a \times b = [a, b] &= (x_1 e_1 + x_2 e_2 + x_3 e_3) \times (y_1 e_1 + y_2 e_2 + y_3 e_3) \\ &= (x_1 y_2 - x_2 y_1) e_{12} + (x_2 y_3 - x_3 y_2) e_{23} + (x_3 y_1 - x_1 y_3) e_{31} \\ &= X_{12} e_{12} + X_{23} e_{23} + X_{31} e_{31}; \end{aligned} \quad (5.4b)$$

在欧几里得空间的情形, 这个三维空间可以通过置 $e_{12} = e_3, e_{23} = e_1$ 和 $e_{31} = e_2$ 而等同于原始空间. 外积 $a \times b$ 的 "内平方" $S^2 = (a \times b) \cdot (a \times b)$ 与向量 a 和 b 张成的平行四边形的面积有关. 特别地, 在二维的情形 $S^2 = (x_1 y_2 - x_2 y_1)^2$, 而且在三维的情形 $S^2 = X_{12}^2 + X_{23}^2 + X_{31}^2$, 亦即 $S^2 = (a \times b) \cdot (a \times b)$. 实际上, 在二维的情形, 人们经常写成

$$S = x_1 y_2 - x_2 y_1,$$

这里 S 代表所谓的 "定向的面积", 即带正号或负号的由向量 a 和 b 张成的平行四边形的面积.

达到向量计算的另一个途径涉及复数 $z = x + y\mathrm{i}$ 的几何解释, 这里 $i^2 = -1$, 这被高斯广泛使用. 高斯[202] 对平面上的每个点分配一个笛卡儿坐标 (x, y) 和极坐标 $\langle r, \varphi \rangle$, 这里 $r = |z| = \sqrt{x^2 + y^2}$ 且 $\varphi = \mathrm{Arg} z$, 即 $\cos\varphi = x/r, \sin\varphi = y/r$, 同时 $\tan\varphi = y/x$ (图 18). 在这里和

$$z_1 + z = (x_1 + y_1 \mathrm{i}) + (x + y\mathrm{i}) = (x_1 + x) + (y_1 + y)\mathrm{i}$$

按照平行四边形法则 $(x, y) + (x_1, y_1) = (x + x_1, y + y_1)$ 计算 (图 19(a)), 同时乘法 $z_1 z = \langle r_1, \varphi_1 \rangle \cdot \langle r, \varphi \rangle = \langle r_1 r, \varphi_1 + \varphi \rangle$ 通过角 φ 转动每个点 z_1 且把它 "伸展" r 倍 (见图 19(b); 注意通过 z "增加" 的运算和乘以 z 的运算被用于由点 z_1 构成的整个图形). 因此可以说加法运算 ("加上 z") 在几何上表示平面的平移, 同时乘以 z 是一个旋转接着一个伸展; 特别地, 如果 $|z| = 1$, 那么这个运算是通过角 $\varphi = \mathrm{Arg} z$ 的单纯旋转.[203]

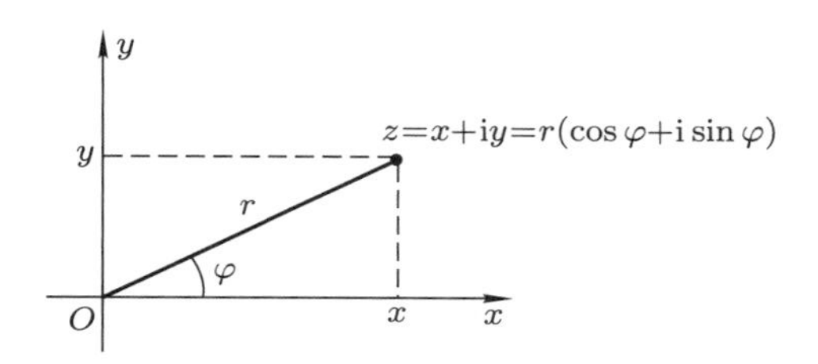

图 18

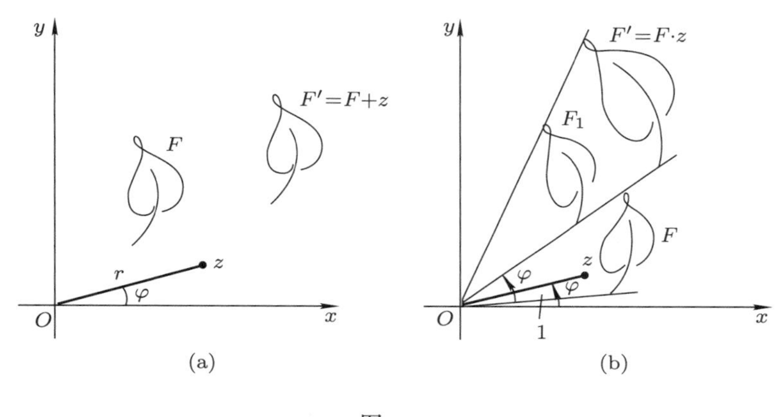

图 19

通过 “杂交” 高斯的复数和格拉斯曼数 (“扩张表示”) 的代数我们得到由 n 个单位 $e_1, e_2, \cdots, e_n$ 和所有它们可能的积生成的柯利弗德代数, 这里单位的积是反交换的 $(e_i \cdot e_j = -e_j \cdot e_i)$ 和结合的, 但每个单位的平方 $e_i \cdot e_i = e_i^2$ 不是 0, 如在格拉斯曼的情形, 而是 -1, 如在复数的代数中 (见柯利弗德《格拉斯曼的扩张代数的应用》(*Application of Grassmann's extensive algebra*), 《美国数学杂志》(*Amer. Journ. of Math.*), 1879 年). 正如在格拉斯曼数的情形, 通过使用单位的乘法的结合律以及主要法则 $e_ie_j = -e_je_i$ 和$e_i^2 = -1$, 任意个数目的 “单位的积” $(e_{i_1}e_{i_2}\cdots e_{i_p})$ 和 $(e_{j_1}e_{j_2}\cdots e_{j_q})$ 之积能写成形式 $\pm e_{k_1}e_{k_2}\cdots e_{k_r}$, 这里 $1 \leqslant k_1 < k_2 < \cdots < k_r \leqslant n$. 因此, 柯利弗德代数涉及与格拉斯曼代数相同的形式和 (5.1), 但应用有些改动的运算法则. 在现代数学中, 格拉斯曼代数 (被称为 “外代数”, 因为它基于格拉斯曼的外乘法) 起着根本的作用. 柯利弗德代数的主要的 “使用者” 可能是物理学家而不是数学家;[204] 不过, 前者也表达了对格拉斯曼数的兴趣.

通过创造新的带三个单位的数代替带两个单位的数, 尝试把普通的复数从平面扩展到空间在数学史上起到了一个重要作用. 高斯曾考虑过这个问题并得到结论: 有形式 $u = xe_1 + ye_2 + ze_3$ 的一个复数系统是不可实现的, 但没有发表他的论证. 英吉利海峡的另一侧继续尝试解决这个问题 —— 它们被剑桥 "形式" 学派的领导人之一的奥古斯图斯 · 德摩根 (1806—1871), 以及爱尔兰数学家查尔斯 · 格雷夫斯 (1810—1860) 承担. 特别地, 在多卷本的名为《论代数学的基础》(*On the Foundations of Algebra*) 的专著中, 德摩根提出了对他所说的 "三元代数 (the triple algebra)"[205] 的一个公理化处理. 形式不同但本质与此相同的代数出现在格雷夫斯的论文[206]《论代数三元组》(*On Algebraic Triplets*) 中, 该文和德摩根的书出现在同一年 (1847). 格雷夫斯把他的三元组写作 $u = x + ye + ze^2$, 它们的相乘按照 "自然的方式" 符合法则 $e^3 = 1$, 并且对每个三元组赋予空间中的一个点 (x, y, z); 他还给出了他的乘法的一个简洁的几何解释[207].

在这个领域我们现在关心的最大的进展是在推广复数的另一种尝试上得到的, 而且它与 19 世纪最杰出的数学家和物理学家之一的威廉 · 罗恩 · 哈密尔顿 (1805—1865) 相联系. 哈密尔顿的数学工作不直接与 n 维空间相关, 但这些问题与他在力学上的研究有很深的关联. 另一方面, 向量演算 (既包括向量代数, 又包括向量分析) 完全是哈密尔顿创造的, 尽管与在现代教科书上呈现的形式相当不同.

哈密尔顿的超凡的才能在很小的年纪就昭然若揭. 在 5 岁时, 除英语之外, 他懂 5 门语言 —— 法语、意大利语、拉丁语、希腊语和希伯来语; 到 12 岁时他又懂了另外 7 门语言, 包括如阿拉伯语、波斯语、梵语和马来语这样不寻常的语言. 哈密尔顿进入都柏林的 (新教的) 三一学院, 我们在前面联系到这一机构的另一位毕业生 (和教师) 时曾提到过 (见注记 181). 作为一名学生他被如此高看, 以致在完成大学课程之前的 1827 年他接受了该学院的天文学教授的职位! 此后不久, 哈密尔顿担任了爱尔兰皇家天文学家这一崇高 (且报酬丰厚) 的职务, 他保持这个位置直到去世, 而且他被任命为在敦辛克 (位于都柏林的郊外) 的天文台台长. 除了哈密尔顿在物理学、数学和语言学上的杰出才能, 他还是艺术天才. 他是一个高产的诗人, 他的诗受到他的朋友威廉 · 华兹华斯 (1770—1850) 的赏识.

不幸的是, 哈密尔顿的杰出才能的早期和快速的发展以及他在科学和管理上的流星般的事业有它们的悲剧性的一面. 在哈密尔顿生命的后期, 他经历了抑郁的多次发作. 他试图借助酒来克服它们, 并且同时增进他的工作能力. 不断饮酒更加削弱了他的创造才能, 而且渐渐损害了他的智力; 即使这样一个杰出的头脑也不能承受滥用酒精的后果. 哈密尔顿在 60 岁时去世, 但他的晚年确实是一场悲剧. 他在思想上和精神上是消沉的.

仍然是三一学院的一名学生的时候, 以及在哈密尔顿毕业后不久, 他在几何光学上进行了卓越的研究, 而且在 1834—1835 年他发表了关于力学上的基本著作, 这是他的科学生涯的顶点. 今天, 哈密尔顿力学构成量子力学和许多其他现代数学构造的基础,[208] 而且被所有攻读数学和物理学的学生学习. 哈密尔顿后来的著作, 尽管具有全面的数学重要性并被他认为是他一生主要的成就, 而且对于我们的故事是最有兴趣的, 反而不如他在力学上的著作深刻.

在 1837 年,《爱尔兰科学院汇刊》(*the Transactions of the Irish Academy*) 上发表了哈密尔顿的长篇论文 (与前面提到 “剑桥形式学派” 的研究有联系; 见前文和注记 205),《共轭函数或代数对的理论》(*Theory of Conjugate Functions or Algebraic Couples*), 附有一篇《论代数学作为纯粹的时间的科学的初步且基本的论文》(*Preliminary and Elementary Essay on Algebra as the Science of Pure Time*). 第二个标题指的是下面的想法, 这个想法可回溯到康德: 几何学作为空间的科学, 应当与代数学形成对照, 代数学被想象成是基于 “有序的” 数 (当然不仅仅是自然数和整数!) 的时间的科学. 结果是在这篇论文中的一些思想与格拉斯曼的《算术教程》(*Lehrbuch der Arithmetik*) (见注记 184) 中包含的那些想法接近, 在那时哈密尔顿并不知道这本书. 至于这篇论文的标题的第一部分, 首先是指哈密尔顿对复数 $z = x + y\mathrm{i}$ 作为实数点对 (x, y) 的解释 (实际上更早被亚诺什 · 波尔约提出; 见前文), 它有如下的加法和乘法法则

$$(x, y) + (x_1, y_1) = (x + x_1, y_1 + y);$$
$$(x, y) \cdot (x_1, y_1) = (xx_1 - yy_1, xy_1 + yx_1).$$

尤其令哈密尔顿高兴的是他设法摆脱了神秘的符号$\sqrt{-1}$, 对作为被揭示的真理而接受的只有正数才有平方根的人们, 这个符号是一个持久的困难之源. 当然, 哈密尔顿把复数通常的几何解释 (作为平面上的点) 记在心里; 他自己对复数的解释 (作为实数对) 本质上是相同的, 因为平面上的点可以用它们的坐标描述.

在接下来的几年里, 在几次尝试构建有三个单位的"空间"复数的一个合理的系统上, 哈密尔顿花了很多时间. 这导致哈密尔顿与剑桥形式主义者的友好的接触和通信. 尤其在这里他表达了对格拉斯曼的工作的高度评价 (见前文). 在经过很多思考和相当多的计算之后, 哈密尔顿得出结论: 不可能构建有三个单位的有除法的复数系统, 其中除法是可能的.[209] 然后他转移到有四个单位的复数系统而且几乎立刻发现了四元数.[210] 在哈密尔顿的构造有三个单位的数的尝试中, 他持有给每个复数单位分配在空间中的一个旋转的想法, 正如在平面的情形, 乘以复数单位 $\mathrm{i}(=1(\cos 90^\circ+\mathrm{i}\sin 90^\circ))$ 的乘法等价于平面旋转 90° (见图 19(b)). (在哈密尔顿之前, 而且显然不为他所知, 相同的想法被丹麦大地测量学家卡斯珀 · 韦塞尔表示过 (见注记 202). 一般地, 因为在空间中的旋转不交换 (它们构成一个不交换群; 见后文), 哈密尔顿被迫放弃对他的复数单位的乘法交换性的要求.

在这里我们不详述四元数的算子理论, 其中每个四元数被视为空间中的一个特定的算子. 这一理论略述于注记 68 中提到的克莱因的书中, 并且在注记 201 中所引用的克莱因的书中发展地更详细. 此处我们直接得到最终的结果.

哈密尔顿的四元数是形如

$$q=x_0+x_1\mathrm{i}+x_2\mathrm{j}+x_3\mathrm{k}$$

的复数, 这里 x_0,x_1,x_2,x_3 为实数, 同时 $\mathrm{i},\mathrm{j},\mathrm{k}$ 是遵循如下乘法法则的复数:

$$\mathrm{i}^2=\mathrm{j}^2=\mathrm{k}^2=-1;\quad \mathrm{ij}=-\mathrm{ji}=\mathrm{k},\quad \mathrm{jk}=-\mathrm{kj}=\mathrm{i},\quad \mathrm{ki}=-\mathrm{ik}=\mathrm{j}.$$

对于哈密尔顿, 把每个四元数分为两个被加数是极为重要的: 数 $x_0=Sq$ 被称为四元数的纯量或四元数的纯量部分 (来自拉丁词 *scala*, 意指梯子), 而表达式 $x_1\mathrm{i}+x_2\mathrm{j}+x_3\mathrm{k}=Vq$ 被他称为向量或四元数的向量部分 (来自拉丁词 *vector*, 意指搬运者).[211] 在

$$v=x\mathrm{i}+y\mathrm{j}+z\mathrm{k} \text{ 和 } v_1=x_1\mathrm{i}+y_1\mathrm{j}+z_1\mathrm{k}$$

是两个向量的情形, 它们的积 vv_1 是一个"一般的"四元数

$$vv_1=S(vv_1)+V(vv_1),$$

这里容易检验

$$
\begin{aligned}
&S(vv_1) = -xx_1 - yy_1 - zz_1;\\
&V(vv_1) = (yz_1 - y_1z)\mathrm{i} + (zx_1 - z_1x)\mathrm{j} + (xy_1 - x_1y)\mathrm{k}. \qquad (5.5)
\end{aligned}
$$

追随哈密尔顿, 表达式 $S(vv_1)$ 和 $V(vv_1)$ (一个数和一个向量!) 被分别称为向量 v 和 v_1 的纯量和向量部分 (更精确一些, 是两个向量的"四元数"之积的纯量和向量部分). 把关系式 (5.5) 和属于格拉斯曼的关系式 (5.3) 和 (5.4b) 比较, 我们震惊于哈密尔顿的纯量和向量积与格拉斯曼的内积和外积的明显的相似性. 现在这种相似性变得更加清楚, 因为在向量演算的进一步发展中, 哈密尔顿的纯量积被去掉负号, 因此

$$vv_1 = xx_1 + yy_1 + zz_1.$$

除以一个四元数的哈密尔顿法则与人们除以一个复数的法则非常类似. 对于每一个复数 $z = x + \mathrm{i}y$, 可以定义它的"共轭"数 $\overline{z} = x - \mathrm{i}y$ (显然映射 $z \to \overline{z}$ 在几何上等价于沿实轴 Ox 的反射). 然后, 我们有

$$z\overline{z} = x^2 + y^2 (= |z|^2).$$

现在, 如果数 z 不等于零且 $z_1 = x_1 + \mathrm{i}y_1$, 那么

$$
\begin{aligned}
z_1/z &= (z_1\overline{z})/(z\overline{z}) = (x_1 + \mathrm{i}y_1)(x - \mathrm{i}y)/(x^2 + y^2)\\
&= (xx_1 + yy_1)/|z|^2 + [(xy_1 - x_1y)/|z|^2]\mathrm{i}.
\end{aligned}
$$

类似地, 如果 $q = s + x\mathrm{i} + y\mathrm{j} + z\mathrm{k} = s + v$, 则 $v = x\mathrm{i} + y\mathrm{j} + z\mathrm{k}$, 且 $\overline{q} = s - v = s - x\mathrm{i} - y\mathrm{j} - z\mathrm{k}$, (映射 $q \to \overline{q}$ 显然等价于改变该四元数的向量部分的符号, 或向量 v 对原点反射.) 那么,

$$q\overline{q} = s^2 + x^2 + y^2 + z^2 \quad (= |q|^2).$$

现在, 如果 $q \neq 0$ 且 $q_1 = s_1 + x_1\mathrm{i} + y_1\mathrm{j} + z_1k$, 则

$$q_1/q = (q_1\overline{q})/(q\overline{q}) = (q_1\overline{q})/|q|^2,$$

这容易写成一个一般的四元数 $\sigma + \xi\mathrm{i} + \eta\mathrm{j} + \zeta\mathrm{k}$.

复数和四元数之间的这一相似性启发了哈密尔顿. 他决定着手处理把单复变函数论的所有结果转移到四元数理论这个宏伟的问题. 对这个

问题他奉献了他生命中的 20 年. 哈密尔顿在 1843 年发现四元数; 他关于这个主题的第一个出版物的日期是 1844 年. 他的 20 年的辛劳产生了两部长篇著作,《四元数讲义》(*Lectures on Quaternions*) (都柏林, 1853) 和《四元数基础》(*Elements of Quaternions*) (都柏林, 1866), 后者在作者去世后出版; 近来它被重新出版 (纽约, 多佛出版社 (Dover), 1969).[212]

哈密尔顿在四元数上的成就是重要的, 然而他本人高估了它们的重要性. 四元数在数学中所起的作用远逊于复数. 围绕哈密尔顿在都柏林兴起的 "四元数主义者" 或 "哈密尔顿学说信奉者" 的狂热学派, 其成员比它们的创造者更为过分地强调四元数的重要性, 他们最终把其影响传播到整个英国. 在这同一个时期, 在欧洲大陆, 尤其是在德国, 这些过分之事引起了人们对这个主题的怀疑态度. 在 1895 年, "四元数主义者" 甚至创建了 "推进四元数世界联合会". 他们觉得单四元数变数函数论不仅可与单复变函数论相比, 甚至超越了它. 不过, 虽然哈密尔顿和格拉斯曼之间的关系以相互尊敬为特色, 四元数主义者和在格拉斯曼去世后不久出现的同样狂热的格拉斯曼学说的信奉者的学派之间的关系很快变得不友善.

在现代数学中, 哈密尔顿的四元数无疑占有一个重要的, 但不是中心的位置. 容易看出它们其实是有主单位 i 和 j 及复合单位 $\mathrm{k} = \mathrm{i}\cdot\mathrm{j}$ 的 "二阶柯利弗德数", 同时它满足反交换律和结合律

$$\mathrm{k}^2 = (\mathrm{ij})(\mathrm{ij}) = \mathrm{i}(\mathrm{ji})\mathrm{j} = \mathrm{i}(-\mathrm{k})\mathrm{j} = -\mathrm{i}(\mathrm{kj}) = -\mathrm{i}(-\mathrm{i}) = \mathrm{i}^2 = -1.$$

不过, 与一般的 "柯利弗德数" (顺便提一下, 对于它们, 我们也有共轭运算, 而且它有类似于四元数范数 $q\overline{q} = |q|^2$ 的一个范数) 相比, 它们有一些优点, 例如, 只有四元数有定义得很好的允许除以任意一个非零的数的除法运算. 在空间中任意的 (等距) 运动能方便地用四元数表达. 因此, 在空间中的一个平移可以被写成

$$v' = v + a,$$

其中 v, v' 是变向量四元数 (点的径向量) 且 a 是一个常向量 —— 平移算子, 而且关于原点的一个旋转可以被写成

$$v' = qvq^{-1}, \tag{5.6}$$

这里 q 是一个固定的四元数, 而且 q^{-1} 是它的逆, 即 $qq^{-1} = q^{-1}q = 1 (= 1 + 0\mathrm{i} + 0\mathrm{j} + 0\mathrm{k})$. 引人注目的是公式 (5.6) 已为高斯所知 (用四元数组的语言写出, 他不称

之为四元数), 同时在注记 106 所参考的施塔克尔的书《作为几何学家的高斯》中, 说这已为欧拉所知.

我们已经指出, 在所有 "合理的" "复" 数系中, 只有通常所说的数, 以及四元数, 允许有定义得很好的除以任意一个非零的数的除法运算. 现在我们更详细地讨论这一陈述. 一般复数 (或超复数, 正如后面它们被称呼的) 理论的创立者是哈密尔顿 (他的专著《四元数讲义》以这一想法开始) 和汉克尔 (在他的书《复数系理论》(*Theorie der complexen Zahlensysteme*) (莱比锡: 福斯出版社 (Voss), 1867) 中). 汉克尔在这里非常详细地叙述了符号代数学或公理代数学[213] 并且以哈密尔顿的四元数为例给出了一般复数的任意系统的一个严格定义. 是汉克尔的一般复数的理论激起了哈密尔顿对格拉斯曼的《扩张论》的钦佩. 这样的数被理解为符号

$$u = x_0 + x_1e_1 + x_2e_2 + \cdots + x_ne_n \tag{5.7}$$

的系统, 这里 $x_0, x_1, \cdots, x_n$ 是任意的实数且 $e_1, e_2, \cdots, e_n$ 是复数单位. 数 $0+0e_1+\cdots+0e_n$ 通常由数字 0 (或符号 0) 表示, 同时 $1+0e_1+\cdots+0e_n$ 通常由数字 1 (或符号 1) 表示. 一般复数的加法和减法按照自然的方式定义: 如果 u 和 $v = y_0 + y_1e_1 + y_2e_2 + \cdots + y_ne_n$ 是两个 (超) 复数, 则

$$u \pm v = (x_0 \pm y_0) + (x_1 \pm y_1)e_1 + (x_2 \pm y_2)e_2 + \cdots + (x_n \pm y_n)e_n.$$

u 和 v 的积通过使用在乘法中去括号的法则引入; 这些基于乘法对加法的分配律假设对超复数系统总为真:

$$\begin{aligned} uv &= (x_0 + x_1e_1 + x_2e_2 + \cdots + x_ne_n)(y_0 + y_1e_1 + y_2e_2 + \cdots + y_ne_n) \\ &= x_0y_0 + x_0y_1e_1 + x_0y_2e_2 + \cdots + x_0y_ne_n + x_1y_0e_1 + x_1y_1(e_1)^2 \\ &\quad + x_1y_2(e_1e_2) + \cdots + x_ny_n(e_n)^2. \end{aligned} \tag{5.8}$$

现在, 为了能把这个表达式看作与 u 和 v 有相同特性的数, 需要定义任意两个单位的积:

$$e_1e_1 = e_1^2, e_1e_2, e_1e_3, \cdots, e_1e_n, e_2e_1, e_2^2, \cdots, e_{n-1}e_n, e_n^2.$$

因此, 例如, 如果 $n = 1$ 且单位的乘法表化为 (显然唯一的) 法则 $e_1^2 = -1$, 则我们得到普通的复数. 如果 $e_1^2 = 1$, 则我们得到双柯利弗德数, 且如

果 $e_1^2=0$, 则我们得到对偶柯利弗德数 (见注记 203). 对于哈密尔顿四元数, n 等于 3, 而且对于单位 $e_1=i, e_2=j$ 和 $e_3=k$ 的乘法表是

	e_1	e_2	e_3
e_1	-1	e_3	$-e_2$
e_2	$-e_3$	-1	e_1
e_3	e_2	$-e_1$	-1

这里第一个因子在左边的列中且第二个因子在最上面的行中 (因此, 例如 $e_1e_3=-e_2$ 和 $e_2e_3=e_1$).[214]

在加法 (和减法, 它是加法的逆) 下, 超复数构成一个 $(n+1)$ 维的向量空间. 该空间的新的性质必定与数的乘法有关 (见下一章, 在那里我们返回到超复数并且甚至给出这个概念一个新的名字). 显然, 数的乘法是交换的当且仅当任意两个复数单位的乘法是交换的. 因此, 例如, 对格雷夫斯的 "三元组"

$$u=x_0+x_1e+x_2e^2$$

(见注记 206 和 207) 我们总有 $uv=vu$, 因为在这一情形单位 e 和 e^2 满足 $e^ie^j=e^je^i=e^{i+j}$, 这里 $i,j=1$ 或 2 且 $e^3=1$. 乘法是结合的 (如果对任意 3 个数 u,v 和 w, 我们有 $(uv)w=u(vw)$), 如果对任意 3 个单位 e_i, e_j 和 e_k 是结合的, $(e_ie_j)e_k=e_i(e_je_k)$, 这里 i,j 和 $k=1,2,\cdots,n$ (这里的 3 个指标不必是不同的). (通常词语 "超复数" 已经蕴含了结合性.) 因此普通复数的乘法是结合的 (因为对满足 $e^2=-1$ 的唯一的单位, 我们有 $(e^2)e=e(e^2)=-e$), 而且这对对偶数, 双数的乘法和 (更重要的) 四元数的乘法亦真 (验证这一点!). 格拉斯曼数的乘法也是结合的, 而且柯利弗德数的乘法也是如此 (为何?).

如果一个数系不是交换的, 那么我们有两个商 u/v, 即两个数 t_1 和 t_2 满足 $u=t_1v$ 和 $u=vt_2$; 而且这两个数可能是不同的.[214] 因此记号 u/v 在这里是不适当的而且应使用下面更方便的记号: $t_1=uv^{-1}$ 和 $t_2=v^{-1}u$.[215] 当然, 在一般的情形两个给定的 (超) 复数 u 和 v 的商 uv^{-1} 和 $v^{-1}u$ 可能不存在. 如果两个数 $t_1(=uv^{-1})$ 和 $t_2(=v^{-1}u)$ 存在, 而且在我们的系统中对 u 和 v 是唯一的, 这里 v 异于零 $(v\neq 0)$, 那么我们说所考虑的 (超) 复数构成一个带除法的数系. (除以 0 的除法在任意超复数的系统中是不可能的 (为何?)).

正如我们已经指出的, 超复数的一般概念归功于爱尔兰人哈密尔顿和德国人汉克尔 (也归功于美国人本杰明 · 皮尔斯和查尔斯 · 皮尔斯, 在下一章将提到他们). 不过, 这里的主要成就归功于德国代数几何学派, 它的公认的领袖是索菲斯 · 李 (下面我们将讨论 (超) 复数论题与李的主要的科学兴趣之间的关联), 而且它包括施图迪, 舍费尔斯,[216] 和稍后的弗里德里希 · 海因里希 · 舒尔 (1856—1932)[217] 及特奥多尔 · 爱德华 · 莫林 (1861—1941),[218] 而且归功于以魏尔斯特拉斯为首的柏林算术学派. 属于这两个德国学派 —— 分别以李和魏尔斯特拉斯为首 —— 的一个成员的是柏林人格奥尔格 · 费迪南德 · 弗罗贝尼乌斯 (1849—1917), 他是那个时代的名列前茅的代数学家之一. 在 1878 年, 弗罗贝尼乌斯证明了一个现在被认为是经典的定理: 任意有除法的超复数的结合的系统或者是实数 (在超复数的表示式 (5.7) 中 $n = 0$), 通常的复数或哈密尔顿的四元数. 同一个定理独立地被美国人查尔斯 · 皮尔斯证明 (不过, 他在两年后发表他的结果). 因此, 有除法的超复数的结合的系统 (或代数, 如皮尔斯喜欢这样称呼它们; 见第 6 章) 仅可以有 $1(=2^0)$, $2(=2^1)$ 或 $4(=2^2)$ 个复数单位, 这必须包括实数 1.[219] 此外, 对于上面提到的单位的数目 (1,2,4) 存在一个唯一的带除法的数的结合的系统.[220]

弗罗贝尼乌斯定理与所谓的凯莱数的存在性不矛盾, 凯莱数由凯莱在 1845 年发现 (见凯莱《论雅可比的椭圆函数及论四元数》(*On Jacobi's Elliptic function and on quaternions*),《伦敦 – 爱丁堡 – 都柏林哲学杂志》(*London-Edinburgh-Dublin Phil. Magazine*) (3); 第 26 卷, 1845, 第 208—211 页). 更常用于这些数的另一个词语, "八元数", 归功于约翰 · 托马斯 · 格雷夫斯 (1806—1870), 他是前面提到的查尔斯 · 格雷夫斯的哥哥. 约翰 · 托马斯 · 格雷夫斯独立于凯莱发现了这些数, 而且事实上更早 (在 1843 年). 不过他的论文没有发表, 而且数学家们是从哈密尔顿的一篇文章 (发表于 1848 年, 即晚于凯莱的文章) 中得知的, 其中哈密尔顿叙述了他的朋友格雷夫斯的成就. 八元数或凯莱数是形如

$$u = a_0 + a_1\mathrm{i} + a_2\mathrm{j} + a_3\mathrm{k} + a_4\mathrm{p} + a_5\mathrm{q} + a_6\mathrm{r} + a_7\mathrm{s} \tag{5.9}$$

的数, 这里 $\mathrm{i}^2 = \mathrm{j}^2 = \mathrm{k}^2 = \mathrm{p}^2 = \mathrm{q}^2 = \mathrm{r}^2 = \mathrm{s}^2 = -1$, 同时两个单位之积等于正的或负的第三个单位. 这里, 如在四元数的情形, 八元数的单位是反交换的: 当单位互换, 积的符号改变 (例如, $\mathrm{ij} = -\mathrm{ji} = \mathrm{k}, \mathrm{pq} = -\mathrm{qp} = \mathrm{k}$, 等等). 通过在图 20 中显示的 "弗赖登塔尔图" (根据 1905 年生于荷兰的数学家汉斯 · 弗赖登塔尔命名)[17], 八元数的一张完整的乘法表容易做出. 这张图描绘了 7 个点 i, j, k, p, q, r, s 和 7 条

[17] 弗赖登塔尔已于 1990 年去世. —— 译者注

线 —— 一条线是共线点或共圆点的三元组, 这里任意两个点属于唯一的一条线, 任意两条线交于唯一的一个点, 每条线包含 3 个点, 而且每个点经过 3 条线. 由在一条线上的邻点表示的任意两个单位的积总等于这条线上的第三个点, 如果在这条线上的箭头从第一个因子指向另一个因子则取正号, 否则取负号. 此外, 在一条线上的点的 "三元组" 的乘法公式由一个循环排列 (因此对于关系 $\mathrm{ij} = \mathrm{k}$ 蕴含 $\mathrm{jk} = \mathrm{i}$ 和 $\mathrm{ki} = \mathrm{j}$) 和 "复数单位" $\mathrm{i}, \mathrm{j}, \mathrm{k}, \cdots$ 的反交换 (因此, 比如说 $\mathrm{qr} = \mathrm{i}$, 则 $\mathrm{rq} = -\mathrm{i}$) 得到. 因此八元数系统包含 7 条 "四元数线":

$$a_0 + a_1\mathrm{i} + a_2\mathrm{j} + a_3\mathrm{k}, \quad a_0 + a_3\mathrm{k} + a_4\mathrm{p} + a_5\mathrm{q}, \quad a_0 + a_5\mathrm{q} + a_6\mathrm{r} + a_1\mathrm{i},$$

$$a_0 + a_1\mathrm{i} + a_7\mathrm{s} + a_4\mathrm{p}, \quad a_0 + a_3\mathrm{k} + a_7\mathrm{s} + a_6\mathrm{r}, \quad a_0 + a_5\mathrm{q} + a_7\mathrm{s} + a_2\mathrm{j},$$

$$a_0 + a_2\mathrm{j} + a_4\mathrm{p} + a_6\mathrm{r}.$$

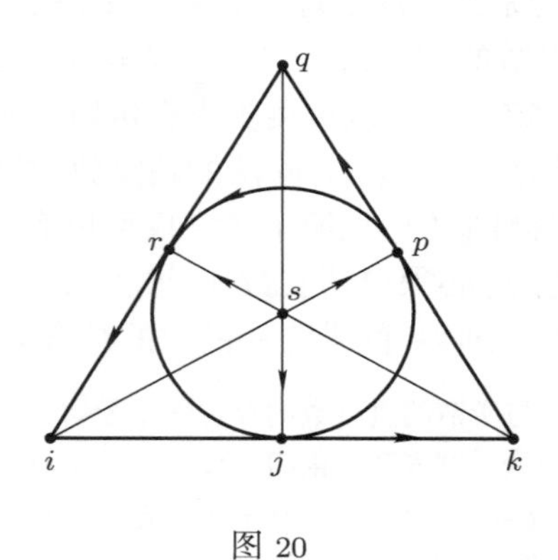

图 20

存在其他的可能更简单的对八元数系统的描述. 四元数可以被描述为 "二阶柯利弗德数", 即作为有满足 $\mathrm{i}^2 = \mathrm{j}^2 = -1$ 的两个主单位 i 和 j 及对单位的乘法满足反交换性和结合性条件的数的系统. 置 $\mathrm{ij} = \mathrm{k}$, 这已经蕴含着 $\mathrm{ji} = -\mathrm{k}$ (反交换性!), $\mathrm{k}^2 = -1$ (与前面相比较), $\mathrm{kj} = (\mathrm{ij})\mathrm{j} = \mathrm{i}(\mathrm{jj}) = \mathrm{i}(-1) = -\mathrm{i}$, 等等, (这里我们不断使用单位乘法的反交换性和结合性). 类似地, 八元数可以被定义为有满足 $\mathrm{i}^2 = \mathrm{j}^2 = \mathrm{s}^2 = -1$ 的 3 个主单位 i, j 和 s 及对单位的乘法满足反交换性和结合性条件的一个超复数系统. 那么, 设 $\mathrm{ij} = \mathrm{k}, \mathrm{is} = \mathrm{p}, \mathrm{si} = \mathrm{q}$ 且 $\mathrm{ijs} = \mathrm{ks} = \mathrm{r}$, 容易证明 $\mathrm{k}^2 = \mathrm{p}^2 = \mathrm{q}^2 = \mathrm{r}^2 = -1$, 以及比如说, $\mathrm{kp} = (\mathrm{ij})(\mathrm{is}) = -(\mathrm{ji})(\mathrm{is}) = -\mathrm{j}(\mathrm{ii})\mathrm{s} = \mathrm{js} = \mathrm{q}$, 等等, 即我们又得到了 8 个八元数单位 (包括 1) 的乘法表.[221]

对任意的八元数 (5.9) 我们可以联系共轭数

$$\overline{u} = a_0 - a_1\mathrm{i} - a_2\mathrm{j} - a_3\mathrm{k} - a_4\mathrm{p} - a_5\mathrm{q} - a_6\mathrm{r} - a_7\mathrm{s};$$

因此两个共轭数的积将是一个正实数:

$$u\bar{u} = a_0^2 + a_1^2 + a_2^2 + a_3^2 + a_4^2 + a_5^2 + a_6^2 + a_7^2,$$

用 $|u|^2$ 或 $\|u\|$ 表示它是自然的, 而且称它为该八元数的绝对值的平方或范数. (这里我们假设八元数 u 异于 0; 作为补充, 我们定义 $|0| = 0$.) 所以对于每个八元数 $v \neq 0$, 可以定义它的逆 $v^{-1} = v/|v|^2$ (满足 $vv^{-1} = v^{-1}v = 1$), 且因此对任意两个八元数 u 和 $v \neq 0$ 可以定义商 (更精确些, 两个商 uv^{-1} 和 $v^{-1}u$).[222]

八元数的存在性与弗罗贝尼乌斯定理不矛盾, 因为八元数构成超复数的一个非结合的系统. 因此, 例如, $(\mathrm{ij})\mathrm{s} = \mathrm{ks} = \mathrm{r}$, 同时 $\mathrm{i}(\mathrm{js}) = \mathrm{i}(-\mathrm{q}) = -\mathrm{iq} = -\mathrm{r}$. 具有讽刺意义的是, "非结合性" 并不意味着对于任意 3 个八元数 u, v, w 我们有不等式 $(uv)w \neq u(vw)$. 它只意味着对八元数的至少一个三元组这样的一个不等式成立, 同时对其他许多三元组我们确实有 $(uv)w = u(vw)$. 因此, 例如, 我们总有

$$[(\alpha u)(\beta u)](\gamma u) = (\alpha u)[(\beta u)(\gamma u)] = (\alpha\beta\gamma)u^3,$$

其中 α, β, γ 是三个任意的实数且 $u^3 = (uu)u = u(uu)$. 事实上, 每个八元数 u 生成一个 "八元数射线"λu (这里 λ 是一个任意的实数). 更有趣的是注意到任意两个八元数构成一个八元数平面, 即八元数 $\alpha u + \beta v$ 的集合, 这里 α 和 β 是任意的实数; 在这个平面上我们还有对任意三个八元数的结合性条件

$$[(\alpha u+\beta v)(\alpha_1 u+\beta_1 v)](\alpha_2 u+\beta_2 v) = (\alpha u+\beta v)[(\alpha_1 u+\beta_1 v)(\alpha_2 u+\beta_2 v)]. \quad (5.10)$$

因此, 例如, 对任意两个八元数 u 和 v, 我们总有

$$(uv)v = u(vv) \quad 和 \quad (vv)u = v(vu) \quad (5.10a)$$

(容易看出 (5.10) 和 (5.10a) 是等价的).

满足 (5.10) (或等价的 (5.10a)) 的超复数的系统被称为 "交错的" 数系 (alternative number system). 因此交错性是结合性的一种推广. 弗罗贝尼乌斯定理可以推广到如下的陈述: 有除法的超复数的任意一个交错的系统或者是实数或一般复数的 (结合且交换的) 系统, 或者是四元数的 (结合但非交换的) 系统, 或者最后是八元数的 (非交换且非结合的, 但交错的) 系统.[223] (结合性的要求比交错性的要求更强是显然的.)[224] 推广的弗罗贝尼乌斯定理的证明类似于有除法的超复数的结合系统的定理的证明. 因为这个理由, 关于交错系统的这个定理常常被称为弗罗贝尼乌斯定理, 尽管从历史上来看这不太适当. 有除法的交错系统的这个定理的第一个证明明显地归功于美国代数学家亚伯拉罕 · 阿德利安 · 阿尔伯特 (1905—1972). 因此, 所有有除法的交错的超复数系统的名单由有 $1(=2^0), 2(=2^1), 4(=2^2)$ 和 $8(=2^3)$ 个复数单位的 4 个著名的数系组成.

应该注意到布尔巴基在他的《数学史原本》(*Elements of the History of Mathematics*) (参见注记 117) 中对八元数的交错系统的评价不甚高, 指出这取消了格雷

夫斯和凯莱使用的结合性, 凯莱数系统的创造者们没有开辟任何有趣的新方向. 但布尔巴基的观点似乎被在数学和物理学中发生的 "八元数繁荣 (octave boom)" 所驳斥: 在数学中八元数无疑为 "奇异半单李群" (见后文) 之谜提供了关键 —— 遗憾的是我们还不知道怎样全面地使用它! 在物理学中许多研究人员突击八元数, 在试图破解建设宇宙的基本粒子的突出的性质上获得了不同程度的成功.[225]

另一个简洁的特征, 它在所有可能的超复数系统中挑选出上面列出的 4 个系统 —— 实数 x_0, 普通复数 $x_0+x_1e_1$, 四元数 $x_0+x_1e_1+x_2e_2+x_3e_3$ 和八元数 $x_0+x_1e_1+x_2e_2+x_3e_3+x_4e_4+x_5e_5+x_6e_6+x_7e_7$ —— 被杰出的德国数学家阿道夫 · 胡尔维茨 (1859—1919) 指出, 他是在本书中频繁提到的大卫 · 希尔伯特的朋友. 这个性质如下: 对于这些数, 而且仅对于它们, 每一个数 u 有一个 "范数" (绝对值的平方) $|u|^2$ 或 $\|u\|$, 它是数 u 的 "系数" x_i 的一个二次函数, 满足 $|uv|=|u||v|$ 且 $\|u\|\geqslant 0$, 这里 $\|u\|=0$ 仅当 $u=0$.[226] 实际上, 如果我们不要求范数是正的, 而且它仅对为零的数是零, 那么满足这些条件的有一个实数系统, 3 个分别有范数 $x_0^2+x_1^2, x_0^2-x_1^2$ 和 x_0^2 的复数系统 (通常的复数, 双数, 对偶数), 5 个分别有范数

$$x_0^2+x_1^2+x_2^2+x_3^2,\quad x_0^2+x_1^2-x_2^2-x_3^2,\quad x_0^2+x_1^2,\quad x_0^2-x_1^2,\quad x_0^2$$

的四元数系统, 和 7 个分别有范数

$$\begin{gathered}x_0^2+x_1^2+x_2^2+x_3^2+x_4^2+x_5^2+x_6^2+x_7^2,\\ x_0^2+x_1^2+x_2^2+x_3^2-x_4^2-x_5^2-x_6^2-x_7^2,\\ x_0^2+x_1^2+x_2^2+x_3^2,\quad x_0^2+x_1^2-x_2^2-x_3^2,\quad x_0^2+x_1^2,\quad x_0^2-x_1^2,\quad x_0^2\end{gathered}$$

的八元数系统. 在注记 203 参照的亚格洛姆的书《几何学中的复数》(*Complex Numbers in Geometry*) 的第 24—25 页和第 221—223 页上写出了所有这 $1+3+5+7=16$ 个 (超) 复数系统.[227]

第 6 章

索菲斯 · 李和连续群

在关于 19 世纪几何学的发展 (见第 3—5 章) 的不可避免的长长的离题之后, 我们可以回到我们的主角索菲斯 · 马里乌斯 · 李和菲利克斯 · 克里斯蒂安 · 克莱因上来, 我们离开他们是他们在巴黎与卡米耶 · 若尔当一起学习之后, 他们的主要研究兴趣在那个时候以群论为中心. 若尔当坚信群论命中注定要在数学未来的发展中起重要的作用, 而且他把这一信条告知了李和克莱因. 的确, 甚至若尔当也低估了群论将会有的冲击力 —— 尽管在 19 世纪 60 年代晚期和 19 世纪 70 年代早期这是很难预见的.[228] 把群论概念引入到数学的所有分支主要归功于李和克莱因.

若尔当认为在几何学中起主要作用的群是*几何变换群* (geometric transformation group),[229] 诸如欧几里得平面的等距群 (或相似群), 仿射平面的仿射变换群 (没有度量), 或射影平面的射影变换群, 以及诸如仅由 8 个元素 (见第 1 章) 构成的正方形的对称群 (1.5). 若尔当在离散群和连续群之间作了清楚的区分, 离散群诸如正方形的等距群, 它的元素是 “分离的”; 连续群诸如欧几里得平面的 (直接) 等距群 $\mathfrak{I}$

$$
\begin{aligned}
x' &= x\cos\alpha + y\sin\alpha + p, \\
y' &= -x\cos\alpha + y\cos\alpha + q,
\end{aligned}
\tag{6.1}
$$

以及 (仿射) 平面 xOy 的更一般的仿射变换[230] 群 $\mathfrak{A}$:

$$\begin{aligned} x' &= ax + by + p, \\ y' &= cx + dy + q \\ \Delta &= \begin{vmatrix} a & b \\ c & d \end{vmatrix} = ad - bc \neq 0. \end{aligned} \tag{6.2}$$

因此, 群 (6.1) 可以被描述为欧几里得平面的 "对称群" (这个平面的这一变换群不改变其任何性质). 在下一章, 我们将更详细地讨论几何变换群和对称的概念之间的关系. 在这里, 我们仅指出因为仿射变换群 (6.2) 的元素比等距群的元素 (事实上, 后者的每个元素属于前者, 但反之显然不真) (6.1) 更丰富, 似乎我们可以宣称仿射平面比欧几里得平面 "更对称", 正如有 (数量上) 更大的对称群的正方形比等腰梯形 "更对称"(见图 2(a), (b)). 欧几里得几何学和仿射几何学在结果上的联系将在第 7 章更详细地讨论.

诸如正方形的对称群 (1.5) 的离散群现在以结晶体群知名, 因为晶体的对称群是这一类型. 在晶体的研究中这样的群的重要性在 19 世纪的下半叶被完全接受.[231] 在诸如群 (6.1) 和 (6.2) 名字前面的形容词 "连续的" 强调属于这些群的变换可以通过轻微地改变决定群的一个特别元素的参数而连续地变化. 因此, 在等距群 $\mathfrak{I}$ 的情形, 这里每个等距 $\delta \in \mathfrak{I}$ 由转动 ν 的角 α 和决定平移 τ 的向量 $\boldsymbol{t} = (p, q)$ 确定 (见图 21, 这里 $A^* = \nu(A)$ 和 $A' = \tau(A^*)$, 于是 $A' = \tau\nu(A) = \delta(A)$, 参数 α, p 和 q (在公式 (6.1) 中, $\cos\alpha, \sin\alpha, p$ 和 q 的系数) 的一个轻微的改变会 "轻微地" 改变变换 δ, 即如果我们用与它们有轻微差异的 α_1, p_1 和 q_1 代替它们, 我们将得到变换 $\delta_1 = \delta(\alpha_1, p_1, q_1)$, 它接近变换 $\delta = \delta(\alpha, p, q)$ (见图 21, 这里 $F' = \delta(F)$ 且 $F_1 = \delta_1(F)$).

李和克莱因的研究在一定程度上是由于他们对群论以及对对称概念的各种表现的深刻兴趣激发的. 然而, 在合作研究的初始时期之后, 他们科学工作的领域有些分开. 李把他的整个一生奉献于连续群论 (这些群现在通常以李群[232] 著称) 而且是这一广泛理论的独一无二的创造者, 而克莱因更关心离散变换群.

李的理论立足于他的发现: 连续群与特别的代数系统之间的密切联系, 这些代数系统以李代数知名. 这里用的词语 "代数" 不是新的. 它以另一个名字出现在第 5 章.

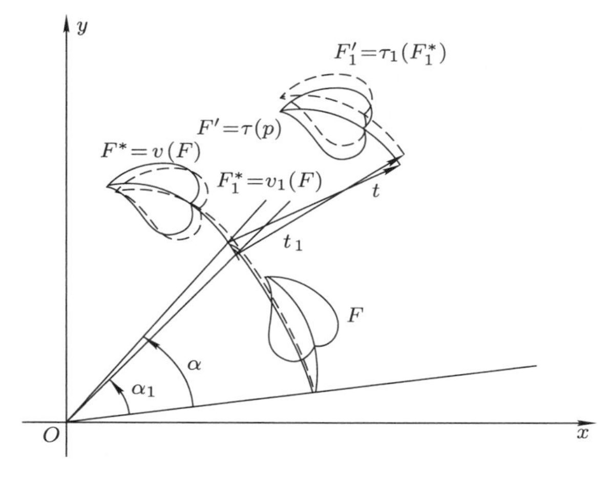

图 21

在第 5 章, 当讨论一般的复数和超复数时, 我们相对详细地描述了英国学派 (英国人德摩根、凯莱, 尤其是柯利弗德; 爱尔兰人查尔斯 · 格雷夫斯, 而且甚至是哈密尔顿) 以及德国学派 (斯德丁的数学家格拉斯曼; 施图迪、舍费尔斯、莫林, 以及尤其是汉克尔和李的莱比锡小组; 柏林人魏尔斯特拉斯和弗罗贝尼乌斯[233]) 的相关贡献. 但仅提到美国人本杰明 · 皮尔斯和查尔斯 · 桑德 · 皮尔斯. 我们现在填补这个空白.

本杰明 · 皮尔斯 (1809—1890) 在哈佛是一位有影响的科学家, 他专长于天文学. 他编制了月球和海王星运动的详细的天文表, 计算了许多彗星的轨道, 而且写出了一定的理论研究著作 (诸如土星环的可能的结构和平衡); 他本人亦关心哲学和数学. 他的主要数学贡献来自他生平的后期, 而且在一定程度上受到他的儿子查尔斯 · 桑德 · 皮尔斯 (1839—1914) 的研究兴趣的启发. 这两位皮尔斯的一些数学研究是他们联合进行的. 在前面, 作为关于带除法的超复数系统的弗罗贝尼乌斯定理的独立发现者, 我们已提到查尔斯 · 皮尔斯 (在第 5 章). 本杰明 · 皮尔斯 1871 年在伦敦与柯利弗德的交谈有助于皮尔斯在晚年保持他对数学的活跃兴趣. (后来, 这两位参与者欣然而且经常回忆这些交谈.) 实际上, 皮尔斯访问伦敦的原因是他渴望向伦敦数学会报告他的代数学结果 (在那个时候已经得到), 他是伦敦数学会会员. 应该注意到, 查尔斯 · 桑德 · 皮尔斯 (他的科学兴趣非常广泛) 的天文学著作在很大程度上是由于受到了他的父亲的影响.

本杰明 · 皮尔斯是去世后出版的基本著作《线性结合代数》(*Linear Associative Algebras*)(《美国数学杂志》, 4, 1881 年, 第 97—221 页) 的作者, 其中术语 "代数" 是在那时欧洲所用的术语超复数的意义上使用的. 亦即, 皮尔斯称基为 $\mathbf{e}_1, \mathbf{e}_2, \cdots, \mathbf{e}_n$, 其元素的形式为

$$\begin{aligned} \mathbf{u} &= x_1\mathbf{e}_1 + x_2\mathbf{e}_2 + \cdots + x_n\mathbf{e}_n, \\ \mathbf{v} &= y_1\mathbf{e}_1 + y_2\mathbf{e}_2 + \cdots + y_n\mathbf{e}_n \end{aligned} \tag{6.3}$$

(比较 (5.7); 这里 $x_1, x_2, \cdots, x_n; y_1, y_2, \cdots, y_n$ 是实数或复数), 而且它们相乘按照通常的法则 (即代数满足分配律) 服从 "结构方程"

$$\mathbf{e}_i\mathbf{e}_j = c_{ij}^1\mathbf{e}_1 + c_{ij}^2\mathbf{e}_2 + \cdots + c_{ij}^n\mathbf{e}_n \quad \left(= \sum_{t=1}^{n} c_{ij}^t\mathbf{e}_t\right) \tag{6.4}$$

的任意有限维向量空间为一个 (线性) 代数; 常数 c_{ij}^t (对 $i, j, t = 1, 2, \cdots, n$) 被称为该代数的结构常数. 结合性要求从我们现在考虑的代数中被排除了, 这些代数如八元数 (凯莱数, 见前面的第 5 章) 的代数, 或者归功于哈密尔顿[234] 的带向量乘法运算的三维向量的反交换代数的更简单的 (而且对于我们更重要) 例子. 事实上, 在最后一个例子里的代数是不结合的: 如果 $\mathbf{i}, \mathbf{j}$ 和 $\mathbf{k}$ 是三个垂直的单位向量, 它们在通常的空间中构成向量的一个右手三元组 (见图 22), 则 (比较第 7 章中四元数单位的乘法表) 我们有

$$\mathbf{i} \circ \mathbf{i} = \mathbf{i}^2 = \mathbf{0}, \quad \mathbf{j}^2 = \mathbf{0}, \quad \mathbf{k}^2 = \mathbf{0}, \quad \mathbf{i} \circ \mathbf{j} = -\mathbf{j} \circ \mathbf{i} = \mathbf{k},$$
$$\mathbf{j} \circ \mathbf{i} = -\mathbf{k} \circ \mathbf{j} = \mathbf{i}, \quad \mathbf{k} \circ \mathbf{i} = -\mathbf{i} \circ \mathbf{k} = \mathbf{j},$$

这里 $\mathbf{a} \circ \mathbf{b}$ 是向量 $\mathbf{a}$ 和 $\mathbf{b}$ 的向量积, 因此, 例如,

$$(\mathbf{i} \circ \mathbf{i}) \circ \mathbf{j} = \mathbf{0} \circ \mathbf{j} = \mathbf{0},$$

同时

$$\mathbf{i} \circ (\mathbf{i} \circ \mathbf{j}) = \mathbf{i} \circ \mathbf{k} = -\mathbf{j} \neq (\mathbf{i} \circ \mathbf{j}) \circ \mathbf{j}.$$

在一个代数中, 本杰明 · 皮尔斯和查尔斯 · 皮尔斯完全知道需要诸如结合性和交换性的条件的本质. 在一个代数中, 乘法是交换的, 即对于该代数的任意两个元素 $\mathbf{u} \cdot \mathbf{v} = \mathbf{v} \cdot \mathbf{u}$, 当且仅当任意两个基元素是交换的:

$$对一切\ i, j, t, \mathbf{e}_i \cdot \mathbf{e}_j = \mathbf{e}_j \cdot \mathbf{e}_i\ 或\ c_{ij}^t = c_{ji}^t;$$

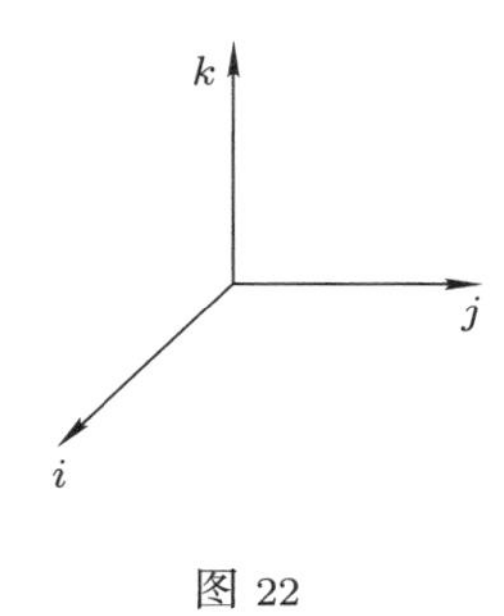

图 22

类似地, 乘法是反交换的, 即对于所有的 $\mathbf{u}$ 和 $\mathbf{v}, \mathbf{u} \cdot \mathbf{v} = -\mathbf{v} \cdot \mathbf{u}$, 如果任意两个基元素是反交换的:

$$\text{对一切 } i, j, t, \mathbf{e}_i \cdot \mathbf{e}_j = -\mathbf{e}_j \cdot \mathbf{e}_i \text{ 或 } c_{ij}^t = -c_{ji}^t.$$

最后, 乘法是结合的, 当且仅当对任意三个 (不必要不同) 元素 i, j 和 k, 我们有

$$\text{对一切 } i, j, k \text{ 和 } s, (\mathbf{e}_i \cdot \mathbf{e}_j) \cdot \mathbf{e}_k = \mathbf{e}_i \cdot (\mathbf{e}_j \cdot \mathbf{e}_k) \text{ 或} \sum_{t=1}^{n} c_{ij}^t c_{tk}^s = \sum_{t=1}^{n} c_{it}^s c_{jk}^t.$$

如果 $\mathbf{e}_1$ 是该代数的乘法单位元 (它经常由数 1 来表示; 在 (5.7) 中元素 $\mathbf{u}$ 的表示我们没有把它写出), 那么显然

$$c_{1i}^j = \begin{cases} 0, & i \neq j, \\ 1, & i = j, \end{cases}$$

或者, 正如数学家写出这个最后的条件,[235] $c_{1i}^j = \delta_i^j$. 由凯莱引入的 (方) 矩阵系统能被我们作为一个特定的 n^2 维的 (结合的!) 超复数 (或一个代数) 系统理解的这一事实, 归功于两位皮尔斯, 这里 n 是矩阵的阶, 因为矩阵 $A = (x_{ij})$ (这里 $i, j = 1, 2, \cdots, n; x_{ij}$ 是在该表 (矩阵) 的第 i 行和第 j 列的数) 能被表示为对应于我们的代数的 n^2 个单位

$$\begin{array}{c} \text{第 } j \text{ 列} \\ \mathbf{e}_{ij} = \begin{pmatrix} 0 & \vdots & 0 \\ \cdots\cdots & 1 & \cdots\cdots \\ 0 & \vdots & 0 \end{pmatrix} \text{第 } i \text{ 行} \end{array}$$

的 n^2 次求和

$$x_{11}\mathbf{e}_{11}+x_{12}\mathbf{e}_{12}+\cdots+x_n\mathbf{e}_{nn},$$

而矩阵 $\mathbf{e}_{ij}$ 的一个元素为 1, 其他的元素为零. 这样一个代数的结构方程具有形式

$$\mathbf{e}_{ij}\cdot\mathbf{e}_{kl}=\begin{cases}\mathbf{0}, & j\neq k,\\ \mathbf{e}_{il}, & j=k,\end{cases}$$

即这里当 $j=k,p=i,q=l$ 时, $c_{(ij)(kl)}^{(pq)}=1$, 在其他所有情形等于零; 结构常数的如此选择产生凯莱的矩阵乘法的法则.[236]

在代数的一般理论中, 本杰明 · 皮尔斯引入的一些概念即使在今天也还起着重要的作用, 例如幂零元 $\mathbf{n}$ 被定义为其 r 次方等于零的一个元素,[237]

$$\mathbf{n}^r=0,$$

以及被定义为其平方与其自身重合的幂等元 $\mathbf{e}$ 的概念:[237]

$$\mathbf{e}^2=\mathbf{e}.$$

(显然, 如果 $\mathbf{e}$ 是一个代数的幂等元, 则形式为 $x\mathbf{e}$ 的所有元素的集合可以看成是实数的一个表示, 这里 x 是一个实数). 本杰明 · 皮尔斯使用了他为低维 (结合复) 代数的分类而发展的工具. 魏尔斯特拉斯先前曾发展了代数 (超复数系统) 的一个一般的理论; 这是魏尔斯特拉斯在 1861 年讲课的主题. 但魏尔斯特拉斯的结果只是在 1884 的论文《论由 n 个主单位生成的复量的理论》(*Zur Theorie der aus n Haupteinheiten gebildeten komplexen Grössen*,《哥廷根通报》(*Gött. Nachrichten*), 1884) 中才发表; 这篇论文重印在魏尔斯特拉斯的《数学著作集》(*Mathematische Werke*) 的第二卷中).

现在假设 $\mathfrak{A}=\{\mathbf{u},\mathbf{v},\mathbf{w},\cdots\}$ 是一个任意的结合代数, 其中用符号 “·” 表示的乘法不被假设为是交换的或反交换的. 我们可以使用乘法 “·” 构造我们的代数的元素的两个新的 “乘法”, 即对称乘法

$$\mathbf{u}*\mathbf{v}=\mathbf{u}\cdot\mathbf{v}+\mathbf{v}\cdot\mathbf{u}, \tag{6.5}$$

它具有交换的特点 (显然 $\mathbf{u}*\mathbf{v}=\mathbf{v}*\mathbf{u}$), 以及斜对称乘法

$$\mathbf{u}\circ\mathbf{v}=\mathbf{u}\cdot\mathbf{v}-\mathbf{v}\cdot\mathbf{u}, \tag{6.6}$$

它具有反交换的特点 (显然, $\mathbf{u} \circ \mathbf{v} = -\mathbf{v} \circ \mathbf{u}$). 不幸的是, 我们的代数的元素的这些新的乘法, 一般地, 是不满足结合律的. 乘法 "$*$" 和 "$\circ$" 的结构常数 $\overset{*}{c}{}^{t}_{ij}$ 和 $\overset{\circ}{c}{}^{t}_{ij}$ 与原始乘法 "$\cdot$" 的结构常数 c^{t}_{ij} 之间的联系分别由公式

$$\overset{*}{c}{}^{t}_{ij} = c^{t}_{ij} + c^{t}_{ji}\ (a), \quad \overset{\circ}{c}{}^{t}_{ij} = c^{t}_{ij} - c^{t}_{ji}\ (b) \tag{6.7}$$

给出. 然而, 我们可以说, 定义 (6.5) 和 (6.6) 并没有完全破坏结合性: 在分别与运算 (6.5) 和 (6.6) 联系的代数中, 我们有特定的恒等式, 它们可以被视作结合性的弱形式.[238] 因此我们总有[239]

$$(\mathbf{u}^2 * \mathbf{v}) * \mathbf{u} = \mathbf{u}^2 * (\mathbf{v} * \mathbf{u}), \text{这里 } \mathbf{u}^2 = \mathbf{u} * \mathbf{u}; \tag{6.8}$$

而且 (对代数 $\mathfrak{A}^{239}$ 的所有元素 $\mathbf{u}, \mathbf{v}$ 和 $\mathbf{w}$),

$$(\mathbf{u} \circ \mathbf{v}) \circ \mathbf{w} + (\mathbf{v} \circ \mathbf{w}) \circ \mathbf{u} + (\mathbf{w} \circ \mathbf{u}) \circ \mathbf{v} = \mathbf{0}. \tag{6.9}$$

恒等式 (6.8) 可以被称为约尔丹恒等式, 因为满足条件 (6.8) 的交换乘法 "$*$" 的代数是著名的德国物理学家帕斯库尔 · 约尔丹 (参见注记 224) 首先考虑的. 恒等式 (6.9) 以雅可比恒等式知名, 是根据 19 世纪德国名列前茅的数学家之一, 卡尔 · 古斯塔夫 · 雅各 · 雅可比 (1804—1851)[240] 命名的.

满足约尔丹条件 (6.8) 的带有交换乘法的代数以约尔丹代数知名. 满足雅可比条件 (6.9) 的带有反交换乘法的代数被称为李代数. 我们已经提到约尔丹代数在当代引起的兴趣和关注. 但在目前, 它们没有李代数和李群那样的重要性, 李代数和李群构成数学科学的两个核心概念.[241] 在整体上, 对于科学, 其重要性堪与李代数相比, 但不可与约尔丹代数相比的一个概念是欧几里得空间.

在第 5 章, 我们已看到向量理论的创立者哈密尔顿和格拉斯曼在一个向量空间 $\mathfrak{V} = \{\mathbf{a}, \mathbf{b}, \mathbf{c}, \cdots; \mathbf{0}\}$ 中引入向量的两种类型的积, 为了简明起见, 我们将假设空间为三维的. 赋予任意两个向量 $\mathbf{a}$ 和 $\mathbf{b}$ 以标量积 (根据哈密尔顿) 或内积 (用格拉斯曼的术语) $\mathbf{a} \cdot \mathbf{b}$ 或 $(\mathbf{a}, \mathbf{b})$, 以及向量 (外) 积 $\mathbf{a} \times \mathbf{b}$ 或 $[\mathbf{a}, \mathbf{b}]$. 这些积有下面的性质, 为了容易比较, 我们把它们并排写出:

标量 (内) 积	向量 (外) 积[242]
$(\mathbf{a}, \mathbf{b}) = (\mathbf{b}, \mathbf{a})$ (交换性)	$[\mathbf{a}, \mathbf{b}] = -[\mathbf{b}, \mathbf{a}]$ (反交换性)

$(\lambda\mathbf{a},\mathbf{b}) = \lambda(\mathbf{b},\mathbf{a})$ (向量乘一个数的乘法的结合性) $[\lambda\mathbf{a},\mathbf{b}] = \lambda[\mathbf{b},\mathbf{a}]$

$(\mathbf{a}_1+\mathbf{a}_2,\mathbf{b}) = (\mathbf{a}_1,\mathbf{b})+(\mathbf{a}_2,\mathbf{b})$ (分配性) $[\mathbf{a}_1+\mathbf{a}_2,\mathbf{b}] = [\mathbf{a}_1,\mathbf{b}]+[\mathbf{a}_2,\mathbf{b}]$

$$[[\mathbf{a},\mathbf{b}],\mathbf{c}] + [[\mathbf{b},\mathbf{c}],\mathbf{a}] + [[\mathbf{c},\mathbf{a}],\mathbf{b}] = \mathbf{0} \text{ (雅可比恒等式).}$$

在一个向量空间上定义的向量代数的两个仿射运算是向量的加法以及向量与数的乘法. 一个向量空间被称为欧几里得空间, 如果它的标量乘法的运算有上面所列的三个性质. 一个向量空间被称为李代数, 如果它的向量积拥有上面所列的四个性质. 我们注意到对于给定的维数, 仅有一个欧几里得空间带有正定的标量积 (亦即, 使得 $\mathbf{a}\cdot\mathbf{a} = \mathbf{a}^2 \geqslant 0$ 且 $\mathbf{a}^2 = 0$ 仅当 $\mathbf{a} = \mathbf{0}$), 列出给定维数的欧几里得空间的问题, 即使没有标量积的非退化性[243] 和正定性的额外要求, 是非常简单的.[244] 另一方面, 李代数的分类极为困难, 目前没有一种研究方法能保证给出其完全的解.[245]

如果我们比较标量积和向量积的性质, 雅可比恒等式似乎是多余的; 在上面的关系中它是最复杂的. 然而, 弄清它的起源并不困难. 我们要求相对于一个向量乘以一个数的乘法, 标量积和向量积都是结合的: $(\lambda\mathbf{a})\circ\mathbf{b} = \lambda(\mathbf{a}\circ\mathbf{b})$, 这里小圆圈 "$\circ$" 表示这两个积中的任何一个. 然而, 这里没有真正的结合性. 事实上, 对于标量积, 这里乘积 $\mathbf{a}\circ\mathbf{b}$ 是性质不同于因子 $\mathbf{a}$ 和 $\mathbf{b}$ (它是数, 不是一个向量) 的一个对象, 通常的结合性是没有意义的. 在向量乘法的情形, 容易写出结合性的条件, 但是没有希望它成立的基础. 实际上, 我们习惯于交换的运算 $\mathbf{a}\circ\mathbf{b}$ "必定" 也是结合的, 即对任意的 $\mathbf{a},\mathbf{b},\mathbf{c}$ 我们通常有 $(\mathbf{a}\circ\mathbf{b})\circ\mathbf{c} = (\mathbf{b}\circ\mathbf{c})\circ\mathbf{a} = (\mathbf{c}\circ\mathbf{a})\circ\mathbf{b}$ 的事实; 但是, 如果交换性 $\mathbf{a}\circ\mathbf{b} = \mathbf{b}\circ\mathbf{a}$ 被反交换性 $\mathbf{a}\circ\mathbf{b}+\mathbf{b}\circ\mathbf{a} = \mathbf{0}$ 代替, 正如我们在向量乘法的情形所作的 (在最后一个关系中, $\mathbf{0}$ 是我们的算术的零元素, 即零向量), 则结合性自然地被 "反结合性" 或雅可比恒等式取代, $(\mathbf{a}\circ\mathbf{b})\circ\mathbf{c} + (\mathbf{b}\circ\mathbf{c})\circ\mathbf{a} + (\mathbf{c}\circ\mathbf{a})\circ\mathbf{b} = \mathbf{0}$.

李的研究的关键点之一是赋予每一个连续群一个远为简单的代数对象 — 它的李代数的可能性. 这两个对象之间的关系可以用有固定的旋转中心 O 的 (直接) 旋转群 $\mathfrak{V}$ 作为例子澄清. 所有这样的等距是围绕过 O 的轴的旋转, 而且被一条直线 l (旋转轴) 和一个角 φ (旋转角) 刻画; 这允许我们把群 $\mathfrak{V}$ 分裂为一个参数的子群的族, 每一个子群由围绕固定轴 l 的旋转构成; 显然这些旋转由一个参数, 即旋转角 φ 刻画. 群 $\mathfrak{V}$ 的接近恒等变换的每一个元素被轴 l (这指示它属于上面提到的一个参数的子群) 和一个 (小的!) 旋转角 $\Delta\varphi$ 刻画. 如果我们同意所考虑的变换

在一个固定的 (但非常短的) 时间段 Δt 进行, 那么我们可以用对应于旋转的 "角速度" $\omega = \Delta\varphi/\Delta t$ 代替小角 $\Delta\varphi$. 如通常在力学中所作的, 如果我们不管沿着轴 l 的角速度向量 $\mathbf{l}(|\mathbf{l}| = \omega)$, 使得通过角 $\Delta\varphi$ 的旋转从向量 $\mathbf{l}$ 的上方观察是发生在正方向上, 则我们能赋予群 $\mathfrak{V}$ 有原点 O[246] 的 "角速度向量" 的集合 (一个三维向量空间).

进一步, 在李理论中, 连续群的非交换性的这一特征起着重要的作用. 考虑两个旋转 δ 和 δ_1, 它们都非常接近恒等变换, 或 "无穷小" 旋转, 并且由角速度向量 $\mathbf{l}$ 和 $\mathbf{l}_1$ 刻画. 变换 $\delta\delta_1$ 和 $\delta_1\delta$ 之间的差别由被称为变换 δ 和 δ_1 的换位子的变换 $\kappa = (\delta\delta_1)^{-1}\delta_1\delta = \delta_1^{-1}\delta^{-1}\delta_1\delta$ 刻画, 并记作 $[\delta\delta_1]$ (参见注记 38). 对于变换 κ 存在对应于它自己的角速度向量 $\mathbf{k}$, 李用 $[\mathbf{l}\mathbf{l}_1]$ 表示它. 因此, 对于我们的三维向量空间中的任意两个向量 $\mathbf{l}$ 和 $\mathbf{l}_1$, 我们赋予了第三个向量 $[\mathbf{l}\mathbf{l}_1] = \mathbf{k}$. 一个简单的计算证明, 在所考虑的情形, 向量 $[\mathbf{l}\mathbf{l}_1]$ 不是别的, 正是向量 $\mathbf{l}$ 和 $\mathbf{l}_1$ 的向量积, 即

$$\mathbf{k} \perp \mathbf{l}, \quad \mathbf{k} \perp \mathbf{l}_1, \quad |\mathbf{k}| = |\mathbf{l}||\mathbf{l}_1|\sin(\angle\mathbf{l}, \mathbf{l}_1),$$

而且向量 $\mathbf{l}, \mathbf{l}_1$ 和 $\mathbf{k}$ 构成一个 "正的三元组": 从 $\mathbf{k}$ 的上方看, 自向量 $\mathbf{l}$ 到向量 $\mathbf{l}_1$ 的旋转 (通过最小可能的角) 发生在正的方向. 因此, 李以三维向量空间 $\mathbf{V}$ 赋予群 $\mathfrak{V}, \mathbf{V}$ 中除了在任意向量空间中的主运算 (向量的加法和向量乘以一个数的乘法) 之外, 还有对每两个向量 $\mathbf{a}$ 和 $\mathbf{b}$ 赋予一个新的向量 $[\mathbf{a}, \mathbf{b}]$ 的向量乘法. 这一运算满足标量和向量性质的比较表中在右列列出的所有要求 (见前文).

李的主要结果是证明: 对每一个连续群 (李群) 赋予一个对应的李代数是可能的. 李还得出相反的构作, 这允许赋予每个李代数 (一个向量空间 $\mathbf{V}$, 它带有向量乘法运算: $\forall \mathbf{a}, \mathbf{b} \in \mathbf{V}, \exists!\ \mathbf{c} \in \mathbf{V} | \mathbf{c} = [\mathbf{a}, \mathbf{b}]$, 满足上面列出的所有要求) 一个特别的李群[247], 它对应于这个代数 (李局部地考虑这个代数, 即只是作为由接近恒等 (单位) 变换 ε[248] 的 (该连续群的) 元素构成一个区域). 因此在空间平移的交换群 $\mathfrak{T}$ 的情形, 我们得到平凡的李代数: 三维向量空间 $\mathbf{V_T}$, 这里对所有的 $\mathbf{a}, \mathbf{b} \in \mathbf{V_T}, [\mathbf{a}, \mathbf{b}] = \mathbf{0}$. 在空间的 (直接) 旋转群 $\mathfrak{V}$ 的情形, 在对应于围绕 3 个垂直的轴 Ox, Oy, Oz 的 3 个 (无穷小) 旋转的基为 $\{\mathbf{e}_1, \mathbf{e}_2, \mathbf{e}_3\}$ 的三维向量空间 $\mathbf{V_d}$ 中的 "李积" (或向量乘积) 由条件

$$[\mathbf{e}_1, \mathbf{e}_2] = \mathbf{e}_3, [\mathbf{e}_2, \mathbf{e}_3] = \mathbf{e}_1, [\mathbf{e}_3, \mathbf{e}_1] = \mathbf{e}_2$$

给出, 据此, 对于该空间 (李代数) $\mathbf{V_d}$ 的任意两个向量 $\mathbf{a}=(X,Y,Z)(=X\mathbf{e}_1+Y\mathbf{e}_2+Z\mathbf{e}_3)$ 和 $\mathbf{b}=(X_1,Y_1,Z_1)$, 我们有公式 (与公式 (5.4b) 和 (5.5) 相比较):

$$[\mathbf{a},\mathbf{b}]=\left(\begin{vmatrix}Y & Z\\ Y_1 & Z_1\end{vmatrix},\begin{vmatrix}Z & X\\ Z_1 & X_1\end{vmatrix},\begin{vmatrix}X & Y\\ X_1 & Y_1\end{vmatrix}\right)$$

$$\left(=\begin{vmatrix}Y & Z\\ Y_1 & Z_1\end{vmatrix}\mathbf{e}_1+\begin{vmatrix}Z & X\\ Z_1 & X_1\end{vmatrix}\mathbf{e}_2+\begin{vmatrix}Z & X\\ X_1 & Y_1\end{vmatrix}\mathbf{e}_3\right), \tag{6.10a}$$

即 $[\mathbf{a},\mathbf{b}]$ 是通常的向量积! 对于基为 $\{\mathbf{e}_1,\mathbf{e}_2,\mathbf{e}_3\}$ 的平面的 (直接) 等距群 T, 它对应的李代数 $\mathbf{V_e}$ 由围绕原点 O 旋转且在 Ox 和 Oy 方向的 (无穷小) 平移生成 (见图 23(b)); 在这一情形, 容易验证由关系 $[\mathbf{e}_1,\mathbf{e}_2]=0$ 给出的李乘法 (这个关系是在 Ox 和 Oy 方向的平移的交换性的一个平凡的结论), $[\mathbf{e}_2,\mathbf{e}_3]=\mathbf{e}_1,[\mathbf{e}_3,\mathbf{e}_1]=-\mathbf{e}_2$, 因此对于任意的两个向量 $\mathbf{a}=(X,Y,Z)$ $(=X\mathbf{e}_1+Y\mathbf{e}_2+Z\mathbf{e}_3)$ 和 $\mathbf{b}=(X_1,Y_1,Z_1)$, 我们有:

$$[\mathbf{a},\mathbf{b}]=\left(\begin{vmatrix}Y & Z\\ Y_1 & Z_1\end{vmatrix},\begin{vmatrix}Z & X\\ Z_1 & X_1\end{vmatrix},0\right)\ \left(=\begin{vmatrix}Y & Z\\ Y_1 & Z_1\end{vmatrix}\mathbf{e}_1+\begin{vmatrix}Z & X\\ Z_1 & X_1\end{vmatrix}\mathbf{e}_2\right). \tag{6.10b}$$

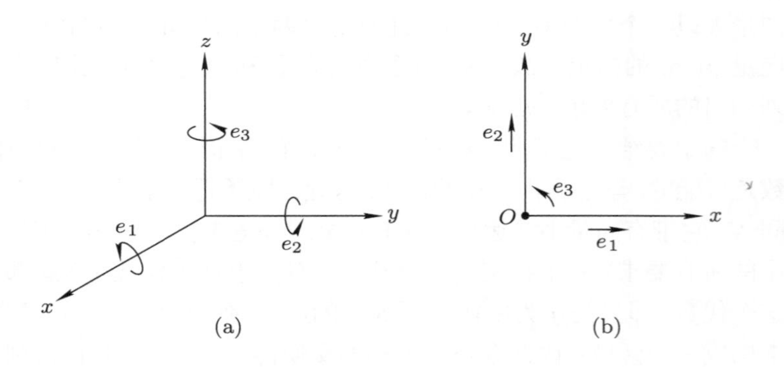

图 23

注意公式 (6.10a) 和 (6.10b) 之间的明显的相似性是有启发性的. 显然, 如果我们考虑中心处于正在考察的旋转 (在三维欧几里得空间中, 其中变换群 $\mathfrak{V}$ 起作用) 的固定点 O 的一个球面, 则我们可以把群 $\mathfrak{V}$ 解释为球面等距群或黎曼椭圆平面的等距群 (见第 4 章). 另一方面, 如果我

们用 $\mathbf{e}_1$ 和 $\mathbf{e}_2$ 表示对应于双曲 (罗巴切夫斯基) 平面中相互垂直的轴 Ox 和 Oy 的无穷小平移 (这些平移不再是可交换的), 用 $\mathbf{e}_3$ 表示该双曲平面围绕坐标原点 O 的小的旋转, 则我们得到如下的关系系统, 它们规定所考虑的非欧几里得等距的交换律:

$$[\mathbf{e}_1,\mathbf{e}_2]=-\mathbf{e}_3,\quad [\mathbf{e}_2,\mathbf{e}_3]=\mathbf{e}_1,\quad [\mathbf{e}_1,\mathbf{e}_3]=-\mathbf{e}_2.$$

于是在对应于双曲等距群 $\mathfrak{H}$ 的李代数 $\mathbf{V_H}$ 中, 两个向量 $\mathbf{a}=(X,Y,Z)(=X\mathbf{e}_1+Y\mathbf{e}_2+Z\mathbf{e}_3)$ 和 $\mathbf{b}=(X_1,Y_1,Z_1)$ 的 "向量积" 定义如下

$$[\mathbf{a},\mathbf{b}]=\left(\begin{vmatrix}Y & Z\\ Y_1 & Z_1\end{vmatrix},\begin{vmatrix}Z & X\\ Z_1 & X_1\end{vmatrix},-\begin{vmatrix}X & Y\\ X_1 & Y_1\end{vmatrix}\right)$$

$$\left(=\begin{vmatrix}Y & Z\\ Y_1 & Z_1\end{vmatrix}\mathbf{e}_1+\begin{vmatrix}Z & X\\ Z_1 & X_1\end{vmatrix}\mathbf{e}_2-\begin{vmatrix}X & Y\\ X_1 & Y_1\end{vmatrix}\mathbf{e}_3\right)\tag{6.10c}$$

公式 (6.10a)、(6.10b)、(6.10c) 之间的显著的相似性确定了常曲率 (用黎曼的术语, 见第 4 章) 平面几何学的三种类型之间, 即欧几里得几何学、椭圆几何学和双曲几何学之间的密切关系.

李以罕见的完全性和彻底性发展了李群和李代数的理论. 为此他奉献了一系列的书和许多文章. 在科学史上, 索菲斯 · 李是一类罕有人物的典型, 是仅有一个爱好的科学家. 所有他的庞大的研究都致力于单个主题 —— 连续群论 —— 的发展. 李详细分析了李群和李代数之间的关系, 一种联系使他能够在李代数理论继续所有特别的群论概念. 因此李群 $\mathfrak{G}$ 的子群 $\mathfrak{g}$ 对应于代数 $\mathbf{V}$ 的子代数 $\mathbf{v}$, 即 $\mathbf{V}$ 中的一个向量集合, 相对于向量加法和向量与数的乘法运算封闭 (即向量空间的子空间), 以及相对于向量乘法运算封闭, 即使得 $\mathbf{a},\mathbf{b}\in\mathbf{v}\Rightarrow[\mathbf{a},\mathbf{b}]\in\mathbf{v}$. 如果子群 $\mathfrak{g}$ 是正规子群, 亦即对所有的 $g\in\mathfrak{G}, g^{-1}\mathfrak{g}g=\mathfrak{g}$, 则子代数 $\mathbf{v}$ 是一个理想, 即对 $\mathbf{a}\in\mathbf{v}$ 和任意的 $\mathbf{b}\in\mathbf{V}$, 我们有 $[\mathbf{a},\mathbf{b}]\in\mathbf{v}$. 如果子群 $\mathfrak{G}$ 是单的, 即它除了群 $\mathfrak{G}$ 自身和恒等子群 $n=\{\varepsilon\}$ 之外没有非平凡的正规子群, 其中 ε 是 $\mathfrak{G}$ 中的恒等元, 则代数 $\mathbf{V}$ 也是单的, 即它除了代数 $\mathbf{V}$ 自身和零理想 $\mathbf{o}=\{\mathbf{0}\}$ 之外没有非平凡的理想, 等等. 类似地, 对应于所谓的可解李群,[249] 李定义了可解李代数, 可解李群类似于伽罗瓦的离散可解置换群 (见注记 49), 他还定义了半单李代数和半单李群,[249] 等等.

除了提出所有单李代数的分类问题之外, 李还提出所有单李群的分类问题; 事实上, 这两个分类问题是等价的[250]).[251] 在李的时代, 这个困难的问题被普遍承认是

他的学生和追随者威廉 · 基灵 (1847—1923)[252] 解决的. 事实上, 基灵的单李群的名单以前不曾被怀疑过. 但数学严格性的现代要求 —— 在 20 世纪初通过像大卫 · 希尔伯特和他的学生赫尔曼 · 外尔 (我们还会多次提到他) 这样的杰出的思想家的长时间的讨论而被加强的对数学严格性的要求, 在尼古拉 · 布尔巴基学派的工作上实现了 —— 与李和克莱因的时代用于证明的严格性的标准显著不同. (在联系到李和克莱因他们本人时我们会回到这一点.) 这就是为何现代数学家倾向于觉得基灵在 1888—1890 年[253] 做出的复杂的构造中包含严重的和不可弥补的缺陷, 而且基灵给出的单李群的名单的完整性或对应定理的证明方法只能被视为是启发式的论断. 单李群的分类问题的完全的解决现在归功于嘉当,[254] 他在他的著名的博士论文 (Thèse) 中解决了这个问题. 单李群以及半单 (见注记 251) 李群[255] 的分类定理的其他的而且更用意义的证明由像荷兰人巴特尔 · 伦德特 · 范德瓦尔登 (生于 1903 年)[18], 他先在荷兰, 之后在德国, 然后又回到荷兰生活,[256] 和邓肯[19] (先在莫斯科, 之后在美国; 生于 1924 年)[257] 这样 20 世纪的杰出的数学家给出.

单李群理论的主要结果, 已为基灵, 所以也为他的同时代人李所知, 甚至在今天也没有被完全理解 (见下面对 "奇异" 李群的讨论). 这可以叙述如下. 单李群的完整的名单相当短. 它由 4 类 (追随基灵) 用符号 A_n, B_n, C_n $(n = 1, 2, 3, \cdots)$ 和 D_n ($n = 3, 4, 5, \cdots$, 群 A_1, B_1 和 C_1 重合, B_2 和 C_2 重合, 且 A_3 和 D_3 重合) 表示的群的 4 大系列, 加上 5 个例外的或奇异群 (即没有被纳入系列的群) 构成. 对应于奇异单李群的李代数的维数是 14, 52, 78, 133 和 248 (即这些群的变换分别依赖 14, 52, 78, 133 和 248 个参数). 这 5 个奇异群也有标准的记号 (指示它们之间的特别的关系), 但在目前历史性的回顾中没有篇幅详细分析它们.

单李群的主系列可以一律地描述如下. 系列 B 和 D 的群就分别是奇数维 $N = 2n + 1$ 和偶数维 $N = 2n$ 的欧几里得空间 (即带有标准度量 $\|\mathbf{a}\| = \mathbf{a}^2 = x_1^2 + x_2^2 + \cdots + x_N^2$ 的向量空间) 的直接等距 (即行列式 Δ 等于 $+1$ 或 -1 的等距) 群. 为了确定系列 A 的群, 我们必须转到复殆 (almost) – 欧几里得空间, 这里的殆 – 欧几里得有如下足够清楚的意义. 一个复向量空间与第 5 章描述的那种类型的实向量空间的区别仅仅是在其中我们有向量乘以一个复数的可能性这个事实; 在 N 维空间的情形, 这引导我们把该空间的向量 (或点[258]) 等同于 N 个复数的有限的序列 —— 它们的坐标 $(x_1, x_2, \cdots, x_N)$. 该空间引入的通常的标量积产生对向量 $\mathbf{a}(x_1, x_2, \cdots, x_N)$ 的 "范数" 或 "长度的平方" 公式

$$\|\mathbf{a}\| = \mathbf{a}^2 = x_1^2 + x_2^2 + \cdots + x_N^2, \tag{A}$$

它对应于向量 $\mathbf{a}$ 和 $\mathbf{b} = \mathbf{b}(y_1, y_2, \cdots, y_N)$ 的标量积

$$(\mathbf{a}, \mathbf{b}) = x_1 y_1 + x_2 y_2 + \cdots + x_N y_N. \tag{A$'$}$$

[18] 范德瓦尔登已于 1996 年去世.—— 译者注

[19] 邓肯已于 2014 年去世.—— 译者注

不过, 因为数 $x_1, x_2, \cdots, x_N$ 不必是实的, (A) 的右边所表达的可能是非正的 (甚至是虚的), 这会导致不必要的麻烦. 所以复向量空间的一个更常见的类型是向量 a 和 b 的标量积由公式

$$(\mathbf{a}, \mathbf{b}) = x_1\overline{y}_1 + x_2\overline{y}_2 + \cdots + x_N\overline{y}_N \tag{B$'$}$$

给出的空间. 在这样的空间中, 对一个向量 $\mathbf{a} = \mathbf{a}(x_1, x_2, \cdots, x_N)$, 我们又有了 (正的!) 范数 $\|\mathbf{a}\|$ 和长度 $|\mathbf{a}|$:

$$\|\mathbf{a}\| = |\mathbf{a}|^2 = x_1\overline{x}_1 + x_2\overline{x}_2 + \cdots + x_N\overline{x}_N (= |x_1|^2 + |x_2|^2 + \cdots + |x_N|^2). \tag{B}$$

不过, 标量积 (B$'$) 不再是对称的, 因为 $(\mathbf{a}, \mathbf{b}) = \overline{(\mathbf{a}, \mathbf{b})}$. (在这个段落的所有的情形, 上划线表示共轭复数.) 在数学中, 有 “度量” (B$'$) (或 (B)) 的复向量空间比有 “度量” (A$'$) (或 (A)) 的复向量空间起的作用要重要得多; 有标量积 (A) 的一个空间通常被称为复欧几里得空间, 同时有标量积 (B$'$) 的 “殆 – 欧几里得空间” 以埃尔米特空间知名 (依据伟大的法国分析学家沙莱斯 · 埃尔米特 (1822—1901) 命名). 现在, 系列 A 的单李群就是复埃尔米特空间的等距群 (或者, 用更科学的术语, 即保持一个向量的范数 (B) 和标量积 (B$'$) 的线性变换的自同构群).

现在容易刻画系列 C 的单群. 基灵和嘉当把它们描述为带斜对称的 (且非退化, 在注记 243 的意义上) 标量积 (即使得 $(\mathbf{b}, \mathbf{a}) = -(\mathbf{a}, \mathbf{b})$) 的实偶数 – 维空间的等距 (自同构) 群; 这样的空间被称为辛的且在现代数学中, 尤其是力学中起到了显著的作用 (见, 例如, 在注记 208 中引用的阿诺尔德的书). 不过, 今天这些单群通常以与系列 A 中的群相同的方式描述 (见, 例如, 在注记 241 中引用的谢瓦莱的书《李群论》(*Theory of Lie Groups*)), 但考虑的不是复向量空间而是埃尔米特四元数向量空间 (其向量可以描述为四元数的一个有限的序列 $(x_1, x_2, \cdots, x_N)$), 同时纯量积和范数的公式 (B$'$) 和 (B) (以及变换群描述为埃尔米特四元数空间的等距群) 仍然有效.

因此, “主” 类 A, B, C 和 D 的单李群可以统一地描述为实 (欧几里得) 空间, 复空间和四元数空间的等距群. 但是, 5 个奇异单李群来自何方? 根据荷兰人汉斯 · 弗赖登塔尔 (生于 1905 年) 和比利时人雅克 · 蒂茨 (生于 1932 年), 这些群与八元数 (octave) 平面的等距有关. 这里在八元数代数中结合性的缺乏不允许我们构造任意维的一个空间, 因此对应于群的无限序列不可能出现. 不过, “欧几里得” (或 “埃尔米特”) 八元数平面, 以及非欧几里得平面 (椭圆的或双曲的) 的存在性确定了特定的单奇异群.[259] 奇异单李群的几何构造的细节今天仍然有些神秘. 它们与八元数和八元数几何学相联系的问题同样如此. 不过, 我们注意到当代物理学家对奇异单李群的兴趣增加了他们在八元数和八元数几何学上的兴趣 (在第 5 章已经提及). 所有这些因素已经产生深具时代特征的 “八元数繁荣” —— 没有被数学的深入的分析者如尼古拉 · 布尔巴基所预见到的一种繁荣.[260]

索菲斯 · 李不仅考虑连续群本身 (per se), 而且继续把这样的群赋予微分方程. 在他对微分方程的伽罗瓦理论的不同的处理中 (见第 1 章), 一个微分方程的伽罗瓦群 (或对称群) 起的是一个连续群而不是有限群的作用, 其性质使得能用求积 (即用初等函数和积分写出其解) 确定该方程的解的存在性. 结果得出有且只有对应于可解连续群的那些方程有积分解 (回忆在第 1 章描述的伽罗瓦理论的主要结果). 美妙的微分方程的李理论被其创作者高度珍视. 有一段时间它极为流行而且其阐释在许多规模较大的大学中是数学分析学课程的至高点.[261] 不过, 我们这一代的数学家经过了数学科学的几个时期, 尤其是, 这些时期的特征是对微分方程的李理论的完全不同的估计. 在 20 世纪 30 年代, 数学家们的主要兴趣已经远离李的构造, 对于年轻的研究者李的构造似乎是过时的, 而且不属于当时人们真正感兴趣的问题的范围. 诸如李代数和李群这样的关键的概念保持了它们的重要性, 但微分方程的李群的研究不再能引起太多的热情. 在 20 世纪 40 年代, 第一批电子计算机出现了, 而解微分方程的问题不得不重新被评价.[262] 在 20 世纪 60 年代, 寻找这样的解系统地转移给计算机, 而且在这一联系上, 微分方程的用求积的可解性的概念失去了其原来的重要性, 而且发现一个微分方程如此可解与否的问题也随之而去; 用求积的可解性和李的理论中的大部分几乎被完全遗忘了. 但是在 20 世纪 70 年代, 物理学家们, 当然还有在他们之后的数学家们, 突然记起 “微分方程的李群” 不仅刻画给定的方程用求积的可解性或不可解性, 而且描述这个方程的对称 (在这个联系上回忆我们在第 1 章关于代数方程的伽罗瓦理论所提到的), 因此也描述了这个方程的解的对称度 (或者, 同一件事情, “不变性的特征”; 见第 7 章). 所以, 它也描绘了由这个微分方程描述的 (建模的) 真实对象的对称性. 发现对称性 (它们对于给定的对象是内在的) 的结果是阿里阿德涅之线, 它不仅能让人在基本粒子的令人绝望的复杂的迷宫中, 而且更广地, 在物理学家们处理的自然现象的迷宫中找到路. 因此今天我们观察到对李理论的兴趣的一个新的激增, 这表现在关于它的大量的出版物和相关的博士论文的惊人数量上.[263]

在连续群的领域, 吸引李的注意力的另一个课题是所谓的切触变换 (*contact transformation*) 理论. 通过一个切触变换, 对李意味着一个 (比如说, 平面的) 变换 κ, 一般地, 它把每个点 (或直线) 送入一条曲线; 一条曲线 γ 被变换 κ 送入一条新的曲线 $\gamma\prime = \kappa(\gamma)$, 但 κ 保持曲线的相切性, 即如果 γ_1 是与 γ 相切的一条曲线且 $\gamma_1' = \kappa(\gamma_1)$, 则曲线 γ' 和 γ_1' 也必定相切 (见图 24). 平面的切触变换可以描述为切线元素 (点, 直线穿过它们) 的集合的变换: 在一个点 A 彼此相切而且有相同的 (切线) 方向的所有曲线确定一个切线元素 $\Lambda = (A, a)$. 变换 κ 把这些曲线送入 (也彼此相切的) 曲线, 它们确定切线元素 $\Lambda' = (A', a') = \kappa(\Lambda)$ (见图 24). 不过, 为了使切触元素的集合的一个变换 π 是一个切线变换, 它必须保持所谓的切线元素的 “切触条件” (因为, 否则 π 可能把对于一条给定曲线的切线元素的集合 Λ 送入到切线元素的一个集合 ($\Lambda' = \pi(\Lambda)$), 它不再确定任何曲线; 见图 25).

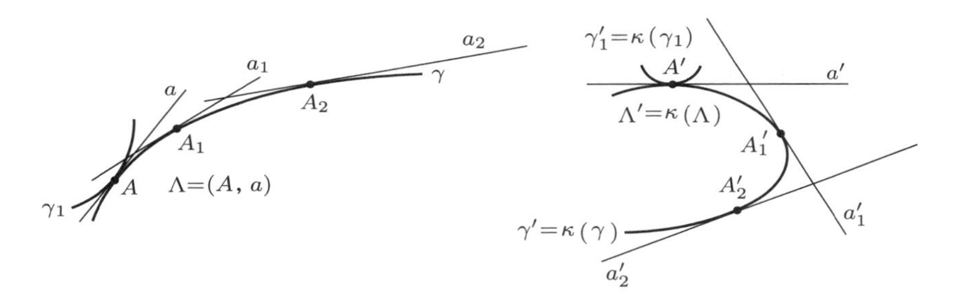

图 24

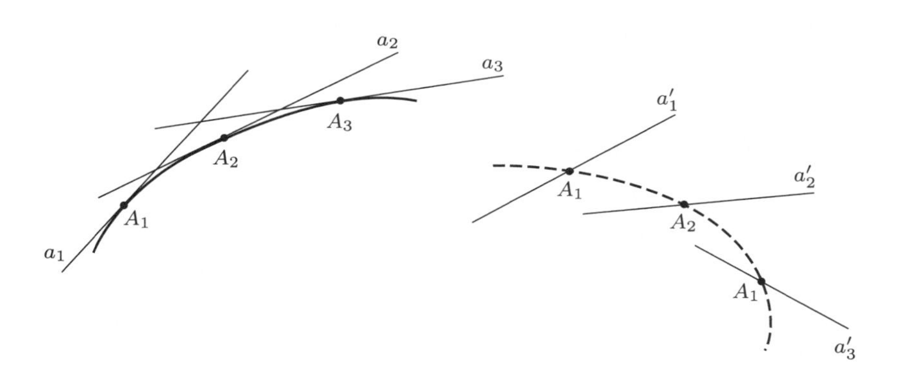

图 25

李的切触变换的一个重要的特殊情况是圆切触变换 (也是他发现的), 它把每个圆 (包括半径为零的圆, 即点, 以及半径为无穷的圆, 即直线) 再送入一个圆 (一般地, 点和直线都被变换为圆). 这些变换可以描述如下. 上面 (见第 3 章) 我们已经提到 “逐点反演” (或 “默比乌斯反演"), 它把每个点送入一个点, 而且把每个圆 (包括 "半径为无穷的圆", 即直线) 送入一个圆 (见第 3 章). 对相关射影对偶原理 (见第 3 章) 的考虑把法国数学家埃德蒙 · 尼古拉 · 拉盖尔 (1834—1886)[264] 引向 "对偶" 或 "线性" 圆变换的概念, 现在这被称为拉盖尔变换, 它把平面的每条 (有向的) 直线 a 送入一条直线, 但把点 (以及任意的圆) 送入圆. 这些变换由所谓的 "线性反演" (或拉盖尔反演) 生成, 描述如下: 轴为 o 且度为 k 的一个反演把每条直线 a 送入直线 a', a 和 a' 与 o 交于同一点且使得 $\tan\dfrac{1}{2}(\angle(a,o)\cdot\tan\dfrac{1}{2}(\angle(a',o))=k$. 这一定义必须由对与 o 不相交的那些线的变换规律的一个描述加以补充. 我们接连执行一系列的默比乌斯圆变换和拉盖尔变换, 得到一个圆的李变换, 它既不保持点的概念又不保持直线的概念.[265] 李的切触变换的理论变得与力学密切相关; 现在它依然保持着它的重要性.[266]

在特定的意义上, 我们可以说索菲斯 · 李和菲利克斯的整个科学活动受他们到巴黎之行以前在柏林第一次从事的 (而且相当特殊的) 共同工作的启发. 这项工作涉及所谓的 W 曲线, 这个名字是他们创造的.[267]

众所周知平面欧几里得几何学的齐性曲线, 即曲线中没有点与其他点相异, 是直线或者圆. 这些曲线的齐性与曲线的 "自等距群" —— 等距的集合, 它把曲线送到它自身, 而且其每个点送到它的另一个点 — 的存在性有关. 在直线 a 的情形, 这一自等距群 ("顺着它自身运动" 的群或 "对称" 群) 是在 a 的方向上的一个平移; 对于一个圆 s, 它是围绕中心 s 的旋转群 (见图 26(a) 和 (b)). 然而, 还存在另一条平面曲线, 它几乎有与直线和圆完全相同的齐性. 这就是对数螺线 L, 它的用极坐标 r, φ 的方程为 $r=a^{\varphi}$ (图 26(c)). 这里的要点是 L 有沿着它自身的 "相似运动", 即把 L 送到它自身且把每个点送到另一个点的相似变换. 这些变换能用极坐标写成 $r'=a^{c}r$ 和 $\varphi'=\varphi+c$; 它们把点 $M(r,\varphi)$ 送到点 $M'(r',\varphi')$, 而且把螺线 L 送到它自身.[267] 李和克莱因提出寻找平面上有一个 "沿它自身射影运动的完全群" (把 W 送到它自身的射影变换; 形容词 "完全" 意味着该群总有一个变换把 W 的一个给定的点送到它的另一个点) 的每条曲线 W 的问题. 克莱因和李称这样的曲线为 W 曲线.[268]

关于 W 曲线的这项工作对李的进一步研究是重要的, 因为在这个问题上他曾研究一个给定的 (连续) 群 (射影变换的群) 的一个参数的子群, 在李代数的一般构造中它起了如此重要的作用. 作者们在他们对 W 曲线的研究中使用无穷小变换的概念也是重要的. 他们的这篇论文展现

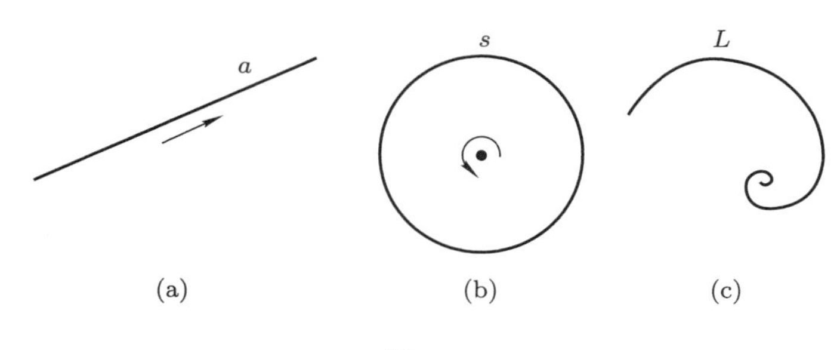

(a)　(b)　(c)

图 26

了克莱因后来工作的关键特色, 即对一个射影几何学对象 (诸如 W 曲线) 的群理论研究方法 (在这一情形, 基于射影变换群的研究) 以及用曲线的射影对称群的观点定义 W 曲线本身. 这里论题本身是一种几何学 (在这一情形是射影几何学) 与其对称群之间的联系. 这变得对克莱因以及 19 世纪几何学的发展 —— 甚至是对先于克莱因的几何学发展, 以及我们在第 3 章到第 5 章讨论过的那些现象 —— 是如此重要, 以致整个论题需要特别的一章.

第 7 章

菲利克斯 · 克莱因和他的埃朗根纲领

---

19 世纪是几何学研究急剧发展的一个时期, 在这个世纪的开始, 欧几里得几何学的唯一性是被普遍认可的, 因此"几何学"与欧几里得几何学的概念是等同的, 到克莱因和李的时代这种情形很快改变了. 19 世纪 20 年代和 30 年代首次出现了罗巴切夫斯基和波尔约关于双曲几何学的出版物. 在 19 世纪 60 年代末, 黎曼在 1854 年作的著名演讲, 终于出版了. 尤其是, 它把 3 种常曲率的几何学 —— 欧几里得几何学、双曲几何学和椭圆几何学 —— 的同等的有效性作为公理. 以庞斯莱的专著开始, 射影几何学的研究成为一个独立自主的科目, 它与欧几里得几何学的完全的独立性是由冯 · 施陶特建立的. 我们可以说默比乌斯发现了反演几何学或圆几何学 (或默比乌斯几何学; 见注记 265). 最终在凯莱, 特别是在克莱因的著作中, 陈述了一般的射影度量的想法, 它覆盖了经典的欧几里得几何学, 以及罗巴切夫斯基的 (双曲的) 非欧几里得几何学和黎曼的 (椭圆的) 非欧几里得几何学.

几何学的动荡的扩张, 以及在它的控制下数学领地的增长, 使得寻找对所有的几何学系统[269] 的一个普遍的描述被数学家们认为是当时的中心问题. 而且在对这个问题的重要性的理解上, 没有人比得上克莱因, 他活跃地参与了扩大几何学名单的活动. 若尔当的影响, 他教导克莱因群的以及对称的概念的重要性, 在尝试寻找群理论研究几何学本身的概念上起了重要作用. 这正是克莱因怎样进行论证的.

任何一门科学的内容可以通过命名它研究的对象, 以及这些对象的性质而被明确. 一门特殊学科所研究的性质总是实体具有的许多性质中的若干个. 例如, 物理学家对物体的所谓的物理性质感兴趣, 如它们的质量, 施加于这些物体的力, 以及它们运动的速度和加速度, 他们不关心物体的内部结构以及构成该物体的元素; 后者化学家对此感兴趣. 类似地, 比如说, 自然数起源于对任意但有限的物体系统的刻画. 不过, 数学家仅对这样的系统的一个性质感兴趣 —— 该系统内的对象的数目. 算术起源于对对象系统的这一特征的全面考量, 而且拒绝考虑与这个系统相联系的但与该特征无关的一切数据.

在让我们理解某些条件的特性上, 最后一个例子是适宜的, 这些特性挑选出与给定的科学分支有关的一族性质. 为了理解什么性质是我们感兴趣的, 指明我们不感兴趣的性质, 我们忽视的性质是什么就够了. 在自然数的情形, 这些性质与我们考虑的系统中的对象的数目无关, 而且与这个数的这一特征无关的所有的那些性质. 所以, 例如, 数学家对把一个给定的系统分为元素数目相同的两个部分的可能性感兴趣, 同时对把它分为重量相同的两个部分的可能性不感兴趣. 换言之, 从我们的观点来看, 包含对象的数目相同所有集合, 比如说, 11 个人的足球队, 停车场中的 11 辆小汽车, 后院中的 11 只鹅, 或者一个学生的成绩册中的 11 个成绩, 这些集合必须被认为是等同的 (不可区分的或相等的). 在这些系统的任何一个系统中令我们感兴趣的所有性质, 也为其他任意一个系统拥有. 从我们这里考虑的观点来看, 这些系统是等同的或相等的; 在所有其他方面, 它们彼此在本质上是不同的 (比如说, 一个足球迷会区分各有 11 个球员的两支足球队, 而且要求他用 11 只鹅代替 11 个球员的足球队时, 他会被逗乐). 但所有这些, 数学家并不关心, 他仅从纯粹算术的观点研究对象的每个系统.

现在, 澄清几何学的内容对于我们是容易的. 为了刻画欧几里得几何学或中学讲授的几何学, 一定要指明它所研究的对象和考虑的性质的集合. 这里所关心的对象是所有可能的平面图形和立体; 但代替词语 "平面" 或 "空间图形", 我们也可以说平面和空间中的点集.[270] 在几何学中考虑的图形的性质完全被那些与我们考虑的图形等同 (有相同的性质) 或不可区分, 或相等的图形所指明. 众所周知, 在中学讲授的几何学中, 两个图形被认为是相等 (或全等) 的, 如果存在一个等距 (平面或空间的一个保持点之间距离的变换) 把一个图形送到另一个图形. 因此, 我们可以说, 几何学研究且只研究图形 F 的那些性质, 它们为 F 及所有等于 F 的图形所共有, 或 (最后的描述对我们特别有用) 几何学研究被等距保持不变的图形的性质.

克莱因曾经注意到对初等欧几里得几何学的大多数问题和定理, 我们不但识别全等的图形, 而且识别相似的图形. 两个图形 F 和 F' 被称为是相似的 (以比例 k), 如果它们仅在大小上不同: 图形 F' 的形状与图形 F 并无不同, 但 F' 的度量比对应的图形 F 的度量大 k (当 $k<1$, 小 k) 倍. 在 F 和 F' 之间建立一个一一对应 π, 使得如果 A 和 B 是 F 的点, 且 $A'(=\pi(A))$ 和 $B'(=\pi(B))$ 是对应的 F' 的点, 则 $A'B'=kAB$ (图 27) 是可能的. 一个等价的描述如下: F' 相似于 $F \Leftrightarrow F'=\pi(F)$, 这里 π 是一个相似变换, 或相似, 即图形 F' 从图形 F 经过相似变换 π 得到, 相似变换 π 被定义为通过一个常数 k 改变所有距离的变换, 或等价于保持线段的长度的比 (点之间距离的比) 的变换.

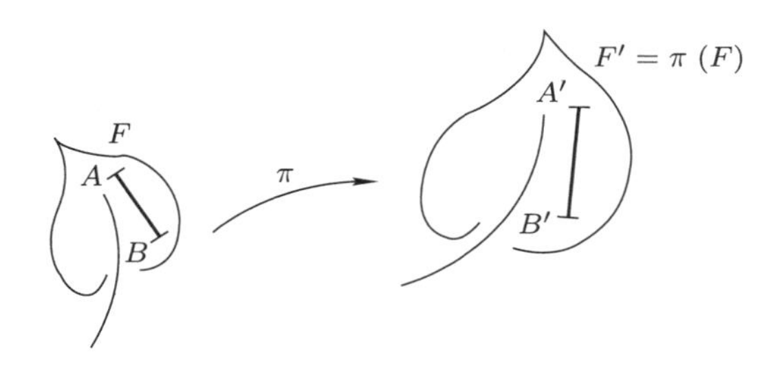

图 27

在几何学中相似的重要性与这一事实相关: 对几何学的定理不考虑图形的大小 (由图形所选的点之间的单位长度的对比决定, 单位长度比如选为米、厘米或英寸). 事实上, 必须诉诸考虑的单位长度的选择与数学无关[271], 因此线段长度的概念, 即表示一条给定的线段 “容纳” 多少个单位长度的线段的数不在几何学的考虑之中. 另一方面, 以度数 (或以弧度, 或者, 比如说, 以一个直角的分数) 度量角与几何学有关. 对线段的比亦是如此, 在几何学中线段的比有客观意义 (即与单位长度的选择无关), 所以一定出现在几何学定理中.[272] 很清楚, 相似改变线段的长短但既保持长度又保持角的大小的比, 不能改变图形的"几何"性质; 对于几何学家, 相似的图形 (它们有相同的形状但可能有不同的大小) 显然是等同的或相等的. 在一个教师要求他的学生在他们的笔记本中"精确地复制"他画在黑板上的图时, 隐含着在相似的图形之间做出区分的不可能性, 尽管这样做时不按照比例缩小不行. 不过, 在几何学中的一些情形, 我们在处理一些定理时, 不得不提前假设选取一个单位长度; 例如, 在关于面积度量的一些定理的情形, 因为, 为了测量面积 (很清楚, 如果我们不在相似形之间做出区分, 面积的概念就失去了其意义), 面积的概念是以一个给定的单位为先决条件的, 而且在作图问题中, 这里事先假设特定的线段被给定, 而且在所求图形的作图中必须考虑这些线段的长度 (所以, 在这一情形, 对两个相似但不相等的图形, 仅有一个可以被认为是给定问题的解[273]). 通过在学校讲授的几何学课程通常以关于三角形恒等条件的定理 (在几何学的不同解说中, 它们或者是定理, 或者是公理) 开始这一事实, 亦可理解这一局面. 如果我们在相似形之间不做区分, 这些条件将是无意义的.

因此, 在几何学的特定的定理和问题中, 我们必须以被称为图形的"几何"性质的约定开始, 如果它们在等距下不改变. 在大多数情形, 假设几何学的目的是研究在相似性变换或相似之下被保持的图形的性质是自然的. 换言之, 可以说, 在学校的几何学中我们研究的不是一门"几何学", 而是涉及两门不同的科学分支的结合, 它们分别研究图形在相似下保持的性质, 以及图形在等距下保持的性质.(我们称这些为"相似的几何学"和"等距的几何学"[274].) 这一局面是克莱因的一般研究方法的基础. 他提出固定一个特定的变换的族 $\mathfrak{G}$, 研究几何图形经过这些变换被保持的那些性质, 并把这作为一个明确的几何学分支, 而且可以说是被变换的族 $\mathfrak{G}$ 控制的性质.

对于几何学的这样的一个一般的定义, 我们必须考虑任意两个图形被变换的族 $\mathfrak{G}$ 中的一个变换把一个送到另一个的等同或相等. 但是, 如果图形相等的这个概念要有意义, 它必须满足三个条件, 它们毫无例外地对所有相等的关系 —— 数、代数表达式、距离、角、向量、几何图形的相等; 力、速度、电流或磁场, 位势, 热传导, 化合价, 热量的相等; 才能、学校成就、勇气、艺术或其他品质、成功、协调或聪明的相等, 等等 —— 成立, 而且它们确定了使用"相等"一词的各种可能性. 这三个

条件是:

(1) 每个图形 F “等于” 它自身 (反身性);

(2) 如果图形 F “等于” 图形 F_1, 那么, 反之, 图形 F_1 “等于” 图形 F (对称性);

(3) 如果图形 F “等于” 图形 F_1, 而且图形 F_1 “等于” 图形 F_2, 则图形 F “等于” 图形 F_2 (传递性).

显然, 在任意的变换的族 $\mathfrak{G}$ 的情形, 由 $\mathfrak{G}$ 定义的 “相等” 的概念一般没有这些性质. 为了保证它们的有效性, 自然要求

(1a) 族 $\mathfrak{G}$ 包含恒等变换 ε (它把每一个图形 F 送到它自身 (图 28(a)));

(2a) 对族 $\mathfrak{G}$ 的把图形 F 送到 F_1 的每个变换 φ, 族 $\mathfrak{G}$ 包含 “逆” 变换 φ^{-1} (它把 F_1 送到 F (见图 28(b)));

(3a) 对任意两个变换 φ 和 ψ, 其中 φ 把图形 F 送到图形 F_1, 且 ψ 把图形 F_1 送到 F_2, 族 $\mathfrak{G}$ 包含它们的 “积” $\psi\varphi$ (先 φ, 后 ψ) (它把 F 直接送到 F_2 (图 28(c))).

但条件 (1a)—(3a) 显然不是别的而是定义一个变换群 (见第 1 章) 的要求; 在一个变换的族中, “群运算” 我们取作变换的 “乘积” 或复合. 因此, 我们得到下面属于菲利克斯 · 克莱因的几何学的一般定义, 它作为 “埃朗根纲领” 而知名 (下面对此我们将加以描述):

几何学是研究在一特定的变换群的变换下图形的性质被保持不变的科学, 或者用另一种说法, 这门科学研究一个变换群的不变量.

在这个定义中出现的群的概念也可以说明如下. 一门特殊的学科所研究的性质的选择 —— 当我们考虑的所有性质对这些对象重合时 —— 约化为等同所有这些对象, 或者把它们 “粘在一起”. 这些对象构成了不可区分的对象中的一个等价类, 而且这些类是在给定的学科中研究的真正的对象. 因此, 在算术中, 数 4 可以被理解为四个任意元素的所有集合, 或由四个元素构成的所有系统的集合的共有的性质. 类似地, 在初等几何学中被称为 “三角形” 的对象确为所有全等三角形的类; 因为, 对于词语 “三角形” 的别的理解令类似于 “对于两个给定的线段 a 和 b 以及角 φ, 我们能做出一个唯一的三角形 ABC, 使得 $BC = a, AC = b, \angle C = \varphi$” 这样的一个陈述失去它的意义. 但是, 众所周知, 对象的任意

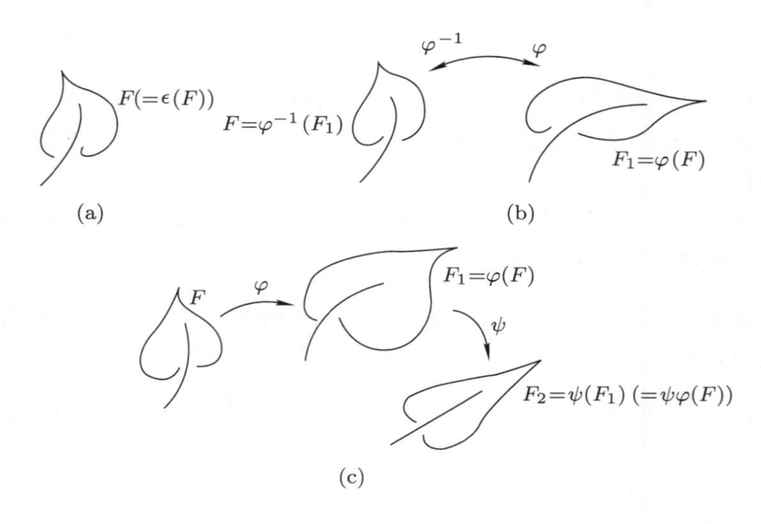

图 28

一个集合 $\mathfrak{M}=\{\alpha,\beta,\gamma,\cdots\}$ 分解为任意的等价类其实与在 $\mathfrak{M}$ 上选择一个有 (1a)—(3a) 的反射, 对称和传递性质等价关系是相同的: 对所有的 $\alpha\in\mathfrak{M}, \alpha\sim\alpha; \alpha\sim\beta\Rightarrow\beta\sim\alpha; \alpha\sim\beta$ 且 $\beta\sim\gamma\Rightarrow\alpha\sim\gamma$ — 这里关系 $\alpha\sim\alpha_1$ 意味着对象 α 和 α_1 属于同一等价类.[275] 在算术中, 正如我们已经指出的, 关系 $\sim$ 连接有限集 α 和 α_1 意味着在 α 和 α_1 之间可能建立一个一一对应 (图 29(a)). 在几何学中, 关系 $F\sim F_1$ 意味着有一个对应 $\varphi: F\to F_1$ 或 $F_1=\varphi(F)$, 这里 φ 属于给定的变换的族 $\mathfrak{G}$ (图 29(b)). 为了使我们引入的关系 "$\sim$" 在图形之间是一个等价关系, 变换的族 $\mathfrak{G}$ 应是一个群.

因此, 根据克莱因, 一门几何学由一个 "作用域" $\mathscr{A}$ (平面, 空间, 等等) 和一个作用于域 $\mathscr{A}$ 上的 "自同构群" (或对称群) $\mathfrak{G}$ 决定. 当我们改变群 $\mathfrak{G}$, 我们就改变了所考虑的几何学的结构, 即得到了一门新的 "几何学". 因此, 例如, 平面欧几里得几何学由作用于平面 $\varPi_0$ 上的等距群 $\mathfrak{I}$ (或相似变换群 $\mathfrak{S}$) 决定. 平面仿射几何学由选择作为平面 $\mathscr{A}$ 的变换主群的仿射变换群 $\mathfrak{A}$ 决定, $\mathfrak{A}$ 由所有可能的 "$\varPi_0$ 到它自身的平行射影" 生成 (即在同一平面 $\varPi_0$ 上的射影, 我们把它视为位于空间的不同的地方).[276] 平面射影几何学由 (射影) 平面 $\varPi$ 的射影变换群 $\mathfrak{P}$ 决定, 射影变换群 $\mathfrak{P}$ 由平面 $\varPi$ 到它自身的所有可能的中心 (和平行) 射影生成.[276]

图 29

罗巴切夫斯基非欧几里得几何学 (双曲几何学) 由平面 Π 的射影变换族 $\mathfrak{L}$ 决定, 平面 Π 的射影把一个圆 K (图 13) 送到它自身 (更精确一些, 把圆 K 的内部 $\mathfrak{B}$ 送到它自身, 因此圆盘 $\mathfrak{B}$ 可视为罗巴切夫斯基几何学的 "作用域"). 在凯莱 – 克莱因的模型中, 黎曼的椭圆几何学由射影变换群的另一个子群决定, 如此等等. 因此, 根据克莱因, 比如说, 欧几里得几何学和双曲几何学的主要区别不是过一个点 A 作不与一条给定的直线 a 相交的一条或多条直线的可能性 (这是次要的且不重要的区别), 而是欧几里得几何学和双曲几何学各自相应的对称群的结构的区别.

最后我们注意到, 如果两个几何学系统 $\varGamma_1$ 和 $\varGamma_2$ 有相同的 "作用域" $\mathscr{A}$, 它们由两个 "等距" 群 $\mathfrak{G}_1$ 和 $\mathfrak{G}_2$ 决定, 这里 $\mathfrak{G}_1 \supset \mathfrak{G}_2$ (即群 $\mathfrak{G}_1$ 大于群 $\mathfrak{G}_2$, 换言之, $\mathfrak{G}_2$ 是 $\mathfrak{G}_1$ 的子群), 那么, 在一定的意义上, 几何学 $\varGamma_2$ 大于几何学 $\varGamma_1$: 在 $\varGamma_1$ 中有意义的一个概念在 $\varGamma_2$ 中也有意义 — 因为, 如果这个概念不被 $\mathfrak{G}_1$ 的变换破坏, 那么它显然被在群 $\mathfrak{G}_2$ 中的所有

变换保持不变, $\mathfrak{G}_2$ 仅构成 $\mathfrak{G}_1$ 中变换的一个部分. Γ_1 中的每个定理处理在 $\mathscr{A}$ 中的图形被群 $\mathfrak{G}_1$ 的变换所保持不变的某个性质, 可以在 Γ_2 的框架下 (因为来自 $\mathfrak{G}_2$ 的变换也保持这个性质不变) 来看, 等等. 几何学之间的这个关系可以有条件地写成 $\Gamma_2 \supset \Gamma_1$. 例如, 如果 $\mathfrak{I}, \mathfrak{E}$ 和 $\mathfrak{A}$ 分别是平面的等距群, 相似群和仿射变换群, 则 $\mathfrak{A} \supset \mathfrak{E} \supset \mathfrak{I}$ (显然, 例如, 仿射变换群 (6.2) 包含等距群 (6.1), 同时相似群占据一个中间的位置). 所以, $\Gamma_d \supset \Gamma_s \supset \Gamma_a$, 这里符号 Γ_d, Γ_s 和 Γ_a 分别表示通常的欧几里得几何学, 相似几何学和仿射几何学.[277] 因此, 仿射几何学的每个概念 (平行四边形, 三角形等等) 以及每个 "仿射" 定理 (诸如一个三角形的中线交于单独的一个点, 该点按照 2:1 的比例划分它们) 在通常中学讲授的几何学 (以及在相似几何学) 中仍然成立, 但是反过来不成立, 这是理所当然的. 相似几何学的每个定理有 "通常的" 或 "学校讲授的" 意味, 即与等距变换的几何学有关; 然而, 比如说, 学校讲授的三角形的面积等于它的一条边乘以对应的高之积的一半的定理在相似几何学中没有意义, 因为它涉及的概念在这里不存在.

因此, 克莱因的埃朗根纲领经常被这样理解: 说一门几何学被一个特定的域 $\mathscr{A}$ (该几何学的作用域) 和作用在域 $\mathscr{A}$ 上的一个变换群 $\mathfrak{G}$ 决定. 几何学的目的是研究域 $\mathscr{A}$ 的被 $\mathfrak{G}$ 中的变换保持不变的那些性质. 然而, 对于所有可能的几何学, 这样的一个描述是很不完全的.

为了澄清这一点, 回忆在第 3 章的结尾我们对普吕克的线素几何学所说的就够了. 在那里, 我们指出, 如果域 $\mathscr{A}$ 是射影空间 (这里 $\mathfrak{G}$ 是空间 $\mathscr{A}$ 的射影变换群), 假如在 $\mathscr{A}$ 中我们认为词语 "几何点图形" 意指属于 $\mathscr{A}$ 的任意点的集合, 而且在 $\mathscr{A}$ 中的 "平面图形" 意指平面的一个集合, 那么我们得到相同的几何学系统. 但是, 如果一个图形我们意指直线的一个集合, 情形就不是这样: 我们得到 "线素的几何学", 它考虑的图形由射影空间中的直线构成.[278] 类似地, 在平面射影几何学中 (正如在第 3 章联系到普吕克的线素的几何学时注意到的) 点的几何学和线的几何学除名称之外相同 (由于这一事实: 在平面线几何学中直线起到点的作用, 同时点起到直线的作用), 在平面欧几里得几何学中, 没有这样的对偶原理, 点的几何学和线的几何学是完全不同的科目. 因此, 例如, 欧几里得平面的三条直线 a, b 和 c 构成的一个线三角形的主要性质是 "从 a 到 b, 从 b 到 c 和从 c 到 a 的差" 之和, 亦即有向角的和 $\angle(a,b) + \angle(b,c) + \angle(c,a)$ 等于 2π, 即 $360°$ (图 30(a)), 同时对理解为点 A, B, C 的一个三元组的一个三角形, 距离的和 $d_{AB} + d_{BC} + d_{CA}$ (即该三角形的周长 —— 图 30(b)) 对不同的三角形是不同的. 被刻画与线 Q 有相同的 "倾斜" 的直线的集合 m, 即被相同的有向角 $\angle(q,m) = \rho$ 刻画的平行线的一个层 (sheaf) (图 31(a)),

与使得 $d_{QM}=r$ 的点的集合 M 不相像, 这里 Q 是给定的点而且 r 是一个固定的数, 即以 Q 为中心和 r 为半径的圆 (图 31(b)), 等等.

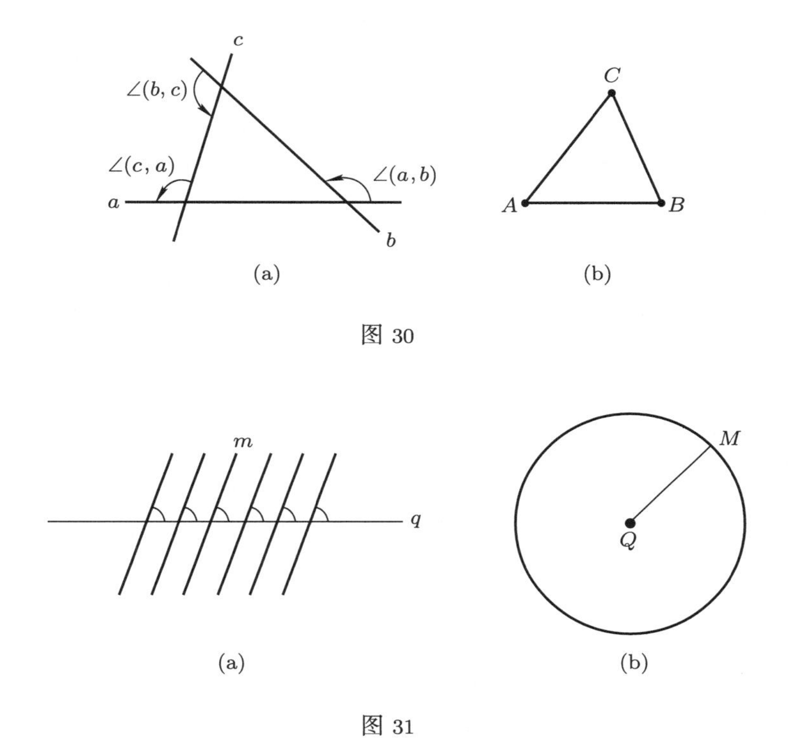

图 30

图 31

所有这些考虑把我们带到如下的克莱因纲领的更精确的系统表述. 为了确定任意一个几何学系统, 我们必须指明刻画它的三个特征: 几何空间或该几何学的作用域 $\mathscr{A}$; "等距" 群 $\mathfrak{G}$, 即 $\mathscr{A}$ 的所有变换, 它们保持我们感兴趣的在 $\mathscr{A}$ 中图形的一切性质不变; 以及生成元素 ξ, 即一个 "原子" 或域 $\mathscr{A}$ 的最简单的元素, 它是我们所考虑的所有图形 F 的集成块 (the building block). 因此, 在平面几何学的情形, 元素 ξ 可以是一个点, 一条定向的或非定向的直线, 一个半径固定或任意的定向的或非定向的圆, 或者也许甚至是某个更不寻常的几何学对象, 如一条抛物线或一个线素, 线素即带固定方向的一个点. 从恒等的 (或相等的) 元素 ξ 建立图形 F 是自然的. 所以, 选择一个单一的元素 ξ 就够了, 然后通过在整个域 $\mathscr{A}$ 上的群 $\mathfrak{G}$ 中的变换它被 "分散开". 因此, 如果群 $\mathfrak{G}$ 是平面的等距群 $\mathfrak{I}$, 那么我们可以选择一个点, 一条直线或一个半径固定为 a 的圆作为 ξ, 但不能选择任意半径的一个圆, 因为在群 $\mathfrak{I}$ 的几何学的意义上, 两个不同半径的圆是不相等的. 另一方面, 如果 $\mathfrak{G}$ 是相似变换群 $\mathfrak{S}$, 那么我们可以选择一个点, 一条直线或一个任意半径的圆作为 ξ, 但不能选择一个半径固定的圆, 因为如果我们在整个平面上 (通过相似群) “分散开” 半径为 a 的一个圆, 那么我们得到所有可能的 (有限) 半径的圆.

按照群论的语言, 一个给定的几何学系统的一个生成元的概念可以描述如下. 考虑群 $\mathfrak{G}$ 的保持几何学对象 ξ (即把它映到自身) 的所有的变换 g. 这些变换也构成特定的变换群 $\mathfrak{g}$: 单位变换 e 把 ξ 映到它自身; 如果变换 g 把 ξ 映到它自身, 则逆变换 g^{-1} 把 ξ 映到它自身; 如果变换 g_1 和 g_2 把 ξ 映到它自身, 则它们的乘积 g_2g_1 把 ξ 映到它自身. 这个群仅是群 $\mathfrak{G}$ 的一个部分, 即一个子群, 被称为稳定子群 (stablizer subgroup), 它对应于有给定的生成元的几何学.(如果子群 $\mathfrak{g}$ 由群 $\mathfrak{G}$ 的所有的变换构成, 即是, 如果我们的几何学的所有的等距变换保持生成元不变, 则域 $\mathscr{A}$ 不会包含任何异于元素 ξ 的生成元; 显然这样的几何学是没有内容的.) 因此, 例如, 如果群 $\mathfrak{G}$ 由平面的所有可能的等距构成[279] 而且元素 ξ 是一个点, 则子群 $\mathfrak{g}$ 由围绕 ξ 的所有旋转构成, 同时如果元素 η 是一条直线 η, 则子群 g 由沿 η 的方向的平移和在直线 η 上的点的反射构成.[279]

我们注意到, 如果两门几何学的生成元 ξ 和 η 有相同的等距群, 使得对应的稳定子群是相同的, 那么所考虑的两门几何学也是相同的. 例如, 考虑两门几何学, 它们的各自的作用域 $\mathscr{A}$ 与平面重合, 它们各自的群 $\mathfrak{G}$ 与平面的等距群 (6.1) 重合, 而且它们各自的生成元 ξ 和 η 是一个点和一个有固定半径 a 的圆. 显然, 等距群 $\mathfrak{G}$ 的保持不变 ξ 的子群 $\mathfrak{g}$ 与保持中心为 ξ 的圆 η 不变的子群重合. 这蕴含着有生成元 η 的几何学与通常的 “逐点的 (pointwise)” 几何学相同. 在有生成元 η 的几何学中, 我们可以定义在逐点的几何学中存在的概念. 很清楚, 在这门几何学中, 平行线之间充满半径为 a 的圆的条状带起一条直线的作用; 有公共的圆 η_0 的两条这样的 “线” 起到 “顶点” 为 η_0 的 “角” 的作用, 而且其度量与两个对应的条状带的中线之间的 “普通的角” 的度量一样; 两个圆 η_1 和 η_2 之间的距离, 或等价地, 它们的切线距离 (它们的公共切线的长度) 是它们的中心之间的距离, 等等. 那么在这个 “圆的几何学” 中的所有陈述与通常的欧几里得几何学中的陈述相同. 例如, 在一条 “线” 上的三个圆之间的最远的距离也等于其他两对圆之间的距离的和. 再者, 不属于 “线” l 的半径为 a 的圆 η_0 属于 l 的唯一的 “平行线” l_0, 即与 l 没有公共圆的一条 “线”, 等等. 有生成元 ξ 和 η 的几何学的这一等同来自把这些几何学中的一个映到另一个的可能性: 把每个半径为 a 的圆 η 赋予其中心 ξ 就够了 (或者对每个点 ξ 赋予一个中心在 ξ 的半径为 a 的圆), 然后, 这两个几何学的任何一个中的所有概念被变换到另一个几何学中的对应的概念, 而且在一个几何学中的所有陈述被变换到另一个几何学中的类似的陈述.

有相同的等距群 $\mathfrak{G}$ 和恒等的稳定子群的几何学重合的这一事实出现在如下的一般的构造中. 考虑群 $\mathfrak{G}$ 的所有变换的集合作为一个特定的 “几何” 对象, 它最终起到该几何学的作用域 $\mathscr{A}$ 以 $\mathfrak{G}$ 作为它的等距群所起的作用. 这一空间 $\mathscr{A}$ 被称为对应于群 $\mathfrak{G}$ 的群空间 (见第 6 章). 于是, 如果 $\mathfrak{G}$ 是直接等距的群 (6.1) (早先记作

$\mathfrak{I}$), 那么 $\mathscr{A}$ 是坐标为 (a,b,α) 的三维空间中的层 $0\leqslant\alpha\leqslant 2\pi$, 这里界定层的平面 $\alpha=0$ 和 $\alpha=2\pi$ 一定被等同 (黏合), 因为在公式 (6.1) 中值 $\alpha=0$ 和 $\alpha=2\pi$ 对应于相同的变换 (一个后面不跟着任何旋转的一个平移).

我们把我们的几何学的生成元 ξ 赋予群 $\mathfrak{G}$ 的构成稳定子群 $\mathfrak{g}$ 的那个子集. 现在考虑我们的几何学的另一个生成元 ξ_1. 如果 g_1 是群 $\mathfrak{G}$ 的把 ξ 映到 ξ_1 的一个变换 (见图 32(a), 这里 ξ 和 ξ_1 显示为点), 那么在 $\mathfrak{G}$ 中把 ξ 送到 ξ_1 的所有的变换构成变换的一个集合 $g_1\mathfrak{g}$; 这里用 $g_1\mathfrak{g}$ 表示所有变换 g_1g 的族, 此处 $g\in\mathfrak{g}$. 事实上, 能被表示为形式 g_1g 的任何一个变换把 ξ 送到 ξ_1 (因为 g 把 ξ 送到它自身, 而且 g_1 把 ξ 送到 ξ_1). 另一方面, 如果变换 g' 把 ξ 送到 ξ_1, 而且 g 是 $\mathfrak{G}$ 中的一个变换使得 $g'=g_1g$, 则 g 保持 ξ 不变, 即 g 属于子群 $\mathfrak{g}$. 事实上, $g_1g\xi=\xi_1$ 蕴含 $g\xi=g_1^{-1}\xi_1=\xi$.

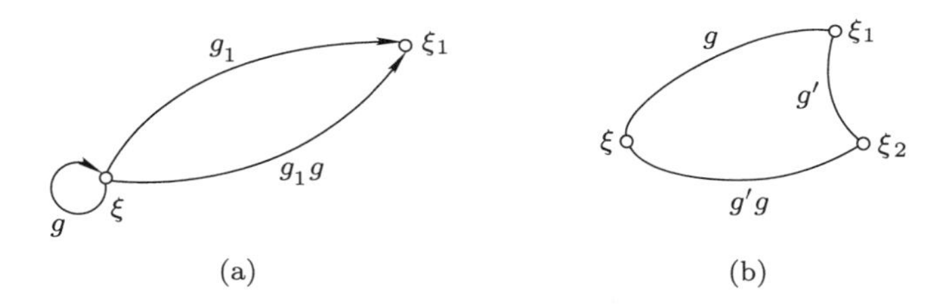

图 32

于是在我们的几何学中, 对于每一个生成元 ξ_1 (与 ξ 不同), 在 $\mathfrak{G}$ 中存在一个变换的集合 $g_1\mathfrak{g}$. 每个 $\mathfrak{G}$ 中的元素的集合

$$g_1\mathfrak{g}\equiv\{\text{所有 } g_1g \text{ 的集合, 这里 } g\in\mathfrak{g}\},$$

以及子群 $\mathfrak{g}$ 本身, 它能被写成 $e\mathfrak{g}$ 的形式, 这里 e 是恒等变换, 被称为群 $\mathfrak{G}$ 的相对于稳定子群 $\mathfrak{g}$ 的陪集 (见第 1 章, 尤其是图 3).

我们看到, 用群 $\mathfrak{G}$ 的语言, 所考虑的几何学的生成元 ξ 的集合可以被描述为群 $\mathfrak{G}$ 的相对于稳定子群 $\mathfrak{g}$ 的陪集 $g_1\mathfrak{g}$. 现在假设 g' 是群 $\mathfrak{G}$ 的任意一个变换. 考虑我们的几何学的两个生成元 ξ_1 和 ξ_2, 使得 g' 把 ξ_1 送到 ξ_2 (图 32(b)) 且对应的陪集是 $g_1\mathfrak{g}$ 和 $g_2\mathfrak{g}$. 我们断言

$$g_2\mathfrak{g}=g'(g_1\mathfrak{g})(=(g'g_1)\mathfrak{g}).$$

换言之, 如果把陪集 $g_1\mathfrak{g}$ 的所有变换左乘变换 g' (因此形成所有可能的乘积 $g'g$, 这里 g 在陪集 $g_1\mathfrak{g}$ 中), 那么我们得到属于陪集 $g_2\mathfrak{g}$ 的变换. 事实上, 因为在 $g_1\mathfrak{g}$ 中的变换 g 把 ξ 送到 ξ_1, 且变换 g' 把 ξ_1 送到 ξ_2, 它们的积 $g'g$ 把生成元 ξ 送到 ξ_2, 即 $g'g$ 属于对应于 ξ_2 的陪集 $g_2\mathfrak{g}$. (反之, 如果变换 $g_2'=g'g$ 在陪集 $g_2\mathfrak{g}$ 中, 那么 g 在 $g_1\mathfrak{g}$ 中.) 很清楚, 按照这种方式得到的变换的集合 $g'(g_1\mathfrak{g})$ 与陪集 $g_2\mathfrak{g}$ 重合.

最终, 我们得到了如下的几何方案, 它给出所考虑的几何学的一个详尽的描述. 对于我们的几何学的作用域 $\mathscr{A}$, 我们取所有变换的集合 $\mathfrak{G}$. 群 $\mathfrak{G}$ 的相对于子群 $\mathfrak{g}$ (因此 "几何图形" 是陪集的集合) 的陪集 $g\mathfrak{g}$ 起生成元 ξ 的作用. 在群 $\mathfrak{G}$ 中的变换起我们的几何学等距的作用, 而且在这个群中的一个变换 g 把每个陪集 $g_1\mathfrak{g}$ 送到 $(gg_1)\mathfrak{g}$. 几何图形 (陪集的集合) Φ_1 和 Φ_2 被认为是相等的, 如果它们被在群 $\mathfrak{G}$ 中的某个变换 g 从一个送到另一个 (它按照以上所描述的方式作用在陪集的集合上).[280] 因为刚刚描述的几何学 (更精确一些, 它是一些模型中的一个, 这些模型的特征是满足符合这一几何学的所有概念和陈述) 只依赖群 $\mathfrak{G}$ 和 $\mathfrak{g}$, 显然有恒等的群 $\mathfrak{G}$ 和 $\mathfrak{g}$ 的两个几何学是恒等的.

我们建议读者试着找出当 $\mathfrak{G}$ 是平面 (而且 $\mathscr{A}$ 是三维空间 (a, b, α) 中的层 $0 \leqslant \alpha \leqslant 2\pi$) 的直接等距群 $\mathfrak{I}$ (6.1), 同时当 ξ 分别是一个点和一条定向[278] 的线, 即 $\mathfrak{g}$ 分别是围绕坐标系的原点 O 的旋转群

$$x' = x\cos\alpha + y\sin\alpha, y' = -x\sin\alpha + y\cos\alpha;$$

和沿 x 轴[281] 的平移群 $x' = x + a, y' = y$ 时, 这一普遍的方案所归结的情形是什么.

我们以考查克莱因的几何学定义在物理学中的有趣的反响结束本章, 克莱因的定义赋予保持我们感兴趣的图形性质的几何变换 (即在对应几何学中起等距作用的变换) 的概念以关键的地位. 回忆所谓的伽利略相对性原理, 它在力学中起根本的作用, 并断言在一个力学系统中, 没有物理实验有能力揭示该系统的匀速直线运动. 根据这一原理, 比如说, 在沿一个固定方向匀速移动的船上, 无论我们作任何实验, 都不能发现归结为该船运动的任何效应. 从伽利略相对性原理得出, 赋予物理系统一个常数速度的变换保持该系统的所有物理性质 (这些变换被称为伽利略变换). 换言之, 物体的物理性质可以描述为在伽利略变换下保持不变的那些性质 —— 正如在欧几里得几何学中图形的几何性质是在等距下不变的那些性质.

伽利略的相对性原理可以用几何学的形式陈述, 它显然与克莱因的几何学的定义有关. 为了简单, 假设我们限于研究发生在一个平面上的物理过程 —— 例如, 物体在地球表面 (可视为平的) 的一个有限区域上的运动. 我们在所考虑的平面上引入笛卡儿坐标 (x, y). 假设一个质点的力学运动由公式

$$\begin{cases} x = f(t), \\ y = g(t) \end{cases}$$

给出, 它表明在方程中点的坐标怎样随时间 t 改变. 显然到另一个坐标系的迁移不会影响物理定律, 所以, 在从 (x,y) 坐标系通过坐标轴的任意转动和原点的平移 (图 33) 得到的坐标系 (x',y') 中, 物理定律的形式一定与在坐标系 (x,y) 中的相同. 但从坐标 (x,y) 到坐标 (x',y') 的过程由公式 (参见 (6.1))

$$\begin{cases} x' = x\cos\alpha - y\sin\alpha + a, \\ y' = x\sin\alpha + y\cos\alpha + b \end{cases} \tag{7.1}$$

给出, 其中 α 表示 x' 轴与 x' 轴构成的角, (a,b) 是坐标系 (x,y) 的原点 O 在坐标系 (x',y') 中的坐标. 因此, 任何具有物理意义的陈述其形式必定在变换 (7.1) 之下被保持不变. 此外, 伽利略的相对性原理断言, 即使坐标系 (x',y') 的原点和轴有相对于坐标系 (x,y) 匀速直线运动, 在两个坐标系中, 所有物理过程的描述有相同的形式. 现在, 如果坐标系 (x',y') 的原点 O' 沿与 x 轴成 β 角的直线以速度 v 运动 (图 33), 则坐标 (x',y') 和 (x,y) 之间的联系由方程

$$\begin{cases} x' = x\cos\alpha - y\sin\alpha + \cos\beta\cdot vt + a, \\ y' = x\sin\alpha + y\cos\alpha + \sin\beta\cdot vt + b \end{cases} \tag{7.2}$$

给出, 因此在变换 (7.2) 之下, 所有有物理意义的现象的描述一定保持它们的形式. 因为我们的公式涉及时间 t 以及 "时间原点" 的选择一定不影响任何过程的物理本质, 由此用下面有些更完全的形式重写公式 (7.2):

$$\begin{aligned} x' &= x\cos\alpha - y\sin\alpha + \cos\beta\cdot vt + a, \\ y' &= x\sin\alpha + y\cos\alpha + \sin\beta\cdot vt + b, \\ t' &= \qquad\qquad\qquad\qquad\qquad\quad t + d, \end{aligned} \tag{7.3}$$

这里 d 是在新的参照系中旧时间原点的时间. 公式 (7.3) 给出伽利略变换一个数学描述. 伽利略的相对性原理说平面运动的物理学 (更精确一些, 力学) 可以定义为在变换 (7.3) 之下被保持不变的三维时空 (x,y,t) 的性质的科学. 因为容易证明伽利略变换 (7.3) 构成一个群, 这一描述把平面运动的力学与由等距群 (7.3) 的选择确定的三维空间的特定的几何学等同起来.

我们还应该指出, 现代物理学已经用所谓的爱因斯坦相对性原理代替伽利略的相对性原理, 爱因斯坦相对性原理是狭义相对论的基础. 所

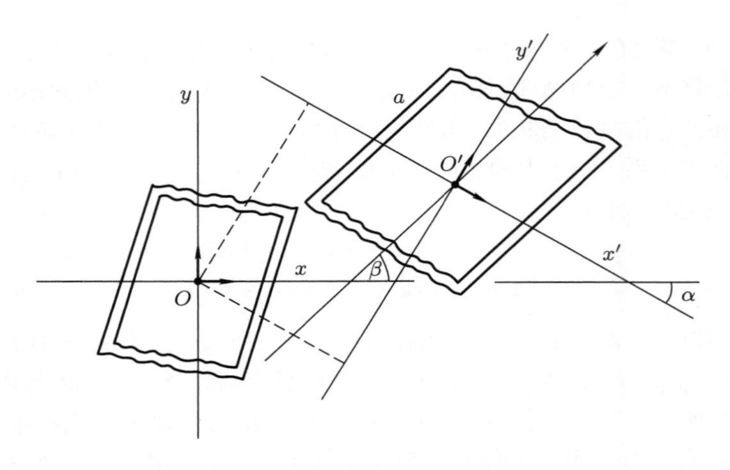

图 33

以, 必须用更复杂的变换 — 以洛伦兹变换 (亨德里克 · 安东 · 洛伦兹 (1853—1928), 是杰出的荷兰物理学家) 知名 — 代替伽利略变换 (7.3). 洛伦兹变换依赖一个特定的参数 c (它的物理意义由相对论阐明: c 是在真空中光的速度). 当 $c \to \infty$ 时, 这些公式约化为伽利略变换. 洛伦兹变换也构成一个群. 因此, 当从伽利略和牛顿的经典力学过渡到爱因斯坦和庞加莱的相对论时, 我们实际上改变了对我们周围世界的几何学的观点, 而且这一几何学, 与克莱因的观点完全吻合, 由规定的变换群确定, 该变换群保持物理定律的形式不变.[282]

第 8 章

传记述略

我们在前面已经描述了李和克莱因怎样在柏林偶然相遇, 并且到巴黎旅行; 这次偶然的相会在这两个人的生活中是至关重要的一节. 我们继续讲述这两位杰出的科学家的生平故事. 关于索菲斯 · 李我们要说的较少: 他的传记没有什么激动人心的事件. 在 19 世纪 70 年代和 80 年代之交他进行的研究 (尤其是在枫丹白露监狱得到的结果) 使他远近闻名, 这大多是由于克莱因的努力. 克莱因对李极为尊敬而且与数学界有广泛的联系. 他利用它们, 而且作为一个结果, 李被挪威唯一的大学 —— 克里斯蒂尼亚 (今奥斯陆) 大学 —— 提供了一个教授席位. 接下来的一年他在瑞典的隆德任教, 但热烈的挪威爱国者李感到在这里未得其所并且回到奥斯陆.

在 1874 年, 32 岁的李与安娜 · 索菲 · 伯奇结婚; 这是一桩幸福的婚姻. (年少的菲利克斯 · 克莱因结婚更早, 也很幸福.) 李在挪威工作了 14 年. 这所大学吸引他的是它靠近他如此热爱的峡湾, 为他提供了户外远足的机会, 这是他爱好的. 但就科学而言, 那时它是一个极为偏僻的地方, 而且李缺乏有意义的学术交流, 并且也缺少有竞争力的学生. 学生确实需要发展他的想法并解决他提出的问题 —— 李从来不会抱怨缺乏想法和问题! 因此他热切地接受了克莱因在 1886 年做出的建议: 接替克莱因担任莱比锡大学的几何学教授. 莱比锡大学除了提供更高水平的指导和更好的学生之外, 还为李提供了监督印刷他的著作的机会. (李的所有的书都是莱比锡著名的数学出版社托伊布纳出版社出版的.)

索菲斯 · 李

李在莱比锡工作了 12 年. 这些年在科学研究上他非常多产, 但它们并没有为他带来完全的满足. 李身材高大且体质非常强壮, 有一张坦诚的面孔和爽朗的笑声 (认识李的人常说他是他们想象中的维京人), 以难得的坦率和直来直去著称, 对接近他的人他总是欢乐的, 李给人留下了他不表露他的内在气质的印象: 其实他非常精细而且容易被伤害. 他总是处在忧愁之中, 需要朋友支持他, 尤其是在莱比锡的最后几年, 当他的最好的学生们, 诸如弗里德里希 · 恩格尔 (1861—1941), 格奥尔格 · 舍费尔斯 (1866—1945), 弗里德里希 · 舒尔 (1856—1932), 爱德华 · 施图迪

(1862—1930) 以及菲利克斯 · 豪斯多夫 (1868—1949) 成熟并且离开他到不同的德国大学任教的时候, 他们跟李学习的时间不长但他非常器重他们. 在挪威, 李如此热爱的大自然是他的力量的源泉; 在德国, 他觉得自己很大程度上是一个外国人. 李在莱比锡的最后期间患上了抑郁症, 而且为此他不得不在汉诺威的一个心理诊所治疗, 这可能是归咎于极度疲劳衰竭 —— 下面更多地论及作为一个数学家李的罕见的多产性.

在李的神经和身体不适的这个时期, 发生了一个不幸的事件, 它损害了他与克莱因除此之外的融洽的和友好的关系: 在与恩格尔合写的《变换群理论》(*Theorie der Transformationsgruppen*) 的第 3 卷, 李以不寻常的生硬指出: 许多人认为他是克莱因的学生, 而事实上反过来的关系才是真的. 这相当没有策略的评论, 很不合时宜地出现在纯粹的科学著作中, 对克莱因伤害很大, 也许正是因为李离真相不太远. 然而这一评论多此一举 —— 无疑朋友间的学术影响是相互的. 不过, 克莱因选择了不去回应. 在短时间内, 李显然也由于自己的毫无策略的行为而受到损害 —— 曾处于抑郁状态 —— 再次出现在克莱因的住所, 他当然受到与以往一样的热情欢迎. 李和克莱因再也没有提这个插曲, 而且幸运的是他们的友谊全然没有受到它的伤害.[283]

在 1892—1893 年, 喀山物理 – 数学学会隆重庆祝尼古拉 · 伊万诺维奇 · 罗巴切夫斯基 100 周年诞辰. 庆典包括设立国际罗巴切夫斯基奖和奖章. 该奖在 1898 年首次颁发, 第一个获奖者是索菲斯 · 李. 应喀山物理 – 数学学会的请求, 菲利克斯 · 克莱因撰写了对李的工作的详细的评论. (罗巴切夫斯基奖很快变得非常出名. 第二、三、四个获奖者是基灵, 希尔伯特和克莱因. 后来的获奖者包括庞加莱、外尔、嘉当, 以及最近的获奖者德拉姆、霍普夫和布斯曼.)

在 1898 年, 李离开莱比锡并回到他的在克里斯蒂尼亚的母校 (alma mater) —— 但, 哀哉, 为时不久. 他仍有时间享受为他这个让挪威在科学界有点名气的人举行的欢迎仪式, 有时间呼吸他如此深爱着的北海的空气, 并享受在大街上用挪威语的说话声. 但给他留下的生活和工作的时间很少了. 他于 1899 年 2 月 18 日在奥斯陆去世.

尽管缺乏壮观的事件, 索菲斯 · 李的一生直到最后都充满着紧张的创造性工作. 这位杰出的数学家的所有的工作围绕着一个主题 —— 连续变换群的理论 —— 进行, 但是李在开发他曾经发现的这个数学的矿藏时, 他在工作上展现了怎样的激情和能力啊!

李为连续群论奉献了许多论文和一些书. 他的论文中的多数 (以及他的所有的书) 都很长. 他的风格是闲适的和优雅的. 他细心地提出细节并提供许多例子. 今天, 在某种程度上李的文章和书似乎过时了, 而且在相同的问题上不总是能达到现代数学家对严格性的标准.[284] 他的构造有时可能过分复杂. 然而在整体上, 李 —— 尽管是一个擅长运动的人 —— 在科学上并没有竞争的姿态. 他很不喜欢为了困难问题本身而征服它们. 他相当理性地认为, 任何 "自然的" 数学理论应当是透明的, 而且他觉得数学中的困难通常不是源于该问题的本质, 而是源于在基础上拙劣地想出的定义.

在 1900 年, 出版李的数学全集的一个委员会成立, 但它一开始就由于该计划的规模而受阻. 直到 1912 年, 当 "莱比锡科学学会" 和托伊布纳出版社同意参与, 这项工作才认真开始. 但第一次世界大战之后在德国的通货膨胀使募集到的基金一文不值. 幸运的是, 来自许多国家的数学家们积极支持, 他们强调这项努力的国际重要性, 这导致了新的基金募集, 使得成功完成这个计划成为可能. 整个编辑工作是由李的最亲近的学生和助手之一的弗里德里希 · 恩格尔, 以及那时挪威最顶尖的数学家保罗 · 赫戈 (1871—1948) 担任. 莱比锡的托伊布纳出版社和在克里斯蒂尼亚 (奥斯陆) 的挪威的最大的数学出版社之一负责出书.《论文全集》(*Gesammelte Abhandlungen* (Samlede Avhandlinger) 第 1 卷至第 10 卷, 莱比锡: 托伊布纳出版社; 克里斯蒂尼亚, 阿什豪格公司出版 (H. Aschehoug), 1920—1934; 第二次印刷, 1934—1960) 的出版花费了 15 年的时间; 这套著作由 15 巨册构成 (在 10 卷中有 5 卷每卷各有 2 册), 有好几千页. 在李的全集中不包括这些著作: 与恩格尔合写的《变换群理论》, 第 1 卷至第 3 卷, 莱比锡: 托伊布纳出版社, 1888, 1890 和 1893 (第二版, 莱比锡: 托伊布纳出版社, 1930) (大约 2000 页), 以及李的学生舍费尔斯作为合著者的 3 部比较特殊的书:《带已知的无穷小变换的微分方程讲义》(*Vorlesungen über Differentialgleichungen mit bekannten infinitesimalen Transformationen*), 莱比锡: 托伊布纳出版社, 1891;《连续群的几何及其他应用讲义》(*Vorlesungen über continuierliche Gruppen mit geometrischen und anderen Anwendungen*) 莱比锡: 托伊布纳出版社, 1893; 以及《切触变换的几何学》(*Geometrie der Berührungstransformationen*), 莱比锡: 托伊布纳出版社, 1896. 所有这 6 本书以及李的论文在语言上, 甚至风格上都有惊人的相似性, 这意味着在所有这些情形, 李是主要作者, 或者是他的影响力是如此之大, 以致它甚至决定了这些著作的写作风格.

可以说李是 19 世纪最后的伟大的数学家之一. 在他的学术形象上中有高斯和黎曼的某些东西 (尽管在为人上, 高斯、黎曼与李有很不相同的个人气质). 像他的伟大的先驱者们, 李几乎不需要一个社会环境 (milieu): 当然他珍视他的学生, 但他从他们那里一无所得而且慷慨地把他的想法给予他遇到的年轻的数学家们.

19 世纪产生了孤独天才的传奇 —— 作曲家、哲学家、数学家, 或作家 —— 单独通过精神的力量, 创造了远离人本身的价值.[285] 当然, 并不是真的存在伟大的隐士, 即使在 19 世纪, 甚至比如说像高斯和巴尔扎克这样的人, 也深受他们的时代的影响. 另一方面, 象牙塔中的哲学家的形象对于 19 世纪的人特别亲切也不是偶然的.

至于克莱因, 他与这种 19 世纪的形象毫无共同之处.

我们已经提到普法战争之后, 克莱因很快去哥廷根生活, 首先是他与克莱布施和威廉 · 韦伯的友谊把他吸引到那里; 但他在那里停留的时间不长. 在 1872 年, 埃朗根大学新组建的数学系招聘一位教授, 有影响力的克莱布施很器重克莱因, 他推荐克莱因担任此职.

在那时的德国, 一个将来要担任教授的候选人需要向他所在的大学的学术委员会 (the Academic Board) 就他本人选择的一个主题做一次演讲. 在演讲之后, 经讨论决定是否给这位候选人提供这个职位. 23 岁的克莱因选择《关于新近几何学研究的比较考察》(*Comparative review of recent research in geometry*)[286] 作为他的主题, 正如 18 年前的类似的情形, 黎曼讲述《论作为几何学基础的假设》(*On the hypotheses that lie at the foundations of geometry*).[287] 克莱因的演讲的主要思想已在上面的第 7 章描述过. 这个演讲不久成为知名的埃朗根纲领 (The Erlangen Program), 这个名称既强调了在几何学上克莱因为进一步发展开辟的广阔的远景, 又强调了他的清晰的观点. 它大大增加了其作者的声望.

埃朗根纲领的出发点, 同时其想法的应用, 都是由克莱因和李此前的具体的几何工作提供的, 这些工作以论述 W 曲线的论文开始, 以克莱因关于非欧几里得几何学 (这些可以说是依据论文《论所谓的非欧几里得几何学》的扩充, 见第 4 章) 的概括性的看法结束. 目前, 在这个领域的所有的工作都以来自埃朗根纲领的观点加以考虑. 在一个时期, 在这个领域的几何研究非常流行而且在大学的几何学教科书中详细论述, 尤

菲利克斯 · 克莱因

其是在德国的教科书中.[288]

克莱因的埃朗根岁月 (1872—1875 年) 在学术的意义上是非常高产的. 这样的一个结果是他收到了来自慕尼黑技术学院 (the Technische Hochschule) 的满是恭维的邀请, 该校在德国享有盛誉, 而且他在这里工作了 5 年多. 在 1880 年, 克莱因加入莱比锡大学的几何学系; 在 1886 年他把这个职位让给李并移居哥廷根, 在那里克莱因度过了他的整个余生.

克莱因的最伟大的学术高产期是他在慕尼黑的时候和他在莱比锡的第一年. 他的工作涉及几何学、力学和单复变函数论 (自守函数论). 在 1880—1882 年, 当他在发展自守函数的 (几何) 理论的时候, 他特别紧张地工作, 正如他后来解释的, 这项工作追随 "结合伽罗瓦和黎曼" 的想法, 即试图在黎曼的几何的研究方法中注入来自伽罗瓦的群论的思想. 在图 34(a) 和 (b) 中所显示的类型的图以及与这样的图有关的 (把图 34(a) 和 (b) 变换到它们自身) 的 (离散) 变换群 (单复变数的线性分式变换), 在克莱因的研究中起到了显著的作用. 这些群被证明与棱为直线的特定的多面体以及用根式求解代数方程密切相关 (克莱因最初的书中的一本专门用于这类问题).[289] 不过, 克莱因没有注意到, 他所考虑的群能被解释为一个圆的内部 $\mathscr{K}$ 作为模型的罗巴切夫斯基平面 $\mathscr{L}$ 的等距群的 (离散) 子群 (或作为半平面 $\mathscr{H}$). 在这个模型中, 把 $\mathscr{K}$ (或 $\mathscr{H}$) 送到它自身的默比乌斯圆变换起等距的作用; $\mathscr{L}$ 的 "直线" 是圆的部分且在 $\mathscr{K}$ 中的直线垂直于其边界 (或垂直于半平面 $\mathscr{H}$ 的边界); "角" 是普通的角, 等等. (见图 35, 它显示穿过点 A 且不与线 a 相交的罗巴切夫斯基平面的直线.)[290]

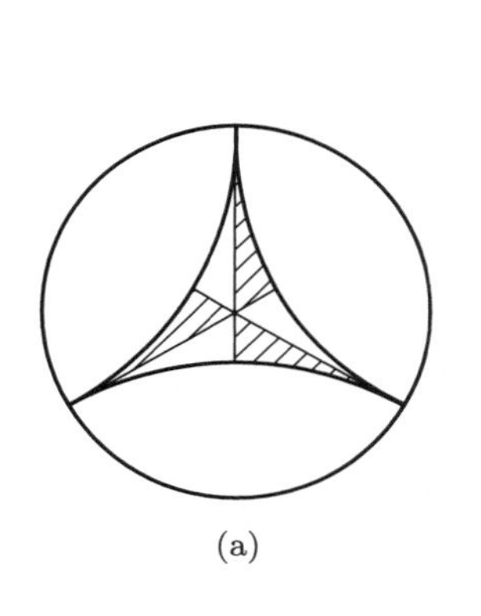

(a)

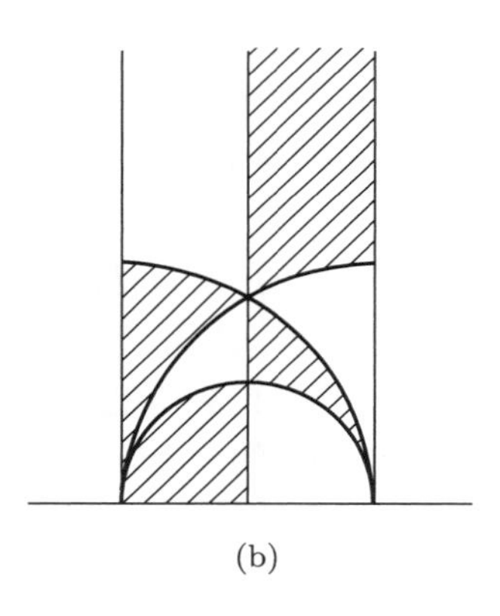

(b)

图 34

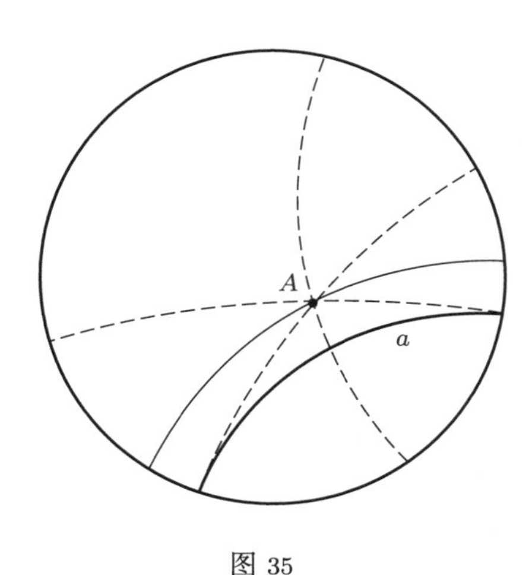

图 35

在克莱因的学术工作的最紧张的时期, 他发现在法国的杂志上刊登的处理差不多是相同主题的一系列文章. 它们是年轻的法国数学家亨利 · 庞加莱 (1854—1912) 写的, 他在那时还不怎么出名.[291] 这些文章给克莱因留下了深刻的印象. 在写给庞加莱的第一封信中, 克莱因告知了他的年轻且较不著名的同事他在这个领域所知道的而且两人都感兴趣的一切 —— 尤其是他的尚未发表的论文中的结果. 这一行为与许多领头的科学家在相同的工作领域遇到对手的作为 (不需要在这里列举他们) 形成了鲜明的对比. 但克莱因后来的活动留有与这位杰出的法国数学家激烈竞争的痕迹, 庞加莱在相同的时期正发展相同的问题. 特别地, 正是庞加莱首先注意到平面的圆变换和罗巴切夫斯基的非欧几里得几何学之间的关系. 在圆中和半平面 $\mathscr{H}$ 上的双曲几何学[292] 的这个 "模型", 它的 "等距" 是把 $\mathscr{H}$ 送到它自身的圆变换, 根据他被称为罗巴切夫斯基几何学的庞加莱模型.[293] 自守函数论和非欧几里得几何学之间的联系的这个发现给庞加莱很大的影响而且为他提供了整个理论的 "几何关键",[294] 他当然立刻很好地加以使用了. 与克莱因相比, 这种情况给了庞加莱一定的优势. 此外, 年龄的差异也是一个有力的作用. 庞加莱比克莱因小 5 岁, 而数学是年轻人的天下. 无论如何, 作为这种激烈学术竞争压力的一个结果 —— 这确实不能导致平静的创造性的努力 —— 克莱因患了严重的神经衰竭, 这是精疲力竭所引起的. 这一疾病使得庞加莱能够庆祝一个胜利, 这反映在他这个时期的论文中, 尤其是在他于 1908 年在巴黎心理学会所做的关于数学发现的著名报告中.[295] 尤为流行的是庞加莱的故事: 非欧几里得等距与复变数 z 的线性分式变换 $z' = (az+b)/(cz+d)$ (即把一个固定的圆送到它自身的默比乌斯圆变换[296]) 之间的联系的想法是怎样在他把脚放上一辆公共汽车的脚踏板时涌向他的心头, 似乎与他以前的工作毫无联系. 另一方面, 庞加莱的胜利回应了克莱因在《数学的发展讲义》(*Vorlesungen über die Entwicklung der Mathematik*) 中回忆这次竞争时流露出的失望. 不过, 经过长时间的改善, 今天人们对于合作研究的态度与在 17 世纪和 19 世纪之间的态度大为不同, 我们非常了解在学术竞赛中没有胜利者和失败者这个事实. (在建立微积分的发明权上, 牛顿和莱布尼茨之争中有胜利者吗? 难以置信的是在一次竞争中花费了多少热情, 对于我们这似乎是毫无意义的.) 20 多年前莫斯科的数学家伊兹赖尔 · 莫伊谢耶维奇 · 盖尔范德 (生于 1913 年)[20] 在他的讨论班上提出一个观点, 大意是说克莱因比庞加莱取得了更大的成功, 因为这

[20] 盖尔范德已于 2009 年去世. —— 译者注

两位数学家的最重要的想法和定理来自克莱因, 在那个时候这个观点似乎是荒谬的; 但是现在这个观点 (从我们有利的地位来看, 这作为相反的观点是可以争论的) 在现代数学中术语 “克莱因群” 的无处不在和在最近的研究中[297] 频繁把克莱因关于自守函数论的旧的著作作为参考文献上找到了支持.

作为精疲力竭的结果, 克莱因的疾病不幸对他的学术活动有显著的影响, 它从未再次达到 19 世纪 80 年代的水准. 克莱因在很早的年纪就成了一个成熟的科学家 —— 在我们的学科并不罕见. 在 17 岁时, 他在波恩大学是普吕克的助理; 在 18 岁时他面临出版他的老师的未完成的著作的艰巨任务, 这个任务交给了他和也很年轻但已很有影响的克莱布施. 在这个时候克莱因发表了他自己的独立研究. 从这方面来看, 克莱因与李不同, 作为一个专业的数学家李发展得相对晚, 而且在选择未来的职业时犹豫了很长时间. 但克莱因的创作时期要比李短得多 (比较他们的全集). 在这种意义上, 克莱因可能更接近于庞斯莱 (克莱因以很大的遗憾写到他), 而与比如说, 默比乌斯非常不同, 作为一个数学家默比乌斯的多产性似乎没有随着岁月而减少.

但是由于天性活跃, 克莱因很快用广泛的教学、写作、组织和管理活动弥补他的创造性潜力的衰减. 在 1872 年, 那时 39 岁的克莱布施患白喉症突然去世, 克莱因立刻接管了《数学年刊》(*Mathematische Annalen*), 这是克莱布施创办并主持的. 克莱因成为该杂志的事实上的编辑, 而且在 1876 年成为其正式的编辑. 在克莱因的领导下, 《数学年刊》不久就获得了世界上最顶尖的数学杂志的声誉. 从 1882 年开始, 克莱因的书出现了:《关于黎曼的代数函数论和他的积分论讲义》(*Vorlesungen über Riemann's Theorie der algebraischen Funktionen und ihrer Integrale*) (1882),《二十面体和五次方程的解讲义》(*Vorlesungen über das Ikosaeder und die Auflösung der Gleichungen vom fünften Grade*) (莱比锡: 托伊布纳出版社, 1884, 见注记 289), 四卷书, 与他的学生及合作者卡尔 · 伊曼纽尔 · 罗伯特 · 弗里克 (1861—1930) 合著的《椭圆模函数论讲义》(*Vorlesungen über die Theorie der elliptischen Modulfunktionen*) (第 1 卷和第 2 卷, 莱比锡: 托伊布纳出版社, 1890 和 1892) 以及《自守函数论讲义》(*Vorlesungen über die Theorie der automorghen Funktionen*) (第 1 卷和第 2 卷, 莱比锡: 托伊布纳出版社, 1897 和 1901, 1911, 1912, 该书的第 2 卷分三次出版); 与阿诺尔德 · 佐默费尔德合著的四卷本《陀螺理论》(*Über die Theorie des Kreisels*) (莱比锡: 托伊布纳出版社, 1897—1910), 以及其他的书. 他在哥廷根的整个期间, 他的讲义以油印的方式定期出版, 许多这样油印的讲义随后 —— 往往是在克莱因逝世之后 —— 正式出版并被翻译成多种语言. 因此, 在本书多次提到的教科书, 例如《非欧几里得几何学讲义》(*Lectures on Non-Eucliden Geometry*),《高等几何学讲义》(*Lectures on Higher Geometry*), 或《数学在 19 世纪的发展讲义》(*Lectures on the Progress of Mathematics in the Nineteenth Century*) 均来自克莱因的课程讲义.

克莱因的所有的书 —— 不仅是那些油印的讲课笔记的修订本 —— 在语气上是谈话方式的, 复现了它们的作者的讲话. 作为德国大学的一个惯例,[298] 克莱因往往安排他的学生和助手准备他要付印的书; 在一些情形他们的名字 (弗里克,[299] 佐默费尔德) 出现在书名页上, 更常发生的是以由 …… 修订[300] 的形式提及或直接略而不提. 不过, 克莱因的作者身份从来没有被怀疑过: 他的书出自他与他的助手的长时间讨论, 而且这种形式显然比他自己写出内容更合适且更常见. 有趣的是克莱因发现通过非正式的交谈比通过阅读学术著作更容易吸收新的材料.[301] 由于这个原因, 他与李去巴黎的难忘的旅行 —— 上面已经说得很多 —— 对克莱因是富有成果的. 前面我们已经提到过, 在魏尔斯特拉斯的讨论班上, 克莱因第一次谈到了非欧几里得几何学, 当时他对这一主题几乎是一无所知, 没有读过与它有关的任何东西. 当对非欧几里得几何学的更详细的了解变得不可避免的时候, 他求助于他的朋友奥托 · 施托尔茨而不是罗巴切夫斯基或波尔约, 那时有罗巴切夫斯基或波尔约的著作可资利用. 几乎以相同的方式, 克莱因以一种热情普及冯 · 施陶特的想法, 冯 · 施陶特的名声很大程度是由于此, 但显然克莱因没有读过冯 · 施陶特书中的只言片语, 在埃朗根大学冯 · 施陶特是他的前辈. 在这种情况下他更愿意去请教施托尔茨, 因为施托尔茨所具有的才能和兴趣能更好地阅读冯 · 施陶特的乏味的著作并有可能研究它们 (因为冯 · 施陶特是他的亲戚).

克莱因的书 (以及他的大多数的论文) 具有谈话的性质, 这保证了它们的普及性, 但在某种意义上, 不得不容忍数学严格性的缺乏. 如果我们坚持把所有数学家按照 "物理学家" 和 "逻辑学家" 分类 (见第 2 章), 那么克莱因毫无疑问属于物理学家. 当代数学家劳伦斯 · 扬, 在他的经常被引用的《数学家和他们的时代》(*Mathematicians and Their Times*) 中说, 克莱因不懂什么是一个证明, 至少在这个重要术语的现代意义上如此. 赫尔曼 · 外尔在献给克莱因的出色的文章 (《菲利克斯 · 克莱因在当代数学中的地位》(Felix Klein's Stellung in der mathematischen Gegenwart),《自然科学》(*Die Naturwissenschaften*), 第 18 卷, 1930, 第 4—11 页, 在外尔的《论文全集》(*Gesammelte Abhandlungen*) 中重印) 中也做出了相同的断言, 但不那么生硬, 在这篇文章中他写道, 对数学严格性的问题以及证明理论克莱因几乎完全缺乏兴趣. 当然, 这种评论本身既没有减小克莱因的成就, 也没有影响他在数学史的地位; 毕竟像黎曼和克莱因这样的 "直观的" 的数学家对数学知识的贡献并不比像魏尔斯特拉斯以及外尔这种 "逻辑学家" 小.

1898 年, 克莱因主持出版高斯全集这一艰巨事业 (这一版最终到 1918 年才得以完成). 他还指导了出版《数学科学百科全书》(*Enzyklopädie der Mathematischen Wissenschaften*) 的工作, 该书的编辑们打算包括直到 20 世纪早期为止在纯粹数学和应用数学上得到的所有的结果和方法. 今天, 在全世界许多最大的图书馆中, 这套百科全书占据了书架上的许多空间, 但它从未完成 (因为人们逐渐认识到未被包括的材料并未随着时间而减少, 反而增长了!),[302] 而且不幸的是它已经无望的过时了.

对于我们, 克莱因出版一部数学科学的综合性的百科全书的尝试似乎值得特别关注. 克莱因征募他的时代的最杰出的科学家为这个项目工作, 它的目标是为读者提供数学和与数学密切相关的自然科学的关键成就. 尽管这个尝试失败了, 在许多方面它都有启示. 对知识的快速扩展 (这让许多人高兴) 所表现的对数学的真正威胁, 克莱因比任何别的人都认识得更好: 这导致过度的专业化和对相邻领域的漠不关心.[303] 这是一个不可避免的结果 —— 获得所成就的任何事情的一个全局观点的困难在增加, 即使限制于一位科学家专长的领域也是如此. 20 世纪发展的一个典型的模式是, 个人的创造性的努力被集体性的工作所代替. 众所周知, 作为一个规则, 在物理学上把杰出的贡献归之于一个特别的个人是很困难的: 现在超铀元素是被在伯克利, 在欧洲核子中心 (CERN) 或在杜布纳的小组发现, 而不是被像西博格或弗廖罗夫这样的单独的研究人员发现. 较少为人所知的是, 今天在数学上集体努力不仅对应用研究是绝对必须的, 这里经常有大的研究所, 有许多成员 —— 技师、工程师、数学家和电子学专家 —— 的计算机中心, 而且在若干纯粹的理论研究领域 (见注记 20) 也是如此. 这一情形与我们的时代的大多数艺术类型

的工作 —— 电影、电视产品、建筑组件、或流行音乐旋律 —— 类似, 它们由大的团队创作, 即使要从中选出一个关键人物, 也不那么确定. 克莱因通过他的百科全书回应了 20 世纪的这种一般趋势, 百科全书理应从一个独一无二的有利的位置把数学中所有的知识呈现给读者, 并且对于存在的各种相互关系给予适当的关注, 克莱因的尝试是不成功的, 但它对, 比如说尼古拉 · 布尔巴基学派 (*the Nicolas Bourbaki group*)[304] 的更先进的实验有巨大的影响.

克莱因也从这个作为 20 世纪的特征的观点着手他在哥廷根的活动! 多年, 甚至几十年, 为了把小小的哥廷根变成物理学和数学的一个世界中心, 他做了他能做的一切事情. 他的出色的口才吸引了全世界有才能的人到哥廷根来. 他设法把许多杰出的科学家招到这里; 他们的联合工作和相互协商创作了理想的研究条件.[305] 起带头作用是来自柯尼斯堡的几位杰出的数学家和物理学家, 他们是克莱因征募到格丁根的. 在他们之中, 我们首先必须提到大卫 · 希尔伯特 (1862—1943), 许多人认为他是 20 世纪最伟大的数学家.[306] 希尔伯特的朋友赫尔曼 · 闵科夫斯基随着他来到哥廷根. 从 19 世纪 90 年代后期直到 20 世纪 30 年代这个杰出的科学中心被破坏为止, 在世界上所有数学家的心目中哥廷根与菲利克斯 · 克莱因和大卫 · 希尔伯特的名字牢固地联系在一起. 克莱因与希尔伯特彼此互补得非常好. 对其他人谦虚且总是埋首于纯粹的学术问题上, 希尔伯特指导了哥廷根大学的数学家们的学术活动. 管理活动与他格格不入. (在克莱因去世之后, 不是希尔伯特, 在哥廷根毫无疑问他是首屈一指的科学家, 而是他的学生理查德 · 库朗 (1888—1972)[307] 被任命为这里的数学研究所的所长, 这不是偶然事件.) 另一方面, 作为一个杰出的组织者, 克莱因相当专横地统治数学研究所, 这个所很大程度上是由于他的努力建立的. 克莱因的回忆录常常把他与朱庇特相比, 朱庇特的大理石半身像装饰了通向克莱因的办公室的楼道!

克莱因从柯尼斯堡寻找新生力量是很自然的, 因为他非常重视柯尼斯堡数学学派 (这主要是由卡尔 · 雅可比创立的). 这个学派对克莱因有深刻的影响; 尤其是他的朋友和老师鲁道夫 · 克莱布施是柯尼斯堡大学的毕业生. 由于克莱因, 希尔伯特和闵科夫斯基, 后来哥廷根的卓越的声誉吸引了所有其他德国大学的科学家. 除了柯尼斯堡的 “输入”, 来自布雷斯劳 (现在波兰的弗罗茨瓦夫) 大学的几名学生和教师到达哥廷根是特别重要的. 堪与布雷斯劳大学的数学家理查德 · 库朗和奥托 · 托普

利茨 (1881—1940) 的作用相比, 杰出的物理学家马克斯 · 玻恩 (1882—1970) 起到了与众不同的作用, 他是未来的诺贝尔奖获得者和哥廷根物理学研究所所长.[308] 玻恩是哥廷根理论物理学学派的首领, 这个学派产生了这样杰出科学家: 诸如诺贝尔奖获得者以及量子力学的奠基人维尔纳 · 海森伯 (1901—1976) 和后来领导原子弹研制工作的美国物理学家尤利乌斯 · 罗伯特 · 奥本海默 (1904—1967).[309]

克莱因的一个典型的经历也许可以作为他的运作方法的标本.1904 年在 (德国) 海德堡举行的国际数学家大会[21]上, 克莱因听了那时相对没有名气的德国工程师路德维希 · 普兰特尔 (1875—1953) 的报告. 由于印象深刻, 他立即邀请普兰特尔到哥廷根, 并任命这位 29 岁的工程师指导特别为他建立的应用数学研究所. 后来世界著名的哥廷根力学学派出自这个研究所.

最后, 应该提到克莱因的活动的另一个方面, 它成为我们今天数学生活的许多特征的前兆. 我们已经指出, 克莱因厌恶普鲁士的古典文理高级中学, 他是从这种学校毕业的. 他是第一位彻底地认识到学校数学教育的整个体系需要一次根本改革的科学家. 他成功地聚集许多著名的数学家和教师为这样的改革而奋斗. 在 1898 年, 他组织了一个国际数学教育委员会 (International Commission on Mathematics Education), 有几年他担任会长. 在克莱因的直接指导下召开了第一次国际数学教育大会. 在普及他的教育观点上他用了很多时间和精力.[310] 由克莱因以及他为会长的委员会所解释的基本原则是: 在教学中使用更多的图形要素, 更加注意代数学和分析学中的函数观点, 以及在几何教学中应用几何变换. 他号召拆毁将数学分割为不同主题的 “长城”, 号召在数学课程中考虑相关领域的需要, 并号召缩小数学教育与当代科学之间的空隙. 所有这些在这个领域的进一步发展中起到了巨大作用.

克莱因在科学上获得了非常高的行政头衔. 在 1913 年, 克莱因当选为在柏林的德国科学院的通讯院士. 他是枢密顾问 (Geheimart), 很少几位德国科学家被授予这个头衔, 而且是哥廷根大学在贵族院, 即普鲁士议会的上院的一个代表. 克莱因的政治观点中度保守. 不过, 在一个方面克莱因远离德国的蒙昧主义, 它在克莱因还活着的时候开始了其攻势: 他从来不是一个沙文主义者或种族主义者. 因此哥廷根大学的破坏 (在他去世之后) —— 紧随着纳粹的上台, 一些教授被开除而且另一些自愿

[21] 原文作 the International mathematics congress. —— 译者注

离开 —— 可以由那时克莱因的人文传统在这所大学仍然活着的事实得到充分的解释.

李和克莱因的到巴黎和伦敦的难忘的旅行, 我们前面已经论及过, 对这两位朋友的回报丰厚. 在旅行之前, 克莱因的父亲, 他在政府的圈子中很有影响力, 尝试获得普鲁士部长的一封推荐信, 它会帮助他的儿子与法国和英国数学家建立关系. 但菲利克斯在收到的回信中表达了普鲁士官员的信条: 德国数学家无需向法国和英国的数学家学习任何东西. 后来克莱因不愿回忆这个事件, 但是每当他说起时他对由此暴露出来的沙文主义极为愤慨.

在第一次世界大战刚开始时, 以物理学家威廉 · 奥斯特瓦尔德 (1853—1932)[311] 为首的一批德国重要的科学家发表了一份以其反法和反英情绪而臭名昭著的宣言. 克莱因, 作为贵族院的一个成员, 拒绝在这一宣言上签字. 在前面经常提到的书《数学的发展讲义》中, 克莱因满意地指出有法国血统 (诸如皮埃尔 · 勒热纳 · 狄利克雷) 和犹太血统 (例如, 高斯的持久的对手卡尔 · 雅可比) 的科学家对德国数学的贡献. 关于前面提到的若尔当的《置换专论》(*Treatise on Substitutions*), 克莱因说这部杰出的著作以冗长乏味的 [langweilig] 风格 —— 按照德国方式而不是法国方式写就.[312]

克莱因的学生们在 1918—1924 年分 3 卷出版了他的全集, 而且打算作为枢密顾问先生 70 岁生日的一个标志, 正如在第一卷开篇的提议中所说的, 但只是在他进入 75 岁那一年才完成. 在克莱因的全集的这些卷出现时以及在他 75 岁生日的时候, 许多献给克莱因的论文在学术杂志上发表. 讣告几乎紧接着它们而来 —— 菲利克斯 · 克莱因在 1925 年 7 月 22 日去世.

注 记

第 1 章

[1]1830 年 7 月的法国革命只是波旁王朝 (的查理十世) 被奥尔良王朝的 (路易 · 菲利普) 代替, 伽罗瓦是不满这次革命结果的巴黎共和主义者中的一个引人注目的人物. 他第一次被捕是在一次共和主义者的酒会上提议为路易 · 菲利普干杯的结果: 伽罗瓦举起他的酒杯并用打开的小刀刺向它. 这被正确地认为是呼吁刺杀国王. 被吓坏的客人中的一个是大仲马, 他从这家饭店的开着的窗户中逃走, 以便不被迫表态支持或反对干杯, 或支持或反对其提议者. 伽罗瓦的第二次被捕 (导致被监禁) 是他参加了一次共和主义者的示威. 他全副武装, 行走在示威者的一次骚乱的前面, 穿着一套被解散的国民自卫军 (Garde Nationale) 的制服.

关于伽罗瓦见, 例如, 爱因斯坦的秘书, 波兰物理学家利奥波德 · 因菲尔德 (1898—1969) 的书,《上帝喜爱的人: 伽罗瓦的故事》(*Whom the God Love: the Story of Evariste Galois*) (麦格劳 · 希尔图书公司 (McGraw Hill), 1948); 达尔马斯著的篇幅较小的书,《革命者和几何学家埃瓦里斯特 · 伽罗瓦》(*Evariste Galois ré volutionnaire et géomètre*)[22] (巴黎: 法斯奎尔出版社 (Fasquelle), 1956); 或法国历史学家迪皮伊的详细的和权威的论文,《埃瓦里斯特 · 伽罗瓦的生平》(*La vie d'Evariste Galois*) (《高等师范学校年刊》(*Ann.de l' École Norm. Sup.*), 13 (2), 1896, 197—

[22] 该书有中译本,《伽罗瓦传》, 邵循岱译. 北京: 商务印书馆, 1981. —— 译者注

266 页). 美国历史学家和数学的普及者埃里克 · 坦普尔 · 贝尔 (1883—1960) 的知名的书《数学家》(*Men of Mathematics*)[23] 中有一章专写伽罗瓦, 纽约: 西蒙和舒斯特公司出版 (Simon and Schuster), 1937; 此书也包含对本书中其他一些人的评论. 也见如下近来的文章, 它们提供了关于伽罗瓦生平的不同观点: 罗思曼,《天才和传记: 埃瓦里斯特 · 伽罗瓦的虚构化》(*Genius and Biographers: The Fictionalization of Evariste Galois*),《美国数学月刊》(*American Math. Monthly*), 89 (2), 1982, 84—106 页; 罗思曼,《埃瓦里斯特 · 伽罗瓦的短暂一生》(*The short life of Evariste Galois*),《科学美国人》(*Scient. American*), 246 (4), 1982, 136—149 页; 塔顿,《埃瓦里斯特 · 伽罗瓦和他的同时代人》(*Evariste Galois and his contemporaries*),《伦敦数学会会报》(*Bull. London Math. Society*), 15, 1983, 107—118 页. 伽罗瓦所写的一切的最完全的版本是《埃瓦里斯特 · 伽罗瓦, 著作和数学论文集》(*Evariste Galois, Ecrits et mémoires mathématique*), (布尔涅, 阿兹拉编辑), 巴黎: 戈蒂埃 – 维尔拉出版社,1962. 这本书也包含迪厄多内论述伽罗瓦工作的一篇出色文章.

[2]据说当考官问伽罗瓦什么是对数时, 他简单地写下一个几何级数

$$1, q, q^2, q^3, \cdots$$

并在它下面写下一个算术级数

$$0, 1, 2, 3, \cdots$$

且指向下面的一行. 这个答案是对的且很精炼: 下面的数与上面的数的任意底的对数成比例. 考官没有理解伽罗瓦所写的并且认为答案不合格; 愤怒的伽罗瓦的反应是把黑板擦掷向他.

[3]对这些及其他细节见注记 1 中提到的因菲尔德的书或迪皮伊的论文. 应当指出, 后来赢得相当大名气的巴黎师范学校, 现在以伽罗瓦在其围墙内的短时停留为荣. 这就是在专门庆祝师范学校成立 100 周年的一册书中包含索菲斯 · 李关于伽罗瓦的一篇长文的理由.

[4]第一份, 而且长时间是唯一的指出伽罗瓦为数学家的一份文件是 1832 年 7 月 1 日中午死亡的官方证书, 证实死者是 "未婚, 生于皇后镇的数学家埃瓦里斯特 · 伽罗瓦".

[5]在政治不稳定的时代, 法国数学家们的政治同情和喜好的范围相当发散. 因此拉扎尔 · 卡诺是共和主义者, 而加斯帕尔 · 蒙日是忠诚支持

[23] 该书有中译本,《数学精英》, 徐源译. 北京: 商务印书馆, 1991. —— 译者注

拿破仑称帝的人 (下面会遇到这些名字). 对于这些科学家, 波旁王朝的复辟是一场个人灾难. 卡诺被流放, 同时蒙日被解除一切职务且不久就去世了. 如上面注意到的, 柯西的政治观点相当不同 —— 他一贯保守. 与上面提到的三位科学家相比, 杰出的科学家皮埃尔 · 西蒙 · 拉普拉斯 (1749—1827) 全无原则而且在所有的统治时期诸事顺当.

[6]柯西的数学著作全集只是到 1882 年才开始出现; 这个版本最终在 1958 年出齐, 包含 26 卷.

[7]柯西在 1844—1846 年的工作在这里起主要作用, 它集中于群的概念 —— 伽罗瓦的工作中最基本的概念 (见下文; 柯西没有用 "群" 这个词语). 柯西的声望有助于引起人们对这一问题范围的兴趣; 尤其是, 它导致约瑟夫 · 刘维尔 (1809—1882) 于 1846 年在他编辑的数学杂志上发表伽罗瓦的大多数著作.

[8]尤其是, 这指自古希腊起就著名的问题: 三等分一个角 (即把一个角分成相等的三部分) 和倍立方 (即做出一个立方体的一个边使它的体积是一个给定边的立方体的体积的二倍) 问题. 在 19 世纪这些问题被证明不能仅用直尺和圆规解决, 因为这些问题能化成的三次方程不能用二次根式求解. 16 世纪领先的代数学家弗朗索瓦 · 维埃特 (François Viète) (或按照拉丁语转写的 Vieta; 1540—1603) 发现: 每一个三次方程能被解释为或者对应于某个角的三等分问题, 或者对应做出两个给定的线段的两个几何平均问题 (做出两个线段 x 和 y, 使得 $x^2 = ay, y^2 = bx$, 这里 a 和 b 已被给定; 当 $b = 2a$ 时, 这化为倍立方问题).

[9]特别地, 三次方程的分类和它们的根的数目和界的讨论是杰出的穆斯林数学家 (和伟大的波斯诗人) 莪默 · 伽亚谟 (1048—1131) 的一本专著的主题.

[10]一般的三次方程 $ax^3 + bx^2 + cx + d = 0$ 产生形如 $x^3 + \alpha x^2 + \beta x + \gamma = 0$ 的一个方程; 进一步, 替换 $x = x_1 - \alpha/3$ 把后一个方程变换为 $x_1^3 + px_1 + q = 0$, 这里 $p = -\alpha^2/3 + \beta, q = 2\alpha^3/27 - \alpha\beta/3 + \gamma$.[24]

[11]在不同的时代, 进入这所大学 (仅其天文学系在 15 世纪末就有 16 名教授) 的有阿尔伯特 · 丢勒和尼古拉 · 哥白尼, 而且在他们之前有卢卡 · 帕乔利 (约 1445—1515), 是文艺复兴时期的数学的创始人之一. 帕乔利是列奥纳多 · 达 · 芬奇的导师和朋友.

[12]这位数学家的真姓似乎曾是丰塔纳; 诨名塔尔塔利亚 (意大利语

[24] 原书误作 $p = \alpha^3/3 + \beta, q = -\alpha^3/27 - \alpha\beta/3 + \gamma$. —— 译者注

指口吃; 这也是意大利民间戏剧中的一个主角 —— 胖胖的, 乐观的兔子 —— 的名字) 是因为发音缺陷, 这是在他孩童时法国人占据他的家乡 (布雷西亚) 伤及面部所致. 塔尔塔利亚很穷并且被陌生人 (他的母亲在使他毁容的那场袭击中丧命)[25] 养大, 他很早就显示了杰出的才能并成为一流学者. 是他引入了 (限制的) 二项式定理, 有时归功于牛顿: 对任意的自然数 $n, (a+x)^n = a^n \binom{n}{1} a^{n-1}x + \cdots + x^n$. 塔尔塔利亚并不知道, 阿拉伯数学家早就发现了这个公式[26]. 牛顿把它推广到任意的分数指数.

13杰出的数学家、博物学家和哲学家卡尔达诺是他的动荡时代的典型人物. 卡尔达诺以他的科学、医学和文学成就著名 (见他的引人入胜的自传,《我的一生》(*The Book of My Life*)[27], 多佛出版社重印, 1962), 他还是占星术士, 普通的探险者, 而且可能是一个凶手; 他引入了复数和关于概率论的最初的想法 (见奥勒的《赌徒学者卡尔达诺》(*Cardano:the Gambling Scholar*), 普林斯顿大学出版社 (Princeton University Press), 1953; 卡尔达诺的《赌博之书》(*The Book on Games of Chance*)[28], 霍尔特, 赖因哈德和温斯顿出版社 (Hilt, Rinehart and Winston), 1961). 他的一生充满了历险, 而且他有火爆的脾气. 据说他画出自己的天宫图, 为了证明他预言的死亡是正确的, 卡尔达诺自杀身亡.

14卡尔达诺的《大法, 或论代数学法则一卷》(*Artis magnae, sive de regulis algebraicis liber unus*) 出现在 1545 年, 是代数学史上的一个重要事件. (在那些年, 相对于作为小法 (ars minor) 的算术, 代数学被称为大法 (ars magna).)

15塔尔塔利亚的想法是用两个辅助量 u 和 v 的和表示方程 (1.1) 的未知的根; 把表达式 $x = u + v$ 代入到 (1.1) 立即导致等式 $(u^3 + v^3) + (3uv + p)(u + v) + q = 0$; 所以, 如果取 u 和 v 使得 $uv = -p/3$, 那么, u^3 和 v^3 能通过方程组 $u^3 + v^3 = -q$ 和 $u^3v^3 = -p^3/27$ 得到. 这个方程组显然等价于二次方程 $z^2 + qz - p^3/27 = 0$. 按照这种方式, 原始的三次方

[25] 一种说法是他的母亲将他养大, 见, 例如 W.W.R.Ball, *A Short Account of the History of Mathematics*, 4th edition. London: Macmillan, 1908. —— 译者注

[26] 在中国数学家贾宪的《释锁算书》中更早地出现了二项系数表 (所谓的 "贾宪三角"). —— 译者注

[27] 该书的原名是 De propria vita liber ... —— 译者注

[28] 该书的原名是 Liber de ludo aleae. —— 译者注

程 (1.1) 的解被化为一个二次方程的解. 后者被称为三次方程 (1.1) 的塔尔塔利亚预解式.

16(1.2) 式的右边的立方根 $R_{1,2}=\left[-\frac{q}{2}\pm\sqrt{\left(\frac{q}{2}\right)^2+\left(\frac{p}{3}\right)^3}\right]^{1/3}$ 必须满足 $R_1R_2=-p/3$ (见注记 15).

17对于发现解三次和四次方程的公式的戏剧性故事见, 例如, 措伊藤《16 和 17 世纪数学史》(*Geschichte der Mathematik im XVI und XVII Jahrhundert*), 莱比锡: 托伊布纳出版社, 1903.

18因此, 例如, 如果 $p=-1, q=0$, 方程 (1.1) 具有形式 $x^3-x=0$ (显然后者有根 $x_1=0, x_{2,3}=\pm1$) 然后, 公式 (1.2) 出人意料地产生了 $x=\sqrt[3]{\sqrt{-1/27}}+\sqrt[3]{-\sqrt{-1/27}}$.

19为了约化一般的四次方程 $ax^4+bx^3+cx^2+dx+e=0$ 或 $x^4+\alpha x^3+\beta x^2+\gamma x+\delta=0$ 到 (1.3) 的形式, 置 $x=x_1-\alpha/4$ 就够了 (见注记 10).

20"一个声音柔和, 有着快乐面容的年轻人, 极有能力而且有魔鬼般的脾气," 根据塔尔塔利亚在《不同的问题及发现》(*Questi et inventioni diversi*)[29] (1564) 中的描述, 它包含了公式 (1.2) 的一个详细的 (但显然有偏见的) 记述. 卡尔达诺一方之前的故事在费拉里 (1522—1565)[30]的书《告白》(*Cartelli*)[31]中讲述. 后者起初是卡尔达诺的仆人, 但卡尔达诺发现了他的杰出的才能而且不久就开始与他一起研究.

21有这样一段时间, 在老一代人的记忆中, 当中世纪, 也以黑暗时代知名, 被认为是在欧洲文化中 1000 年的间隔. 到现在普遍认为这个观点是站不住脚的. 对于我们大多数人来说, 中世纪的文化不止是立足于古代文化的原则上, 而且文艺复兴建立在古代的遗产上是清楚的. 尤其是, 数学受到了古代的最重要的思想家柏拉图和亚里士多德的重视, 而且在古希腊哲学家研究宇宙中起了最重要的一部分作用, 其归功于米利都的泰勒斯和萨摩斯的毕达哥拉斯的基本假设是, 自然的定律是可知的而且宇宙是和谐的. 拜占庭文化和中世纪欧洲的文化以基督教为基础, 而且在许多方面不同于世俗的希腊文化和罗马文化. 数学在其中没有起重要

[29] diversi 应为 diverse. —— 译者注

[30] 原书费拉里的生卒年误为 1547—1548. —— 译者注

[31] 原先是以书信进行的挑战和回应. 从 1547 年 2 月 10 日到 1548 年 7 月 14 日费拉里发出了 6 封挑战书, 塔尔塔利亚也进行了 6 次回应. 详情见 Gino Loria (1862—1954), Storia delle Mathematiche, Milano, 1950, pp. 304–311. —— 译者注

作用, 而且因此在几个世纪中数学的进展是微不足道的. 在欧洲的文化史上文艺复兴标志着思想的革命, 它再次把数学和自然科学带到欧洲思想的最前沿.

[22]在 18 世纪和 19 世纪早期, 在英国、法国、意大利及其他国家的数学和自然科学的中心不是抢先被哲学、神学和人文学科占据的综合性大学, 而是高等教育的军事、工程和海军院校, 这里 (不太恰当地) 指军事学院. 后者的例子, 除了都灵炮兵学校, 还有在梅齐埃尔 (见第 3 章) 的法国军事学校和在伦敦伍利奇的英国皇家军事学校.

[23]18 世纪首屈一指的数学家莱昂哈德 · 欧拉生于 (瑞士) 巴塞尔的牧师保罗 · 欧拉的家庭. 他的家庭的保守观点和深深的宗教信仰在莱昂哈德身上呈现了天真的形式 (如当他尝试从数学上证明上帝的存在时). 数学家欧拉终生持有这些观点.

欧拉的家族与 “数学世家” 伯努利家族关系密切. 伯努利兄弟中的哥哥, 雅各 (1654—1705), 相当不情愿地教保罗 · 欧拉数学. 老欧拉想要他的儿子成为一名像他自己那样的神职人员, 而且遵从他的父亲的愿望, 莱昂哈德快乐地学习神学. 不过, 对他本人不幸, 但是是其他所有人的幸运, 保罗 · 欧拉也教莱昂哈德数学课程; 后者向雅各的弟弟约翰 · 伯努利 (1667—1748) 求助. 约翰惊奇于莱昂哈德的迅速进步和才能. 他答应每星期免费教莱昂哈德一次. 莱昂哈德把他的大多空余时间用于数学, 与约翰的儿子们, 未来的杰出数学家丹尼尔 · 伯努利 (1700—1782) 和尼古拉 · 伯努利 (1695—1726) 讨论最近的课程, 并且准备下一次的课程. 约翰 · 伯努利很费劲地说服保罗 · 欧拉, 他的儿子会成为一位伟大的数学家, 为了让他成为一个普通的教士而阻止他的天才的发展是犯罪.

在那时的瑞士, 数学家没有固定的收入. 例如, 约翰 · 伯努利靠行医为生, 直到他的哥哥雅各去世, 雅各担任巴塞尔大学唯一的教授职位. (顺便提一句, 约翰首先把新创立的微积分学用于肌肉收缩的医学问题.) 至于约翰的儿子们, 他们去了俄国, 到新成立的圣彼得堡科学院. 他们建议他们的朋友欧拉追随他们的榜样, 并且告诉他科学院在生理学方面有一个空缺. 欧拉勤奋地学习生物学和医学. 不过, 当他到达圣彼得堡, 他立刻在数学科学上工作, 而且再也没有回到生理学上, 生理学总起来说与他格格不入. (有个时期, 追随他的导师约翰的榜样, 他打算把数学方法用于生理学.)

欧拉漫长一生的大部分时间是在圣彼得堡度过的, 除了 1741—1766

年这段时期, 那时在位的女皇安娜 · 伊凡诺夫娜的宠臣比龙当政, 欧拉认为俄罗斯不再是一个安全的地方. 在弗里德里希二世的邀请下, 他移居柏林, 在那里他担任普鲁士科学院物理和数学部的主任. 但即使在居留柏林期间, 欧拉也没有与俄罗斯断绝关系. 他继续在圣彼得堡科学院的刊物上发表论文, 甚至接受俄罗斯政府的一小笔补助.

欧拉异常地多产; 似乎没有其他数学家对数学的贡献 (在体量上和内容上) 堪与欧拉相比. 在微积分学、微分方程、单复变函数论、级数论、数论, 以及几何学, 当然还有变分法 (在很大程度上是由欧拉和拉格朗日创立的一门数学分支) 中我们遇到欧拉公式、欧拉定理和欧拉关系. 欧拉发表了许多大部头的书和无数论文. 他本人估计在他一生未发表的 (准备好待付印的) 论文在他去世后会在圣彼得堡科学院的刊物上继续刊行 20 年. 实际上, 他低估了他自己的遗产; 出版持续到 1862 年, 比他曾预计的长 4 倍. 甚至折磨他一生末期的失明也没有打断他的源源不断的著作, 而且显然没有减小他的创造力: 他把他最后的著作题献给他的儿子们、学生们和同事们.

莱昂哈德 · 欧拉在他 77 岁时很快且安详地去世. 由于失明, 他在黑板上写下他计算的新发现的行星 —— 天王星 —— 的轨道; 当时他喝了一点茶水, 当死亡来临时, 他正和他的一个孙子嬉戏 —— 这位老数学家 "终止了计算也终止了生命", 用德 · 孔多塞的话来说, 巴黎科学院 (欧拉是巴黎科学院和伦敦皇家学会, 同时也是圣彼得堡科学院和柏林科学院的成员) 的一份出版物上欧拉的讣告是他撰写的.

在瑞士, 恰好在第一次世界大战之前, 决定出版欧拉的全集. 其发行量很小, 仅够参与的每个国家能得到一册. 卷 (厚重的!) 的数目从估计的 40 卷增加到 70 卷. 欧拉的新的注记和书信在圣彼得堡被发现 —— 而且卷数变得更大. 直到今天这巨大的且极有价值的《全集》仍未出齐, 因此总的数目仍然未知[32].

[24]普鲁士国王弗里德里希二世, 他坚持要被称为 "大帝", 在他邀请

[32] 1907 年瑞士科学院欧拉委员会 (Euler Committee of the Swiss Academy of Sciences) 成立, 负责出版欧拉所有的科学书籍、论文和通信.《欧拉全集》(*Euler Opera Omnia*) 共分 4 个系列 (Series): (1) 数学著作集 (*Opera Mathematica*), 29 卷; (2) 力学和天文学著作集 (*Opera Mechanica et Astronomica*), 31 卷; (3) 物理学著作集、杂录 (*Opera Physica, Miscellanea*), 12 卷; (4) 通信集 (*Commercium Epistolicum*), 10 卷, 手稿 (*Manuscripta*), 约 7 卷. 迄今前 3 个系列已出齐, 第 4 个系列仍在出版之中. —— 译者注

拉格朗日信中傲慢地写道, 他喜欢几何学家中的最伟大者靠近国王中的最伟大者工作 (那时几何学家一词意指数学家).

弗里德里希二世很重视科学而且对拉格朗日有好感, 他在 1786 年去世. 这很快使拉格朗日在柏林的位置变得令人不可忍耐. 拉格朗日停留在柏林期间, 在一定程度上他所从事的工作穷尽了这一主题上的材料, 这个事实导致他对数学的一种不可避免的幻灭. 所有这些的结局是抑郁, 它可能非常严重. 在这种形势下, 邀请拉格朗日到巴黎对他是一件可喜之事. 在巴黎时期他的创造力的新的活跃与他的公共职责 (尤其是, 他在引入度量系统的委员会工作), 与他的科学和著述工作 (在下面描述), 特别地, 与他在巴黎综合理工学院的教授职位有关; 最后一个职位是他在拿破仑的建议下接受的, 拿破仑很尊敬他. 拉格朗日在巴黎综合理工学院赢得了一些有相同兴趣的朋友和同事 (例如, 他赢得了让 · 巴蒂斯特 · 约瑟夫 · 傅里叶 (1768—1830) 的钦佩, 傅里叶是分析方向的台柱之一); 他还发现了新的研究课题. 另一件大事是出版拉格朗日关于理论力学 (《分析力学》(*Méchanique Analytique*), 分成两卷,1788) 和微积分学 (《解析函数论》(*Theorie des fonctions analytique*), 1797; 以及《函数计算教程》(*Leçons sur le calcul des fonctions*), 1801) 的教科书.《分析力学》的主要想法可回溯到拉格朗日一生中在都灵时期, 但该书的出版主要归功于一位名叫安德烈 · 马里 · 勒让德 (1752—1833) 的杰出的数学家和拉格朗日的崇拜者的努力. 该书出现在拉格朗日成为巴黎综合理工学院的成员之前, 也即当他仍对数学幻灭的时期. 拉格朗日对它的兴趣是如此之小, 致使它在他的书桌上躺了两年而没有被翻开过. 另一方面, 他的两卷本的微积分学教科书 (第一部分《解析函数论》, 第二部分《函数计算教程》) 恰好出现在拉格朗日在巴黎综合理工学院的讲课之后. 在拉格朗日生命最后的几年, 他很关心《分析力学》的出版, 此前他对它无动于衷.

[25]用现代的术语 (源于伽罗瓦) 拉格朗日的定理断言一个有限群的任意一个子群的阶是这个群本身的阶的一个因子. 拉格朗日对今天以 ($n!$ 阶的) 对称群 S_n 知名的群 —— n 个元素所有排列的群 —— 证明了他的定理; 但他的证明对任意的有限群成立.

[26]读过这本书的数学家们 (例如, 泊松) 发现它不清楚, 也许因为鲁菲尼的想法明显地超越了他的时代.

[27]一个人不知道等待他的著作的命运! 在马尔法蒂的一生他倾向认

为自己是意大利最主要的数学家, 而且看不起鲁菲尼. 今天, 鲁菲尼是意大利科学的骄傲, 同时马尔法蒂的名字大多是在联系到初等几何学中的一个小问题时才被提到, 马尔法蒂不正确地叙述了这个问题而且用极为复杂的代数形式求解. 现在, 下面的问题被称为 “马尔法蒂问题”: 在给定的三角形 ABC 中内接三个不相交的圆 S_A, S_B 和 S_C, 每一个与该三角形的两边和另两个圆相切 (圆 S_A 切三角形的边 AB 和 AC 以及圆 S_B 和 S_C, 如此等等). 到现在, 对这个问题有许多出色的、纯几何的解法. 最优美的解法之一属于施泰纳 (下面会更多地说到他). 实际上, 马尔法蒂的注记《关于一个空间几何问题》(*Concerning a Space Geometry Problem*) 叙述了一个不同的问题, 它容易被约化为: 在一个给定的三角形中, 求三个不相交的圆, 它们有最大可能的面积. 马尔法蒂认为所求的圆就是上面描述的圆 S_A, S_B 和 S_C. 不过, 不久之前才证明了: 不存在三角形 ABC, 在其中内接三个不相交的圆其总面积大于马尔法蒂圆 S_A, S_B 和 S_C 的总面积是不可能的!

[28]关于阿贝尔, 见, 例如, 奥勒的《尼尔斯 · 阿贝尔: 非凡的数学家》(*Niels Abel: Mathematician Extraordinary*), 明尼苏达大学出版社, 1957, 以及联系到伽罗瓦时提到的书中专写他的那一章 (贝尔,《数学家》).

[29]注意到后来伽罗瓦犯了相同的错误是有趣的, 有一段时间他认为他已经找到了求解五次方程的一个公式.

[30]a 的 k 次方根的特殊符号 $\sqrt[k]{a}$ 和求 k 次方根是升至 k 次方 (即, 迭代乘法) 的逆运算的这一事实, 隐瞒了发现一个求根的代数公式实际上意味着什么. 它意味着化方程 $P(x) = 0$ 为类型为 $y^k - a = 0$ 的辅助方程的链, 这里 k 是一个正数 (为何我们一定要化初始方程为这些特殊类型的方程?). 事先并不知道对任意一个多项式 $P(x)$ 可以这样做. 拉格朗日、鲁菲尼、阿贝尔和伽罗瓦对此心知肚明而实际上忽视了. (也许只有伟大的数学家卡尔 · 弗里德里希 · 高斯 (1777—1855) 清楚地认识到这一点. 他关于代数方程用二次根式求解的研究, 是对这一方向上科学思想的一大贡献.)

[31]阿贝尔非常理解这一缺点, 深思确定一个五次方程是否能用根式解的准则.

[32]下面的语录是这个观点的一个有说服力的保证: “我确实相信数、集合、函数和群的概念是现代数学的整个大厦立足其上的四块基石, 而且其他数学概念还原为它们” (保罗 · 谢尔盖耶维奇 · 亚历山德罗夫,《群

论导引》(*Introduction to the Theory of Groups*), 布莱基有限公司出版 (Blackie), 1959). 保罗 · 亚历山德罗夫 (1896—1982), 是杰出的苏联数学家, 对现代 (一般) 拓扑学的早期发展有重大贡献; 关于这个主题的更多论述见下文.

对群论的一个初等导引, 见巴登,《群的魅力》(*The Fascination of Groups*), 剑桥大学出版社 (Cambridge University Press), 1972; 这本书包含一个详细的文献目录.

[33]见, 例如, 如下的书和论文, 总的是面向比本书要求的程度更高的读者: 伯恩斯,《群论历史的奠基时期》(*The Foundation Period in the History of Group Theory*),《美国数学月刊》, 20, 1913, 141—148 页; 武辛,《抽象群概念的起源》(*The Genesis of the Abstract Group Concept*), 麻省理工学院出版社, 1984; 海因里希 · 布克哈特,《群论的开始和保罗 · 鲁菲尼》(*Die Anfänge der Gruppentheorie und Paolo Ruffini*),《数学史论文集》(*Abhandlungen zur Geschichte der Mathematik*), 第 6 集, 1892, 119—159 页; 米勒,《到 1900 年前的群论历史》(*History of the Theory of Groups to 1900*),《全集》(*Collected Works*), 第 1 卷, 427—467 页, 伊利诺伊大学出版社 (University of Illinois Press), 1935.

[34]见注记 41, 鲁菲尼的著作实际上建立了一个方程与其可解性有关的代数性质和方程的根的置换群的特定性质之间的联系, 后者被称为*非可迁性* (intransitivity) (即*无可迁性* (nontransitivity): 某个元素的集合 M 的一个置换群 $\mathscr{G}$ 被说成是可迁的, 如果对 M 的任意两个元素, 它包含一个变换把第一个元素映到第二个元素) 和*非本原性* (imprimitivity) (即*无本原性* (nonprimitivity): 一个集合 M 的一个置换群 $\mathscr{G}$ 在该集合上被说成是本原的, 如果不存在 M 的分成 "块" $M_1, M_2, M_3, \cdots$ 的一个划分, 该划分既与 M 不同, 也与 "单个元素的" 块 $\{\alpha\}, \{\beta\}, \{\gamma\}, \cdots$ 不同, 这个划分被 $\mathscr{G}$ 中的变换保持不变, 即是对每个块 M_i 和任意 $g \in \mathscr{G}$, 我们总有 $gM_i = M_j$, 这里 M_j 也是一个 "块". 关于这个主题, 见在注记 33 中引用的布克哈特的文章.

[35]显然如果 $x = a + br$ 且 $y = c + dr$, 这里 $a, b, c, d \in Q, r = \sqrt{2}$, 或 $r = i = \sqrt{-1}$, 那么 $x \pm y = (a \pm c) + (b \pm d)r$ 且 $xy = (ac + bdr^2) + (ad + bc)r$, 这里 $r^2 = 2$ 或 $r^2 = -1$; 另一方面, 通过用 $y^* = c - dr$ 乘以分数 x/y 的分母和分子, 我们得到 $x/y = [(ac - bdr^2)/(c^2 - d^2r^2)] + [(ad + bc)/(c^2 - d^2r^2)]r$. 因此, 当 $y \neq 0 (= 0 + 0r)$ 时, 比值 x/y 也有形式 $A + Br$, 这里 $A, B \in Q$

(注意当 $c, d \in Q$, 关系 $c^2 - d^2r^2 = 0$ 仅当 $c = d = 0$ 时成立).

36以专著的形式首次描述伽罗瓦理论的是在前面提到的若尔当的书. 用俄文的最佳的通俗论述之一是波斯特尼科夫写的 (见英文翻译:《伽罗瓦理论基础》(*Foundation of Galois Theory*), 牛津大学出版社, 1962); 对于更专业的表述, 见, 例如, 阿廷,《伽罗瓦理论》(*Galois Theory*)[33], 圣母大学出版社, 1948.

37在莫斯科大学数学系, 有几年伽罗瓦理论的课程由杰出的代数学家 (他也长于数论和离散几何学) 鲍里斯 · 杰洛涅 (1890—1980) 讲授. 这门课程紧紧追随伽罗瓦写给他的朋友奥古斯特 · 谢瓦利埃的信[34], 写这封信时离伽罗瓦离他去世的时间很短. 这封信印成书仅有大约 10 页的篇幅, 这位讲课者给出伽罗瓦所有概念以严格的定义并提出他由于没有时间而缺少的一切证明, 这个课程需要整整一学年. 伽罗瓦的全集构成了非常薄的一卷 (《数学全集》(*Œuvres mathématiques*), 巴黎: 戈蒂埃 – 维尔拉出版社, 1897. 也见注记 1); 它最初由法国数学会 (the Société Mathématiques de France) 发行并且是由很受人尊敬的埃米尔 · 皮卡 (1856—1941) 编辑的.

38在一个群 $\mathscr{G}$ 中的两个元素 α, β (例如, 两个置换) 交换, 如果 $\alpha\beta = \beta\alpha$ 或 $\alpha^{-1}\beta^{-1}\alpha\beta = \varepsilon$, 这里 ε 是 $\mathscr{G}$ 的恒等元 (恒等置换). 元素 $[\alpha\beta] = \alpha^{-1}\beta^{-1}\alpha\beta$ 被称为 α 和 β 的换位子. 群 $\mathscr{G}$ 的由它的所有的换位子 $[\alpha\beta]$ 生成的子群 $\mathscr{L} = \mathscr{L}(\mathscr{G})$ 被称为 $\mathscr{G}$ 的换位子群, 这里 $\alpha, \beta \in \mathscr{G}$; 它的 "规模" 用作 $\mathscr{G}$ 的 "交换性的测度" (如果 $\mathscr{G}$ 是交换的, 那么 $\mathscr{G}$ 的换位子群由单个元素 ε 构成). 对于 $\mathscr{G}$ 的换位子群 $\mathscr{L} = \mathscr{L}_1$, 我们可以形成它的换位子群 $\mathscr{L}_2 = \mathscr{L}(\mathscr{L}_1) = \mathscr{L}(\mathscr{L}(\mathscr{G}))$ (第二换位子, 或 $\mathscr{G}$ 的换位子的换位子); 按照这样的方式形成第三换位子 $\mathscr{L}_3 = \mathscr{L}(\mathscr{L}_2)$, 并且继续这样做. 群 $\mathscr{G}$ 被称为可解的, 如果它的换位子群的序列 $\mathscr{G} \supset \mathscr{L}_1 \supset \mathscr{L}_2 \supset \mathscr{L}_3 \supset \cdots$ 以恒等元 ε 的群: $\{\varepsilon\} = \mathscr{L}_n$ 终止 (对于交换群这个条件平凡地成立, 且 $n = 1$). 可解群的其他定义使用了若尔当引入的群的正规列的概念; 见注记 49.

39在方程论中他曾做过的, 在他写给他的朋友奥古斯特 · 谢瓦利埃

[33] 该书有中译本,《伽罗瓦理论》, 李英译. 上海: 科学技术出版社, 1958. —— 译者注

[34] 这封信有中文译文,《致夏瓦利尔的信 —— 论群、方程和阿贝尔积分》, 李文林译, 载李文林主编《数学珍宝》. 北京: 科学出版社, 1998. —— 译者注

的信中, 在注记 37 中提到过, 写在他决斗的前夜: 伽罗瓦把那个晚上用来写这封信. 时间, 伽罗瓦写到, 正在变短. 他正把已经在他的头脑中保留大约一年之久的东西写下来, 但缺乏时机写得更详细. 他知道而且害怕叙述一些定理而将来被责难, 因为他没有完全的证明. 这封信的结尾是请求把它发表在《百科杂志》(*Revue encyclopédique*) 上 (谢瓦利埃实现了伽罗瓦这个最后的愿望, 但是, 显然地, 这个条目在那时不被任何人理解而且被忽视了), 并且请求雅可比或高斯公开出面, 不是陈述这些定理是否正确, 而是评价它们的重要性; 在这之后, 伽罗瓦希望, 将会发现澄清混乱 (ce gachis) 的人. 不过, 没有任何东西能够证明雅可比或高斯曾经了解过伽罗瓦的想法, 而且第一个认真承担澄清混乱的人是卡米耶 · 若尔当, 而且经常被认为 (我认为, 是不公正的) 是伽罗瓦理论的真正的作者, 因为伽罗瓦本人的解释无疑是不完全的.

[40]当然, 凯莱的 “表” 以这样的一行和一列开始, 仅当群的元素以恒等元 ε 开始. 由于并非必定是这种情形, 更正确的说法是这些表中包含这样的一行和一列.

[41]伽罗瓦取得的相当大的进步 (与鲁菲尼和阿贝尔相比) 在很大程度上是由于他不仅仅考虑交换群这一事实 (我们注意到阿贝尔考虑的用根式可解的方程现在可以被刻画为它们的伽罗瓦群的交换性 (以及特定的附加条件); 根据注记 38 中的定义, 任意交换群无疑是可解的).

[42]容易看出, 除了记号, 阶为 2 的群仅有一个且阶为 3 的群仅有一个 (这两个群都是交换的). 但有 2 个 (非常不同的) 四阶群, 即群 (1.6) (或 (1.6′)) 和 (1.7) (或 (1.7′)); 第一个群被称为 (四阶的) “循环” 群, 而且第二个是克莱因群. 阶为 N 的群的数目随着 N 增长得非常快: 例如, 阶为 2, 4, 8, 16, 32 和 64 的不同的群的数目分别是 1, 2, 5, 14, 51 和 267 个. 当今数学上典型的对 “有限的” 对象的兴趣, 在知名的美国代数学家小马歇尔 · 霍尔和他的同事老詹姆士在 1964 年出版的一本专著中有说明, 其中详细描述了所有这 $340(=1+2+5+14+51+267)$ 个群 (见小马歇尔 · 霍尔, 老詹姆士《2^n 阶的群 $(n \leqslant 6)$》(*The Groups of Order* $2^n (n \leqslant 6)$), 纽约: 麦克米兰出版公司 (MacMillan), 1964).

[43]排列 $\begin{pmatrix} 1\,2\,3 & \cdots & n \\ i_1\,i_2\,i_3 & \cdots & i_n \end{pmatrix}$ 被称为偶的 (奇的), 通过以不同的次序重写初始数 $1,2,3,\ldots,n$ 得到自然数的有限序列 $i_1, i_2, i_3, \ldots, i_n$, 如果它包含偶 (奇) 数个互换, 即以 “错误的顺序” (与它们的自然的顺序相比) 出

现的对子 (i_a, i_b) —— $a < b$ 但 $i_a > i_b$ —— 的数目.

44关于等距群和相似群的结构见, 例如, 亚格洛姆的非常初等的书,《几何变换》(*Geometric Transformations*) I[35], II[36], 纽约: 兰登书屋 (Random House), 1962, 1968, 新数学丛书 (*the New Mathematical Library*) 的第 8 和第 21 卷; 稍微高深一点但易于理解的是马丁的《变换几何学》(*Transformation Geometry*), 纽约: 施普林格出版社 (Springer), 1982, 以及一本面向初学者的书, 它相当广泛地使用了群论的术语和符号, 杰格的《变换几何学》(*Transformation Geometry*), 伦敦: 艾伦与昂温公司 (Allen and Unwin), 1966.

45最近几十年以对有限群的真正的攻击为标志, 涉及被一大批研究人员广泛地使用计算机. 这个特别的激增 (见注记 42) 是刻画 20 世纪后半叶, 从 "连续" 数学 (牛顿和莱布尼茨的微积分学) 到 "离散" 数学的变化的一个非常好的说明; 这一变化与原则上是离散装置的计算机的出现密切相关. 在有限群论中没有课题的重要性比得上有限单群的神秘问题的课题 (见注记 260).

46域的定义常常不包括乘法是交换的这个限制, 那么域的由所有的非零元构成的乘法群, 可以是非阿贝尔的 (非交换的); 如果这个乘法群是交换的, 则该域也被称为交换的. 如果域是不交换的, 那么需要两个分配性条件:

$$a(b+c) = ab + ac \text{ 和 } (a+b)c = ac + bc.$$

47两个元素的域可以用 "双数" (0) 和 "单数" (1) 表示; 那么这个域的加法表和乘法表反映的整数运算如下: 双数 × 双数 = 双数, 如此等等. 更一般地, 有 p 个元素的域, 这里 p 是一个素数, 可以用模 p 的剩余的集合 $0, 1, 2, \cdots, p-1$ 表示, 即整数的类的集合由其元素除以 p 的除法中的剩余刻画. (如果 $p = 2$, 我们得到偶数类和奇数类.) 在该域中元素的和 $a + b$ 及积 ab 与和 $a + b$ 及积 ab 各自除以 p 的余数相同.

48它的持续的科学重要性在 1957 年作为科学经典被巴黎戈蒂埃 – 维尔拉出版社重印而被重申, 它第一次在 1870 年发行.

49若尔当 – 赫尔德定理 (奥托 · 赫尔德, 1859—1937, 是德国数学家)

[35] 这本书有中译本,《几何变换》(第一册), 尤承业译. 北京: 北京大学出版社, 1987. —— 译者注

[36] 这本书有中译本,《几何变换》(第二册), 詹汉生译. 北京: 北京大学出版社, 1988. —— 译者注

断言在正规列中的项的数目 (对此自然要求它在: (a) 序列中任意两个相邻的项是不同的; 及 (b) 在这个序列中两个相继的群 $\mathscr{G}_i$ 和 $\mathscr{G}_{i+1}$ 之间不能插入一个中间群 $\mathscr{G}$ (链 $\mathscr{G}_i \subset \mathscr{G} \subset \mathscr{G}_{i+1}$ 在正规列中将把子群的数目增加 1) 的意义上的极大的 "压缩") 完全由初始群, 而不是由正规列的选择决定, 事实上, 如果我们的附加条件被满足, 我们仍可以用不同的方式选择正规列. 如果正规列的因子 (已经被 "压缩到底了") 是阿贝尔的 (交换的), 则该群是可解的.

第 2 章

50当然, 在微分几何 (曲线、曲面) 中所思考的对象必须是 "光滑" 的, 即: 必须通过光滑 (可微的) 函数解析地确定, 否则微积分的方法就不能被应用于它们.

51他的相貌与德国纳粹所欣赏的类型很接近, 李或许曾被希特勒所欣赏, 但这种感觉很难是共同的.

52这个插曲在本书的最后一章有更详细的描述.

53意大利数学家费代里戈 · 恩里克斯 (1871—1946) 是几何学基础方面的一位知名专家, 他比克莱因略小几岁, 也毕业于古典中学. 奇怪的是, 与克莱因不同, 恩里克斯认为学习古代的语言, 尤其是古希腊语语法是教育的一个非常重要的要素, 对逻辑思维的发展有作用. 显然, 恩里克斯并不认为意大利的学校所教授的几何学有助于培养逻辑思维.

541899 年, 在哥廷根的一座高斯和韦伯的纪念碑揭幕, 这座纪念碑展示了他们为发明电报而工作的情景. 在当时出版了一本专门的纪念册, 它包含了两篇长篇论文: 希尔伯特,《几何学的基础》(*The Foundations of Geometry*)[37] (被认为继续了高斯的研究); 维歇特,《电动力学的基础》(*The Foundations of Electrodynamics*) (韦伯工作的拓展). 如今, 后者几乎被完全遗忘了, 同时希尔伯特的这篇著作在当时很快被作为一本单独的书进行重新发行, 到现在不断改进的德文版已超过 10 个, 并且被翻译成几乎所有的欧洲语言, 而且看来注定要久享光荣. 从魏尔斯特拉斯与克莱因之间以及魏尔斯特拉斯与黎曼之间的精神 – 生理上的差异

[37] 原名 Grundlagen der Geometrie. 该书有中译本,《几何基础》, 江泽涵 (1902—1994) 译. 北京: 科学出版社, 1958. —— 译者注

来看, 韦伯与克莱因和黎曼的交好是十分自然的, 因为他们都是有 “物理学思维方式” 的科学家.

55这与象形文字的书写略有不同, 象形文字更像图画; 不过, 这里没有地方论述相关的细节.

56所说的演讲是《作为两条理解数学的途径的拓扑学和抽象代数学》(*Topologie und abstrakte Algebra als zwei Wege mahematischen Verständnisses*)[38]. 外尔在 1931 年宣读 (那时他是一所瑞士中学的老师), 并发表在《数学和自然科学课程报》(*Unterrichtsblätter für Mathematik und Naturwissenschaften*), 第 38 卷, 1933, 177—188 页; 重印于外尔,《全集》(*Gesannelte Abhandlungen*) , 第 3 卷, 海德堡: 施普林格出版社, 1968.

57例如, 见: 亚格洛姆,《赫尔曼 · 外尔》(*Hermann Weyl*), 莫斯科: 生活和知识出版社 (Znaniye Publishers), 1967 (俄文)[39].

在外尔写作他的论文时, 拓扑学确曾被认为是几何学的一部分; 在标题中抽象代数学与拓扑学相对, 如同代数学与几何学相对. 但是在这个世纪的下半叶, 拓扑学大大改变了其特性 (这体现在 “代数拓扑学” 这一术语中, 明示其为这门学科中最重要的部分之一); 这损害到了拓扑学中最具几何思维方式的一些研究者, 在一些情形, 甚至导致了严重的精神障碍.

58产生这种恶感的更深的原因是由于这样的事实: 莱布尼茨高度评价作为数学家的牛顿, 低估他在物理学上的成就, 而这是牛顿特别引以为自豪的.

59而且同样地成功: 克莱因通过普吕克被物理系接纳并准备研究物理学, 他成了杰出的数学家; 佐默费尔德被任命为数学系助理, 之后他成了著名的物理学家. 当然, 这不能阻止克莱因与佐默费尔德终生感激他们各自的老师, 也不能阻止他们承认他们对老师们是多么感激.

60发表这篇文章的那期期刊是专门献给菲利克斯 · 克莱因的. 让我们从同一篇文章中引用更多的句子, 其中佐默费尔德非常生动地描写了他导师的思维和教学方式: “…… 他的结论使他的思想脱颖而出, 卓尔不凡. 他的思想不是他的计算. 后者在克莱因的讲座只占据不大的一部分. 要点之一是他的研究方法与黎曼的思维方式接近. 他通过函数的性

[38] 这篇文章有中译文,《拓扑和抽象代数: 理解数学的两种途径》, 冯绪宁译, 载《诗魂数学家的沉思》. 南京: 江苏教育出版社, 2008. —— 译者注

[39] И. М. Яглом, Герман Вейлъ, Москва: Энание, 1967. —— 译者注

质来定义它们, 而不在意其形式表示; 作为基础的不是公式, 而是数学知识的根源!”

第 3 章

[61]矛盾的是, 只是近来心理学上对人的大脑的左半球和右半球的不同功能的研究才阐明了代数思维和几何思维之间的差异, 它们互补的本性而且它们对于实在的认识同等重要. 当然, 把古希腊的数学想象成纯粹的几何学, 而且把文艺复兴时期的数学想象成纯粹的代数学, 是完全不正确的: 这只是一个或另一个趋势占优势, 而且并不确定, 因为对几何问题可以有纯粹代数的方法 (联系到射影几何学时会更多地说到这一点), 同时对代数主题有几何方法. 在萨摩斯的毕达哥拉斯 (公元前 6 世纪) 学派中 (自然) 数的概念被赋予了重要性, 这一学派的数的神秘主义的特性以及其在后来的新毕达哥拉斯主义者的著作 —— 杰拉萨的尼科马凯斯 (约公元 100 年) 的《算术》(*Arithmetic*) (或《算术导引》(*Introduction to Arithmetic*)), 一个叙利亚的基督徒, 哈尔基斯的伊安布霍斯利 (约 250—330) 的《论尼科马凯斯的算术》(*On the Arithmetic of Nicomachus*) 是对尼科马凯斯著作的评论和继续 —— 中的奇怪的反映, 所有这些都与认为古希腊的数学是纯粹的几何学的观点矛盾. 即使在欧几里得的《几何原本》[40]中, 包括许多在数论中非常出色的材料 (像对素数序列是无限的之证明), 大多来自毕达哥拉斯学派. 尤其是, 罗马时期希腊数学中的最杰出的人物是亚历山大里亚的丢番图 (最有可能是在公元 3 世纪), 他的兴趣无例外地集中在算术和代数学上.

[62]帕斯卡的几何学著作超前于他的时代且被很快遗忘的后果之一是帕斯卡关于圆锥截线理论的专著的无可弥补的丢失, 莱布尼茨钦佩这一专著, 他敦促帕斯卡的继承人出版这一著作 (不幸的是, 这没有实现). 与莱布尼茨不同, 勒内 · 笛卡儿 (1596—1650) 低估帕斯卡的几何学著作.

[40] 该书有中译本,《几何原本》, 明代徐光启 (1562—1633) 和利玛窦 (Matteo Ricci, 1552—1610) 合译的前 6 卷在 1607 年在北京出版, 依据的底本是克拉维斯 (C. Clavius, 1537—1612) 的拉丁文本; 后 9 卷由清代的李善兰 (1811—1882) 和伟烈亚力 (Alexander Wylie, 1815—1887) 合译, 1857 年在上海出版, 依据的底本是比林斯利 (H. Billingsley,? —1606) 的英译本 *The elements of geometrie of the most auncient philosopher Euclid of Megara*. 一个较近的译本是由兰纪正 (1930—2004) 和朱恩宽合译的, 西安: 陕西科学技术出版社, 1990. —— 译者注

这是笛卡儿和围绕布莱斯的父亲埃蒂安 · 帕斯卡 (1558—1651) 和吉尔 · 佩尔索纳 (他自称罗贝瓦尔, 1605—1675) 的一个科学家小组之间关系紧张的原因之一, 随后从这个小组兴起了法国科学院 (以及最终的法兰西学会 (l'Institut)[41], 见注记 65). 笛卡儿和帕斯卡之间在理智上的冲突有时被解释为笛卡儿的形式代数学的思维与帕斯卡的 "物理学的" 思维的内在的不相容性 (the intrinsic incompatibility). 然而伟大的逻辑学家莱布尼茨热心地欢迎帕斯卡的工作 (关于这一点, 见正文中魏尔斯特拉斯对黎曼态度).

63因此, 例如, 欧拉引入对图形的仿射性质的研究, 并由此开启了仿射几何学. (词语 "仿射"(affine) 也属于欧拉并且出自拉丁语 affinitas —— 由于婚姻而生的关系 —— 欧拉试图强调尽管一个图形和其仿射像, 严格地说, 不相似, 然而是相关的.)

64对几何学兴趣的衰落是 20 世纪的特征, 它曾被认为处于二流学科的位置, 这导致了一个两难局面: 有一段时间, 莫斯科大学数学系 5 年的课程中不包括一门必修的几何学课程 (除了第一学期的解析几何学的预备课程). 在世界范围对于中学讲授几何学的混乱, 也应由这种衰落负责, 这曾导致在中学完全废除几何学的许多提议 (在让 · 迪厄多内的《线性代数学和初等几何学》(*Algèbre linéaire et géomètrie élémentaire*)) (巴黎: 赫尔曼出版社, 1968) 的导言中强烈支持这个观点).

65卡诺在法国科学界等级中位置的急剧变化清楚地反映了他生活和工作的那个艰难时代. 在法国大革命的几年间, 作为 (实际上的法国革命政府) 公安委员会的一个成员, 卡诺积极参与组织一个新的科学中心 —— 法兰西学会, 取代皇家科学院. 当法兰西学会最终在 1796 年成立, 他自然成为它的成员之一. 但到那时他的位置非常危险 (这用于热月政变 (the Thermidor coup d'etat) 之后的时期, 仅仅是由于他的 "胜利的组织者" 这一荣誉头衔使他免于审判和死亡). 就在次年, 1797 年, 卡诺被从他创建法兰西学会中开除, 而且被一个年轻的将军 —— 拿破仑 · 波拿巴 —— 取代. 在 1800 年, 拿破仑寻求与卡诺和解, 恢复了他在法

[41] 全称是 L'Institut de France. 依照法国政府的指令, 法兰西学会于 1795 年 10 月 25 日建立. 现在它包括 5 个部分: 法兰西学术院 (Académie française), 法兰西文学院 (Académie des inscriptions et belles-letters), 法国科学院 (Académie des sciences), 法兰西艺术院 (Académie des beaux-arts) 和法兰西人文院 (Académie des sciences moral et politiques). —— 译者注

兰西学会的职位, 尽管卡诺尖锐批评拿破仑采用皇帝的名号破坏了他与这位新的统治者的关系, 在拿破仑的整个统治期间他都是这所机构的成员. 在拿破仑退位之后, 激烈的共和主义者卡诺是督政府 (Directoire) 的首领, 在不长的一段时间内被认为拥有全权, 试图组织抵抗在法国的干预势力. 自然波旁家族的成员们对他的这些行动从未原谅. 他再次被从法兰西学会中开除 (正如蒙日, 在 1816 年) 并被流放; 他死于国外 (在马格德堡).

66不出所料, 提出问题的官员起初拒绝考虑蒙日的解答, 无疑是他的数学训练不足以解决这个问题.

67蒙日在创建巴黎综合理工学院的作用是如此之大, 以致他后来有充足的理由告诉他的一位学生: “我认为我创办这所学校是必须的.” 蒙日还参与创办了训练未来教师的巴黎师范学校 (见上文), 但他的作用较小; 这可能就是为何在初期这所师范学校远远落后于巴黎综合理工学院.

68在克莱因的《数学在 19 世纪的发展讲义》(*Vorlesungen über die Entwicklung der Mathematik im XIX Jahrhundert*)[42] (第 1 部分, 海德堡: 施普林格出版社, 1979 年; 下面我们将不时返回到这本著名的书) 中, 他自然对巴黎综合理工学院给予很多关注. 克莱因的书第 2 章的标题是《19 世纪第一个十年中的法国和巴黎综合理工学院》[43], 并且以论述 “这所学校的兴起和组织” 的一节开始, 描述了该机构和其课程表背后的原则. 克莱因的书的第 3 章,《数学在德国的蓬勃发展》[44], 亦以被称为 “在柏林创办一所多科工艺学校的尝试” 的导引开始, 这里克莱因悲伤地描述了把法国经验移植到德国土壤上的不成功的努力: 亚历山大 · 冯 · 洪堡 (1769—1859) 试图设立一所与巴黎综合理工学院类似的德国学府而且以高斯为首. 这一尝试由于高斯拒绝参与而失败. 在冗长的讨论之后, 为优良的中学培养数学教师而设立另一所学校 (类似于巴黎师范学校) 的努力也被放弃了. 这是由于阿贝尔的去世, 他曾是那里的首屈一指的数学家.

---

[42] 该书有中译本,《数学在 19 世纪的发展》, 齐民友、李培廉译. 北京: 高等教育出版社, 2010—2011. —— 译者注

[43] 原标题为 *Frankreich und die École Polytechnique in den ersten Jahnzehnten des 19. Jahrhunderts* —— 译者注

[44] 原标题为 *Die Gründung des Crelleschen Journals und das Aufblühen der reinen Mathematik in Deutschland* (克雷尔杂志的创办和纯粹数学在德国的蓬勃发展) —— 译者注

[69]《画法几何学教程》的原来的名字是 *Texte des leçons de géomètrie descriptive données à l'École Normale*,《微分几何学教程》原来的名字是 *Feuilles d'Analyse appliquée à la géomètrie à l'usage de l'École Polytechnique*[45]; 第一版包含 28 页, 第一版包含 34 页 (在第 3 和第 4 版这些页被钉在一起, 所以取名 *Analyse appliquée à la géomètrie*).

[70]这次蒙日成功地说服拿破仑到巴黎综合理工学院访问, 令蒙日感到骄傲和快乐, 这是第一次 (也是最后的一次).

[71]庞斯莱对科学和教育学的本质性的贡献是在《专论》出现之后根据他在多科工艺学校的讲义发表的《力学教程》(*Cours de Méchnique*) (1826); 这部杰出的著作对力学的进一步发展起了重要的作用.

[72]见, 例如, 在库朗和罗宾斯, 《数学是什么?》 (*What is Mathematics?*)[46]的第 4 章, 伦敦: 牛津大学出版社, 1948; 考克斯特和格雷策,《重读几何学》(*Geometry Revisited*)[47] 的第 6 章, 纽约: 兰登书屋, 1967; 或考克斯特,《射影几何学》(*Projective Geometry*), (麻省) 沃尔瑟姆: 布莱斯德尔出版公司 (Blaisdel), 1964; 约翰 · 韦斯利 · 扬,《射影几何学》(*Projective Geometry*), 1938; 考克斯特,《几何学导引》(*Introduction to Geometry*), 纽约: 威利出版公司 (Wiley) (第 14 章); 埃瓦尔德,《几何学导引》 (*Geometry: An Introduction*), (加州) Belmont, 沃兹沃思出版公司 (Wadsworth), 1971 (第 5 章); 佩多《大学几何学教程》(*A Course of Geometry for Colleges and Universities*), 剑桥: 剑桥大学出版社, 1970 (第 7 章); 斯特勒伊克,《解析几何学和射影几何学讲义》(*Lectures on Analytic and Projective Geometry*), (麻省) 剑桥: 艾迪生 – 韦斯利出版公司 (Addison-Wesley), 1953; 考克斯特,《实射影平面》(*The Real Projective Plane*), 剑桥: 剑桥大学出版社, 1955 (这些书按照困难增加的顺序列举). 下面的文章可作为射影几何学的基础导引; 皮克特, 斯滕德和赫尔维克《从射影几何学到欧几里得几何学》(From projective Geometry to Euclidean Geometry), 载《数学基础》(*Fundamentals of Mathematics*), 第 2 卷, 麻省理工学院出版社, 1974, 385—436 页, 及亚格洛姆和阿塔纳

[45] 有中文节译,《分析应用于几何的活页论文》, 李文林译, 载李文林主编《数学珍宝》. 北京: 科学出版社, 1998. —— 译者注

[46] 有中译本,《数学是什么?》, 左平, 张饴慈译. 北京: 科学出版社, 1985 —— 译者注

[47] 有中译本, 《几何重观》, 王宗尧, 王岳庭译. 郑州: 河南教育出版社, 1984 —— 译者注

斯扬,《几何变换》(*Geometrische Transformations*), 载《初等数学百科全书》(*Enzyklopädie der Elementar-mathematik*), 第 4 卷 (几何学), 柏林 (德意志民主共和国): 德国科学出版社, 1980, 43–151 页 (参见在注记 73 中提到的这本书). 如下的 (出色的) 书非常不同: 克莱因,《高等几何学讲义》(*Vorlesungen über höhere Geometrie*), 海德堡: 施普林格出版社, 1968, 以及布拉施克《射影几何学》(*Projektive Geometrie*), 巴塞尔: 比克豪伊泽尔出版社 (Birkhaüser), 1954.

[73]在平行投影下研究图形的不变的性质是蒙日的画法几何学的必不可少的要素. 这样对仿射几何学, 以及类似地对射影几何学的研究方法被始终如一地用在亚格洛姆的《几何变换 III》(*Geometric Transformations III*)[48]中, 纽约: 兰登书屋, 1973, 该书的开始部分可以作为仿射几何学的一个导引. 也见在注记 72 中提到的考克斯特的《几何学导引》, 以及亚格洛姆和阿什基努泽的书 (见注记 268).

[74]显然, 热尔岗和庞斯莱独立地发现了对偶原理并且用不同的方式加以证明. 热尔岗相信对偶原理成立是因为点和线的性质之间的完全对称 (他通过写下两列对偶的陈述, 用图示证明平行的结论来强调这一点). 今天我们可以认为这是由于射影几何学公理中的 "自对偶性", 它自动蕴含对偶性原理. 但在热尔岗的时代, 对几何学的逻辑结构还没有这样清楚的理解, 而且也还没有拟就一个完整的公理的清单. 至于庞斯莱, 他通过表明一个 "对偶" 或 "极" 变换 —— 简略地说, 一个配极, 把 (正常或无穷的) 平面上的每个点映射到一条直线, 而且任意共线点的集合映到一个线束 (共点, 即交于一个点, 或平行) —— 的存在性证明对偶性原理. 一个配极把与每个定理相联系的构形映到与其对偶定理相联系的构形. 如果我们从射影平面模型作为穿过空间中一个固定点 O 的线束和平面开始, 那么对应 $l \leftrightarrow \pi$, 这里 $l \perp \pi$ (直线 l 和平面 π 穿过 O) 是一个配极. 例如, 在注记 72 和 73 中提到的亚格洛姆和阿塔纳斯扬的文章及亚格洛姆的书中, 详细分析了 (射影) 平面的配极的性质. 对偶性原理的另一个归功于默比乌斯的证明, 见注记 81.

[75]在前面提到的 (也见注记 64) 对几何学的兴趣衰减的与境下, 射影几何学从特征上大体保持其地位是因为它与代数学的密切联系; 作为一个结果, 可能认为现代的射影几何学是代数学的, 而不是几何学的一

[48] 这本书有中译本,《几何变换》(第三册), 章学诚译. 北京: 北京大学出版社, 1987. —— 译者注

个分支. 关于这一点见经典著作: 莱因霍尔德 · 贝尔的《线性代数学和射影几何学》(*Linear Algebra and Projective Geometry*), 纽约: 学术出版社 (Academic Press), 1952 和阿廷的《几何代数学》(*Geometric Algebra*), 纽约: 交叉学科出版社 (Interscience), 1957, 以及哈茨霍恩的教科书《射影几何学基础》(*Foundations of Projective Geometry*), 纽约: 本杰明出版社 (Benjamin), 1967; 阿茨的《线性几何学》(*Linear Geometry*), (麻省) 雷丁: 艾迪生 – 韦斯利出版公司, 1965; 史蒂文森的《射影平面》(*Projective Planes*), 圣弗朗西斯科: 弗里曼出版社, 1972; 格林贝格和韦尔的《线性几何学》(*Linear Geometry*),(新泽西州) 普林斯顿: 范诺斯特兰出版公司 (van Nostrand), 1967; 皮克特的《射影平面》(*Projektive Ebenen*), 柏林: 施普林格出版社, 1955 (哈茨霍恩的教科书是这些书中最容易的).

76最早完整地认识德萨格和帕斯卡的著作, 无疑归功于沙勒, 在那个时代德萨格和帕斯卡的著作被遗忘了. 这是射影几何学的创立者们之间的不正常的关系的一个表示, 庞斯莱觉得沙勒的书对他不友善: 他认为赞扬 17 世纪的学者的工作是贬低他自己的成就的一种手段.

沙勒是著名的巴黎综合理工学院的几何学系的主任, 是李和克莱因在巴黎拜访的第一位法国数学家. 年老的沙勒 (那时他 77 岁) 对两个年轻的外国人很友好而且欣赏他们的工作: 作为法兰西学会的一名成员, 他把他们合写的关于 W 曲线 (下面我们会回到这个话题) 的论文, 以及李的重要的文章《论几何变换》(*On Geometric Transformations*) 提交给法国科学院的《会报》(*Comptes Rendus*)[49].

77见沙勒,《高等几何学专论》(*Traité de la géometrie supérieure*), 巴黎, 1852.

78在克莱因的著名的关于 19 世纪数学发展的讲义中 (见注记 68), 他把沙勒与在德国的几何学综合学派的领袖施泰纳相比较. 这两个人在一些方面确实相似: 两人都异常刻苦地工作, 高产且脾气相当坏; 两人都相对比较晚才成为教授, 但立刻成了数学学派的领袖, 对学派他们很严格地管理, 等等.

79由于对人缺乏任何兴趣而且缺乏支持年轻才俊的任何愿望, 高斯 —— 他既得罪了波尔约, 又得罪了阿贝尔, 说赞扬他们的工作就是

[49] 是《法国科学院会报》(*Comptes Rendus de l'Académie des Sciences*) 的简称.《法国科学院论文集》(*Mémoires de l'Académie des Sciences*) 创刊于 1666 年, 在 1835 年改用 *Comptes Rendus de l'Académie des Sciences* 出版至今. —— 译者注

不谦虚, 他本人很久之前就得到了相同的思想 —— 缺乏认识年轻学者潜力的能力. 他企图在天文学和计算数学上指导默比乌斯; 同样不合理的是, 他尝试在代数学和数论上指导另一名杰出的学生冯 · 施陶特.

[80]默比乌斯论述单侧曲面的论文被称为《论多面体的体积》(*On the Volume of Polyhedra*). 默比乌斯得出结论: 某个多面体, 例如, 现在以默比乌斯七面体知名的多面体 (从有相对顶点 E 和 F 的正八面体 $EABCDF$ 通过移去两个 "上面的" 面 EAB 和 ECD, 以及两个 "下面的" 面 FAD 和 FBC, 然后增加 3 个对角面 $EAFC, EBFD$ 和 $ABCD$ 得到), 完全不能被赋予任何体积, 而且详细地分析了这一现象的理由. 我们注意到默比乌斯带被约翰 · 本尼迪克特 · 利斯廷 (1808—1882) 于同一年 (1858 年) 在哥廷根被发现. 这清楚地指出数学发展的客观性质,"当时机到来时" 数学中的发现常常被几个学者同时做出.

[81]射影几何学这一新的研究手法给对偶原理提供了新的见解. 默比乌斯以如下的方式解释该原理. 在直线 a 的方程 $a_0x_0 + a_1x_1 + a_2x_2 = 0$ 中, 数 a_0, a_1, a_2 作为该方程的 (固定的!) 系数, 且数 x_0, x_1, x_2 作为在直线 a 上的点 $X = (x_0 : x_1 : x_2)$ 的 (变动的) 坐标考虑, 是自然的. 因为直线 a 完全由其方程的系数 a_0, a_1, a_2 (更精确一些, 这些系数的比 $x_0 : x_1 : x_2$) 确定, 数 a_0, a_1, a_2 可视为直线 $a = (a_0 : a_1 : a_2)$ 的坐标 (默比乌斯称它们是切线坐标). 但是, 反之, 我们可以把我们的方程中的数 x_0, x_1, x_2 认为是固定的, 而 a_0, a_1, a_2 是直线的 (可变的) 切线坐标. 那么, 其坐标满足系数为 x_0, x_1, x_2 的线性方程 $a_0x_0 + a_1x_1 + a_2x_2 = 0$ 的所有直线 $a = (a_0 : a_1 : a_2)$ 的集合就是在射影平面上穿过固定点 $(x_0 : x_1 : x_2)$ 的直线的集合. 因此, 相同的等式现在被认为是中心在 $(x_0 : x_1 : x_2)$ 的线束的方程, 即作为按照切线坐标的射影平面上一个点的方程. 最后, 如果数 x_0, x_1, x_2 和 a_0, a_1, a_2 被看成是固定的, 那么这些数之间的相同的关系是点 X 和直线 a 相遇的一个条件: $X \in a \Leftrightarrow a_0x_0 + a_1x_1 + a_2x_2 = 0$. 概念 "射影平面上的点" 和 "射影平面上的直线" 的解析 (坐标) 解释的这种对称性证明了点和直线之间性质的等价性.

[82]关于圆几何学 (默比乌斯几何学) 见, 例如在注记 72 中考克斯特和格雷策的书的第 5 章; 埃瓦尔德的书的第 5 章; 考克斯特的书《几何学导引》的第 5 章; 佩多的书的第 6 章; 以及亚格洛姆在《初等数学百科全书》中的文章《圆的几何学》(Geometrie der Kreise) 的 A 部分, 第 4 卷 (459—488 页).

[83]因此, 例如, 联系到射影变换施泰纳 (实际上成百的作者追随他) 说到 Gebile erster, zweiter und dritter Stufe, 这里自然是对一维, 二维和三维流形说的.

[84]甚至克莱因, 他在普及和传播冯 · 施陶特的想法上比任何一个人都做得多, 也承认他很难理解这些书. 只是由于他和精神上与冯 · 施陶特接近的数学家奥托 · 施托尔茨 (1842—1905) 的友谊, 施托尔茨向克莱因解释了冯 · 施陶特的想法, 才使他理解了这些杰出的著作 (不过, 克莱因从未读过它们!).

[85]阴极射线的发现是 (在普吕克的指导下) 由他的学生约翰 · 威廉 · 希托夫 (1824—1914) 完成的. 值得注意的是普吕克也是谱分析 (在物理学上) 的奠基人.

[86]这一理论的系统叙述包含在施泰纳的大部头的书 (不幸的是在他去世后才得以出版)《依据射影性质的圆锥截线理论》(*Die Theorie der Kegelschnitte gestützt auf projective Eigenschaften*) 中, 莱比锡: 托伊布纳出版社, 1867; 第 3 版, 1898).

[87]这里是施泰纳的定义: 考虑两个 (有不同中心 Q 和 Q' 的) 线束, 使得这些线束中的一个能通过一连串的中心射影得到另一个; 则这些线束的对应直线的交点的集合构成一个 (有可能退化) 圆锥截线.

[88]在克莱因去世后出版的《非欧几里得几何学讲义》(*Vorlesungen über nicht-euklidische Geometrie)* (海德堡: 施普林格出版社, 1968) 的第 5 章, 他给出了冯 · 施陶特想法的一个短的但本质上完整且可以理解的叙述. 这些想法的一个更详细的描述, 更完整地反映了它们内在的完善性, 在注记 72 中提到的约翰 · 韦斯利 · 扬的小书《射影几何学》的第 8 章给出.

[89]设直线 a 是两个平面

$$A_1x + A_2y + A_3z + A_0 = 0,$$
$$B_1x + B_2y + B_3z + B_0 = 0$$

的交, 在这种情形, 矩阵$\begin{pmatrix} A_1 & A_2 & A_3 & A_0 \\ B_1 & B_2 & B_3 & B_0 \end{pmatrix}$的二阶子式, 即数

$$p_{12} = \begin{vmatrix} A_1 & A_2 \\ B_1 & B_2 \end{vmatrix}, \quad p_{13} = \begin{vmatrix} A_1 & A_3 \\ B_1 & B_3 \end{vmatrix}, \quad p_{10} = \begin{vmatrix} A_1 & A_0 \\ B_1 & B_0 \end{vmatrix},$$

$$p_{23} = \begin{vmatrix} A_2 & A_3 \\ B_2 & B_3 \end{vmatrix}, \quad p_{20} = \begin{vmatrix} A_2 & A_0 \\ B_2 & B_0 \end{vmatrix}, \quad p_{30} = \begin{vmatrix} A_3 & A_0 \\ B_3 & B_0 \end{vmatrix}.$$

被称为 a 的普吕克坐标. 不难看到数 $p_{12}, \cdots, p_{30}$ 被直线 a 确定到一个公共因子, 因此点 $A(p_{12} : p_{13} : p_{10} : p_{23} : p_{20} : p_{30})$ 在五维射影空间 P^5 中对应于 a; 任意直线的普吕克坐标满足普吕克关系:

$$p_{12}p_{30} - p_{13}p_{20} + p_{10}p_{23} = 0, \tag{$*$}$$

它在 P^5 中确定所谓的普吕克二次曲面 Σ; 这个 (四维!) 曲面的点双射地对应于在三维射影空间中的直线.

第 4 章

[90]在希腊几何学家中, 克劳迪乌斯 · 托勒密 (约 100—170) 尤其注意球面几何学; 他的主要著作《数学著作 13 卷》(*The Large Mathematical Construction in Thirteen Books*), 以阿拉伯语的书名《至大论》(*Almagest*) (来自希腊语 $\mu\varepsilon\gamma\iota\sigma\tau\eta$,"最伟大的", 这是阿拉伯人对托勒密著作的评价) 更为知名, 它以平面和球面几何学的一个详细的描述开始, 这是随后研究所需的, 包括平面和球面三角学的基础 (大多是托勒密本人做出的).

[91]正是这个涉及数学史, 而与数学本身毫无关系的事实, 解释了双曲几何异常流行的原因. 有许多书和文章专门论述它 (见注记 116; 甚至有几本俄文书, 是关于诸如在罗巴切夫斯基平面中用直尺和圆规作图理论这样不寻常的主题的!). 在学术文献和通俗文献以及在教科书中, 同等重要的, 而且在许多情形更简单的非欧几里得几何学体系 (其中的一些在下面详述) 所受到的关注要小得多.

[92]内贝林近来关于非欧几里得几何学书 (见注记 116) 把施韦卡特包括在双曲几何学的发现者之中; 这是一个不平常的观点, 但也不能视为毫无根据而抛弃它.

[93]见, 例如, 在注记 1 中提到的贝尔的书 (有关高斯, 罗巴切夫斯基和波尔约的几章) 和其他关于数学史的书. 关于后者, 我们只提及最有价值的几本, 诸如, 莫里斯 · 克莱因,《古今数学思想》(*Mathematical Thought from Ancient to Modern Times*)[50], 纽约: 牛津大学出版社, 1972 (第 36

[50] 该书有中译本,《古今数学思想》, 张理京 (1919—1999) 等译. 上海: 上海科技出版社, 1979—1981. —— 译者注

章); 恩格尔和施塔克尔的经典著作,《从欧几里得到高斯的平行线理论》(*Die Theorie Der Parallellinien von Euklid bis auf Gauss*), 两卷, 莱比锡: 托伊布纳出版社, 1895; 关于罗巴切夫斯基非欧几里得几何学的书, 其中有些包含这个问题的详细的历史 (见, 例如, 在注记 116 中提到的格林伯格的书, 副标题为《发展和历史》(*Development and History*)); 卡甘的俄文著作 (其中之一现在有英译本,《罗巴切夫斯基和他对科学的贡献》(*N. Lobachevski and his Constribution to Science*), 莫斯科: 外文出版社 (FLPH), 1957) 以及罗森菲尔德的《非欧几里得几何学的历史》(*History of Non-Euclidean Geometry*), 英文版本正在翻译中.[51]

94这三个公设需要补充这样的要求: 假设两条给定的直线 (比如说, 在每种情形, 给定两个点) 的交点, 一条给定的直线和一个给定的圆的交点, 两个给定的圆的交点已被给定. 对几何作图理论的一个公理化处理, 见, 例如, 比伯巴赫,《几何作图理论》(*Theorie der geometrischen Konstruktionen*), 巴塞尔: 比克豪伊泽尔出版社, 1952.

95欧几里得出人意料的第四公设可能指平面的 "可移动的程度", 这是在这种意义上说的, 它断言平面可以移动以使任意一个直角 (边的顺序给定) 叠置于另外任意一个直角之上. 力求避免直接提及运动 (由于得自亚里士多德和更早的埃利亚的芝诺的形而上学的原则), 欧几里得可能以直角全等公设的形式建立这一基本原理.

96欧几里得第五公设的更简单的形式中最为人知的是: 过不在一条给定的直线上的一个给定的点能且仅能引一条直线平行于给定的直线. 显然, 平行公理的这一形式最初出现在由英国教师约翰 · 普莱费尔在 1795 年出版的《几何原本》(*Elements*) (曾在英国的中学被用作标准的几何学教科书) 中, 这是过去学校用的一个版本; 因此它有时也被称为普莱费尔公理. 是后者 (而不是欧几里得的复杂得多的第五公设) 出现在由伟大的大卫 · 希尔伯特 (1862—1943; 见他的《几何学的基础》(*Foundation of Geometry*), 伊利诺伊的拉萨尔, 敞厅出版公司 (Open Court), 1971) 在 1899 年提出的欧几里得几何学公理的现代文本中. 在英国的学校中, 至少到 20 世纪 20 年代, 很大程度上几何学是按照欧几里得的《几何原本》讲授的; 很多学生一定以为欧几里得是一名英国校长, 他写的一本数学

[51] 该书作为《数学和物理科学的历史研究丛书》(*Studies in the History of Mathematics and Physical Sciences*) 的第 12 卷已在 1988 年由施普林格出版社出版. —— 译者注

教科书让他们倒霉. 欧几里得可能有意为他的第五公设选择了如此笨拙且直观上不清楚的形式, 目的是强调它在几何学立足于其上的事实体系 (the system of facts) 中的特殊地位.

[97]这些尝试中的大多数导致欧几里得的第五公设被另一命题取代, 该命题结果与第五公设是等价的, 只要接受欧几里得明确陈述或暗中假定的其他公理. 一些数学家认为这些命题中许多与第五公设等价的命题更为显然, 即它们的有效性似乎在直观上更清楚; 一个这样的假设是过一个角内的任意一点引与该角的两边都相交的一条直线是可能的.18 世纪法国杰出的数学家亚历克西 · 克洛德 · 克莱罗 (1713—1765) 出版了一部教科书 (《几何学的基础》 (*Éléments de géométrie*), 巴黎, 1741), 其中用矩形存在的假设代替第五公设; 他通过解释 "屋子、房间和墙壁等的形状" 说明这是正当的. 然而, 从逻辑的观点来看, 这些假设当然与欧几里得的公设一样需要证明. (当几何学做为建立在方案 (scheme) —— 未定义的概念 → 随后的定义; 公理 → 定理 —— 上的数学科学来研究的时候, "更加明显的" 命题和 "较不明显的" 命题这样的想法就没有意义了).

[98]兰伯特最著名的成就可能是他证明了自然对数的底 e 和圆的周长与直径的比值 π 是无理数.

[99]萨凯里的四边形更早的时候曾被几位重要的阿拉伯 (更确切的说, 讲阿拉伯语的) 数学家考虑过. 这些数学家中包括波斯 (或塔吉克) 数学家莪默 · 伽亚谟 (约 1048—1131), 生于呼罗珊的内沙布尔, 在撒马尔罕, 布哈拉, 伊斯法罕和梅尔夫[52]工作, 是天文学家、哲学家和知名的诗人, 杰出的《鲁拜集》 (*Rubaiyat*)[53]的作者, 这部作品以爱德华 · 菲茨杰拉德的翻译而广为人知; 以及纳西尔 · 丁 (1201—1274, 生于呼罗珊的图萨城), 在 "刺客之国"(由 "山中老人" 哈桑 · 萨巴赫和他的恐怖分子帮派及吸毒者和刺客们建立) 的首都库希斯坦工作. 1256 年, 蒙古国征服了这个可怕的国家, 之后纳西尔 · 丁成了蒙古可汗旭烈兀的宫廷占星术士和顾问, 在旭烈兀汗国 (阿塞拜疆南部) 首都马腊格组建了一个出色的天文台和科学学校. 另一位讲阿拉伯语的数学家哈桑 · 海赛姆 (965—1039) 更早考虑过兰伯特的四边形, 他是埃及人, 在欧洲以阿尔哈森更为人知.

---

[52] 原书作 Marva, 应为 Marv, 在今土库曼斯坦的马雷 (Mary). —— 译者注

[53] 该书有中译本,《鲁拜集》, 郭沫若 (1892—1978) 译. 上海: 上海泰东图书局, 1929. —— 译者注

所有这些数学家考虑了同样的三个 (锐角的、直角的和钝角的) 假设, 并且证明第五公设等价于直角的假设; 但在其他两个假设上, 他们没有取得像萨凯里和兰伯特那样大的进展.

[100]萨凯里的基本著作是《避免所有瑕疵的欧几里得: 或由初始、适当且普遍的几何原理支持的几何尝试》(*Euclides ab omni naevo vindicatus: Sive conatus geometricus quo stabiliuntur prima ipsa universae geometriae principia*), 米兰, 1733; 兰伯特的专著是《平行线理论》(*Theorie der Parallellinie*), 莱比锡, 1786.

[101]不难看出在欧几里得几何学, 双曲线几何学或球面几何学 (或椭圆几何学; 见 63 页) 中, 多边形 $A_1A_2\cdots A_n$ 的 "角缺"$\delta = (n-2)\pi - \angle A_1 - \angle A_2 - \cdots - \angle A_n$ 有不变性 (全等多边形有相等的角缺) 和可加性 (如果一个多边形 M 被分为两个不相交的多边形 M_1, M_2, 那么 M 的角缺等于 M_1 和 M_2 的角缺之和). 这已经蕴含着多边形 M 的角缺 $\delta(M)$ 一定与该多边形的面积 $S(M)$ 成比例: $\delta(M) = kS(M)$; 在此, 假设面积满足不变性, 相加性和非负性的条件 (以及规范性条件, 固定面积的单位). 因子 k 在双曲几何学中是正的, 在椭圆几何学中是负的, 在欧几里得几何学中为零.

[102]在此, 现代数学和古代数学的一个比较也表明古希腊思想家拥有惊人的洞察力. 在讨论演绎系统中基本假设的地位时, 亚里士多德考虑了两种可能性: 或者一个三角形的内角的和等于 π, 那么一个正方形的对角线与其边是不可通约的; 或者可以假设一个三角形的内角的和不等于 π, 那么可能得出一个正方形的对角线与其边是可通约的. (事实上, 在球面几何学中, 一个 "正方形" — 有全等的边和全等的角的一个四边形 — 的对角线的长度可以是其边的 2 倍.) 不过, 亚里士多德说, 一个三角形的内角的和不等于 π 的假设的推论太丑陋以至于不值得思考. 生于西班牙且在西班牙和埃及生活和工作过的著名犹太哲学家摩西 · 迈蒙尼德 (1135—1204) 反对这一点: "我们不能因为上帝无法 ··· 创造一条边等于其对角线的一个正方形就声称上帝无能", 并根据上帝是此类事件的唯一的裁决者, 他认为亚里士多德指出这个或那个逻辑体系的 "丑陋性" 是不合理的. 也许, 在某个其他的世界中, 上帝确已创造了一种不同的几何学, 其中一个三角形的内角的和异于 π (比较在正文中讨论的施韦卡特的 "星际" 几何学). 后来, 英国著名的牧师和政治家托马斯 · 贝克特 (1118—1170) 重复了迈蒙尼德的观点, 贝克特随后被天主教会封为圣

人. (贝克特曾在穆斯林统治的西班牙学习过, 很可能从迈蒙尼德那里得到了这些思想.)

[103]在 1808 年, 施韦卡特通过发表第五公设的一个 “证明” (当然, 是不正确的) 开始他的数学研究. 他的观点的改变在一定程度上可能是由于季莫费 · 奥斯波夫斯基 (1765—1832) 的影响, 奥斯波夫斯基是哈尔科夫大学的校长 (施韦卡特在这里任教), 他 1807 年关于空间 – 时间的 “校长演说” 直接反对康德空间和时间的概念是先验 (a priori) 给定的观点, 这蕴含着 (根据康德) 仅有一种几何学体系是可能的.

[104]见, 例如, 舍尔瓦托夫用非常简单的语言写就的小册子,《双曲函数》(*Hyperbolic Functions*), 波士顿: 希斯公司出版 (Heath), 1963.

[105]见克莱因,《非欧几里得几何学》(*Nicht-Euklidische Geometrie*), 第 1 卷, 1889—1890 年冬季学期的讲义, 哥廷根, 1893.

[106]施塔克尔和恩格尔,《从欧几里得到高斯的平行线理论. 非欧几里得几何学之前的文献汇编》(*Die Theorie der Parallellinien von Euklid bis Gauss. Eine Urkundensammlung zur Vorgeschichte der nicht- euklidischen Geometrie*), 莱比锡: 托伊布纳出版社, 1895; 恩格尔和施塔克尔,《非欧几里得几何学的历史考察》(*Urkunden zur Geschichte der nicht-euklidischen Geometrie*), 第 1, 2 卷, 莱比锡: 托伊布纳出版社, 1898, 1913. 后一部著作由两个独立的部分组成: 恩格尔,《尼古拉 · 伊万诺维奇 · 罗巴切夫斯基, 由俄文翻译且带评注的两部几何著作和作者的一篇传记》(*Nikolay Ivanovitsch Lobatschefsky, Zwei geometrische Abhandlungen aus dem russischen übersetzt mit Anmerkungen und mit einer Biographie des Verfassers*), 莱比锡, 1898 (在撰写罗巴切夫斯基的传记和评注他的著作时, 恩格尔得到了来自喀山的数学家亚历山大 · 瓦西里耶夫 (1853—1929) 的帮助); 施塔克尔,《沃尔夫冈 · 波尔约和约翰 · 波尔约. 几何研究. I. 两位波尔约的生平和作品. II. 两位波尔约的作品摘录》(*Wolfgang und Johann Bolyai. Geometrische Untersuchungen. I. Leben und Schriften der beiden Bolyai. II. Stücke aus den Schriften der beiden Bolyai*), 莱比锡和柏林, 1913 (施塔克尔在写他的这本书时得到了匈牙利数学家舍尔瓦托夫的部分协助). 为了撰写《从欧几里得到高斯的平行线理论》, 恩格尔学习了俄语, 施塔克尔学习了匈牙利语. 罗巴切夫斯基和波尔约作品的出版 (带有施塔克尔和恩格尔的评注) 表明他们完全独立于高斯. 如果我们记得福尔考什 · 波尔约无法理解他儿子的伟大著作, 以及巴特尔斯

对罗巴切夫斯基的研究持有尖锐的负面看法, 那么我们明白宣称巴特尔斯和福尔考什 · 波尔约将高斯的想法转达给罗巴切夫斯基和亚诺什 · 波尔约是没有根据的.

施塔克尔还仔细研究了高斯的几何遗产; 见他的《作为几何学家的高斯》(*Gauss als Geometer*), 哥廷根科学学会和莱比锡托伊布纳出版社, 1923, 它既作为高斯的 12 卷《全集》(*Werke*) (由克莱因编辑, 出现在 1863—1933 年) 的第 10 卷第 2 部分的一个补充出版, 也作为单独的一本书发行. 在这一著作中施塔克尔仔细分析了高斯在非欧几里得 (双曲) 几何学上的成就, 而且非常善意地偏向高斯, 把他的活动分为四个阶段: 在他年轻时 (1792—1795) 的思想; 几何学基础上的早期进展 (1795—1799); 动摇和怀疑 (1799—1805); 非欧几里得几何学的创立 (1805—1817).

[107]见克莱因,《非欧几里得几何学讲义》, 柏林: 施普林格出版社, 1968 (第一版, 1928).

[108]对高斯发现非欧几里得几何学, 不同的作者给出了不同的日期, 但不太可能指明一个确切的日期, 在此之前高斯怀疑不同于欧几里得几何学的一种几何学的存在性, 在此之后他不再怀疑. 经过许多年, 高斯逐渐得出存在两种同等有效的几何学体系的结论. 有时, 人们假定迟至 1816 年, 高斯对非欧几里得几何学的存在性还有怀疑. 作者们经常会提及高斯在那一年写给格尔林的那封知名的信, 信中他说 "由于容易证明, 如果欧几里得几何学不是真正的几何学, 那么完全没有相似图形; 在一个等边三角形中, 角随边的长度变化, 而且对此我没有一点荒谬之处. 在这种情况, 角是边的一个函数, 而且边是角的一个函数, 不过, 在后一个函数中, 一个特定的长度常数出现. 这似乎与好像是先验 (a priori) 给定地存在一条线段、一个长度矛盾; 但对此我没有发现任何矛盾. 欧几里得几何学是不真实的甚至更为合意, 因为这样我们就可以自由地使用一个一般的先验量度. 例如, 对于长度的单位, 我们可以选择内角等于 $59°59'59.99999$ 的等边三角形的边长." 我们可以争辩, 因为高斯说欧几里得几何学是不真实的更为合意, 那么他显然认为这是真的. 然而, 我们感觉这种论证并不是非常令人信服的: 高斯不是从纯粹逻辑的意义上, 而是从几何学与物理空间的性质的相关性的观点来判断几何学的真理性和非真理性. 由于高斯没有可靠的实验数据, 他在两种可能性之间犹豫不决, 从逻辑的观点来看, 这两种可能性同等有效, 但是从物理学的观点, 它们相互矛盾: (1) 欧几里得几何学是真的 (即它确实描绘了物理世界);

(2) 非欧几里得几何学是真的 (见注记 109).

109当然, 更精确的是说高斯的实验 (以及罗巴切夫斯基后来的实验) 的一个肯定的结果, 即发现一个三角形的内角和不是 180°, 将意味着罗巴切夫斯基的非欧几里得 (双曲) 几何学会比欧几里得几何学给出物理世界性质的更好的模型, 如果点作为宇宙的微小的部分, 直线作为光线的轨道解释. 关于数学与自然科学之间的联系, 见, 例如, 菲利普 · 戴维斯和赫什,《数学经验》(*The Mathematical Experience*)[54], 波士顿: 比克豪伊泽尔出版社, 1981, 或者亚格洛姆,《数学结构和数学模型》(*Mathematical Structures and Mathematical Models*), 纽约: 戈登和布雷奇出版社 (Gordon and Breach), 1986.

110非欧几里得几何学处于罗巴切夫斯基的所有的科学研究的中心 —— 他为此付出了他的大部分精力和才能. 然而, 他所获得的结果, 比如, 在纯粹代数学上的, 也有着无可置疑的科学价值. 此外, 当他从伯恩哈德 · 波尔查诺 (1781—1848) 最早的出版物中学习了函数作为一个集合 X 到集合 Y 的映射的一般定义, 使得对每个 $x \in X$, 存在不超过一个 $y \in Y$ 与之对应, 罗巴切夫斯基立刻 (在狄利克雷之前, 狄利克雷的名字总是与这一定义相联系) 开始在他的讲课中使用这一定义.

111喀山大学的高水平的教学主要要归功于喀山公立教育学区的首位学监鲁莫夫斯基的努力, 鲁莫夫斯基是天文学家, 欧拉的学生和下属.

112马格尼茨基与鲁莫夫斯基及喀山大学历史上一段不幸的时期有关系. 马格尼茨基任职时, 许多职位空缺, 在罗巴切夫斯基的领导下, 才得以恢复. 罗巴切夫斯基担任喀山大学校长多年, 有时他也代理公立教育学区的学监. 罗巴切夫斯基的《几何学》(*Geometry*) 是回应马格尼茨基的建议所写的几部教科书之一, 在 1822 年秋马格尼茨基致信时任喀山大学校长的尼科尔斯基: "如果在未来 …… 每位教授每年至少为出版委员会 (the Publishing Committee) 提供一个好的项目会是适当的."

113这部书到 1909 年才在喀山出版, 当时罗巴切夫斯基的名字已广为人知. 该书复制在他的俄文著作集中.

114在正文中提及的百科全书的词条中, 达朗贝尔尖锐地批评欧几里得学派的 "空想的" 严格, 由于其对教科书有害. 认同这一观点的罗巴切夫斯基从未写下作为他的构造的基础的公理; 迟至 1899 年, 希尔伯特才

---

[54] 该书有中译本,《数学经验》, 王前等译. 南京: 江苏教育出版社, 1991. — 译者注

在他的《几何学的基础》中首次提出了欧几里得几何学和双曲几何学公理的一个真正完整的清单.

115富斯对罗巴切夫斯基的《几何学》(作者的名字不为富斯所知) 的苛刻的看法部分地是由于他在评估这份手稿的目的时犯了一个根本的错误, 很不幸它没有作者的导言. 富斯认为《几何学》是用于初学者的教科书, 而罗巴切夫斯基显然打算把它作为学校数学的复习教程.

116目前, 罗巴切夫斯基双曲几何学的基础有时被包括在学校几何学教科书中 (见, 例如, 雅各布斯,《几何学》, 圣弗朗西斯科: 弗里曼出版社, 1974, 635—664 页). 有许多关于双曲几何学的一般文献. 陈旧但仍广为人知的书诸如波诺拉,《非欧几里得几何》(*Non-Euclidean Geometry*)[55], 纽约: 多佛出版社, 1955 (这个版本也包含了罗巴切夫斯基和波尔约的论文的英译); 邓肯 · 麦克拉伦 · 杨 · 萨默维尔,《非欧几里得几何学基础》(*The Elements of Non-Euclidean Geometry*), 纽约: 多佛出版社, 1958; 卡斯劳,《非欧几里得平面几何学和三角学基础》(*The Elements of Non-Euclidean Plane Geometry and Trigonometry*)[56], 伦敦: 朗曼出版公司 (Longmans), 1916; 卡斯劳, 《非欧几里得几何学》(*Nichteuklidische Geometrie*), 柏林, 1923; 卡斯劳, 勒贝尔,《非欧几里得几何学》(*Nicheteuklidische Geometrie*), 格申丛书 (*Sammlung Göschen*), 柏林, 1964; 诺尔金, 《罗巴切夫斯基几何学初步》(*Elementare Einfuhrüng in die Lobatschewskische Geometrie*)[57], 柏林 (DDR): 德国科学出版社 (Deutscher Verlag der Wissenschaften), 1958; 梅施科夫斯基,《非欧几里得几何学》(*Non-Euclidean Geometry*), 纽约: 学术出版社, 1964, 我们注意一些更高深的书: 布斯曼和凯利,《射影几何学与射影度量》(*Projective Geometry and Projective Metrics*), 纽约: 学术出版社, 1953; 尤其是考克斯特,《非欧几里得几何学》(*Non-Euclidean Geometry*), 多伦多: 多伦多大学出版社 (University of Toronto Press), 1965 (以及注记 72 所提到的考克斯特的《几何学导引》的第 16 章). 也可参考一些文章, 如卡策尔和埃勒斯,《经典的欧几里得几何学和经典的双曲几何学》(*The Classical Euclidean and the Classical*

[55] 该书原文为意大利文, 题为 *La Geometrica non-Euclidea*, 于 1906 年出版, 德文和英文译本分别出版于 1908 年和 1912 年. —— 译者注

[56] 该书有中译本,《非欧平几何学及三角学》, 余介石 (1901—1968) 译. 上海: 商务印书馆, 1939. —— 译者注

[57] 该书有中译本,《罗巴切夫斯基几何学入门》, 姜立夫 (1890—1978) 等译. 北京: 高等教育出版社, 1956. —— 译者注

Hyperbolic Geometry), 载《数学基础》(*Fundamentals of Mathematics*) 第 2 卷 (几何学), 麻省理工学院出版社 (*The MIT Press*), 1974, 174—197 页; 罗森菲尔德和亚格洛姆,《非欧几里得几何学》(*Nichteuklidische Geometrie*), 载《初等数学百科全书》(*Enzyklopadie der Elementarmathematik*), 第 5 卷 (几何学), 柏林 (德意志民主共和国[58]): 德国科学出版社, 1971, 385—469 页; 几本更新的书: 内贝林, 《平面非欧几里得几何学导引》(*Einfuhrüng in die nichteuklidischen Geometrien der Ebene*), 柏林 – 纽约: 瓦尔特 · 德格鲁伊特公司出版 (Walter de Gruyter), 1976; 格林伯格,《欧几里得几何学和非欧几里得几何学》(*Euclidean and Non-Euclidean Geometries*), 圣弗朗西斯科: 弗里曼出版社, 1974; 凯利和马修斯,《非欧几里得双曲平面》(*The Non-Euclidean Hyperbolic Plane*), 纽约: 施普林格出版社, 1981; 马丁,《几何学的基础和非欧几里得平面》(*The Foundations of Geometry and the Non-Euclidean Plane*), 纽约: 施普林格出版社, 1982; 克洛茨克和夸伊泽,《非欧几里得几何学》(*Nichteuklidische Geometrie*), 柏林 (德意志民主共和国): 德国科学出版社, 1978; 以及一本更为普遍的书, 普雷奥威茨和迈耶 · 乔丹,《几何学的基本概念》(*Basic Concepts of Geometry*), 纽约: 布莱斯德尔出版公司, 1965.

117在数学史上, 波尔约的绝对几何学很明显是公理化处理公理的一个不完全的集合的第一个例子, 公理的一个不完全的集合即允许几个非同构解释的集合. 在《数学史原本》(*Eléments d'histoire des mathématiques*) (巴黎: 赫尔曼出版社, 1974) 中, 著名的 "尼古拉 · 布尔巴基" 指出古代数学与现代数学之间的仅有的根本差异在于现代数学广泛使用不完全的公理体系 (例如, 几乎所有被数学家们分析过的代数结构 — 群、环、域、格, 等等), 而古代数学家们 (实际上) 只认可完全的公理体系 (诸如平面欧几里得几何学的公理或实数的公理).

118注意公式 (4.1) 在球面几何中仍然有效.

119实际上, 这里我们处理的是双曲几何学的 "相对相容性": 基于欧几里得的概念的贝尔特拉米模型, 证明只要欧几里得几何学是相容的, 那么双曲几何学是相容的 (没有矛盾).[然而, 已知欧几里得几何学的算术模型 —— 点 ≡ 实数对 (x, y); 线 ≡ 满足线性方程 $ax + bx + c = 0$ 的

[58] 第二次世界大战之后德国分裂为德意志民主共和国 (Der Deutsche Demokratische Republik) 和德意志联邦共和国 (Die Bundersrepublik Deutscheland), 这两个国家在 1990 年得到统一, 称德意志联邦共和国. —— 译者注

点 (即数对 (x, y)) 的集合 —— 建立了欧几里得几何学的公理是相容的, 只要作为数系的公理是相容的 (也就是说, 自然数的公理是相容的, 因为其他所有类型的数能从自然数发展出来).] 我们注意到双曲几何学的三位发现者都有欧几里得 (平面) 几何学的相容性出自双曲 (空间) 几何学的相容性这个事实的证明. 这一证明也出自这个 (罗巴切夫斯基, 波尔约和高斯已知的) 事实: 欧几里得平面几何学在双曲空间中的极限球面 (horosphere) 上被实现, 即在一个曲面上被实现, 这个曲面可以描述为一个球面当其半径趋向无限时的极限, 这个球面穿过一个点 A 且在这个点与平面 α 相切. (在欧几里得空间中, 这一极限当然是平面 α 本身, 但在双曲空间中, 我们得到不同于 α 的曲面 β.)

120 "数学家中的王子 (或国王)" 是高斯去世后哥廷根科学学会 (the Göttingen scientific society) 颁发的奖章上的铭文[59], 但是当高斯在世时他也被这样称呼. (有一次, 著名的法国数学家皮埃尔 · 西蒙 · 拉普拉斯 (1749—1827) 说约翰 · 弗里德里希 · 普法夫 (1765—1825) 是德国第一的数学家. 当他的交谈者对他没有选择高斯表示惊讶时, 拉普拉斯答道:"高斯是世界第一的数学家.")

121 专门写罗巴切夫斯基的书和文章通常会说他的父亲是一位土地测量员. 然而, 他似乎短时间拥有这份工作而且这是他事业的顶点. (显然罗巴切夫斯基的父亲酗酒 —— 因此他的家庭极为贫困.)

122 文官官衔中只有授予部级官员的枢密顾问和代理枢密顾问的官衔高于代理国务顾问 (在官衔体系中, 最高的官衔其实是大臣的官衔, 但是这一官衔在实际中很少用到).

123 有着革命思想的车尔尼雪夫斯基, 信任杂志中的评论和圣彼得堡

[59] 事实是这样的: 高斯去世之后, 汉诺威国王乔治五世 (GeorgeV) 下令为高斯制作一个纪念章, 这种直径 70 毫米的纪念章在 1877 完成, 正面是高斯的头像, 背面的铭文是

GEORGIVS V
REX HANNOVERGE
MATHEMATICORVM
PRINCIPI

—— 译者注

皇家科学院 (the Academy of Sciences)[60] 的意见, 把在学术杂志中被取笑的一位科学家是在科学和教育中的一个地位很高的人物的事实视为俄国社会必须进行剧变的一个证据. 当然, 并非数学家的车尔尼雪夫斯基无法知道罗巴切夫斯基是一位伟大的科学家而且是俄国科学未来的骄傲!

124 高斯有杰出的语言才能. 学习一门外语对他来说通常是一种消遣.

125 这里我们有意不精确. 事实上, 福尔考什·波尔约的《尝试》是在 1832 年, 而不是在 1831 年出版的. 然而, 作为《尝试》的《附录》的若干册出现稍早, 是在 1831 年. 在提及专注于罗巴切夫斯基和波尔约的非欧几里得几何学的第二个出版物 (在罗巴切夫斯基的《论几何学的基础》[61] 之后) 时, 后一个日期总被提到. 在 1831 年, 亚诺什·波尔约的《附录》[62] 被寄给高斯, 但是并未到达他那里; 在 1832 年; 通过高斯和老波尔约的共同的熟人, 高斯才收到他的包含亚诺什的《附录》的大部头著作.

联系到高斯寄给亚诺什·波尔约的一个问题时, 很难理解这位长者对这个年轻人的态度, 问题是已知一个非欧几里得四面体的 6 个二面角, 求它的体积. 高斯本人未能解决这个问题 (后来被罗巴切夫斯基解决). 他向亚诺什·波尔约提出它表明他是多么器重这位年轻人. 另一方面, 高斯似乎没有去想如果亚诺什·波尔约未能解决这一问题, 他将会是多么失望.

此外, 高斯对于上述问题的兴趣是他的直观可靠地把他引向重大问题另一个迹象. 其实, 它是当下人们感兴趣的问题之一; 见, 例如, 考克斯特, 《施勒夫利和罗巴切夫斯基的函数》(*The functions of Schläfli and Lobatschewsky*), 《数学季刊》(*Quar. J. of Math.*), 6, 1935, 13—29 页, 以及米尔诺, 《双曲几何学: 第一个 150 年》(*Hyperbolic Geometry: the first 150 years*), 《美国数学会会刊》(*Bull. Amer. Math. Soc.*), 6(1), 1982, 9—24 页.

---

[60] 近代最早出现的自然科学团体都与城市有关, 如伦敦皇家学会、巴黎科学院, 后来才出现了国立的科学机构, 如 1863 年成立的美国科学院. 1724 年, 彼得堡科学院 (Петербургская академия наук) 成立, 从 1747—1836 年它被称为帝国科学和艺术科学院 (Императорская академия наук и художеств), 从 1836—1917 年它被称为帝国圣彼得堡科学院 (Императорская санкт-петербургская академия наук), 从 1917—1925 年它又恢复了彼得堡科学院的原名, 从 1925—1991 年它重组为苏联科学院 (Академия наук СССР), 1991 年至今它被称为俄罗斯科学院 (Российская академия наук). —— 译者注

[61] 这篇文章有中译文, 《论几何原理》, 罗见今译, 载《数学史译文集续集》. 上海: 上海科技出版社, 1985. —— 译者注

[62] 这篇文章有中译文, 《论非欧几何》, 王青建译, 载李文林主编《数学珍宝》. 北京: 科学出版社, 1998. —— 译者注

[126]很明显, 这与高斯那时已学习了俄语, 熟悉罗巴切夫斯基的众多且常常是晓畅的论文与这一事实有关, 在这一主题上, 无疑他对它们的理解深度要超过对波尔约的简短的出版物的理解. 这也很可能由于在方法论原则和心理状态上罗巴切夫斯基比亚诺什 · 波尔约更接近高斯, 亚诺什 · 波尔约的写作风格和结果远超它们的时代. 高斯很可能欣赏罗巴切夫斯基在他所有的出版物中坚持包括对 "物理空间的几何学" 的讨论. 罗巴切夫斯基建议利用实验来验证是否 "虚"(双曲) 几何学而不是欧几里得几何学是我们空间的几何学. 起初, 他认为是前者, 但是在他的晚年他倾向转后者. 正如我们已经指出的那样, 这样的研究方法与波尔约的完全不同 —— 这个事实, 在我们看来, 是波尔约的长处而非短处.

[127]这个主题的一个全面的处理 (当然, 以福尔考什 · 波尔约在《尝试》中关于等面积的多边形的重组开始), 见博尔强斯基,《希尔伯特第三问题》(*Hilbert's Third Problem*), 纽约: 威利出版公司, 1978.

[128]亚诺什 · 波尔约的名字现在是匈牙利数学会 (the Hungarian Mathematical Society) 的名字的一部分. 匈牙利 —— 在福尔考什 · 波尔约和亚诺什 · 波尔约的时代在科学的意义上是非常落后的 —— 在 20 世纪出现了一批世界一流的数学家和物理学家.

[129]这里指 19 世纪的第一个三分之一的时间 (罗巴切夫斯基的《论几何学的原理》出版于 1829—1830 年且波尔约的《附录》出版于 1831 年) 并不真正恰当, 因为起初罗巴切夫斯基和波尔约的出色的著作几乎没有人注意. 在高斯去世后出版 (在 19 世纪 60 年代) 了他的通信集, 转折点在此后出现. 高斯的信使得他对罗巴切夫斯基工作的很高的评价 (但同时高斯强调在 1792 年 —— 这一年, 罗巴切夫斯基才刚刚开始认真思考平行线理论和空间的本性 —— 他就有了所有这些相关的想法!) 真相大白, 这立刻吸引了人们的注意. 只是后来高斯才确信异于欧几里得的几何学的第二种几何学的存在性. 这些书信吸引人们注意罗巴切夫斯基的著作, 而且 (在 19 世纪 60 年代末期) 它们最早的外文译本 (和《几何研究》[63]的俄文译本) 问世, 随之出现的还有解释和评论罗巴切夫斯基著作的首批论文. 在科学文献中罗巴切夫斯基首次被提到是在英国代数学家、几何学家阿瑟 · 凯莱的《罗巴切夫斯基的虚几何学注记》(*Note on Lobachevsky's Imaginary Geometry*) (1865) 中. 这则注记比较了罗巴

[63] 该书有中译本,《平行线论》, 齐汝璜译. 上海: 商务印书馆, 1928. —— 译者注

切夫斯基几何学和球面几何学中的三角学. 从这则注记显然凯莱未能理解罗巴切夫斯基的发现的本质 (把这与凯莱对关于非欧几里得几何学的另一部作品所说的相比较, 凯莱更多地直接涉及了这部作品), 这则注记毫无疑问对增加人们对新几何学的兴趣有所贡献.

[130]高斯不是一位良师而且很少赏识学生们的优点 (正如我们联系到默比乌斯和冯 · 施陶特时已经提到的). 黎曼参加过高斯的最小二乘法课程, 但是他们显然没有私交. 不过, 高斯的著作对黎曼影响是很大的 (见正文). 所以我们可以认定这个事实: 无论高斯讲课的质量和内容如何, 都刺激了黎曼的工作.

[131]在论述黎曼的数学事业时,不能忽视他在柏林度过的两年 (1847—1848 年), 那是他第一年在哥廷根之后去的地方, 为了结识新人并了解他们的观点. 在那些年, 在德国学生中短期停留在不同的大学是非常流行的. 黎曼的柏林之行被证明是富有成果的: 他与一个有才能的青年数学家 (他不幸早逝) 费迪南德 · 戈特霍尔德 · 马克斯 · 艾森斯坦 (1823—1852) 结为朋友, 高斯非常器重艾森斯坦. (据说高斯曾说过真正划时代的数学家只有三位 —— 阿基米德、牛顿和艾森斯坦.) 黎曼发现他与艾森斯坦的交谈很有启发性. 但是在柏林给黎曼印象最深的是皮埃尔 · 居斯塔夫 · 勒热纳 · 狄利克雷 (1805—1859) (我们会再次提到他) 的讲课. 这两位杰出的数学家显然有相同的心理类型, 很快建立了学术上和个人的联系. 黎曼欣然承认狄利克雷的影响; 它与魏尔斯特拉斯对黎曼工作的尖锐批评的关系将在下面讨论 (见注记 147).

[132]勒热纳 · 狄利克雷来自有法国血统的移民家庭. 他是德国数学和法国数学之间关联人物. 在德国接受了中等教育之后, 他在巴黎生活了几年, 靠在一个富人家担任家庭教师过活. 他从法国巴黎综合理工学院的分析学家们那里接受了一种非正规的教育. 尤其是, 他受到了伟大的让 · 巴蒂斯特 · 约瑟夫 · 傅里叶 (1768—1830) 的影响. 在著名的博物学家和公众人物亚历山大 · 冯 · 洪堡 (1769—1859) 的推荐下, 狄利克雷来到普鲁士, 亚历山大 · 冯 · 洪堡在政界非常有影响. 他的哥哥, 知名的地理学家和旅行家威廉 · 冯 · 洪堡 (1767—1835) 于 1810 年创建了柏林大学, 当时这座城市还处在拿破仑军队的占领下. (在那种田园诗的时代才有可能在一座被占领的城市中建立一所大学.) 亚历山大 · 冯 · 洪堡在巴黎生活过很长时间而且与法国科学家们交往密切, 这些法国科学家很钦佩狄利克雷最初的著作的力量. 起初布雷斯劳 (现波兰的弗罗茨瓦夫)

大学, 然后柏林大学为狄利克雷提供了助理教授的职位, 他随之成为柏林大学教授. 狄利克雷在柏林, 以及后来在哥廷根的住宅, 都是当地科学和艺术界的知识分子聚会的地方, 这主要是因为狄利克雷的妻子雷蓓卡, 她出身于一个富裕的、杰出的德国 – 犹太人家庭. 她的祖父是著名的哲学家、作家和公众人物摩西 · 门德尔松 (1729—1826), 她的哥哥是著名的作曲家、指挥家菲利克斯 · 门德尔松 – 巴托尔迪 (1809—1847), 而她的堂兄弟是经济学家埃内斯特 · 冯 · 门德尔松, 他后来被誉为俾斯麦的最有影响的顾问之一. 在柏林, 卡尔 · 雅可比 (下面更多地论及他) 造访过雷蓓卡 · 狄利克雷 – 门德尔松的沙龙, 正如女主人那样, 卡尔 · 雅可比也来自一个富裕且著名的德国 – 犹太家庭, 对艺术、历史和文化有兴趣. 不过, 狄利克雷本人在他的住宅的招待会上常常非常拘谨而且谦逊. 正如在注记 68 中提到的克莱因关于数学史写的一本书上所写的: "围绕着他身边的知识界的谈笑声显然与他海洋般深刻的精神不相符".

[133]在 1837 年, 哥廷根大学, 德国最著名的大学之一, 遭受 100 年后纳粹对该校的毁坏 (下面更多地论及此事) 才能与之相比的一次打击. 在那年, 汉诺威的新国王恩斯特 – 奥古斯特二世废止了 1833 年的民主宪法并颁布新宪法, 旧宪法保障的公民权利几乎全被剥夺. 所有政府官员, 包括大学教授, 不得不宣誓效忠新宪法, 同时对公共事务毫无兴趣的高斯立即接受, 七名杰出科学家 (在德国社会思想史上以哥廷根七君子 (Göttingen Seven) 著称) 断然拒绝并被迫离开学校, 哥廷根大学立刻失去了它作为德国最好的高等学术机构的荣誉. 德国其他大学很快为这七个人 —— 包括物理学家威廉 · 韦伯及著名的德国语言学家、民俗学家雅各 · 格林和威廉 · 格林兄弟 —— 提供了职位. 在 1848 年, 受到席卷整个欧洲的革命浪潮的惊吓, 这位汉诺威国王同意恢复旧的宪法. 随后, 被逐的科学家中的多人, 包括韦伯, 重返哥廷根.

[134]也许将这一职务称为无薪讲师 (Privatdozent) 更为准确, 因为大学不为担任这一职位的人支付薪水. 任职者有向同意付费的学生授课的权利.

[135]我们已经指出高斯对陶里努斯、亚诺什 · 波尔约和罗巴切夫斯基的科学成就的不可接受的态度. 高斯对阿贝尔的著作的处置受到谴责是应得的 —— 及时的支持也许能延长阿贝尔的悲剧人生. 1828 年, 当他从克雷尔那里收到阿贝尔有关椭圆函数理论的出色著作时, 高斯仅有的回应是一封信, 在信中他宣称从 1798 年起他就知道这些想法 (即已经 30

年了). 当阿贝尔的包含一般的 n 次方程对 $n \geqslant 5$ 用根式不可解的革命性发现的论文寄给高斯时, 他完全没有回应. 这使这篇论文的发表被推迟了很长时间. 雅可比的与此形成对照的行为值得详述. 当雅可比收到阿贝尔关于椭圆函数理论的论文时, 对此主题深有研究的雅可比致信克雷尔:"阿贝尔的工作高于我的赞扬, 因为它胜过我的著作," 并开始在他随后的出版物中使用阿贝尔函数和阿贝尔积分的术语. 由于那时雅可比被誉为德国 (仅次于高斯) 的第二大数学家, 这令这位贫困、无名的挪威学生非常愉悦.

136见黎曼, 《论作为几何学基础的假设》[64], 柏林: 施普林格出版社, 1919; 第二版, 1923. 外尔的评论包含在黎曼演讲的大多数外文译本中.

137在德国大学申请一个职位需要提交一篇包含一些计算的竞聘论文 (Habilitätsschrift), 而且发表带有少许计算 (如果有的话) 的竞聘演讲 (Habilitätsvortrag). 黎曼的竞聘论文是出色的论文《论一个函数通过一个三角级数的可能表示》(*Über die Darstellbarkeit einer Funktion durch eine trigonometrische Reihe*)[65]. 他的竞聘演讲是著名的《论假设》(*Über die Hypothesen*). 这篇演讲在形式上非常一般, 而且实际上不包含计算. 这篇演讲引人注目的地方是其概念, 其预言的与物理学的联系 (60 年后被爱因斯坦破解) 的深度, 以及纯粹是口头表达的结果, 这些结果显然以一个令人印象深刻的分析装置 (analytical apparatus) 为基础. 今天, 我们从 1861 年黎曼向巴黎科学院 (the Paris Academy of Sciences) 赞助的竞赛提交给的论文《论热传导的一个问题》(*Über eine Frage der Wärmeleitung*)[66] (但在那时未被正确判断其价值; 这篇论文既没有发表也没有获奖) 中了解到, 黎曼几何学的创始人完全掌控了分析装置, 并对在竞聘演讲中陈述的所有事实都有证明.

138第一个出版物 (《物理学年刊》(*Annalen der Physik*), 第 4 辑, 第

[64] 这篇文章有中译文,《关于几何基础中的假设》, 方为民译, 载李文林主编《数学珍宝》. 北京: 科学出版社, 1998. —— 译者注

[65] 这篇文章的前 3 节有中译文,《是否可以用三角级数表示已知的任意函数》, 胥鸣伟译, 载《数学与人文》第 7 辑. 北京: 高等教育出版社, 2012. — 译者注

[66] 原文为拉丁文, 有中译文,《对试图回答最著名的巴黎科学院所提问题的数学评述》, 李培廉译, 作为附录 IV 收录在他译的《数学在 19 世纪的发展》(第二卷) 中. 北京: 高等教育出版社, 2011. —— 译者注

49 卷, 769—822 页)[67] 重印多次 (尤其是, 它有几个单行本) 且被译为多种语言.

139爱因斯坦愉快地回忆了他与外尔关于广义相对论的想法的多次讨论, 这些讨论回溯到在苏黎世工学院 (Zürich Technische Hochschule) 时他们合作的工作. 但是当爱因斯坦说到他对于黎曼的几何思想的了解时, 他经常感激的不是外尔, 而是一位名气小得多的数学家, 他自学生时代起的朋友马塞尔 · 格罗斯曼 (1878—1936), 那时, 马塞尔 · 格罗斯曼也在苏黎世工学院工作 (爱因斯坦得到这所学校的工作是由于格罗斯曼), 并与爱因斯坦合写了前述关于广义相对论的论文中的一篇长文《广义相对论的基础》(*Die Grundlagen der allgemeinen Relativitätstheorie*).

140这部基础之作[68]的一个杂志出版物和一个单行本 (哥廷根皇家科学学会 (Göttingen, Kön, Gesellschaft der Wissenschaft)) 都出现在 1828 年. 随后, 它被从拉丁文译成实际上所有欧洲的现代语言. 特别地, 德文译本两次被列入著名的丛书《奥斯特瓦尔德精密科学经典》(*Ostwald's Klassiker der exakten Wissenschaften*) (高斯,《一般曲面理论》(*Allgemeine Flächentheorie*), 莱比锡: 托伊布纳出版社, 1889 和 1890) 中出版. 这部作品包括在高斯的《全集》中 (见注记 106), 第四卷, 哥廷根, 1873, 217—258 页.

141亦见阿博特,《平地》(*Flatland*), 载纽曼编,《数学世界》(*The World of Mathematics*), 第四卷, 纽约: 西蒙和舒斯特公司出版, 1956, 2383—2396 页; 伯格,《球状地》(*Bolland*), 海牙, 1957.

142光滑曲线 φ 的曲率 k 可以被定义为其切线旋转的速率: 事实上, 如果一条曲线的切线不改变方向, 那么显然该曲线必定是一条直线 (完全不弯曲); 但是切线改变其方向越快, 曲线越 "弯曲". 曲率可以严格地定义如下: 考虑一条曲线 φ 的长度为 s 的一小段弧 δ. 过定点 P 画与弧 δ 上所有点的切线相平行的线; 这些起点为点 P 的线的单位线段 (单位向量) 的端点画出一个 (单位) 圆的长度为 σ 的弧 δ_1. 比值 $k_m = \sigma/s$ 是曲线 φ 在弧 δ 上的 "平均曲率"; 当 $s \to 0$ (δ 收缩至 φ 的一个点) 时, 这个比值的极限 k 是 φ 在那个点的曲率. 用类似的方式, 我们可以定义

[67] 这篇文章有中译文,《广义相对论的基础》, 载范岱年等编译《爱因斯坦文集》(第二卷). 北京: 商务印书馆, 1977. —— 译者注

[68] 这篇文章的摘要有中译文,《关于曲面的一般研究摘要》, 成斌译, 载李文林主编《数学珍宝》. 北京: 科学出版社, 1998. —— 译者注

光滑曲面 Φ 的曲率 K. 这里我们也取曲面 Φ 的面积为 S 的一个小部分 Δ; Φ 在 Δ 的所有点上的全部的切平面由这些面的垂线, 即曲面的所谓的法线刻画. 它们都从一个点 P 画出, 这些有公共原点 P 的法线的单位线段 (单位向量) 的端点画出一个单位球面的面积为 Σ 的部分 Δ_1. 比值 $K_m = \Sigma/S$ 是 Φ 在该曲面的部分 Δ 上的平均曲率, 当 $S \to 0$ (Δ 收缩至一点) 数, 这一比值的极限 K 是曲面 Φ 在那一点的曲率. 根据这些定义, 半径为 r 的一个圆的曲率是 $k = 1/r$, 同时半径为 r 的球面的曲率是 $K = 1/r^2$; 圆或球面的半径越大, 曲率越小. (一个曲面的曲率符号是通过比较曲面 Φ 的对应部分 Δ, Δ_1 和单位球面的 "定向" 确定的; 这里我们不处理这个问题.) 然而, 这一定义不意味着曲面 Φ 的曲率 K 是其内蕴几何学的一个事实, 即能够只通过那些在 Φ 上有内蕴意义的概念定义. 高斯在他的《一般研究》(*Disquisitiones generales*) 中称这个深刻的事实为卓越的定理 (Theorema egregium), 大多数现代教科书中仍保留这一名称.

[143]在这一点回忆兰伯特关于双曲几何学在 "某个虚球面" 上成立的预言性陈述是适宜的. 根据注记 142, 半径为 r 的一个球面的 (正的) 曲率是 $K = 1/r^2$; 所以, 半径 $r = ui$ 的 (想象的)"虚球面" 的曲率应为 $K = -1/u^2$. 结果表明, 这个 "负常曲率的球面" 的内蕴几何学是双曲几何学.

[144]这一构造为我们带来了各种 (比如说, 二维的) 几何学体系 (欧几里得的, 双曲的, 椭圆的) 的可能的整体形状 (global forms) 的有趣的问题, 它由杰出的英国几何学家、伦敦大学教授威廉 · 金德姆 · 柯利弗德 (1845—1879) (他 34 岁时因肺结核在马德拉岛上去世) 首先提出 (与欧几里得几何学相关), 在柯利弗德之后, 克莱因也提出了这个问题. 现在, 这个问题以柯利弗德 – 克莱因问题知名, 而且几何学的可能的整体形状被称为柯利弗德 – 克莱因形状. 这里我们的问题是, 比如说, 尽管上述球面和椭圆平面局部地有相同的结构 (在任意点的邻域,"小范围"), 它们 "在整体上", 即从大尺度的区域看可能非常不同. 克莱因, 李的最杰出的追随者之一、德国人威廉 · 卡尔 · 约瑟夫 · 基灵 (1847—1923) 以及著名的瑞士拓扑学家海因茨 · 霍普夫都研究过广义的柯利弗德 – 克莱因问题. 发现二维椭圆几何学仅有 2 种空间形式 (这两者上面已经提到: 球面和椭圆平面), 而二维欧几里得几何学有多达 5 种形式 (普通欧几里得平面、无限的默比乌斯带、无限的圆柱面、环面, 即多纳圈的表面, 以及

所谓的克莱因瓶). 很明显, 一张纸可被卷成一个圆柱面, 它的任意的点的邻域与平面无异, 但是整体上, 两者确实不相像. 二维双曲几何学有无穷多的空间形式 (关于这一点, 见注记 107 提到的克莱因关于非欧几里得几何学的著作的第 9 章).

我们以等同其边界赤道上的对映点的半球面 (见图 11) 可作为射影平面的一个模型的观察作结. 事实上, 在前面我们已经看到 (见注记 74) 我们可以认为在空间中穿过 O 的直线束作为射影平面的一个实现. 但是, 如果我们选择点 O 为图 11 所示半球面的中心, 那么该线束中的每一条线, 除了水平的线, 与半球面只相交于一个点, 而水平的线与半球交于直径上的两个相对的边界点. 因此我们已经在椭圆平面和射影平面的点之间建立了的一一对应 (或者双射, 正如数学家所说的), 这允许我们把椭圆平面 (没有度量, 即没有测量距离和角度的可能性) 作为射影平面考虑, 反之, 将椭圆平面作为带有一个度量的射影平面处理, 即带有允许测量这个平面上任意两点之间的距离以及任意两条直线之间的角度的公式 (平面椭圆几何学的克莱因处理; 这在第 65—67 页讨论).

[145]黎曼被选为哥廷根科学学会的会员以及柏林 (普鲁士) 科学院 (Berlin (Prussian) Academy of Sciences) 的通讯院士. 在他去世的 1866 年, 他收到他当选为柏林科学院院士 (这年年初), 巴黎 (法国) 科学院 (the Paris (French) Academy of Sciences) 院士 (在 3 月), 以及最后 (在 6 月 14 日, 也就是他去世前一个月) 伦敦皇家学会会员的通告, 牛顿曾任皇家学会会长. 1866 年 7 月 20 日能充分运用才智的黎曼去世.

[146]黎曼是汉诺威王国 (the Hannover kingdom) 的一个臣民, 亦即, 在普鲁士他是个外国人 (汉诺威和普鲁士在黎曼去世那年统一了).

[147]魏尔斯特拉斯对黎曼态度不是容易分辨的; 它有极端尊重的特征, 因为黎曼的结果确实令魏尔斯特拉斯震惊. 例如, 魏尔斯特拉斯曾收回他提交给柏林科学院的关于阿贝尔函数论的一篇深刻的论文, 仅仅是因为黎曼关于同一主题的文章出现在克雷尔杂志上; 黎曼的结果与魏尔斯特拉斯通过不同方法获得的结果仅有部分重合. 但是, 魏尔斯特拉斯同时完全否认作为黎曼工作基础的 “物理证明” 风格. 有关这一点, 见魏尔斯特拉斯写给他喜爱的学生、柏林大学教授卡尔 · 赫尔曼 · 阿曼杜斯 · 施瓦茨 (1843—1921) 的一封信, 注记 56 中提到的外尔的文章中引用了这封信, 信中魏尔斯特拉斯将自己对函数论的研究方法 (完全基于代数学 —— 在他看来是唯一的正确途径) 和黎曼的 “物理数学”(使用克莱因

的学生佐默费尔德的赞美的表示) 进行比较. 魏尔斯特拉斯认为黎曼的方法缺乏严格性, 因此是不可接受的.

在对 "狄利克雷原理" 的批评上, 魏尔斯特拉斯特别猛烈, 而黎曼的很多构造以狄利克雷原理为基础. 这个原理涉及使用单复变函数论中一个特定的最优化 (或变分) 问题的解. 魏尔斯特拉斯不怀疑出现在狄利克雷原理中的最优的存在性. 他的批评关注黎曼和狄利克雷都没有证明这个陈述的事实. 所以不能认为用这个原理得到的结果是已被证明的. 魏尔斯特拉斯建议施瓦茨就他感兴趣的一些特别的情形, 给出狄利克雷原理的一个证明, 这是施瓦茨有能力做的. 在 1899 年, 希尔伯特给出了狄利克雷原理的正当性的一个完整证明. 由于魏尔斯特拉斯不接受黎曼对单复变函数论, 即对这两位数学家在竞争的这一科学分支上的研究方法, 因此魏尔斯特拉斯帮助在科学界宣传黎曼的工作就更值得称赞. 尤其是, 作为柏林科学院最有影响力的院士之一, 魏尔斯特拉斯两次提议选黎曼进柏林科学院. 与此相联系, 我们也应该注意魏尔斯特拉斯给予集合论的创造者格奥尔格 · 康托尔 (1845—1918) 的不间断的帮助, 尽管康托尔在科学、方法论, 甚至哲学和宗教上的态度 —— 后者既涉及神秘主义又涉及某种狂热 —— 与魏尔斯特拉斯相去甚远. 魏尔斯特拉斯是一个天主教徒, 在宗教实践上中规中矩, 而作为犹太人后裔的格奥尔格 · 康托尔是虔诚的路德教徒.

[148]这篇文章发表于《哥廷根通报》(*Göttinger Nachrichten*), 第 14 卷, 1868, 193—221 页; 在赫尔姆霍茨的著作集 (《科学论文集》(*Wissenschaftliche Abhandlungen*)) 的第 2 卷重印, 莱比锡, 1887, 第 2 卷, 618—639 页. 在此我们注意到赫尔姆霍茨是最早公开对当时少为人知的罗巴切夫斯基几何学表示支持的科学家之一. 我们引证赫尔姆霍茨 1870 年在海德堡大学发表的演讲《论几何公理的起源和意义》(*On the origin and meaning of geometric axioms*). 这次演讲收录在他的《演讲和报告》(*Lectures and Speeches*) 的第 2 卷中 (赫尔曼 · 冯 · 赫尔姆霍茨,《论几何公理的起源和意义》(*Über den Ursprung und Bedeutung der geometrichen Axiome*),《演讲和报告》(*Vorträge und Reden*), 第 2 卷, 不伦瑞克, 1884). 这里我们不仅对作为物理学家和生理学家的赫尔姆霍茨真正为罗巴切夫斯基 – 波尔约和高斯的几何学辩护感兴趣, 而且也对他的论证感兴趣. 他的论证以古人所持的几何学观点的一个意味深长的刻画开始:"在人类知识领域中, 没有哪一个领域像几何学那样, 以完美和完全确

定的形式, 而且全身裹着科学的铠甲, 犹如从宙斯的脑袋里跳出来的雅典娜出现在我们面前 …… 几何学远离所有自然科学中必不可少的冗长乏味的新的实验事实的堆砌. 其科学发展的唯一的方法是演绎方法: 一个逻辑结论出自另一个逻辑结论." 但他的雄辩的要点是反驳这些出自柏拉图、亚里士多德和康德的几何学观点. 如果两个体系 (一个属于欧几里得而且另一个属于罗巴切夫斯基) 在逻辑上是相容的, 那么或此或彼的真实性必须通过物理实验而非推论来确定. 因此, 赫尔姆霍茨 (正如我们所期待的!) 所持的观点与高斯和罗巴切夫斯基相近, 他们将几何学视为自然科学中的一个门类 — 对真实空间的特别性质的研究. 对杰出的亚诺什 · 波尔约是如此自然的几何学的逻辑 (我们现在会说是 "数学的") 研究方法远离赫尔姆霍茨.

[149]注意黎曼最后一篇研究论文受到了赫尔姆霍茨有关声音生理学研究的启发是奇妙的, 黎曼撰写这篇论文直至去世, 它在他去世后才发表. 黎曼 (同样受赫尔姆霍茨的影响) 也对视觉生理学感兴趣.

[150]对黎曼的演讲的第二个重要的回应 —— 像赫尔姆霍茨的文章, 对黎曼关于自然科学的想法的一个回应 —— 是柯利弗德于 1870 年年初在剑桥哲学学会 (the Cambridge Philosophical Society) 上发表的有关物质的空间理论的演讲, 我们在注记 144 曾提及此人. (该演讲发表在柯利弗德,《演讲和论文》(*Lectures and Essays*), 第 1、2 卷, 伦敦: 麦克米兰出版公司, 1901.) 这里柯利弗德实际上发展的空间的几何学的观点比黎曼的更为一般, 正如后者所做的, 柯利弗德假定新的 "柯利弗德几何学"(从数学的观点来看, 这在演讲中并未清晰地描述) 允许人们通过包括空间 —— 其性质并非纯粹几何的, 同时也是物理的 —— 的真实结构而构建物理空间的一种理论. 爱因斯坦对柯利弗德的演讲评价很高; 但是该演讲对他影响不大, 因为他的相对论 (引力的几何学理论) 完全以黎曼的空间理论为基础. 然而, 由美国物理学家约翰 · 阿奇博尔德 · 惠勒, 以及特别地, 由英国物理学家斯蒂芬 · 霍金发展的关于空间的后来的想法, 可以被视为在某种程度上向柯利弗德想法的回归.

[151]奇怪的是, 在注记 105 和 107 提到的克莱因的关于非欧几里得几何学的书尤其关注常曲率的双曲空间、欧几里得空间和椭圆空间, 仅有这些空间有可能作为我们的真实的物理空间的模型 —— 因为后者是均匀的且各向同性的. 尽管这与在 1893 年 (注记 105 所提到的书出现的那一年) 的世界的物理图景保持一致, 奇怪的是, 这种与爱因斯坦的狭义

相对论 (1905 年) 以及广义相对论 (1916 年) 完全矛盾的观点, 在 1928 年出版的一本书中仍然得到了克莱因的学生们的积极支持. 事实上, 现代宇宙学的一些理论回到了这种状态: 在那里三种常曲率的几何学 —— 双曲几何学, 欧几里得几何学和椭圆几何学 —— 再次出现在最前沿.

[152]见李的论文《关于赫尔姆霍茨的论文〈论处于几何学基础的一些事实〉的评论》(*Remarks on Helmholtz's Paper'On the Facts that lie at the Foundations of Geometry'*)《关于赫尔姆霍茨的论文〈论处于几何学基础的一些事实〉的评论》(*Bemerkungen zu v. Helmholtz' Arbeit Über die Tatsachen, die der Geometrie zu Grunde liegen,*《莱比锡报告》(*Leipziger Berichte*) , 第 38 卷, 1886, 337—342 页; 重印在李的全集中).

[153] 克莱因的构造的更为狭隘的特征尤其由这一事实显示: 对于空间的每个固定的维度, 他引入有限多个几何学体系, 而不是如黎曼引入无限多个几何学体系.

[154]《伦敦皇家学会哲学汇刊》(*Phil. Trans. Roy. Soc., London*), 149, 1859, 61—70 页; 重印在凯莱的全集中 (《阿瑟 · 凯莱数学论文全集》(*The Collected Mathematical Papers of Arthur Cayley*), 第 2 卷, 剑桥大学出版社, 1889, 561—592 页), 这里凯莱增加了重要的评论, 表明这篇文章与非欧几里得几何学的克莱因解释的联系, 并且表达了他与克莱因意见相反.

[155]在那时仅有为数不多的数学家熟悉非欧几里得几何学. 第一次 "非欧几里得热潮" 出现在高斯的通信集出版之后的 19 世纪 60 年代末, 在德国只是在 1870 年才有人做了支持非欧几里得几何学的第一个公开演讲 (见注记 129 和 148).

[156]《数学年刊》(*Mathematische Annalen*), 第 6 卷, 1873, 112—145 页; 在同一杂志还载有这篇文章的进一步补充和澄清, 所有这些均收录在克莱因全集的第一卷中 (克莱因,《数学论文全集》(*Gesammelte mathematische Abhandlungen*), 第 1 卷, 柏林: 施普林格出版社, 1973 —— 最新版本 —— 其中也发布了主要文章《论所谓的非欧几里得几何学》的正文). (此外, 对这篇论文的批评者们 —— 包括凯莱 —— 用于证明克莱因全部构造的数学有效性的进一步解释并不令人信服: 不想看的人就不会去看.)

[157]注记 107 引用的克莱因的书中包含克莱因对非欧几里得体系的想法的阐述. 关于同一主题的更详细的 (且更现代的) 阐述, 见, 例如,

亚格洛姆, 罗森菲尔德, 雅辛斯卡娅,《射影度量》(*Projective Metrics*),《俄罗斯数学综述》(*Russian Mathematical Surveys*), 第 19 卷, 第 5 期, 1964, 49—107 页, 以及罗森菲尔德,《非欧几里得空间》(*Non-Euclidean Spaces*), 莫斯科: 科学出版社 (Nauka), 1969 (俄文). 凯莱 – 克莱因平面几何 (以及关于空间几何学的某些更普遍的信息, 例如, 它们的一个列表) 的更为初等的阐述包含在注记 159 参照的亚格洛姆的书的补充 A—C 中.

[158]赫尔曼 · 闵科夫斯基出生在白俄罗斯 (此地现在是立陶宛的一部分) 的一个小的犹太社区中. 他还是一个儿童的时候, 就显示了多方面的非凡才能. 在沙皇时期的俄罗斯, 犹太儿童获得完整的教育是困难的. 这迫使闵科夫斯基一家移民德国. 在德国, 赫尔曼完成了中学教育并进入柯尼斯堡 (现为苏联的加里宁格勒) 大学. 他在同一所大学开始了教学事业. 在这期间, 他结识了名叫大卫 · 希尔伯特的同学 (我们之前多次提到他, 在接下来的几页他又会出现). 这一相识发展成深厚的友谊, 而且闵科夫斯基和希尔伯特之间的亲密的私人关系和学术交往一直持续到闵科夫斯基去世 (见, 例如, 注记 305 提及的瑞德撰写的《希尔伯特》(*Hilbert*) 一书). 1887 年, 闵科夫斯基移居波恩继续科学和教学事业; 在这里他先任副教授, 后任正教授. 不过, 当希尔伯特在 1895 年离开柯尼斯堡去哥廷根时, 闵科夫斯基返回柯尼斯堡接替他的位置. 闵科夫斯基这次在柯尼斯堡停留的时间不长: 1896 年闵科夫斯基接受了著名的苏黎世工学院提供的教授一职, 而且在 1902 年去哥廷根, 在这里他再次与他的朋友希尔伯特共事. 他没有离开哥廷根直至去世.

在苏黎世, 阿尔伯特 · 爱因斯坦是闵科夫斯基的学生之一. 闵科夫斯基认为爱因斯坦是一个很普通的学生, 而且没有期望他自己未来最好的 (而且无疑是最知名的) 成就中的许多会与爱因斯坦的想法相关. 1907 年, 闵科夫斯基在哥廷根科学学会做了著名的演讲《空间和时间》(*Raum und Zeit*) 并首次发表在《德国数学会年刊》(*Jahresbericht der Deutschen Math. Vereinigung*), 第 18 卷, 1909, 75 页和《物理杂志》(*Physikalische Zeitschrift*), 第 10 卷, 1909, 105 页上, 它包含狭义相对论的几何解释. 该演讲后来被多次编辑并被译成多种语言 (通常有克莱因的学生佐默费尔德撰写的附录, 我们在前面提到过他). 在闵科夫斯基的演讲中, 首次出现了带有度量类型为 $d^2 = (x_1 - x)^2 - (y_1 - y)^2$ (或在三维空间中的 $d^2 = (x_1 - x)^2 + (y_1 - y)^2 - (z_1 - z)^2$) 的空间. 在闵科夫斯基的演讲中这

一度量被引入在形如

$$d^2 = (x_1 - x)^2 + (y_1 - y)^2 + (z_1 - z)^2 - c^2(t_1 - t)^2$$

的四维空间中, 其坐标为 x, y, z, t, 这里 t 为时间, c 是真空中的光速. 现在, 有这一度量的这种四维空间被称为伪欧几里得型的闵科夫斯基空间 (pseudo-Euclidean Minkowski space) (二维的情形被称为闵科夫斯基平面). 这一想法 (被闵科夫斯基用在他随后关于相对论的论文中) 的进一步扩展, 见克莱因关于《洛伦兹群的几何基础》(*The Geometric Basis of the Lorentz Group*) 的报告 (《论洛伦兹群的几何基础》(*Über die geometrischen Grundlagen der Lorentz Gruppe*),《德国数学会年刊》, 第 19 卷, 1910, 281 页). 该报告也包含在克莱因的全集中. 顺便说一下, 在闵科夫斯基之前, 狭义相对论的创始人之一, 杰出的法国数学家和物理学家亨利 · 庞加莱 (此人的名字在这几页中将多次出现) 就爱因斯坦的 (物理) 相对论和 (四维) 伪欧几里得空间 (在两点之间的距离公式上有一个负号出现在它们的坐标的差的平方之前而有别于欧几里得空间) 的几何学之间的联系在他的基础论文《论电子的动力学》(*On the Dynamics of the Electron*) (《论电子的动力学》(*Sur la dynamique de l'éléctron*),《巴勒莫数学会会刊》(*Rendiconti del Circolo Math. di Palermo*), 21, 1906, 129—176 页) 中表达了一个类似的观点, 该文被多次编辑和翻译. 也许, 正是在这种联系上, 庞加莱在他关于自然科学的方法论的名著《科学和假设》(*Science and Hypothesis*)[69] (庞加莱,《科学和假设》(*La Science et l'Hypothèse*), 巴黎: 弗拉马里翁出版社 (Flammarion), 1902, 此书也曾多次被编辑和翻译) 的第二部分 ("空间") 中, 指出四种主要几何学体系的存在性: 欧几里得几何学, 罗巴切夫斯基 (双曲) 几何学, 黎曼 (椭圆) 几何学和无名的 "第四种几何学", 尽管其刻画简略, 容易看出这是伪欧几里得几何学. 不管怎样, 我们觉得这种几何学应被称为 "闵科夫斯基几何学", 因为正是闵科夫斯基的报告和随后发表在《德国数学会年刊》和《物理杂志》上的出版物, 才引起人们对于这种新的几何学及其与爱因斯坦的物理构造之间的联系的普遍的兴趣. 至于杰出的论文《论电子的动力学》, 这些想法仅以简短的命题的形式出现, 因此没有引起任何人的重视, 而在《科学和假设》一书中, 仅有很短的一段专门写伪欧几里得几

[69] 该书有中译本,《科学与假设》, 叶蕴理 (1904—1984) 译. 上海: 商务印书馆, 1930. —— 译者注

何学中单独的一个事实, 即与自身垂直的直线的存在. 当然, 不熟悉相关材料的读者永远也不会理解这一段的内容.

闵科夫斯基的主要科学成就与凸面多面体 (convex polyhedra) (或者, 更一般一些, 任意的凸点集) 的理论及数论有关. 在数论中, 闵科夫斯基引入了数的理论 (number-theortic) 问题的一种新的几何解释. 闵科夫斯基的主要著作之一名为《数的几何学》(*Geometry of Numbers*)(《数的几何学》(*Geometrie der Zahlen*), 莱比锡: 托伊布纳出版社, 1896) 并非偶然. 在闵科夫斯基的数的理论的论文中, 整数集 (环) 和有整数笛卡儿坐标的点的整数格 (在平面和空间) 之间的联系, 以及平面的一个新的度量化起了重要作用, 这种新的度量化归功于闵科夫斯基而且被于三维和多维空间 (带有凸长度指标 (indicatrix) 的闵科夫斯基空间; 见, 例如, 布斯曼, 凯利,《射影几何学与射影度量》的第 24 和 48 章, 纽约: 学术出版社, 1953, 或者 —— 对更为初等的阐述 —— 见注记 116 引用的条目的第 7 章: 罗森菲尔德和亚格洛姆,《非欧几里得几何学》). 与闵科夫斯基的伪欧几里得几何学不同, 这种几何学体系 (在后来函数分析的发展中起到了关键作用) 通常被称为巴拿赫 – 闵科夫斯基几何学 (以波兰数学家斯特凡 · 巴拿赫 (1892—1945) 命名, 斯特凡 · 巴拿赫将闵科夫斯基的构造广泛地应用于无限维空间).

159见亚格洛姆,《简单的非欧几里得几何学及其物理基础》(*A Simple Non-Euclidean Geometry and Its Physical Basis*),[70] 纽约: 施普林格出版社, 1979.

160见, 例如, 在注记 116 中引用的一些书 (这里卡斯劳 – 勒贝尔的书实有经典的地位, 因此可能应该置于这一书目的首位). 遵循这些路线的双曲几何学的一个相当初等的阐述包含在对亚格洛姆的书 (在注记 73 中引用)《几何变换 Ⅲ》的补充中. 对更高深的书, 我们提到列举在注记 116 中的考克斯特,《非欧几里得几何学》, 以及更为重要的艾迪,《依据克莱因的欧几里得和非欧几里得几何学》(*Begründung der euklidischen und nichteuklidischen Geometrien nach F. Klein*), 布达佩斯: 科学院出版社 (Akademiai Kiado), 1965.

161回想只是在 19 世纪 60 年代后期, 两种同等有效的几何学 —— 欧几里得几何学和双曲几何学 —— 的存在性这一数学见解才最终被接

[70] 该书有中译本,《九种平面几何》, 陈光还译. 上海: 上海科技出版社, 1985. —— 译者注

受. 至于椭圆几何学, 它出现在黎曼 1854 年的演讲中 (第三种几何学), 事实是, 随着克莱因 1871 年的论文, 它与欧几里得几何学和双曲几何学同样有效才被普遍接受. 现在, 术语 "非欧几里得几何学" 通常仅指双曲几何学和椭圆几何学, 而不是指所有的凯莱 – 克莱因几何学. 因此, 在注记 107 中提及的克莱因的书几乎完全专注于这两种几何学 (当然, 也专注于欧几里得几何学); 尽管它所说的目的是解释更一般的构造的本质. 唯有这两种非欧几里得几何学出现在注记 116 中提到的几乎全部的书和文章中. 除了在注记 159 中提及的书主要论述平面半欧几里得几何学 (plane semi-Euclidean geometry) 之外, 我不知道其他的书发展了欧几里得几何学、双曲几何学和椭圆几何学之外的任何一门凯莱 – 克莱因几何学.

[162]见, 例如, 鲍里斯 · 尼古拉耶维奇 · 杰洛涅, 《罗巴切夫斯基几何学相容性的初等证明》 (*Elementary Proof of the Consistency of Lobachevskian Geometry*), 莫斯科: 国立技术理论书籍出版社 (Gostekhizdat), 1956 (俄文), 其中的叙述非常清楚, 易于初学数学的人理解.

[163]见注记 157 中给出的参考书.

[164]由于克莱因对分类问题和确定他曾考虑过的几何学体系的数目的漫不经心的态度, 他在 1871 年的论文和在注记 107 提到的著作中说到 7 种 "非欧几里得" 平面几何学, 其中包括经典的欧几里得几何学. 事实上, 克莱因在这里计数的不是几何学, 而是它们的所谓的绝对形 (absolutes), 这些绝对形的某个与不止一种几何学相关. 该书中所给出的空间几何学的数目也不正确.

[165]众所周知的欧洲的文艺复兴, 是以对包括古希腊数学在内的古代文化的强烈兴趣著称的文化恢复时期, 并试图在新的基础上继续希腊和罗马学者及艺术家的创造性努力, 这主要发生在意大利. 据此, 为了找到新时代的领先的数学研究者, 我们看意大利, 这体现在像尼科洛 · 塔尔塔利亚和吉罗拉莫 · 卡尔达诺这样杰出的人物上. 意大利数学在 17 世纪的名声是由以伽利略 · 加利莱伊 (1564—1642) 为首的出色的学派支撑的, 它的成员包括像埃万杰利斯塔 · 托里拆利 (1564—1642) 和博纳旺蒂拉 · 卡瓦列里 (1598?—1647) 这样的杰出的科学家. 然而, 在 18 世纪和 19 世纪的上半叶, 意大利数学经历一段相对衰落的时期 (法籍意大利裔人拉格朗日当然被认为是法国学派, 而非意大利学派的代表人物). 这就是为何用意大利文发表的保罗 · 鲁菲尼的出色的结果在那时不被人注

意和理解的原因之一. 然而, 19 世纪中期意大利的民族和文化的巨变的特征以政治统一终结, 其后果之一是意大利伟大的科学传统的复兴. 在数学方面, 这一复兴以意大利几何学家 (这是 19 世纪数学的一个典型) 的一个杰出的学派的出现为标志, 它在 19 世纪末 20 世纪初达到其顶峰. 这里我们特别注意帕维亚大学教授安东尼奥 · 马利亚 · 博尔多尼 (1789—1860) 的成就, 他是一个学派的首领, 这个学派包括微分几何学的代表人物, 诸如安杰利 · 加斯帕雷 · 马伊纳尔迪 (1800—1879), 德尔菲诺 · 科达齐 (1824—1873), 弗朗切斯科 · 布廖斯基 (1824—1897) 和贝尔特拉米, 以及意大利代数几何学派的创始人路易吉 · 克雷莫纳 (1830—1903). 在这 7 位杰出的科学家中最重要的人物, 在创建意大利几何学派中发挥关键作用的无疑是贝尔特拉米. 贝尔特拉米曾在博洛尼亚大学、比萨大学、罗马大学、帕维亚大学, 后来又在罗马大学担任教授, 在罗马他成为意大利科学院的院士, 后为院长.

杰出的意大利几何学派无疑在微分几何学, 尤其是在张量分析, 张量分析的首次出现与几何的 (以及, 更小的程度上, 与力学的) 应用 (格雷戈里奥 · 里奇 – 库尔巴斯特罗, 1853—1925; 图利奥 · 列维 – 齐维塔, 1873—1941; 路易吉 · 比安基, 1856—1928) 相联系, 在代数几何学 (克雷莫纳; 科拉多 · 塞格雷, 1863—1924), 在几何学基础 [皮亚诺和他的学生们, 在这些学生中我们应指出马里奥 · 皮耶里 (见注记 185) 和恩里克斯 (见注记 53)], 以及在拓扑学 (恩里科 · 贝蒂, 1823—1892) 中占有领导地位. 遗憾的是, 第一次世界大战之后, 法西斯主义给意大利文化, 尤其是意大利数学, 带来了沉重打击.

166 见正文内容和注记 142.

167 贝尔特拉米, 《解释非欧几里得几何学的尝试》 (*Saggio di interpretazione della geometria non-euclidea*), 发表在那不勒斯的数学期刊 (《数学杂志》(*Giornale di Matemat.*), 6, 1868, 284—312 页) 中, 并且 (在同一年) 出了单行本 (那不勒斯, 都灵和佛罗伦萨, 1868), 也包括在贝尔特拉米的《数学论文全集》(*Collected Mathematical Papers*) (《数学著作集》(*Opere matematiche*, 米兰), 第 1 卷, 1902, 374—405 页) 的第一卷中, 且在后来被多次编辑和翻译. 这一著作的续篇是贝尔特拉米有关常曲率空间理论基础的文章 (《常曲率空间的基本理论》(*Teoria fondamentale degli spazzi di curvatura costante*), 《数学年刊》 (*Annali di Matemat.*), 米兰, 2 (2), 1868, 232—255 页), 也包含在贝尔特拉米的论文全集的第一

卷中.

我们注意到负常曲率的旋转曲面, 包括伪球面 (这个名字归之于贝尔特拉米), 在 1839 年 (即早于贝尔特拉米) 被恩斯特 · 费迪南德 · 阿道夫 · 戈特利布 · 明金 (1806—1885) 描述过, 他是位于俄罗斯多帕特 (现爱沙尼亚的塔尔图) 的德国大学的一名教授. 在 1840 年, 明金还发现在常高斯曲率 K 的一个曲面上, 由测地 (最短) 线构成的一个三角形中的三角关系可以通过把球面三角学公式中球面的半径用 $\sqrt{K}$ 替换得到, 在负曲率 K 的情况下, $\sqrt{K}$ 是纯虚数. 明金没有注意到这些结果和罗巴切夫斯基 – 波尔约的双曲几何学 (在那时他显然对此一无所知) 之间的联系.

[168]一个伪球面 (旋转曲面!) 的参数方程可写成这样的形式

$$r=\sqrt{x^2+y^2}=1/\cosh t, \quad z=t-\tan t,$$

这里 $\cosh t=\dfrac{1}{2}(\mathrm{e}^t+\mathrm{e}^{-t})$ 是参数 t 的双曲余弦 (或者, 等价地, $x=\cos\varphi/\cosh t, y=\sin\varphi/\cosh t, z=t-\tan t$). 通过绕 z 轴旋转所谓的曳物线得到这个曲面, 曳物线定义为一个质点 $M(x,z)$ 的轨道, 在时间开始的瞬间它位于 (水平!) 面 xOz 的点 (1,0) 并通过一根牢固不可伸缩的细线连接原点, 有个人拉着细线的另一端沿 z 轴移动.

[169]希尔伯特的论文《论常高斯曲率的曲面》(*On Surfaces of Constant Gaussian Curvature*) (《论常高斯曲率的曲面》(*Über Flächen von konstanter Gaußscher Krümmung*) 在 1901 年发表在一份美国杂志 (《美国数学会会报》(*Trans. Amer. Soc.*), 2, 纽约, 1901, 86—99 页) 上; 在 1903 年, 希尔伯特把这篇论文包含在他的《几何学的基础》(*Grundlagen der Geometrie*) 的第二版中, 从此它始终如一地出现在《几何学的基础》的所有新的版本和译本中.

[170]双曲平面到 (比如, 单位) 圆盘内部的映射为我们给出了贝尔特拉米 – 克莱因模型, 它赋予罗巴切夫斯基平面中的每个点 M 两个数 x 和 y, 这里 $x^2+y^2<1$ —— 欧几里得平面上中心在原点 $O(0,0)$, 半径为 1 的 (欧几里得) 圆盘的对应点的坐标. 出现在贝尔特拉米的论文《解释非欧几里得几何学的尝试》(*Attempt at an Interpretation of Non-Euclidean Geometry*) 中的这些数现在被称为双曲平面上点的贝尔特拉米坐标. 本质上, 这些坐标已被罗巴切夫斯基考虑过 (见正文).

[171]这个模型在庞加莱的文章《论几何学的基础假设》(*On the Fun-*

damental Hypothesese of Geomoetry) (《论几何学的基础假设》(*Sur les hypothèses fondamentales de la géomètrie*),《法国数学会会刊》(*Bulletin de la Société Math. de France*), 15, 1887, 203—216 页) 中被考虑过, 它被包括在覆盖所有主要的几何学体系 —— 欧几里得几何学, 双曲几何学和椭圆几何学 —— 的一系列解释中 (见注记 173).

[172]在坐标为任意复数 x, y, z 的复欧几里得空间中存在虚半径的球面: 点 $M(x, y, z)$ 和点 $M_1(x_1, y_1, z_1)$ 之间的距离 $d = d_{MM1}$ 由公式

$$d^2 = (x_1 - x)^2 + (y_1 - y)^2 + (z_1 - z)^2$$

给出. 特别地, 在复欧几里得空间中 "虚半径为 i 的二维球面" 由那些点 $M(x, y, \mathrm{i}\zeta)$ 给出, 这里 x, y 和 ζ 是实数且 $x^2 + y^2 - \zeta^2 = -1$. 不难看出, 这个 "球面" 本质上与在图 15 中所示的坐标为 x, y, ζ 的实 (其实是伪欧几里得) 空间中的双曲面重合.

[173]庞加莱思考了几何学的一个体系, 他称之为二次的, 因为这些几何学的 "作用域" 是一个二次曲面 —— 坐标为 x, y, z 的三维欧几里得 (或者, 更准确地说, 仿射) 空间中由二次方程式

$$ax^2 + by^2 + cz^2 + 2dxy + 2exz + 2fyz + 2gx + 2hy + 2kz + l = 0$$

给出的一个曲面. 这些二次曲面的特殊情形是: 球面 $x^2 + y^2 + z^2 = 1$, 椭圆几何学在其上被实现; 双曲面 $x^2 + y^2 - z^2 + 1 = 0$, 双曲几何学在其上被实现; 抛物面 $x^2 + y^2 - z = 0$, 欧几里得几何学在其上被实现, 如果我们取 "垂直" 平面 (即平行于 z 轴的平面) 与抛物面的截线作为它的 "直线".

我们也注意到, 罗巴切夫斯基几何学和伪欧几里得几何学 (在维度增加 1 的空间中; 见第 5 章) 之间, 以及伪欧几里得几何学和相对论 (比较注记 158) 之间的联系确定了狭义相对论的事实的一个简单的非欧几里得 (双曲的) 的解释, 其中三维罗巴切夫斯基空间中的点对应于在四维 (第四个维度是时间) 的闵科夫斯基空间中的均匀运动的速度. 罗巴切夫斯基几何学和相对论之间的这种关系 (用非常基本的术语简略地叙述在, 比如说, 注记 159 引用的书的补充 A 中) 首先被克莱因的学生阿诺尔德 · 佐默费尔德在他的论文《论相对论中的速度之和》(*On the Sum of Velocities in Relativity Theory*) (《论相对论中的速度之和》(*Über die Zusammensetzungder Geschwindigkeiten in der Relativtheorie*),《物

理杂志》, 第 10 卷, 第 22 号, 1909, 826—829 页) 中注意到. 对于这个主题南斯拉夫 (克罗地亚) 的物理学家弗拉基米尔 · 瓦里查克 (1865—1942) 有许多研究, 他专门为此写了一本书《相对论在三维罗巴切夫斯基空间中的调整》(*Die Stellung der Relativtheorie in dreidimensionalen Lobotschefskychen Räumen*), 萨格勒布, 1924.

第 5 章

[174]注意在实直线上仅有的闭凸图形 (事实上仅有的闭图形是连通的 (即仅由一片构成)) 是闭区间, 由于这个原因 (因为别无选择!) 它是三角形, 圆盘和平行四边形的一维类似物.

[175]注意, 例如, 超过 3 ("平方的平方", "立方的平方", 等等) 的数的幂的几何形象曾被古代的数学家和阿拉伯数学家, 文艺复兴时期在意大利, 以及被德意志的 "Cossists"(即代数学家 —— 德语的名词 Coss 代表一个方程中的未知数) 使用过. 这些名字明显地引起某种多维直观 (见罗森菲尔德《非欧几里得几何学的历史》(*A History of Non-Euclidean Geometry*, 莫斯科: 科学出版社, 1976, 148 页及以下的评论, 在那里代数学家 (Cossist) 米夏埃尔 · 施蒂费尔 (1486—1569) 的论证被详细提出; 它们解释 "多维性"(multidimensionality) 在算术中的可被允许性和在几何学中的不可被允许性 —— 人们不能 "超过立方的限度好像存在着超过三维的东西, 因为这将是不自然的"). 在注记 117 中参照的书中, 尼古拉 · 布尔巴基在皮埃尔 · 德 · 费马 (1601—1665) 的解析几何学中看到了 n 维的思想. 在那里费马叙述了导致点, 曲线和面的问题, 而且以含糊的结论结束: "这给出特殊的几何轨迹以及 [对于轨迹的] 随之而来的东西."

相关且更本质的一种说法是由伊曼纽尔 · 康德在他的早期论文《关于活力的真正判定的思考》(*Gedanken von der wahren Schätzung der lebendigen Kräfte und Beurtheilung der Beweise derer sich Herr von Leibniz und andere Mechaniker in dieser Streitsache bedien haben nebst einigen vorhergehenden Betrachtungen welche die Kraft der Körper überhaupt betreffen*) 中给出的 (用多种语言出版的他的著作集大多包含此篇). 这里康德试图解释世界是三维的这一事实, 说 (根据上帝的意志) "在我们的宇宙中物质以与距离的平方成反比的力相互作用." 这确实与现实空间

的三维有关, 正如后来很久能用位势的数学理论所建立的. (实际上, 康德可能已经知道牛顿的同时代人和对手罗伯特 · 胡克 (1635—1703) 的启发式的论证, 胡克早于牛顿叙述了万有引力定律[71], 但显然从未理解其原因或接受这一点, 牛顿被认为是这个定律的真正的发明人. 胡克的出发点是半径为 r 的球面的面积与 r^2 成正比, 如果我们假设 (正如胡克和牛顿做过的) 位于点 M 的一个质量为 m 的物质的 "引力" 不随距离减小且与 m 成比例, 则在以 M 为中心半径为 r 的球面上的每个点的这个力是在离 M 为单位距离的 "质量 m 的力" 的 $(1/r^2)$ 个部分. 这个粗略的推理引导我们期望在 n 维 (物理的) 空间中引力, 电力和其他形式的由于物质或电荷的力在距离 r 一定与 $1/r^{n-1}$ 成比例. 康德继续说: "如果维度的数目是不同的, 吸引力将会有不同的性质和维度. 所有这样可能的空间形式的科学无疑将是有限的理性能探究的最崇高的几何学 ······ 如果其他维度的空间的存在性是可能的, 那么上帝极有可能将它们置于某个地方."

一个不那么深入的观察是, 恰如相对于一条直线对称的平面图形不能通过在该平面内的运动而被重叠, 但在三维空间中折叠后可以重合, 相对于一个平面在空间对称的图形 (像右手手套和左手手套) 可以通过在四维空间中的运动而被重叠. 对此默比乌斯在他的《重心计算》(1827) 中给出了谨慎的解释: "因为四维空间是不能被想象的, 在这里一个真正的叠合是不可能的."

最后, 在多维想法的发展上的重要一步是拉格朗日的《分析力学》(1787), 其中引入了力学系统的广义坐标 (独立变量 $\xi, \psi, \varphi, \cdots$ 它们的选择确定系统的位置) 的概念并且始终加以使用. 确实, 拉格朗日本人强调因为它们是纯粹代数的, 这些构造不需要任何几何考虑, 而且他的书中没有包含一幅图. 尽管如此, 许多读者对这本书中考虑的特定情形一定画了图 —— 实际上在两个或三个自由度的情形 (即在两个或三个广义坐标的情形) —— 而且当自由度的数目大于 3 的时候, 一定达到了 "多维性" 的概念. 此外, 拉格朗日的同时代人中好像很少有人注意到这一点: 他的书中本质上包含了力学系统的 "相空间" 的概念, 在 n 个自由度的情形它是 $2n$ 维的; 在一个相空间中刻画系统状态的一个点

[71] 胡克对行星运动的动力学有正确的思考, 猜测到了平方反比定律, 但离万有引力定律尚有很远的距离. 见 R.S. Westfall (1924—1996), *Never at Rest*, Cambridge: Cambridge University Press, 1980. —— 译者注

的坐标是 $2n$ 个数 $\xi, \psi, \varphi, \cdots, \dot{\xi}, \dot{\psi}, \dot{\varphi}$; 这里 $\xi = \xi(t), \psi = \psi(t), \cdots$ 且 $\dot{\xi} = \mathrm{d}\xi/\mathrm{d}t, \dot{\psi} = \mathrm{d}\psi/\mathrm{d}t, \cdots$ 是系统的参数的变化率且 t 是时间. 相空间, 以有些不同的外观, 在哈密尔顿关于力学的著作中起了主要作用. 在 $2n$ 维空间中的曲线 $\xi = \xi(t), \psi = \psi(t), \cdots; \dot{\xi} = \dot{\xi}(t), \dot{\psi} = \dot{\psi}(t), \cdots$ 以时间刻画了系统的演化, 现在被称为系统的相图 (phase portrait).

[176]这位杰出的科学家、哲学家和作家的名字是一个警察巡官给取的, 有个人把这个被遗弃在巴黎让 · 勒龙教堂台阶上的婴儿带给他. 巡官给这个婴儿取名让 · 勒龙. 出于怜悯这个男孩, 他没有把他送到通常处置遗弃婴儿且条件十分恶劣的育婴堂, 而是把他送给一个农妇, 她同意抚养他. 不过, 孩子的父亲出场了. 他是德图什[72]将军, 他在国外而且不知道这样的命运降临在他的私生子身上. 他找到这个男孩并把他转到一个贫穷的吹玻璃工的家庭. 这位未来的科学家在这个家里生活了大约 40 年. 随之让 · 勒龙得到了他自己家族的姓朗贝尔. 达朗贝尔全然不知道自己的母亲. 他的父亲在活着的时候有时来看望他, 并且支付这个孩子的教育费用. 养父母太穷没有能力这样做, 这个男孩衷心地爱他们. 在让 · 勒龙的父亲死后, 他得到了一笔数目不大的补助金 (他在 10 岁时他的父亲去世).

在 16 世纪和 18 世纪之间的时期多有通才, 但甚至于和达朗贝尔的时代相比, 他的知识、兴趣和成就的广度也是惊人的. 作为 18 世纪最伟大的 3 个数学家和力学家之一 (另两位是拉格朗日和欧拉), 达朗贝尔同时在哲学、历史、文学和音乐上是名列前茅的权威. 作为一个受到喝彩的作家, 伏尔泰在一封信中以 "我们时代的最好的作家" 的称呼向他致敬. 在 1754 年他被选进法兰西学术院 (The Académie Française) (也以不朽院 (The Academy of Immortals) 知名, 因为成员数总保持相同: 只有当一个成员去世时, 一位继任者当选), 其成员是文人和哲学家. 在 1765 年, 他成为法国皇家科学院的院士; 这给了他一小笔生活津贴. 值得注意的是, 达朗贝尔在 1747 年成为柏林 (普鲁士) 科学院院士且早于被选进巴黎科学院和圣彼得堡 (俄罗斯) 科学院 (在 1764 年). 从 1772 年起, 他是巴黎科学院的永久秘书, 实际上是其首领. 从达朗贝尔当选, 即从 1754 年起, 他任法兰西学术院 (没有院长) 的永久秘书. 有特色的是 —— 对于一个有杰出才能的人这不是一个罕见的情形 —— 达朗贝尔在首次投票中既没有入选巴黎科学院, 也没有入选法兰西学术院.

[72] 原书作 Detouch, 应为 Destouches. —— 译者注

(解释在法国存在两个科学院 —— 法兰西学术院和法国科学院 —— 的历史原因可能是适宜的. (后者被拉扎尔 · 卡诺重组为法兰西学会; 见注记 65.) 法兰西学术院在 1635 年由红衣主教黎塞留创建, 但当时他实质上统治法兰西而且他自命为作家和作家的保护人. 自然地, 他被包括在发起成员里而且终其一生是该院的院长. 从大仲马的《三个火枪手》(*Three Musketeers*)[73] (不过, 这里是以怪异的过分的形式呈现的) 里我们很知道黎塞留和路易十三之间的竞争结果是几乎同时创建的巴黎科学院 (Academia Parisiensis), 由国王保护, 其成员是科学家, 主要是物理学家和数学家. 不过, 只有在路易十四期间巴黎科学院才组织健全且得到了大量资金支持 —— 在 1666 年, 当高瞻远瞩的财政部长柯尔贝尔成为它的保护人的时候. 那时, 杰出的科学家克里斯蒂安 · 惠更斯 (1629—1695) 被从荷兰请来担任院长.)

在欧洲历史上, 达朗贝尔是最早的职业科学家之一. 除了在两所科学院, 他没有讲课也没有任何官职. (作为对比, 我们可以回想牛顿是剑桥大学教授, 后来的财政部长 (Chancellor of the Exchequer)[74], 有几年是国会议员, 同时莱布尼茨是汉诺威公爵的史料编纂者.) 因此, 达朗贝尔的物质条件总是相当不充裕. 不过, 这没怎么让他费心 —— 我们在上面指出, 他一生的大部分时间是在一个贫穷的吹玻璃工的家里度过的. 普鲁士的弗里德里希 "大帝" 邀请他去柏林, 打算让他担任柏林科学院的院长 (莱布尼茨曾担任过的职务) 并且为他提供了一笔丰厚的薪金 —— 但却徒劳无功. 俄罗斯的叶卡捷琳娜二世承诺了更大的一笔数目, 她希望达朗贝尔担任继承人保罗 · 彼得罗维奇 (未来的皇帝保罗一世) 的师傅. 但达朗贝尔向这有位权势的君主解释, 他更喜欢他的卑微的位置, 因为这使他免于麻烦 —— 他无物可失, 然而他仍能帮助比他更贫穷的人. 此外, 达朗贝尔写信给弗里德里希: "我不欠法国政府任何东西, 从政府那里我可以指望许多坏东西和很少好东西, 但我对我的国家负有责任; 就我来说离开是非常忘恩负义的." 这种态度从下面关于拉普拉斯的故事中也得到证实. 年轻的拉普拉斯带着贵族写的推荐信来见达朗贝尔, 但达朗贝尔拒绝见他. 第二天拉普拉斯把他最初的数学论文送给达朗贝尔. 达朗贝尔立即接见他并且疑惑地询问: "有这样的推荐, 焉用寻求来自贵

[73] 原名是 *Les Trois Mosquetaires.* 该书有中译本,《侠隐记》, 伍光建 (1867—1934) 译. 上海: 商务印书馆, 1925 —— 译者注

[74] 牛顿从未担任此职, 他曾任伦敦造币厂督办和厂长. —— 译者注

族的恩宠?" 结果, 拉普拉斯不久得到了军事学院的数学教授的位置.

达朗贝尔处在诸如单复变函数论 (所谓的柯西 – 黎曼方程的基础, 实际上首先是由达朗贝尔叙述的) 和偏微分方程理论的源头, 偏微分方程以弦振动方程 $\partial^2u/\partial t^2 = a^2(\partial^2u/\partial x^2)$ 开始, 首先是达朗贝尔叙述和解决的; 这里 $u = u(x,t)$ 是两端固定的弦的离差, 在时间 t 由横坐标 x 决定, 同时 $\partial^2u/\partial t^2$ 和 $\partial^2u/\partial x^2$ 是 u 的 (二阶) 偏导数. 在力学上, 他的最知名的成就是 "达朗贝尔原理"(《动力学专论》(*Traité de la dynamique*) 的基础, 该书 1743 年在巴黎出版, 多次被发行且被翻译), 它把动力学问题约化为静力学问题.

达朗贝尔在著名的百科全书上的工作尤其令人印象深刻, 他与狄德罗是该书的发起编辑. (不过, 厌倦官方的迫害和反对, 后来达朗贝尔让人把他的名字从书名页上移去, 不过他仍是狄德罗的密友直到最后, 同时是一个积极的和高产的撰稿人.) 达朗贝尔撰写了几乎所有与数学、自然科学和技术有关的词条, 以及许多关于哲学、历史、文学、美学和伦理学的词条. 此外, 这项伟大的事业以关于科学的起源和发展的长篇导论开始, 这完全是由达朗贝尔写的, 而且包含了他的哲学观点 (为科学分类的最初的尝试之一, 作者在科学中也包含艺术 (arts)) 的一个有条理的叙述. 达朗贝尔在百科全书中写的词条包含许多深刻的思想, 往往远超他的时代. 前面 (注记 114) 我们已经论及词条 "几何学" 的重要性; 这里我们关心相当出人意料的词条 "维度". 在词条 "极限" 和 "微分" 中达朗贝尔 (在柯西之前, 这一成就通常归功于柯西) 提出了极限理论的第一个概要, 而且在词条 "定义" 中, 早于希尔伯特 (20 世纪!) 很久, 他表明几何学是抽象地研究给定的概念的一门科学, 概念由它们的性质刻画而完全避免图形的形式. 几何学, 达朗贝尔写道, 将保持其严格性, 尽管它听起来可能好玩, 如果我们把我们通常叫的圆称之为三角形且反之亦然.

177《哲学杂志》(*Philo. Magazine*), 伦敦, 1843 和《剑桥数学杂志》(*Cambridge Math. Journal*), 4, 1884; 重印在凯莱的《数学论文全集》(*Collected*[75] *Mathematical Papers*) 中, 共 13 卷, 剑桥大学出版社, 1889—1898 年; 见第 1 卷, 55—62 页.

这项工作的标题和内容之间的不一致 (n 维几何学对 $(n-1)$ 维几何学) 是由于这个事实, 凯莱考虑由 n 个数 $x_1, x_2, \cdots, x_n$ 确定的元素的集合, 他把它们视为在射影空间中的点的坐标 (回忆在射影平面上的一

[75] 原书误为 Selected. —— 译者注

个点由 3 个齐次坐标确定, 在射影空间中的一个点由 4 个坐标, 而且对应地, 在 n 维射影空间中的一个点由 $n+1$ 个坐标确定; 比较注记 81).

[178]在注记 157 中提到的书和文章之外, 在这里重提在注记 116 中提到的布斯曼和凯利的书是适当的 —— 其标题包含词语 "射影度量".

[179]类似地, 卡尔 · 雅可比, 他的名字将在后面重复出现, 当他计算 (1834 年) n 维空间中的半径为 r 的一个球的体积和面积时, 没有使用几何术语. 根据雅可比, 当 n 是偶数时问题中的面积是 $2\pi^{\frac{n}{2}}r^{n-1}/\left(\frac{n}{2}-1\right)!$, 当 n 是奇数时面积是 $2\pi^{\frac{n-1}{2}}\left[\left(\frac{n-1}{2}\right)!\right]r^{n-1}/(n-1)!$; 对应的球的体积从这些公式通过乘以 r/n 得到.

[180]作为在 19 世纪后半叶欧洲 (和美洲) 数学中的最杰出的人物之一, 詹姆斯 · 西尔维斯特在许多方面与凯莱针锋相对. 尤其是凯莱在使用新词语上非常小心, 而西尔维斯特称呼自己为 "命名者亚当"; 不变量理论的整个术语, 包括 "不变量" 一词来自他. 1837 年从剑桥大学毕业 (晚毕业是由于他在学生时期身患严重疾病), 自 1838 年起西尔维斯特在伦敦大学学院担任自然哲学 (即物理学) 教授.

因为与同事相处得不好, 他离开英国到美国, 在那里他从 1841—1845 年在地方性的弗吉尼亚大学讲授数学. 在 1845 年他返回英国, 在这里他工作了 10 年, 先做保险代理后做律师, 但并没有放弃数学. 从 1855—1871 年, 西尔维斯特在很受重视的伍利奇军事学院任数学教授. 从 1871—1876 年, 西尔维斯特过起了个人生活, 不在任何地方任职且主要生活在巴黎. 在 1876 年, 应位于巴尔的摩的有声誉的约翰斯 · 霍普金斯大学之邀, 他前去任教; 他留在这里 18 年, 进行了非常广泛的研究和教学活动. 由于这个原因, 美国人认为他是他们的数学学派的创始人之一. 尤其是他创办了西半球第一份专业性的数学杂志《美国数学杂志》(*American Journal of Mathematics*), 它现在仍享有卓越的声誉. 在 1884 年, 70 岁的西尔维斯特返回祖国并接受了牛津大学的教授职位, 除了生命最后的一些日子他再也没有离开这里.

西尔维斯特的工作的多次变动部分地是由于他刻薄的性格和尖刻的幽默感, 他常常以鲜明的短诗表达这种幽默, 这冒犯了他的同事们. 此外, 有传统倾向的英国教授们经常被西尔维斯特的教育观点 (这对菲利克斯 · 克莱因有相当的影响) 的极端特征激怒. 西尔维斯特的破坏性的批

评集中在英国学校 “根据欧几里得” (更精确一些, 沿着所谓的欧几里得的《几何原本》的学校文本 —— 比较注记 96) 的数学教学上; 形成对照的是, 有传统倾向的凯莱完全支持英国数学的旧课程表. 最后, 西尔维斯特的犹太出身 (他的家族在前几代没有姓, 只是在詹姆斯这一代才得到了英国化的家族姓) 可能使反对西尔维斯特的一些同事生气.

[181]凯莱 (他的生活像牛顿, 在剑桥和伦敦之间转移) 是英国精英学术圈的一个代表; 犹太人西尔维斯特是四海为家的世界主义者. 乔治 · 萨蒙与这两个人非常不同, 代表了英国科学家的第三种类型. 在爱尔兰人萨蒙的一生的大多数时间他在都柏林三一学院 —— 一所会合数学、语言学 (主要是古典的) 和神学研究的清教徒机构. 很久之前, 乔治 · 贝克莱从该学院毕业; 就是在这里他获得了所需的高等数学 (微积分) 知识, 这被他成功地应用在神学争论中. 在萨蒙之前几年, 哈密尔顿从三一学院毕业. 哈密尔顿, 下面我们将更详细地讨论他, 把他在数学和语音学上的兴趣结合起来. 在三一学院的爱尔兰 – 清教徒气氛总是很严格传统的, 而且非常保守. 即使本身很传统的剑桥, 在三一学院看来也是遵从大陆的 (法国、德国) 的风尚而忽视了神学和哲学意图. 在这种环境下成长的萨蒙, 从毕业作为教师留在三一学院, 直到去世从未离开这个机构, 他总是倾向宗教思考, 是可以理解的; 事实上, 在 25 年之后他离开他的数学教授职位成为神学教授. 他是极为保守的 (尤其是在教育问题上), 因此在这个方面, 他是西尔维斯特的反面.

尽管如此, 像西尔维斯特, 萨蒙是一位出色的教师. 萨蒙的解析几何学和高等代数学教科书, 实际上被译为所有的欧洲语言, 在传播英国的数学思想上起了重要作用. 特别地, 克莱因有次解释道, 他在萨蒙的教科书的德文译本中了解了凯莱的思想, 这对他有很大影响.

[182]我们不能否认读者在凝视这一杰出著作的两个版本的书名时的快乐. 它们是格拉斯曼的复杂的科学风格的典型 —— 为何他被他的同时代人低估的理由之一. 1844 年版的书名页上写着: “线性扩张论, 一门新的数学分支, 发展并解释它对其他数学分支和静力学、力学、磁学和晶体学 (原文如此!) 的应用, 位于斯德丁的弗里德里希 · 威廉学校的数学教师赫尔曼 · 格拉斯曼著. (*Die lineale Ausdehnungslehre ein neuer Zweige der Mathematik wie auch auf Statik,Mechanik die Lehre von Magnetismus und die Krystallonomie erläutert.*)” 另一个书名是: “扩张量的科学或扩张论, 通过应于发展和澄清的一门新的数学学科, 赫尔曼 · 格拉斯曼著. (*Die*

Wissenschaft der extensivenen Grösse oder die Ausdehnungslehre, ein neue mathematische Disziplin dargestellt und durch Anwendungen erläutert.)" 它进一步指示目前的著作是第一部分, 仅包含线性扩张的科学. 在这里人们一定要记住, 格拉斯曼所用的词语 "扩张"(ausdehnung) 和 "扩张的量"(extensive Grösse), 是格拉斯曼的发明, 而他的读者完全不知道.

1862 年版的书名页上写着: "扩张论, 经过全面的修订并且形式更为严格 (*Die Ausdehnungslehre,vollständig und in strenger Form bearbeitet*)". 较短的标题表明其作者考虑了第一版在商业上和科学上的失败. 这里我们复制了书名页 —— 但它并不完全可靠. 该书不是如书名页上所示的在柏林由恩思林 (Enslin) 出版社出版, 而是在斯德丁由赫尔曼 · 格拉斯曼的弟弟和助理西格蒙德 · 卢多尔夫 · 罗伯特 · 格拉斯曼 (1815—1901) 出版. 该书以回扣的方式寄给柏林的出版商, 但没有成功 —— 对第二版的需求不超过第一版. 此外, 该书 1860 年在斯德丁出版且部分地由作者邮寄分发, 尽管书名页上注明是在 1861 年出版的 —— 一个小的商业花招.

[183]李的学生弗里德里希 · 恩格尔著的一部格拉斯曼的非常详细的传记包含在格拉斯曼的数学和物理学著作的三卷本结集中, 构成第 3 卷 (见格拉斯曼,《数学和物理学著作全集》(*Gessammelte mathematische und physikalische Werke*), 第 3 卷第 2 部分:《格拉斯曼传, 由恩格尔撰写, 附有格拉斯曼的已发表的作品的一个索引和手写遗著的一个概述》(*Grassmanns Leben,geschildert von F.Engel,nebst einem Verzeichnis der von Grassmann veröffentlichen Schriften und einer Übersicht des hansschriftlichen Nachlasses*), 莱比锡: 托伊布纳出版社, 1911, XV+400S) 的第 2 册 (半卷). 这只是现在可用的许多关于格拉斯曼的书中的一种.

[184]教学多年的格拉斯曼计划撰写 3 卷本的《高中数学教程》(*Lehrbuch der Mathematik für höhere Lehranstalten*). 这 3 卷分别包含算术, 平面几何学和立体几何学, 同时三角学分属第 2 和第 3 卷. 这一打算部分实现了: 第 1 卷 (算术) 在 1860 年, 接着第 2 卷 (三角学) 在 1864 年出现. (1860 年出版的书的书名页更为简明, 是《算术教程》, 而且 1864 年出版的书也类似. 此外, 这两部书都用 (柏林) 恩思林出版社的名号, 而非实际出版它们的罗伯特 · 格拉斯曼的斯德丁出版社, 这些书以委托的方式被寄送到恩思林出版社; 第一本书上出现的出版年份是 1861 年而不是它真实出现的 1860 年.) 这些书不成功而且在它们的时代一直没有被重视; 但是今天关于算术的那一卷, 由于接近我们的计算机时代的趋

势而给我们留下印象, 现在它被正确地认为是数学文献中的经典著作之一. 这部书, 很难被认为仅仅是一部学校的教科书 (下面我们会回到这一点), 是所谓的 "递归算术" 的起点之一, 递归算术以自然数的递归 (或归纳) 定义为基础; 用现代的记号, $a+1=a'$ 且 $a+b'=(a+b)'$, 这里 "$'$" 表示从给定的自然数到其后继的迁移 (passage), $a\cdot 1=a, a\cdot b'=ab+a$. 当然, 现在我们视符号 "$'$" 为算子, 它把 n 送到 $n+1$. 按照现代计算机定向的结构主义, 递归定义 $a+b'=(a+b)'$ 和 $a\cdot b'=ab+a$ 作为计算机指令或算术运算能轻易地实现. 格拉斯曼本人用 $a+e$ 代替 a', 这里 e 是他的系统的所谓的 "单位"(die Einheit). 此外, 他不仅考虑自然数, 而且考虑所有的整数, 因此加法的定义不得不包含另外两个法则: $a+0=a, a+b''=(a+b)''$, 这里 $0=1+(-e)$ 或 $e+(-e)$; 这里符号 "$''$" 指示我们从 a 转到前一个数 $a+(-e)$ (当然记号 $'a$ 在这种与境下更具提示性). 从格拉斯曼的构造, 最终戴德金发展了自然数的被广泛接受的公理化定义 (见戴德金,《数是什么以及应该是什么?》(*Was sind und was sollen die Zahlen?*), 不伦瑞克: 菲韦格出版社 (Vieweg), 1888, 该书经常被重印且被翻译). 这本书也启发了皮亚诺 (在注记 185 中我们会更多地说到这位数学家; 关于他在 1889—1891 年给出的自然数的定义与戴德金的定义本质上是重合的, 见, 例如, 皮亚诺,《新法阐述的算术原理》(*Arithmetices principia,nova methodo exposita*), 都灵, 1889). 今天, 递归算术是现代逻辑学和数学基础研究中的显著的一章 (见, 例如, 古德斯坦,《递归数理论》(*Recursive Number Theory*), 阿姆斯特丹, 1957); 它也被广泛地被用于教学中 (见, 例如, 费弗曼,《数系统》(*The Number Systems*), (麻省) 雷丁: 艾迪生 – 韦斯利出版公司, 1963, 或定向于计算机科学的书, 布洛赫,《数系统》(*Numberical Systems*), 明斯克: 高校出版社 (Vishaishaya Shkola), 1982 (俄文)).

注意格拉斯曼不认为他的书与研究有关, 只是把它认作中学高年级的一部教科书. 已知他在他任教的文理高级中学的班级上使用这部书, 而且不管他的儿子 (小赫尔曼 · 格拉斯曼, 也是一位数学家) 的意见, 他参与了他的父亲的全集的出版, 据他说他父亲的这一教学经验是成功的, 事实是老格拉斯曼用他的书正在教育他的学生时得到了克莱因对格拉斯曼作为教师的负面评价 ——《算术教程》在课堂上是完全不适当的.

[185]今天所用的一个 (n 维) 线性 (向量) 空间的被普遍接受的公理所依据的是格拉斯曼的公理, 而且被意大利人圭斯佩 · 皮亚诺 (1858—1892)

叙述在他的书《依据格拉斯曼的扩张论的几何计算》(*Calcolo geometrico secondo l'Ausdehnungslehre di H. Grassmann*) 中, 都灵, 1888. 皮亚诺的书以对演绎逻辑运算的阐释作为序言 (preceduto dale operazioni della logica deduttiva). 皮亚诺是意大利数学基础学派的首领和都灵军事学院的数学教授, 拉格朗日曾在这里任教. 皮亚诺本人关心算术 (见注记 184)、(欧几里得和仿射) 几何学和分析学的基础. 他的学派的成就的一部分汇集在他的 5 卷本的《数学公式》(*Formulaire de Mathématiques*) 中, 都灵, 1895—1905 年. 皮亚诺的学生马里奥 · 皮耶里 (1860—1913) 是欧几里得几何学的第一个真正严格的公理系统的作者, 这详述在他的书《论作为假设 – 演绎系统的基础几何学》(*Della geometria elementare come sistema ipotetico -dedutivo*, 都灵, 1899) 中. 这本书只比希尔伯特的《几何学基础》早出现几个月. 皮亚诺, 试图尽可能严格, 像亚诺什 · 波尔约, 发明了字数最少且逻辑和数学符号最多的一种 "逻辑语言". 他的论文大多用这种语言撰写 —— 这使得它们实际上不可阅读, 所有在《数学杂志》(*Rivista di Mathematica*) 出现的文章也是如此, 这份专注基础并且出现在都灵的杂志是皮亚诺编辑的.

[186]在与现实世界有关的 "事实的" 科学和对象是人类思想创造物的 "形式的" 科学之间, 格拉斯曼作了区分. 在这种联系上, 回顾柏拉图在他的《理想国》(*Republic*)[76] 中展开的 "可见的世界" 和 "理念的世界"(其中他把数学包含在内) 之间的区分, 是自然的. 根据格拉斯曼, 只有两种形式的科学: 哲学, 它研究 "一般事物"(如它被思想创造和认识), 和数学, 它研究由思想创造的 "特殊事物" (die Wissenschaft des besonderen Seins,als eines durch des Denken gewordenen). 这种特殊事物被格拉斯曼称为 "思想的形式"(Denkform). 数学涉及的就是这些 "思想的形式". 今天用布尔巴基的数学结构, 在这些有点夸张的表达中容易解读出对数学的公理化基础的一个非常深刻的理解. 不过, 用布尔巴基的表达, 当 19 世纪的数学家碰到与普通的数学公式和方程关系疏远的一般陈述时, 他们感到 "与他们无关"("pas dans leur assiettes"). 数学形势由有哲学一般化倾向的数学家, 诸如格奥尔格 · 康托尔 (1845—1918), 皮亚诺, 希尔伯特和庞加莱, 鲁伊兹 · 埃荷贝特斯 · 扬 · 布劳威尔 (1881—1966), 赫尔曼 · 外尔, 贝特兰 · 罗素 (1872—1970), 艾尔弗雷德 · 诺思 · 怀特海

---

[76] 该书有中译本,《理想国》, 吴献书 (1885—1944) 译. 上海: 商务印书馆, 1929. —— 译者注

(1861—1947) 主宰的时代尚未到来.

[187]比较在注记 186 中给出的格拉斯曼的陈述与布尔视数学为研究运算, 考虑它们本身而不是它们能被应用的不同的目标的科学 (见布尔的《思想定律的研究》(*An Investigation of the Laws of Thought*), 伦敦: 麦克米兰出版公司, 1854, 多次被重印, 尤其是在作者的《逻辑著作全集》(*Collected Logical Works*) 中, 芝加哥 – 伦敦: 茹尔丹出版社 (P. Jourdain), 1916, 见第 1 卷第 3 页). 比较在注记 189 中我们关于汉克尔所说的. 注意布尔, 像格拉斯曼, 是一个业余数学家, 他没有接受过正规的数学训练而且远离 "官方的" 数学圈. 因此, 这些学者中没有人表达过什么能被称为他们的时代的普遍的数学环境.

[188]线性子空间 U 与 V 的向量是这些空间的向量的所有和的集合

$$U + V \xlongequal{\text{def}} \{a + b | a \in U, b \in V\},$$

这里 "$\xlongequal{\text{def}}$" 意味着通过定义相等.

[189]汉克尔的一般的数学观点和特别的科学兴趣部分是在格拉斯曼的影响下形成的, 部分是独立的但与后者相近. 例如, 比较汉克尔对数学本质的定义: "形式的一种纯智力上的、纯粹的理论, 它的主题不是量或表示它们的数的结合, 而是抽象的思想对象 (Gedankendinge), 这些对象可能对应于真实的对象或关系, 尽管这样的对应不是必要的"(《复数系理论》, 莱比锡: 福斯出版社, 1867). 比较这与格拉斯曼对数学的态度 (见注记 186). 我们不久将给出汉克尔的书中内容的更详细的阐述, 它与格拉斯曼的《扩张论》很接近.

[190]西格蒙德 · 卢多尔夫 · 罗伯特 · 格拉斯曼 (1815—1901) 比他的哥哥小 6 岁, 但这两个兄弟总是非常亲密. 罗伯特 · 格拉斯曼也在斯德丁的学校教学 (数学、物理学、哲学、地质学、化学、植物学、动物学、德语、法语、希腊语和拉丁语). 不过他在 19 世纪 50 年代早期放弃了教学, 他的努力集中于出版一份斯德丁的报纸, 以及编辑和印刷活动上. 赫尔曼的几乎所有的著作都是在这里出版的, 还有他本人撰写的题材极为广泛的其他许多书 —— 关于那时的热议话题 (普法战争, 俾斯麦) 的政治性小册子, 反天主教传单、数学、物理学、化学、生物学、地质学、地理学、神学、法律、政府、伦理学、美学、历史、哲学 …… 的教科书, 普及著作和高深的专著. 罗伯特 · 格拉斯曼的科学著作的顶点是 10 卷本的论著《知识的建筑》(*Das Gebäude des Wissens*), 它涵盖了 —— 至

少根据作者的观点 —— 现存的所有科学. 格拉斯曼的印刷厂和出版社出版了难以置信的种类繁多的文献, 包括古代的希伯来文本和阿拉伯文本 (尤其是在国外出售的希伯来文的《塔木德经》(*Talmud*)), 它们有着复杂的字母表和排版规则.

在赫尔曼 · 格拉斯曼的算术教科书的序言中, 他指出该书源于他就这个主题与罗伯特的讨论, 罗伯特确实写了一本普及并解释《扩张论》的书. 无疑, 罗伯特 · 格拉斯曼不是与他哥哥地位相同的学者, 他的不可思议的宽广兴趣的结果是显见的肤浅. 但是, 作为科学和文化的一个普及者, 他无疑值得纪念和尊敬, 同时对他的哲学著作, 甚至在今天人们仍保持着一定的兴趣. 例如, 1981 年, 马雷欣娜在列宁格勒关于罗伯特 · 格拉斯曼的逻辑研究这一主题, 对其哲学上的学位论文进行了答辩.

[191]赫尔曼 · 格拉斯曼和罗伯特 · 格拉斯曼的《德语入门》(*Leitfäden der deutsch Sprache*), 斯德丁: 罗伯特 · 格拉斯曼的印刷所和出版社, 1876; 赫尔曼 · 格拉斯曼《德国植物名称》(*Deutsch Pflanzennamen*), 斯德丁: 罗伯特 · 格拉斯曼的印刷所和出版社, 1870. 在后一本书的前言中, 其作者表达了对他的弟弟罗伯特的感谢.

[192]为了理解现代对于格拉斯曼的科学遗产的态度, 见劳伦斯 · 扬的《数学家和他们的时代》(数学的历史和历史的数学), 阿姆斯特丹: 北荷兰出版公司 (North Holland), 1981. 其作者是一个受欢迎的数学家族的成员之一; 他写得很有趣味; 但他的一些观点, 由于不隐瞒他的倾向, 是有争议的而且他的书不幸未能免于事实上的错误. 扬倾向指责克莱因没有充分地赏识格拉斯曼的工作, 并且宣称首先真正地理解他的工作的是 20 世纪最重要的法国数学家亨利 · 庞加莱和埃利 · 嘉当 (1868—1951) 及著名的瑞士数学家乔治 · 德拉姆 (1903—1969).

[193]欧拉公式 (其实应称为笛卡儿 – 欧拉公式, 因为欧拉没有它的一个严格的证明, 同时其断言为一个世纪之前的勒内 · 笛卡儿 (1596—1650) 所知) 断言任何一个凸多面体, 或者更一般地, 任意连通的多面体的顶点的数目 N_0 与其棱的数目 N_1 及面的数目 N_2 通过方程 $N_0 - N_1 + N_2 = 2$ 关联. 这个公式的二维的类似方程是涉及一个任意的多边形的顶点的数目 N_0 和边的数目 N_0 的关系 $N_0 - N_1 = 0$. (关于笛卡儿 – 欧拉公式的一个严格的证明的问题, 见对证明它的各种严格和不严格的途径的讨论, 这见于著名的匈牙利 – 英国逻辑学家伊姆雷 · 洛考托什 (1903—1974) 的

出色的书:《证明与反驳》(*Proofs and Refutations*)[77], 剑桥大学出版社, 1976.)

施勒夫利公式

$$1 - N_0 + N_1 - N_2 + \cdots + (-1)^n N_{n-1} + (-1)^{n+1} = 0,$$

这里 N_k (对 $k = 0, 1, 2, 3, \cdots, n-1$) 是一个 n 维多胞形的 k 维面的数目, N_0 是其顶点的数目. 因此, 例如, 在一个四维空间中

$$N_0 - N_1 + N_2 - N_3 = 0, \quad \text{即} \quad N_0 + N_2 = N_1 + N_3.$$

194在 n 维欧几里得空间中, 当 $n \geqslant 5$ 时, 仅有 3 种类型的正则凸多胞形, 其面是全等的正 $(n-1)$ 维的多边形, 而且其所有的多边形角是全等的正多边形角, 即全等于在一个正棱锥的顶点的角. 这些正则多胞形与普通的 (三维的) 正四面体 (正则单形), 立方体 (正则超平行体) 和正八面体, 即正则超平行体的多胞形对偶. 当 $n = 3$, 如众所周知的, 有 5 种类型的正多面体 ("柏拉图立体"); 除了上面提到的 3 个, 它们包括正十二面体 (12 个面) 和正二十面体 (20 个面). 在四维空间, 存在 6 种类型的正则多胞形: 正则单形, 正四面体的类似物 (有 5 个面), 立方形 (有 8 个面的正则超平行体), 四维十字形 (有 16 个面的正八面体的类似物), 以及有 24, 120 和 600 个面的正则多胞形. 最后, 在一维空间 (在实直线上), 仅存在一个正则多胞形, 即闭区间 (检验欧拉 – 施勒夫利公式对它也成立), 同时在二维空间 (在平面) 它们有无穷多个 (对每个 n 存在 n 边的正多边形). 这些事实总结在下表中:

空间的维数	正则多胞形的数目
$n = 1$	1
$n = 2$	∞
$n = 3$	5
$n = 4$	6
$n \geqslant 5$	3

见, 例如, 罗森菲尔德和亚格洛姆的基础性文章《多维空间》(*Mehrdimensionale Räume*), 载《初等数学百科全书》(*Enzyklopädie der Elemen-*

[77] 该书有中译本,《证明与反驳》, 康宏逵 (1935—2014) 译. 上海: 上海译文出版社, 1987. —— 译者注

tarmathematik)(EEM), 第 5 卷 (几何学), 柏林 (德意志民主共和国): 德国科学出版社, 1971, 337—383 页, 或在注记 195 和 197 中列出的文献.

195这个问题的历史 (以及这个问题本身), 且有关施勒夫利的内容充实的传记事实和关于他的著作的出版故事的一个详细的描述, 包含在考克斯特的书《正多胞形》(*Regular Polytopes*), 纽约: 多佛出版社, 1973.

196这篇论文的摘要出现在若尔当 1872 年的科学院论文 (在《会报》(C.R.)) 中, 全文出现在 1875 年. 这篇论文和摘要包括在若尔当的《全集》(*Œuvres*) 第 3 卷中, 巴黎: 戈蒂埃 – 维尔拉出版社, 1964.

197见关于多维几何学的文献, 例如, 斯考特,《多维几何学》(*Mehrdimensionale Geometrie*) 第 1, 2 卷, 莱比锡: 托伊布纳出版社, 1902—1905; 萨默维尔, 《*N* 维几何学导引》 (*An Introduction to the Geometry N Dimensions*), 纽约: 多佛出版社, 1958; 罗森菲尔德,《多维空间》(*Multidimensional Spaces*), 莫斯科: 科学出版社, 1966 (俄文).

198首先见嘉当著 《不变积分讲义》 (*Leçons sur les invariants intégraux*) (这是嘉当在巴黎大学理学院 (Faculté des Sciences) 讲授的课程讲义), 巴黎: 赫尔曼出版社, 1922, 它包含了格拉斯曼的 "外代数" 和庞加莱的 "外分析" (研究格拉斯曼的无穷小外积的微分和积分) 以及它们对力学的应用的详细阐述. 实际上, 嘉当的所有的研究工作渗透着 "外代数和外分析" 的思想.

199为了叙述与在 n 维空间中的某个 (二维) 平面上的一个平行四边形相关的 "二阶扩展量" (或双向量, 正如今天所说的) $\sum x_i e_i = \sum x_{if} \cdot [e_i e_f]$, 我们必须假设这个双向量的坐标 x_{ij} 满足特定的二阶 "格拉斯曼条件"(否则以双向量的 "简单性条件" 知名), 它在一个 $(n(n-1)/2)$ 维双向量空间中选出一个所谓的格拉斯曼流形. 当然, 仅在双向量被包含在这一流形中时, 才考虑通常几何意义下的双向量的面积. 这里没有必要在这些 (实际上很简单的) 问题上逗留.

200见任意论述向量演算的文本, 例如, 由弗拉基米尔 · 博里戈里耶维奇 · 博尔强斯基, 亚格洛姆写的文章《向量及其在几何学中的应用》(*Vectoren und ihre Anwendungen in der Geometrie*),《初等数学百科全书》(*EEM*) (见注记 194), 第 IV 卷 (几何学), 1980, 295—390 页.

201在文献中存在许多符号用于标记向量的内积和外积; 统一它们的所有企图显然被放弃了. 这就是为何我们在这里指出两个记号系统的原因: "·" 和 "×" 以及圆括号和方括号. 不过, 所用的不仅仅是这些记号.

联系到这一点, 菲利克斯 · 克莱因在《高观点下的初等数学》(*Elementarmathematik vom höheren Standpunkt aus*)[78]海德堡, 施普林格出版社, 1968, 的第 1 卷第 4 章 (复数) 中叙述了 1903 年在卡塞尔的自然科学大会上, 怎样产生了统一向量符号的一个特别委员会. 然而, 该委员会的成员对这个问题有不同的意见. 而且由于他们彼此宽容对方的意见, 结果是除了先前的符号系统, 又出现了第三种新的符号系统! 克莱因还说在物理学上统一的单位系统 (顺便说一句, 关于这一点, 今天也不顺利) 的创立是由于产业界的强大的压力. 由于向量演算上没有这样的刺激, 也就无望符号上的统一.

202复数作为平面上的点 (或者更精确一些, 作为连接原点和给定点的线段, 这种解释与向量演算更接近), 带有关于复数运算的几何意义的初次描述是丹麦出生的挪威地图绘制员和大地测量学家卡斯珀 · 韦塞尔 (1745—1818) 给出的. 这包含在他仅有的数学著作中, 它因为其清晰和实质性的内容而著名. 韦塞尔在 1797 年把该书呈送给丹麦科学院, 而且在 1799 年用丹麦文出版[79]. 不过, 他的著作 (顺便说一句, 它包含了为复数寻找一个适当的空间类似物的初次尝试) 没有引起任何人的注意. 只是 100 年后, 通过索菲斯 · 李的努力, 韦塞尔的著作以法语 (在哥本哈根, 1897) 出版并为人所知. 在 1806 年, 瑞士出生的法国数学家让 · 罗贝尔 · 阿尔冈 (1768—1822) 在他 1806 年在巴黎匿名发表的小册子《论用几何作图表示虚量一种方法》(*Essai sur une manière de représenter les quantités imaginaires dans les constructions géometriques*) 中重新发现了这个几何解释, 但也没有引起注意. (对于更详细的描述, 见达昂 – 达尔梅迪库, 派弗,《道路和迷宫》(*Routes et dédales*), 巴黎: 当代学术出版社 (Études Vivants), 1982, 第 7 章.) 不过, 在 1813—1814 年, 最流行的法国数学杂志《纯粹数学和应用数学年刊》(*Annales des mathématiques pures et appliquées*) 的编辑约瑟夫 · 迪亚斯 · 热尔岗 (在联系到热尔岗的关于射影几何学的工作时, 我们提到过他) 在他的杂志上发表了阿尔冈的小册子, 在这里它最终被人注意到. 然而复数的几何解释的引入只是

[78] 该书有中译本,《高观点下的初等数学》, 舒湘芹等译. 武汉: 湖北教育出版社, 1989—1993. —— 译者注

[79] 这篇文章的题目是 *Om Dizectionens Analytiske Betegning*, 有中文节译,《方向的解析表示》, 高嵘译, 载李文林主编《数学珍宝》. 北京: 科学出版社, 1998. —— 译者注

通过高斯才被普遍地使用.

[203]复数的两种变形 (modification) 由威廉 · 金德姆 · 柯利弗德提出 —— 对偶数 $x+\varepsilon y$, 这里 $\varepsilon^2=0$ (上面提到过), 以及双数 $x+ey$, 这里 $e^2=1$. 这两种类型的数可以给出几何意义. 对偶数和双数 (在不同的名字和记号下) 在柯利弗德的论文《双四元数的初步略述》(*Preliminary Sketch of Biquaternions*) 中联系到它们的几何应用时被引入, 该文载于《伦敦数学会会报》(*Proc. Lond. Math. Soc.*), 1877, 381—395 页, 复制在《柯利弗德数学论文集》(*Mathematical Papers of W. K. Clifford*) 中, 181—200 页. 对于这些数的几何解释 (尤其是双数可以被普通的欧几里得平面中的直线表示), 见亚格洛姆《几何学中的复数》, 纽约: 学术出版社, 1968; 亦见在注记 159 中参照的亚格洛姆的书中的补充 C.

对偶数起源于普吕克的工作, 而且部分地起源于哈密尔顿关于几何光学的早期工作, 而且出现在线素几何学 (line-element geometry) (以及在非欧几里得线素几何学) 中, 并被普吕克在波恩大学数学教席的继任者 (后来在格赖夫斯瓦尔德大学任教授) 爱德华 · 施图迪 (1862—1922) 和喀山的几何学家亚历山大 · 彼得罗维奇 · 科捷利尼科夫 (1865—1944) 所使用. 对于这一联系, 参见布拉施克《微分几何学和爱因斯坦的相对论的几何基础讲义》(*Vorlesungen über Differentialgeometrie und die geometrische Grundlagen Einstein's Relativitätstheorir*), 第 1 卷:《基础微分几何学》(*Elementare Differentialgeometrie*) 的第 1 部分的结论, 柏林: 施普林格出版社, 1930.

[204]这里, 在特定的情形, 必须扩大柯利弗德代数的原始定义, 如柯利弗德从普通复数 (有单位 i, 这里 $\mathrm{i}^2=-1$) 转到双数 (有单位 e, 这里 $e^2=1$) 时所做的. 因此在 "广义柯利弗德数" (也被称为交错数 (alternions), 是著名的英国物理学家保罗 · 艾德里安 · 莫里斯 · 狄拉克 (1902—1985) 发现的) 中主单位的平方可等于 -1 或 1. 显然对 $n=1$, 有一个单位 e 满足 $e^2=-1$ 的柯利弗德数与复数重合; 如果 $e^2=+1$, 我们得到双数. 对 $n=1$, 格拉斯曼数产生柯利弗德对偶数, 这里 (在他的情形总是这样) 唯一的单位的平方等于零. 对于 $n=2$ 时的柯利弗德代数的情形, 见正文内容.

上面所考虑的所有的数的系统可以用一个统一的方式引入. 考虑基为 $\mathbf{e}_1,\mathbf{e}_2,\cdots,\mathbf{e}_n$ 且带对称双线性形式 F 的内积

$$(\mathbf{x},\mathbf{y})=F(\mathbf{x},\mathbf{y})(x_1\mathbf{e}_1+\cdots+x_n\mathbf{e}_n,y_1\mathbf{e}_1+\cdots+y_n\mathbf{e}_n)=\sum a_{ij}x_iy_j.$$

通过置

$$\mathbf{xy} + \mathbf{yx} = (\mathbf{x}, \mathbf{y})(= F(\mathbf{x}, \mathbf{y}))$$

并应用分配律和结合律定义向量 $\mathbf{x}$ 和 $\mathbf{y}$ 的积 $\mathbf{xy}$. 如果二次形 $F(\mathbf{x}, \mathbf{x}) = F$ 写成标准形 $\pm X_1^2 \pm X_2^2 \pm \cdots \pm X_k^2, k \leqslant n$, 那么我们得到一个交错代数 (是奇异的, 如果 $k \leqslant n$), 它对应条件: 对 $i \leqslant k, \mathbf{E}_i^2 = \pm 1$;对 $j > k, \mathbf{E}_j^2 = 0$ (这里 $\mathbf{E}_1, \mathbf{E}_2, \cdots, \mathbf{E}_n$ 是对形式 F 的空间的标准基, 同时是我们的数的代数的一个 "生成元的系统"). 在非奇异的情形, 形式 F 的负定情形和零情形 (null case) 分别对应于狄拉克数, 柯利弗德数和格拉斯曼数. 注意 $F = (x_1\mathbf{E}_1 + x_2\mathbf{E}_2 + \cdots + x_n\mathbf{E}_n)^2$, 因此任意二次形是系数为一种新类型的 "非交换数"$\mathbf{E}_1, \mathbf{E}_2, \cdots, \mathbf{E}_n$ 的线性组合的平方. 狄拉克从类似的考虑得到他的数: 他把拉普拉斯算子 $\Delta = (\partial^2/\partial x^2) + (\partial^2/\partial y^2) + (\partial^2/\partial z^2)$ 视为一个线性算子的平方

$$\Delta = \left(L\frac{\partial}{\partial x} + M\frac{\partial}{\partial y} + N\frac{\partial}{\partial z}\right)^2 \tag{$*$}$$

而且尽管任何一个数学家都能很容易地证明表示 $(*)$ 是不可能的, 狄拉克在物理考虑的基础上接受了它.

[205]这里是剑桥形式主义者学派的另一位领袖乔治 · 皮科克 (1791—1858) 关于 "符号代数学" 是什么的一个非常清楚的表述: 符号代数学是 "符号和它们的组合的科学, 符号的组合是根据它们本身的规则构建的, 通过一个解释能被用于算术及其他科学"(见皮科克的《关于分析学的特定分支的最近进展和现状的报告》(*Report on the recent progress and present state of certain branches of analysis*), 194—195 页, 1833 年英国科学促进协会报告, 伦敦, 1834.

[206]数 $u = x_0 + x_1e + x_2e^2 + \cdots + x_{n-1}e^{n-1}$ 的系统, 这里 $x_0, x_1, \cdots, x_{n-1}$ 是实数且形式和 u 与 $v = y_0 + y_1e + y_2e^2 + \cdots + y_{n-1}e^{n-1}$ 的加法和乘法按照通常的方式并应用关系 $e^ie^j = e^{i+j}$ 进行, 它被称为循环数, 如果 $e^n = +1$; 反循环数, 如果 $e^n = -1$; 和多重数, 如果 $e^n = 0$. 因此, 按照现代的术语, 查尔斯 · 格雷夫斯的三元组是三阶循环数. 词语 "循环的" 和 "反循环的" 是由于这一事实: (比如说) 循环数的代数与所谓的 "循环矩阵" 的代数是相同的, 循环矩阵的行来自所有的循环排列, 即具有形式 $(x_0, x_1, x_2, \cdots, x_{n-1}), (x_1, x_2, \cdots, x_{n-1}, x_0), (x_2, x_3, \cdots, x_{n-1}, x_0, x_1), \cdots, (x_{n-1}, x_0, x_1, x_1, \cdots, x_{n-2})$. 容易证明, 循环数和反循环数的代数能写成

一定数目的复数域的复制以及至多两个实数域的复制的直和. 最有趣的几何应用是多重数的应用, 它推广了柯利弗德 – 施图迪 – 科捷利尼科夫的对偶数, 但对此我们不打算在这里讨论.

207查尔斯 · 格雷夫斯正交地投射对应于三元组 $u = x + ye + ze^2$ 的一般欧几里得空间中的点 (x, y, z) 到在直线 $l : x = y = z = 0$ 和有方程 $x + y + z = 0$ 的平面 $\pi \perp l$ 上. 那么, 两个三元组的积约化为它们在 l 上的射影作为 l 轴的实数和它们在平面 π 上的射影作为复数的乘法. (因此, “在几何上”, 三元组的代数由作为实直线 l 和复平面 π 的 “直和” 表示; 见注记 206.)

208比较, 例如, 一本清楚地阐述 “哈密尔顿形式体系” 的现代教科书, 阿诺尔德的《经典力学中的数学方法》(*Mathematical Methods in Classical Mechanics*)[80] (纽约: 施普林格出版社, 1978).

209哈密尔顿本人喜欢回忆, 他花了差不多 10 年徒劳地努力去构造有 3 个单位的这样一个系统 —— 他称它们为三元组, 沿用德摩根和格雷夫斯的术语. 在他后来写给他的儿子的一封信中, 他回忆每天早晨他怎样下楼吃早餐, 他的儿子会问他: “好呀, 父亲, 您知道乘和除三元组了吗?” 而他会伤心地答道: “没有, 我还是只知道怎样加和减它们.”

210在前面一个注记中引用的那封信中, 哈密尔顿回忆了放弃三元组而继续直接到达四元数 (有四个单位的数) 的想法, 连带理解乘法的交换律必须被舍弃以及 “四元数代数” 的主要公式怎样发生在他身上. 他和他的妻子沿着皇家运河正步行去主持爱尔兰皇家科学院的会议, 他的妻子告诉他某件事情, 但他充耳不闻. 曾经如此长时间使他全神贯注的问题的解他在一瞬间领悟了; 经过运河上的桥时, 哈密尔顿用他的削笔刀的刀尖在桥栏杆的软石上写下主要的公式. 莫斯科造船工程师和数学家、海军上将和科学院院士、天体力学的权威和牛顿《原理》(*Principia*) 的俄译者, 阿列克谢 · 尼古拉耶维奇 · 克雷洛夫 (1863—1945), 重述了这个事件, 通常说都柏林市政当局定期使在桥栏杆上的哈密尔顿的公式保持如新, 因此现在仍然能看到它们, 而且哈密尔顿不是准备去参加皇家科学院的会议, 而是在聚会后回家, 这里他没有忽视 (酒精) 饮料. 这个版本为这则历史轶事增加了新鲜的色彩 —— 总而言之, 哈密尔顿的故事是事过之后 (post factum) 多年才被讲述的, 而且其可靠性是可以怀疑

[80] 该书有中译本,《经典力学的数学方法》, 齐民友译. 北京: 高等教育出版社, 1992. —— 译者注

的. 应当提到克雷洛夫 (像哈密尔顿, 一个嗜酒的人) 倾向高估 (正如一个水手会这样) 他对酒精的偏爱 (见他的意味深长的回忆录 ——《我的回忆》(*My Recollections*), 列宁格勒: 船舶建造出版社 (Sudostroyenie), 1979; 俄文). 当然, 克雷洛夫从未见过那座桥栏杆上的哈密尔顿的公式 —— 他的故事是虚假的.

[211]哈密尔顿视向量 $\mathbf{v} = a\mathbf{i} + b\mathbf{j} + c\mathbf{k}$ 为把点 $A(x, y, z)$ 送到点 $B(x + a, y + b, z + c)$ 的一个平移算子. 对 A 他用词语 vehend, 对 B 用 vectum. 哈密尔顿把三元词组 vehend-vectum-vector 作为与 diminuend-difference-subtrahend 和 dividend-divisor-quotient 的相似来考虑. 不过, 只有词语 "向量" (vector) 在数学中保留下来.

[212]有一段时间, 向量演算对物理学家和工程师是如此有用, 以致它们仅以 "四元数演算" 的形式存在. 尤其是, 詹姆斯 · 克拉克 · 麦克斯韦 (1831—1879) 用四元数的形式撰写他的著名的《电磁学通论》(*Treatise on Electricity and Magnetism*)[81]. 因此, 电磁场理论的根本的麦克斯韦方程以向量的形式为我们所熟悉, 最初它们的作者是以四元数的术语而不是向量形式写出的. 这可能是因为哈密尔顿在他的四元数的研究中, 不仅奠定了向量代数, 而且奠定了向量分析的基础: 他考虑 "符号向量"(或 "纯向量四元数")

$$\nabla = \mathrm{i}\frac{\partial}{\partial x} + \mathrm{j}\frac{\partial}{\partial y} + \mathrm{k}\frac{\partial}{\partial \mathrm{z}},$$

这被他依据圣经中的一种三角形的竖琴 "nebele" 而称为 "nabla"; 这里 $\mathrm{i}, \mathrm{j}, \mathrm{k}$ 是 "四元数单位", 且 $\partial/\partial x, \partial/\partial y, \partial/\partial z$ 是偏导数算子. 此外, 哈密尔顿考虑了形式积 $s\nabla, S(\nabla v), V(\nabla v)$, 这里 $s = s(x, y, z)$ 是纯量 ("纯粹的纯量四元数") , 实际上是从一个点的另一个点变化的纯量场, 同时 $v = a(x, y, z)\mathrm{i} + b(x, y, z)\mathrm{j} + c(x, y, z)\mathrm{k}$ 是一个向量 ("纯粹的向量四元数"), 即一个向量场. 哈密尔顿用通过旋转希腊字母 Δ 得到的符号 $\triangleleft$ 表示他的 "符号四元数"; 这个符号在英国物理学家彼得 · 格斯里 · 泰特 (1831—1901) 的《四元数初论》(*An Elementary Treatise on Quaternions*) (剑桥, 1873) 一书中得到了它现代的形式 ∇, 他与威廉 · 汤姆森, 即开尔文勋爵 (1824—1907) 合著的物理学教科书更为知名. 就是在这部《初论》中, 显然是哈密尔顿创造的新词 "nabla" 第一次被用于符号 ∇. 泰特在关于四

[81] 该书有中译本,《电磁学通论》, 戈革 (1922—2007) 译. 武汉: 武汉出版社, 1994. —— 译者注

元数的进一步讨论中起了重要作用, 他绝对支持哈密尔顿的概念. 泰特和哈密尔顿是亲密的朋友, 应后者的请求, 他推迟了自己的书的出版, 使它出现在哈密尔顿的书《四元数基础》(都柏林, 1866) 之后 (实际上, 当这两册书出现时, 哈密尔顿已不在人世了). 另一方面, 泰特是麦克斯韦的朋友, 与麦克斯韦在爱丁堡大学, 后在剑桥大学学习. 麦克斯韦显然是从泰特那里了解了哈密尔顿的创造. (当然, 麦克斯韦和泰特两人都在剑桥大学参加了四元数的考试 —— 在那时没有它学位是不可想象的; 泰特对这个主题的知识远远超出考试的要求, 而且麦克斯韦能证明自己对它的完美掌握.)

那时, 在数学家的著作中向量演算没有摆脱不用四元数的现代形式, 除了杰出的美国物理学家乔赛亚 · 维拉德 · 吉布斯 (1839—1903) 的《向量分析基础》(*Elements of Vector Analysis*), 纽黑文, 1881—1884, 和英国工程师和电学家奥利弗 · 赫维塞德 (1850—1925) 的《电磁论》(*Electromagnetic Theory*), 伦敦, 1903. 吉布斯终生在耶鲁大学工作, 他帮助使它闻名世界; 赫维塞德是所谓的 "符号演算"(symbolic calculus) 的创造者, 伦敦皇家学会会员, 在他一生的大部分时间他过着隐居的生活. 这两个作者都删去了哈密尔顿向量的纯量积公式中的负号.

[213]特别地, 汉克尔首先叙述了所谓的 "不变原理"(permanence principle), 当我们扩展代数的 (例如, 数值的) 系统时这必须加以考虑: 对新系统的元素的运算必须这样定义, 使得它们应用于原来的元素 (现在作为新系统的部分) 时给出与以前一样的结果. (当我们转移到新系统时, 一定要扩展我们的知识, 不是重新学习!) 因此复数运算用于 (实) 数 $x+0\mathrm{i}(=x)$ 时, 给出运算用于 x 被视为实数时相同的结果; 形如 $s+x\mathrm{i}+0\mathrm{j}+0\mathrm{k}$ 的四元数运算与复数 $s+x\mathrm{i}$ 的运算没有不同, 等等.

[214]在 19 世纪和 20 世纪之交, 在克莱因的《数学科学百科全书》(*Encyclopaedia of Mathematical Sciences*) 中, 关于复数 (Complexe Zahlen) 的一篇长文证实了 (超) 复数课题的重要性 (现在有些被忽视了); 见第 8 章. 这篇文章是爱德华 · 施图迪 (见注记 203) 写的. 在注记 192 中提到的伟大的法国数学家埃利 · 嘉当为这套百科全书的扩充的法文版的这个条目提供了一个法文译本; 见施图迪和嘉当, 复数 (Nombres complexes), 法文版《数学科学百科全书》(*Encycloped. Sciences Math.*), 巴黎: 戈蒂埃 – 维尔拉出版社, 条目 I, 5.

[215]因此哈密尔顿考虑的向量 $\mathbf{u}$ 和 $\mathbf{v}\neq 0$ 的两个 "商" $\mathbf{t}_1(=\mathbf{u}\mathbf{v}^{-1})$ 和

$\mathbf{t}_2(=\mathbf{v}^{-1}\mathbf{u})$ (即两个 “纯向量四元数”) 等于 $(|\mathbf{u}|/|\mathbf{v}|)\cdot(\cos\varphi\pm\mathbf{w}\sin\varphi)$, 这里 $|\mathbf{u}|$ 和 $|\mathbf{v}|$ 是向量 $\mathbf{u}$ 和 $\mathbf{v}$ 的长度, $\mathbf{w}$ 是既垂直 $\mathbf{u}$ 又垂直于 $\mathbf{v}$ 的单位向量 (或向量 $\mathbf{0}$, 如果 $\mathbf{u}$ 和 $\mathbf{v}$ 在一条直线上) 且 φ 是 $\mathbf{u}$ 和 $\mathbf{v}$ 之间的角. 所以, 两个向量的 “哈密尔顿商” 不是一个向量, 而是一个 “一般的” 四元数; 对于共线向量 (即被相同的直线包含的向量) 这个商是唯一的且是一个纯量 (使得 $\mathbf{u}=t\mathbf{v}$ 的实数 t). 在任意的超复数系统中, 对任意 $\mathbf{u}$, 表达式 $\mathbf{u}\mathbf{u}^{-1}$ 和 $\mathbf{u}^{-1}\mathbf{u}$ ($\mathbf{u}$ 除以它本身的商) 彼此相等且等于一个固定的元素 $\mathbf{e}$, 它在我们的系统中起恒等元素的作用, 即对任意 $\mathbf{v}$, 我们有 $\mathbf{ev}=\mathbf{ve}=\mathbf{v}$.

[216]我们已经提到哈密尔顿 (以及追随他的 “哈密尔顿学说的信奉者” 和 “四元数主义者”) 为发展一般的单四元数变量的解析函数论 (theory of analytic functions of a quaternion variables) 所做的努力. 其作者们期望它将会有广泛且富有成果的应用, 一如单复变解析函数论 (由柯西, 黎曼和魏尔斯特拉斯创立) 对经典分析学和微分方程的应于. 呜呼! —— 这些期待令人失望. 李的最亲密的学生和合作者格奥尔格 · 舍费尔斯把 “四元数主义者” 的这一研究推广到单任意结合超复变数的函数论上, 类似于柯西 – 黎曼 – 魏尔斯特拉斯单复变函数论. 不过, 他的成功仅限于交换乘法的情形; 在这种情形, 对 (普通的) 单复变函数的柯西 – 黎曼条件, 他发现了推广这一经典条件的 “解析性条件”. 出现在关于复分析学或解析函数论的每一本书中的柯西 – 黎曼条件如下: 单复变数 $z=x+y\mathrm{i}$ 的一个函数 $w=u(x,y)+\mathrm{i}v(x,y)$ 是解析的, 当且仅当

$$\frac{\partial u}{\partial x}=\frac{\partial v}{\partial y},\quad \frac{\partial u}{\partial y}=-\frac{\partial v}{\partial x}.$$

在双变数 $z=x+ey$ 的情形, 这里 $e^2=+1$, 且对偶变数 $z=x+\varepsilon y$, 这里 $\varepsilon^2=0$, “舍费尔斯条件” 是

$$\frac{\partial u}{\partial x}=\frac{\partial v}{\partial y},\frac{\partial u}{\partial y}=\frac{\partial v}{\partial x}\ \text{且}\ \frac{\partial u}{\partial x}=\frac{\partial v}{\partial y},\frac{\partial v}{\partial x}=0.$$

但舍费尔斯的优美的构造 (《一般复函数基础的普遍化》(*Verallgemeinerung der Grundlagen der gewöhnlichen komplexen Functionen*),《萨克森科学学会会议报告, 数学 – 物理学类》(*Sitzungsberichte Sächs. Ges.*

Wiss, Math. -Phys. Klasse)[82], 第 45 卷, 1893, 828—842 页) 从未在数学的其他分支或其应用中被用到, 现在出现在典型的 “数学玩具” 中.

217李在莱比锡大学的学生、几何学家弗里德里希 · 海因里希 · 舒尔 (不要把他与伟大的代数学家伊赛 · 舒尔 (1875—1941) 混淆), 总是追随他的老师李的, 以及在一定程度上后者的朋友克莱因的足迹. 舒尔关于超复数的工作在那时被高度评价, 但现在没有他对常曲率的黎曼曲面的刻画知名, 这可视为与赫尔姆霍茨 – 李问题有关. (关于这个主题的壮丽的发展在注记 144 中大略提到过,) 见沃尔夫,《常曲率空间》(*Space of Costant Curvature*), 1972; 该书 1982 年的俄文译本包含布拉戈写的一个补充, 它覆盖了该领域最近的发展.) 更流行的仍然是舒尔在他的书《几何学的基础》(*Grundlagen der Geometrie*, 莱比锡 – 柏林: 施普林格出版社, 1909) 中对欧几里得几何学的公理化表述. 这是按照克莱因的 “埃朗根纲领”(见第 7 章) 的精神重新评估希尔伯特的同名的书: 作为舒尔一书基础的欧几里得平面和立体几何学的公理涉及对应的等距群.

218莫林生于里加 (拉脱维亚). 他毕业于多帕特 (现在爱沙尼亚的塔尔图) 大学而且在多帕特以及后来在托木斯克 (西伯利亚) 任教. 因此他生命的大部分在俄罗斯度过, 在这里他被称为费奥多尔 · 爱德华多维奇; 记住当莫林生活在里加和多帕特的时候那里还是俄罗斯帝国的一部分. 尽管如此, 莫林无疑是德国数学学派的一位代表, 不仅因为他是德国人 (在这种情形这不重要), 而是因为他在莱比锡受教育, 在这里写出他的第一篇论文并且以索菲斯 · 李为师, 而且他所在的多帕特大学在精神上纯粹是一所德国大学. (注意弗里德里希 · 舒尔, 正如在注记 217 中提到的, 也在莱比锡大学跟李学习; 有一段时间他也是多帕特大学的教授.)

219当然, 把超复数 (5.7) 写成 $u = x_0e_0 + x_1e_1 + \cdots + x_ne_n$ 的形式更合乎逻辑, 这里 “复恒等元”e_0 对所有的 $i = 1, 2, \cdots, n$ 满足 $e_0e_i = e_ie_0 = e_i$. 这允许我们把 e_0 等同于 1.

220这个结果由弗罗贝尼乌斯在他的主要的论文《论线性替换和双线性形》(*Über linare Substitutuioen et bilineare Formen*),《克雷尔杂志》, 84, 1878, 1—63 页; 查尔斯 · 桑德 · 皮尔斯发表的是《论数学的逻辑》

[82] 萨克森皇家科学学会 (Die Königlish Sächsiche Gesellschaft der Wissenshaften) 成立于 1846 年 7 月 1 日, 自 1919 年 7 月 1 日起改称莱比锡萨克森科学院 (Die Sächsiche Akademie der Wissenshaften zu Leipzig). 自成立之日起, 萨克森皇家科学学会就出版期刊, 直至今日. —— 译者注

(*Upon the logic of mathematics*), 《美国数学杂志》 (*Amer. Journ. of Math.*), 4, 1881, 225—229 页. 这个结果 (以及本书提到的其他一些结果) 的初等的阐释可在广大读者易于理解的一本书中找到: 坎托尔和索洛多夫尼科夫的《超复数》(*Hypercomplex Numbers*) (莫斯科: 科学出版社, 1973, 俄文, 但一个英译本在准备中)[83], 以及伊戈尔 · 弗拉基米罗维奇 · 阿诺尔德的书《理论算术》(*Theoretical Arithmetic*), 莫斯科: 教育科学出版社 (Uchpedgiz), 1939 (但他的俄文书对于阅读英语的公众难以利用). (莫斯科数学家和教师伊戈尔 · 弗拉基米罗维奇 · 阿诺尔德 (1900—1948), 不应与在注记 208 中提到的他的儿子弗拉基米尔 · 伊戈列维奇 · 阿诺尔德 (生于 1937 年)[84]混淆.)

221引入八元数的另一个方法是基于 "加倍" 超复数系统的简洁的运算. 这个运算, 用于实数的时候产生复数; 用于复数的时候, 它产生四元数; 且用于四元数的时候它产生八元数. 上一个注记里提到的坎托尔和索洛多夫尼科夫的书里的阐释基于这个方法. 与此相关的亦见盖里东和迪厄多内的文章《自 1840 年以来的代数学》(*L'Algebre depuis* 1840); 载迪厄多内主编《数学简史: 1700—1900 年》(*Abrégé d'histoire des mathématiques* (1700—1900)), 第一卷, 巴黎: 赫尔曼出版社, 1978, 91—127 页, 尤其是 106—111 页.

222在一个超复数系统中一个定义得很好的除法运算的存在性与没有所谓的零因子有关, 即数 $\mathbf{u} \neq 0$ 使得存在一个数 $\mathbf{v} \neq \mathbf{0}$ 满足 $\mathbf{uv} = \mathbf{0}$. 例如, 在双数系统和对偶数系统中, 形如 $x(1 \pm e)$ 和 $x\varepsilon$ 的数分别是零因子. 顺便提一句, 对现存的超复数系统 (双数和对偶数, 4 种类型的四元数, 6 种类型的八元数) 的特定的 "扩张", 在当因子是零因子的情形, 定义产生一个 "理想" 数的除法运算是可能的; 对于双数的集合和对偶数的集合, 这种过程详细地描述在注记 203 中提到的亚格洛姆的《几何学中的复数》中.

223在注记 220 中提到的坎托尔和索洛多夫尼科夫的书中, 弗罗贝尼乌斯定理正好是以这种方式被证明的.

224超复数的结合性的概念的另一个推广, 类似于交错性, 是其约尔丹性质 (见正文内容), 首先由杰出的德国理论物理学家恩斯特 · 帕斯库

[83] 英译本由纽约施普林格出版社在 1989 年出版. —— 译者注

[84] 阿诺尔德已于 2010 年去世. —— 译者注

尔 · 威廉 · 约尔丹 (生于 1902 年)[85]引入; 这个性质在过去的 10 年已进入到许多物理学家和数学家工作的最前沿.

[225]形成对照的是, 在注记 192 中提到的他最近的书中, 劳伦斯 · 扬对凯莱发现八元数的评价足够高, 这很典型, 但强调这是凯莱仅有的直到现在还保持其重要性的成就. (扬, 在他的评估中常常非常苛刻并且主观, 写到凯莱是 900 篇论文的作者, 除了关于八元数的那些论文, 它们已完全失去了它们的意义. 他指出凯莱的 13 卷《数学论文全集》(剑桥大学出版社, 1889—1898, 1—13 卷) 不能与不幸的埃瓦里斯特 · 伽罗瓦在他短暂的一生中所能写下的仅仅 60 页的数学注记相比. 不进一步进入到这种不适当的比较 (两人在时间上、生活上、气质上和科学风格上相差很远), 不过, 关于扬为何如此大大低估凯莱对数学的贡献, 我想提出一个看法. 人们今天是如此熟悉凯莱引入到数学中的许多想法 (多维空间、矩阵、群乘法的凯莱表, 等等), 以至它们对我们是显然的, 而且被视为 “数学的民间传说”, 与首先提出它们的人无关.)

[226]胡尔维茨的原始且非常优美的证明包含在他的文章《论有任意个变量的二次形的复合》(*Über die Komposition der quadratischen Formen mit beliebig vielen Variablen*),《哥廷根通报》, 1898, 300—316 页. 也见注记 220 中提到的坎托尔和索洛多夫尼科夫的书.

[227]关于结合数系统 (不是对八元数!) 的 “广义的” 胡尔维茨定理, 见亚伯拉罕 · 阿德利安 · 阿尔伯特,《允许复合的二次形》(*Quadratic forms permitting composition*),《数学年刊》(*Ann. of Math.*), 43, 1942, 161—177 页. “广义的八元数” 的情形被莫斯科几何学家达维德 · 鲍里索维奇 · 佩尔西茨 (1941 年生) 研究过.

第 6 章

[228]比较保罗 · 亚历山德罗夫的书《群论导引》(见注记 32) 的序言中的说法.

[229]见若尔当的这篇基本的论文《论运动群》(*Mémoire sur les groups de mouvements*),《纯粹和应用数学年刊》(*Ann. math. pures et appl.*), 系列 2, 2, 1868—1868, 167—215 页, 322—345 页, 也复制在若尔当的《全

[85] 约尔丹已于 1980 年去世. —— 译者注

集》中.

[230]如果在公式 (6.2) 中, 我们把自己限制于值 $\Delta > 0$, 那么得到的变换可以被称为直接仿射变换: 它们保持由两个不共线的向量 $\mathbf{e}_1$ 和 $\mathbf{e}_2$ 构成的基的定向. (如果把 $\mathbf{e}_1$ 的方向映到 $\mathbf{e}_2$ 的最小的转动是逆时针的, 这个基的定向是正的, 在相反的情形是负的.) 如果在公式 (6.2) 中, 我们要求 $\Delta = \pm 1$, 那么我们得到所谓的等仿射 (equiaffine) 变换的类, 它们是保持面积的. 如果在公式 (6.2) 中, 我们要求 $\Delta = +1$, 那么得到直接等仿射 (direct equiaffine) 变换. 最后, 对 $\Delta < 0$ 的变换 (6.2) 被称为反 (opposite) 仿射变换.

[231]根据晶体的对称性而对其分类源于古代. 值得注意的是晶体可以有二、三、四和六阶的对称轴, 但不能有五阶的 —— 尽管这样的对称轴出现在生物中 (例如, 在海星和许多花中) —— 或 ⩾ 七阶的对称轴. 不过, 晶体的数学理论完全是 19 世纪的产物. 特别地, 所有可能的结晶体群的列表出现在俄罗斯结晶学家叶夫格拉夫 · 斯捷潘诺维奇 · 费多洛夫 (1853—1919) 和德国数学家阿图尔 · 莫里茨 · 舍恩费尔德 (1853—1928) 的 (独立的) 研究工作中, 他们的工作都出现在 1891 年, 但后者稍晚; 也出现在英国结晶学家威廉 · 巴洛 (1845—1934) 在 1894 年的工作中. (空间中) 结晶体群的数目是 230. (上面提到的这三位研究者中没有一个人得到这个精确的结果 —— 所有他们的论文包含 (易于填补的) 缺陷, 因此每个人得到少于 230 个群, 完整的列表通过比较他们的结果而得到.)

平面结晶体群的数目是 17. 古代的设计者, 几乎从克罗马农人的时代起, (实际上!) 就知道并使用所有这些对称; 尤其是在中世纪西班牙的阿拉伯人毫无疑问知道它们的全部.

在 20 世纪 "舒布尼科夫" 或 "黑和白的" 对称群的名单被列出. 在这些群中, 形状相同但有不同的颜色 (比如说, 黑和白), 或拥有不同符号电荷的元素被区分. 在平面上, 这样的群的数目是 122, 在空间中是 1651. (阿列克谢 · 瓦西里耶维奇 · 舒布尼科夫, 1887—1970, 是俄罗斯结晶学家.)

目前, 当元素可以有超过两种的颜色时找出平面色对称的所有可能的群, 以及在四维和高维空间中的所有的对称群 (费多洛夫群和舒布尼科夫群, 不用提及 "染色" 群) 的问题, 就我所知, 仍是未解决的. (对平面彩色装饰的一幅美丽的插图, 见《埃舍尔的世界》(*The World of M.C.Escher*) 中的图片 "爬虫", 纽约: 艾布拉姆斯公司出版 (Abrams),

1971, 彩色图版 II.)

考克斯特《几何学导引》(见注记 72), 希尔伯特和科恩 – 福森《几何学和想象》(*Geometry and Imagination*)[86], 纽约: 切尔西出版公司 (Chelsea), 1952; 马丁的《变换几何学》, 纽约: 施普林格出版社, 1982; 麦吉尔夫雷,《埃舍尔的周期素描中的对称现象》(*Symmetry Aspect of M.C. Escher's Periodic Drawings*), 乌得勒支, 1976; 以及达西 · 文特沃斯 · 汤普森[87]的经典著作《论生长和形态》(*On Growth and Form*), 伦敦: 剑桥大学出版社, 1952 和 (尤其是) 外尔,《对称》(*Symmetry*)[88], 普林斯顿大学出版社, 1952. 在有些远离我们的主题, 但内容丰富的书中, 参见格林鲍姆和谢泼德,《铺砌和模式》(*Tilings and Patterns*), 纽约: 弗里曼出版社, 1987 和《对称的模式》(*Patterns of Symmetry*) (塞内沙尔和弗莱克编), (麻省) 阿默斯特: 麻省大学出版社 (University of Massachusetts Press), 1977; 舒布尼科夫, 科普齐克,《科学和艺术中的对称》(*Symmetry in Science and Art*), 纽约: 殷实出版社 (Plenum), 1974. 最后, 关于这个主题的多方面的书包括布雷德利, 克拉克内尔,《立体中对称的数学理论》(*The Mathematical Theory of Symmetry in Solids*), 牛津: 克拉伦登出版社 (Clarendon Press), 1971; 毕尔格,《基础结晶学》(*Elementary Crystallography*), 纽约, 1956; 约翰 · 雅各 · 布克哈特,《结晶学的运动群》(*Die Bewegungsgruppen der Kristallographie*), 巴塞尔: 比克豪伊泽尔出版社, 1966; 杰森,《数学结晶学导引》(*An Introduction to Mathematical Crystallography*), 伦敦, 1965.

232在目前打算面对初学者的说明中, 我们既没有在李群和连续群之间的差别上详细论述 (前者由涉及光滑 (即可微) 的函数的方程确定. 也没有考虑希尔伯特第 5 问题的历史, 希尔伯特第 5 问题关注这两个概念之间的联系. 见, 例如,《来自希尔伯特问题的数学进展》(*The Mathematical Developments Arising from Hilbert's Problems*),《纯粹数学讨论会会

[86] 该书有中译本,《直观几何》, 王联芳译, 上册. 北京: 高等教育出版社, 1959; 下册, 北京: 人民教育出版社, 1964. —— 译者注

[87] 达西 · 文特沃斯 · 汤普森 (1860—1948) 是圣安德鲁斯大学的动物学教授, 他的 *On Growth and Form* 在 1917 年由剑桥大学出版社出版, 长达 793 页, 增订的第二版在 1942 年出版, 长达 1124 页. 此后该书有多种版本. 终其一生, 汤普森仅著此一书 (homo unius libri). 该书的一个改写本有中译本,《生长和形态》, 袁丽琴译. 上海: 上海科技出版社, 2003. —— 译者注

[88] 该书有中译本,《对称》, 钟金魁译. 北京: 商务印书馆, 1986. —— 译者注

报》(*Proc. of Symposia in Pure Math.*), 第 28 卷,(罗得岛州) 普罗维登斯: 美国数学会, 1976, 12—14 页 (对希尔伯特问题的陈述) 和 142—146 页 (杨忠道[89]对这个问题的简要评述). 庞特里亚金,《拓扑群》(*Topological Groups*)[90], 普林斯顿大学出版社, 1939. 希尔伯特问题的德文版的说明 (有俄罗斯数学家的评论),《希尔伯特问题》(*Die Hilbertschen Probleme*), 莱比锡: 格斯特和波尔提希科学出版协会 (Akademische Verlagsgesellschaft Geest und Portig), 1979, 43—47 页 (希尔伯特的文本), 126—144 页 (斯克雅伦克的评论); 应该记住, 不幸的是, 在这个评论中提到的安德烈 · 尼古拉耶维奇 · 柯尔莫戈洛夫的结果 [3] 的证明, 后者从未发表.

对希尔伯特第 5 问题, 其解的证明的最简单的说明 (不过, 不是对于初学者) 也许包含在卡普兰斯基的小书《李代数和局部紧群》(*Lie Algebra and Locally Compact Groups*) 的第二部分, 芝加哥: 芝加哥大学出版社, 1972.

233我希望读者认识到把德国代数学家们随意分成莱比锡小组和柏林小组的踌躇的特性. 作为李的毫无疑问的学生和追随者, 施图迪在莱比锡, 以及耶拿、斯特拉斯堡、慕尼黑学习, 且在莱比锡任教 3 年; 之后他在几所大学教学, 其中包括在巴尔的摩的约翰斯 · 霍普金斯大学. 施图迪在波恩大学和格赖夫斯瓦尔德大学停留的时间最长. 另一方面, 来自柏林的弗罗贝尼乌斯也受到李的很大的影响, 他与李有经常性的友好接触. 也可以对这里提到的其他人做这样的划分, 但这几乎没有必要.

234或属于格拉斯曼的 “外积”, 正如我们所知, 它几乎是相同的.

235数学家称表示 δ_i^j 为克罗内克符号, 它在 $i \neq j$ 时等于 0, 在 $i = j$ 时等于 1, 以柏林数学家利奥波德 · 克罗内克 (1823—1891) 命名, 他引入了这个记号并研究了它的性质. 克罗内克与魏尔斯特拉斯正相反且是他的对手.

236凯莱按照今天在所有线性代数学教科书中所做的方式定义矩阵的乘法: 如果矩阵 $A = (a_{ij})$ 对应于从变量 x_i 到新变量 x_i' 的线性变换

[89] 杨忠道 (1923—2005) 华裔美国数学家. —— 译者注

[90] 该书原名 Непрерывные группы. 有中译本,《连续群》, 曹锡华 (1920—2005) 译. 北京: 科学出版社, 1957—1958. —— 译者注

即

$$x_i' = a_{i1}x_1 + a_{i2}x_2 + \cdots + a_{in}x_n = \sum_{j=1}^{n} a_{ij}x_j.$$

这里 $i, j = 1, 2, \cdots, n$, 同时矩阵 $B = (b_{ij})$ 在相同的意义上确定从变量 x_i' 到新变量 x_i'' 的变换 (即 $x_i'' = \sum_{j=1}^{n} a_{ij}x_j'$), 然后从变量 x_i 到变量 x_i'' 的过程可以通过一个矩阵 $C = (c_{ij})$ (即 $x_i'' = \sum_{j=1}^{n} c_{ij}x_j$) 直接进行, 这里 $C = B \cdot A$. 皮尔斯父子首先注意到这些定义 ($n = 2$ 和 3 在凯莱之前很久就为人所知) 是一个特定的 (结合的) (超) 复数系统的定义 (在它们被赋予 "代数" 一词的意义上是一个矩阵代数).

[237]显然, 格拉斯曼代数的所有元素 (5.1) 的系数 x_0 是零, 尤其是, 所有生成这一代数的 "主单位" $e_1, e_2, \cdots, e_n$ 是幂零元的例子 (对任意 e_i, 这里 $i = 1, 2, \cdots, n$, 我们有 $e_i^2 = 0$). 幂等元的例子由柯利弗德的双数 $e_1 = (1+e)/2$ 和 $e_2 = (1-e)/2$ 提供 (见第 5 章; 验证 $e_1^2 = e_1$ 及 $e_2^2 = e_2$; 柯利弗德的 "对偶单位" ε 是其对应代数的幂零元.) 幂等元的其他例子是柯利弗德数 $(1 \pm e_{123})/2$ 和 $(1 \pm e_{1234})/2$, 但不是 $(1 \pm e_{12})/2$ 和 $(1 \pm e_{12345})/2$ (加以验证!); 这里 $e_{i_1 i_2 \cdots i_k}$ 表示主单位 $e_{i_1}, e_{i_2}, \cdots, e_{i_k}$ 的 "柯利弗德积" $e_{i_1 i_2 \cdots i_k}$.

[238]在俄文科学文献 (也许不仅在这里) 经常使用的表达 "殆结合代数" 包括交错代数 (见关系 (5.10) 和 (5.10a))、约尔丹代数和李代数.

[239]如果 $u * v = uv + vu$, 这里表示来自我们的代数中的元素的主 (结合的!) 积而在它们之间不用圆点, 那么 $(u^2)_* = u * u = 2u^2$; 所以 (6.8) 的左边等于

$$\begin{aligned}[2u^2v + 2vu^2] * u &= 2(u^2v + vu^2)u + u(2u^2v + 2vu^2)\\ &= 2(u^3v + u^2vu + uvu^2 + vu^3).\end{aligned}$$

(6.8) 的右边等于相同的表达式:

$$\begin{aligned}2u^2 * (vu + uv) &= 2u^2(vu + uv) + (vu + uv)(2u^2)\\ &= 2(u^3v + u^2vu + uvu^2 + vu^3)\end{aligned}$$

(因为元素的和在我们的代数中总是交换的!).

如果我们置 $u \circ v = uv - vu$, 那么

$$\begin{aligned}(u \circ v) \circ w &= (uv - vu) \circ w = (uv - vu)w - w(uv - vu)\\ &= uvw - vuw - wuv + wvu,\end{aligned}$$

这显然蕴含 (6.9):

$$(u \circ v) \circ w + (v \circ w) \circ u + (w \circ u) \circ v = 0$$

(验证这个式子!).

240 卡尔 · 古斯塔夫 · 雅各 · 雅可比 (见贝尔的《数学家》中关于他的那一章), 是 19 世纪领头的数学家之一, 对数学的几乎所有分支和数学力学做出了重要的贡献. (他的哥哥莫里茨 · 赫尔曼 (在俄罗斯被称为鲍里斯 · 谢苗诺维奇) · 雅可比 (1801—1872), 是电镀 (galvanoplastics) 的创始人而且是许多电的实用论文的作者, 现在名列俄罗斯物理科学的伟人之中, 他的一生的大多数时间是在俄罗斯度过的, 而且甚至获得了俄罗斯的国籍. 在卡尔 · 雅可比的一生, 他的哥哥的名声远远超过他自己, 但现在这一关系翻转了.) 这两兄弟出身于富有的犹太银行业家庭; 卡尔由于不成功的金融操作而失去了他的财富, 而且在他的一生的末期, 他不得不以数学谋生. 他受过全面的教育; 尤其是, 他是古典语言学的一位行家, 而且这对于他对数学的看法有重要的影响, 在数学中他易于看到审美的一面 (比较我们在第 2 章关于克莱因和恩里克斯所说的). 他的巨大的科学背景也影响了他的创造性的工作. 雅可比触及了 “纯粹” 数学的几乎所有的分支, 他还在应用数学和天文学上工作, 又在力学上做了根本性的研究, 顺便说一句, 带有雅可比名字的恒等式首次出现在与微分算子的性质的关联中. 雅可比一生的大部分时间是在柯尼斯堡 (现在的加里宁格勒) 工作. 由于他的科学、教育和组织才能 (以及著名天文学家和数学家弗里德里希 · 威廉 · 贝塞尔, 1784—1846 的工作), 柯尼斯堡大学的物理 – 数学系有很多年享有盛誉, 直到克莱因成功地 “引诱” 柯尼斯堡大学的领头的数学家们去到哥廷根大学为止 (见第 8 章). 雅可比的巨大的工作负担最终耗尽了他的精力, 而且主要由于这个原因, 他移居柏林, 在这里他不再试图保持相同水平的多产. 一如既往, 雅可比甚至没有尝试在科学上与黎曼联系, 黎曼听了他在柏林的讲课, 而雅可比把这主动权留给他的朋友狄利克雷. 当雅可比 47 岁时, 他在柏林死于天花 (“在 Blattern 去世”,[91] 正如人们在克莱因的《数学在 19 世纪的发展讲义》的俄译本上读到的; 不过, 德语词 Blattern 意指天花, 而且名词在这一语言里总是大写, 无论它们是城市的名字或是疾病的名字).

[91] 克莱因的原话是 “Er strab am 18. Februar 1851 an den Blattern.” —— 译者注

241关于李群和李代数 (这两个题目通常同时被研究; 它们的关系在下面讨论) 的文献太庞大, 以致不能在这里评论. 我们甚至不能列出这个领域的最重要的著作的一个内容广泛的名单 (李的贡献将分别讨论). 李代数 (但不是李群) 的被普遍地认可的 "主要的" 教科书是雅各森的《李代数》(*Lie Algebras*)[92], 纽约 – 伦敦: 交叉学科出版社, 1962; 这一主题的一个较短的导引包含在注记 232 提到的欧文 · 卡普兰斯基的书中. 在长篇的论著中我们注意在尼古拉 · 布尔巴基的 4 卷本《数学原本, 李群和李代数》(*Eléments de Mathématique,Groupes et algèbres de Lie*) 第 1, 2—3, 4—6, 7—8 章中的阐述, 巴黎: 赫尔曼出版社, 1971, 1972, 1968, 1975 及谢瓦莱,《李群论》(*Théorie des groupes de Lie*), 第 1—3 卷, 巴黎: 赫尔曼出版社, 1946, 1951, 1955. 这些书出现在著名的系列 "南芝大学数学研究所丛刊" (*Publications de l'Institut Mathématique de l'Université de Nancago*) 中, 名字取自 (虚构的) 城市南芝 (Nancago), 同时虚构的数学家尼古拉 · 布尔巴基是教授. 南芝 = 南锡 + 芝加哥 (Nancago = Nancy + Chicago): 布尔巴基学派的两个创始人最初工作的城市 —— 让 · 亚历山大 · 迪厄多内 (生于 1906 年) 和安德烈 · 韦伊 (生于 1906 年)[93]; 克洛德 · 谢瓦莱 (生于 1909 年)[94]也是该学派的创始人之一. 两个稍短的阐述是塞尔,《李代数和李群》(*Lie Algebra and Lie groups*), 纽约: 本杰明出版社, 1965 及迪厄多内《分析学原理》(*Eléments d'analyse*)[95]第 4 卷的第 19 章, 巴黎: 戈蒂埃 – 维尔拉出版社, 1971, 119—213 页. 在埃利 · 嘉当所写的经典的著作中注意写得非常清楚的文章《群和变换的几何学》(*La géomètrie des groups et transformations*),《纯粹数学和应用数学杂志》(*Journ.Math.pures et appl.*), 6, 1927, 1—119 页, 这也出现在他的全集中 (6 卷本《全集》(*Œuvres complètes*), 巴黎: 戈蒂埃 – 维尔拉出版社, 1952—1955) 和他的教科书 – 专著 ——《用活动标架法处理无限和连续群论及微分几何学》(*La théorie des groups finis et continus et la géomètrie différentielle traitées par la méthode du repère mobile*), 巴黎: 戈蒂埃 – 维尔拉出版社, 1937 —— 中.

[92] 该书有中译本,《李代数》, 曹锡华译. 上海: 上海科技出版社, 1964. —— 译者注

[93] 韦伊已于 1998 年去世. —— 译者注

[94] 谢瓦莱已于 1984 年去世. —— 译者注

[95] 该书有中译本,《现代分析基础》, 杜瑞芝等译. 北京: 科学出版社, 1982—1986. —— 译者注

李群和李代数的最简单的阐述包含在那些不打算面向数学家而面向"数学的使用者"的书中, 几乎他们所有人都认为这个主题很重要. 作为一个例子, 我们请读者参阅知名的以色列物理学家利普金的标题引入的书《面向漫步者的李群》(*Lie Groups for Pedestrians*), (阿姆斯特丹: 北荷兰出版公司, 1966).

近来在莫斯科这也是典型的: 一位学习语言学的学生, 他对数学感兴趣, 当他问莫斯科最权威的数学家中的一位, 为了在语言学中应用数学, 他应从哪里开始学习, 他立刻得到了答案: "学习李群理论."

[242]见向量原理的任何解释 (如你希望的那样初等!), 例如, 在注记 200 中提到的文章: 弗拉基米尔 · 格里戈里耶维奇 · 博尔强斯基, 亚格洛姆,《向量及其在几何学中的应用》. 我也喜欢引用杜布诺夫精心撰写的教科书,《向量演算基础》(*The Foundations of the Vector Calculus*), 第 1 卷, 莫斯科 – 列宁格勒: 国立技术理论书籍出版社 (Gostechizdat), 1950, 但这本书对于阅读英语的公众难以利用. 从容易证明的关系 $[\mathbf{a}[\mathbf{b},\mathbf{c}]] = (\mathbf{b},\mathbf{a})\mathbf{c} - (\mathbf{c},\mathbf{a})\mathbf{b}$ 立刻得到雅可比恒等式.

[243]对纯量积的非退化性的要求如下: 对任意向量 $\mathbf{a} \neq \mathbf{0}$, 存在一个向量 $\mathbf{b}$ 使得 $(\mathbf{a},\mathbf{b}) \neq 0$; 容易明白对所有的 $\mathbf{b}, (\mathbf{0},\mathbf{b}) = 0$. 关于正定性 (positive definiteness) 的要求, 见下文.

[244]在文献中, 有纯量积 $(\mathbf{a},\mathbf{b})$ 的一个向量空间, 除了上面列出的性质, 还满足纯量积的正性 (positivity) 或正定性, 被称为欧几里得空间. 实际上, 欧几里得空间一词用来表示只要满足正文中列出的三个性质的向量空间.

在文献中, 有正的纯量积的空间有时被称为正常欧几里得空间; 有非退化的但不必是正的积的空间被称为伪欧几里得空间; 有可能退化的纯量积的空间被称为半欧几里得空间 (见第 4 章).

[245]由于这个原因, 在李代数 (和群) 的理论中, 像这样满足特定附加条件的特殊类型的代数 (或群) 的分类占有一个重要的位置, 例如对单 (或半单) 李群的分类问题, 对此我们下面将详细讨论.

欧几里得空间的分类问题要比李代数的分类问题简单得多的这个事实易于解释: n 维欧几里得空间是有坐标 $x_1, x_2, \cdots, x_n$ 和由向量 $\mathbf{a}(x_1, x_2, \cdots, x_n)$ 和 $\mathbf{b}(y_1, y_2, \cdots, y_n)$ 的内积按照公式 (对任意坐标 —— 不必是笛卡儿坐标 —— 成立)

$$(\mathbf{a},\mathbf{b}) = g_{11}x_1y_1 + g_{12}x_2y_2 + \cdots + g_{nn}x_ny_n = \sum_{i,j=1}^{n} g_{ij}x_iy_j$$

确定的一个度量的向量空间,这里自然对所有的 $i,j=1,2,\cdots,n$ 且 $i\neq j$ 假设 $g_{ij}=g_{ji}$; 附加的非退化或正定性要求可以施加在出现在这个公式中的二次形 (g_{ij}) 上. 另一方面, 一个李代数由向量 $\mathbf{a}(x_1,x_2,\cdots,x_n)$ 和 $\mathbf{b}(y_1,y_2,\cdots,y_n)$ 的 "李积"

$$[\mathbf{a},\mathbf{b}] = c_{11}^1x_1y_1\mathbf{e}_1 + c_{11}^2x_1y_1\mathbf{e}_2 + \cdots + c_{nn}^nx_ny_n\mathbf{e}_n = \sum_{i,j,k=1}^{n} c_{ij}^kx_iy_j\mathbf{e}_k$$

确定, 这里 $\mathbf{e}_1,\mathbf{e}_2,\cdots,\mathbf{e}_n$ 是基单位向量, 即它由对所有的 $i,j,k=1,2,\cdots,n$ 满足条件 $-c_{ij}^k=c_{ji}^k$ (对 $[\mathbf{a},\mathbf{b}]$ 的反对称或反交换性的要求) 和相当复杂的条件

$$\sum_{r=1}^{n}(c_{ir}^sc_{jk}^r + c_{jr}^sc_{ki}^r + c_{kr}^sc_{ij}^r) = 0, \quad i,j,k,s=1,2,\cdots,n, \qquad (*)$$

的结构性常数 c_{ij}^k 决定, (*) 等价于雅可比恒等式. 因此, 在一种情形我们必须分类二阶张量 g_{ij} (由两个指标 i 和 j 刻画; 关于张量得到概念见, 例如, 盖尔范德,《线性代数学讲义》(*Lectures on Linear Algebra*)[96], 纽约: 交叉学科出版社, 1961, 或关于张量演算的任何初等的文本), 同时在另一种情形, 我们必须对依赖三个指标 i,j 和 k 的三阶张量 c_{ij}^k (相对于 i 和 j 反对称且满足 (*)) 分类, 这使得这个问题无比困难. (为了比较, 我们注意在任意维空间中对格拉斯曼双向量 ("二阶扩张量") 的分类问题没有出现特别的困难 (它约化为对满足 $\varepsilon_{ij}=-\varepsilon_{ji}$ 的反对称的二阶张量 ε_{ij} 的分类问题), 对三向量 (即格拉斯曼的 "三阶扩张量", 或相对于两个下标反对称的三阶张量 ε_{ijk} (即使得 $\varepsilon_{ijk}=-\varepsilon_{jik}=-\varepsilon_{ikj}=\cdots$)) 的分类问题的解仍有很长的路要走, 尽管近来有一些, 尤其是与埃内斯特 · 鲍里索维奇 · 温贝格 (1937 年生) 的名字相联系的进展. 显然, 对 $n<3$ 的 n 维空间, 不存在非零的三向量, 同时在三维和四维空间仅有一种类型的三向量; 在五维空间中的三向量的分类问题相当简单. 在六维和七维空间中的三向量被杰出的荷兰线性代数学和张量演算方面的专家扬 · 阿诺尔德斯 · 斯豪腾 (1883—1973) 分类. 当格里高里 · 鲍里索维奇 · 古

[96] 该书有中译本,《线性代数学》, 刘亦珩 (1904—1967) 译. 北京: 高等教育出版社, 1957. —— 译者注

列维奇 (1898—1980) 为他关于在 八维空间中的三向量的分类的博士论文 (莫斯科, 1930) 答辩时, 斯豪腾在他对这项工作的评论中写到, 三向量的分类问题终于有望在评论者的一生中被解决. 不过, 古列维奇, 他花费了他一生的大多数时间试图解决这个问题, 不能解决九维空间中的三向量的分类问题; 这个问题的解最终由温贝格给出. 至于列出三向量的所有可能类型的一般性问题, 我们今天仍没有得到其解的方法; 甚至十维的情形仍未被解决. 这已经如此, 解决困难得多的李代数 (即 "李张量" c_{ij}^k) 的一般的分类问题的前景, 说得谦虚点, 是不那么好的. 至于由索菲斯 · 李本人获得的一些分类定理, 例如, 所有可能的直线和平面的几何变换群的名单 (当然, 依赖参数的有限的个数), 对这个一般问题的困难它们是一座巨大的和美丽的纪念碑, 而不是通向其解的一个方法!

[246]角速度向量 $\boldsymbol{I}$ 的选择不仅决定群 $\mathfrak{V}$ 的单参数子群 $\mathfrak{v}$, 而且也决定对应于这个子群的 "典范参数" (时间). 这个参数通过满足条件

$$\beta(t_1), \beta(t_2) \in \mathfrak{v} \Rightarrow \beta(t_1) \cdot \beta(t_2) = \beta(t_1 + t_2)$$

的实数对变换 $\beta \in \mathfrak{v}$ (围绕固定轴的转动) "计数". 类似的构造在一个李代数到一个李群的一般指派起了重要的作用.

[247]当然, 正如复数的乘法 $z(r,\varphi) \cdot z(a,\alpha) = z(r',\varphi')$ (写成极坐标) 生成平面的转动群和相似群 (带参数 (a,α) 的变换把点 $M(r,\varphi)$ 映到点 $M'(r',\varphi')$, 这里 $r' = ar, \varphi' = \varphi + \alpha$; 见图 19(b)), 因此有乘法

$$\begin{aligned}&(x_1e_1 + x_2e_2 + \cdots + x_ne_n)(a_1e_1 + a_2e_2 + \cdots + a_ne_n)\\ = \ & x_1'e_1 + x_2'e_3 + \cdots + x_n'e_n\end{aligned}$$

的任意的代数 (系统或超复数) 确定连续的 (李) 群, 它作用在其点由坐标 $x_1, x_2, \cdots, x_n$ 给出的 "群空间" 上. 参数 $a_1, a_2, \cdots, a_n$ 的选择确定我们的群的一个变换. 这个变换把点 $M(x_1, x_2, \cdots, x_n)$ 映到点 $M'(x_1', x_2', \cdots, x_n')$. 在上面提到的普通复数的情形, 复平面本身起群空间的作用. 这个相当明显的观察由庞加莱在 1884 年发表的一篇短文中给出; 布尔巴基 (见第 3 章正文开始时提到的他的关于数学史的叙述) 注意到这篇文章对李和他的追随者们 (在这一点上在他们之中包括布尔巴基、施图迪、舍费尔斯、弗里德里希 · 舒尔、莫林和嘉当) 的强烈印象, 他们对李群和李代数之间的联系以及对两者的分类尤其感兴趣. 特别地, 在嘉当的考虑中起大部分作用的是由 "群空间" 的元素确定的变换 (例如, 见注记 241 中提到的他的长篇文章).

[248]李不怀疑把任意“局部群” (其恒等元 ε 的一个小邻域) 扩展为一个“完全的”连续群的可能性, 但是显然地 (表明年代接近的时期在心理上远离我们!), 他从未尝试去证明这个事实. 这个结果由现代李群理论的创始人之一, 上面反复提到的埃利 · 嘉当发现.

[249]设 $\mathfrak{p}$ 和 $\widetilde{l}$ 是李代数 $\mathscr{L}$ 的子空间. 用 $[\mathfrak{p},\widetilde{l}]$ 表示形如 $[k,l]$ 的所有元素生成的 $\mathscr{L}$ 的子空间, 这里 $k\in\mathfrak{p}, l\in\widetilde{l}$. 如果在 $[\mathfrak{p},\mathfrak{p}]\subset\mathfrak{p}$ 的情形, $\mathfrak{p}$ 是 $\mathscr{L}$ 的一个子代数, 且如果 $[\mathfrak{p},\mathscr{L}]\subset\mathfrak{p}$, $\mathfrak{p}$ 是 $\mathscr{L}$ 的一个理想. 雅可比恒等式蕴含对李代数 $\mathscr{L}$ 的任意三个子空间 $\mathfrak{a},\mathfrak{b}$ 和 $\mathfrak{c}$, 我们总有 $[[\mathfrak{a},\mathfrak{b}],\mathfrak{c}]\subset[[\mathfrak{b},\mathfrak{c}],\mathfrak{a}]+[[\mathfrak{c},\mathfrak{a}],\mathfrak{b}]$, 这里“+”号代表子空间的向量和; 所以, 如果 $\mathfrak{i},\mathfrak{j}$ 是李代数 $\mathscr{L}$ 的理想, 则 $[\mathfrak{i},\mathfrak{j}]$ 也是. 由于李代数 $\mathscr{L}=l^{(0)}$ 本身是 $\mathscr{L}$ 的一个理想, 我们得到理想的一个递增的 (更精确一些, 不减的) 序列:

$$\mathscr{L}=l^{(0)}\supset l^{(1)}\supset l^{(2)}\supset\cdots\supset l^{(k)}\supset\cdots,$$

这里, $l^{(1)}=[l^{(0)},l^{(0)}], l^{(2)}=[l^{(1)},l^{(1)}], l^{(3)}=[l^{(2)},l^{(2)}],\cdots$

李代数 $\mathscr{L}$ 被称为是可解的, 如果存在一个 (自然) 数 k, 使得 $l^{(k)}=o$, 这里 $o=\{0\}$ 是只有一个元素 —— 代数 (向量空间) $\mathscr{L}$ 的 0 元素 —— 构成的平凡的理想. 可解代数的另一个定义 (容易验证它等价于第一个定义) 如下:

$$\mathscr{L}=\mathfrak{w}_0\supset\mathfrak{w}_1\supset\mathfrak{w}_2\supset\cdots\supset\mathfrak{w}=o,$$

使得每个 $\mathfrak{w}_i$ 的维数恰比它前面的一个的维数少 1 (这里 $\dim\mathfrak{w}_i=n-i$, 且“dim”代表“维数”, n 是向量空间 $\mathscr{L}$ 的维数; 这里 $o=\{0\}$ 如上) 且在这个序列中每个子代数是前一个子代数的理想 (对所有的 $i=1,2,\cdots,n,[\mathfrak{w}_I,\mathfrak{w}_{i-1}]\subset\mathfrak{w}_i$).

李代数 $\mathscr{L}$ 被称为半单的 (semisimple), 如果它不包含异于平凡的理想 $o=\{0\}$ 的可解理想. 李代数和李群之间的对应允许我们限制可解且半单的李代数的定义, 因为李群被称为可解的和半单的如果它们对应的李代数是如此.

[250]在注记 248 中提到的嘉当定理建立了李代数和单连通 (“不包含任何洞的”) 李群之间的一个对应. 在目前的初等的阐述中, 我们既没有可能也没有必要详论不是单连通李群的可能的类型. 我们也不把这样的群作为平面的仿射 (或线性) 变换群 (6.2) 考虑, 群 (6.2) 有两个不连通的部分构成, 对应于值 $\Delta>0$ (“直接”仿射变换, 它们构成单连通群出

现在嘉当的构造中) 和 $\Delta < 0$ ("非直接" 仿射变换, 它们不构成一个群, 因为两个非直接仿射变换的积是一个直接仿射变换).

[251]半单李群和李代数的分类问题没有独立的重要性, 因为可以证明每个半单李代数都是单李代数的 "直" (或 "向量" —— 见注记 188) 和.

[252]威廉 · 卡尔 · 约瑟夫 · 基灵在明斯特大学和柏林大学学习. 之后他在布里隆和布劳恩斯贝格的文理高级中学, 后来在明斯特大学任教. 因此, 他与索菲斯 · 李工作过的大学和城市没有联系, 在这种意义上他不是李的学生. 不过, 基灵和李之间深深的科学 (以及后来的私人) 关系, 以及基灵的整个研究工作对李提出的想法和问题的依赖性, 允许我们说基灵实际上是李的学生 —— 也许由于他的忠诚和他的才能的范围, 他是首屈一指的学生. 然而, 这没有停止李 —— 他从来不是一个易于相处的人 —— 表达对基灵的不公正的评价.

[253]基灵,《稳定的无限变换群的构成 1–4》(*Die Zusammensetzung der stetigen endlichen Transformationsgruppen* I-IV),《数学年刊》(*Math. Annalen*), 31, 1888, 259—290 页; 33, 1889, 11—48 页; 34, 1889, 57—122 页; 36, 1890, 161—189 页.

[254]嘉当,《论无限连续变换群的结构》(学位论文) (*Sur la structure des groups de transformations finis et continus* (Thèse)), 巴黎: 诺尼公司出版 (Nony), 1894; 第二版, 巴黎: 维贝尔出版社 (Vuibert), 1933 年. 这也出现在注记 241 中所引用的嘉当的《全集》中.

[255]与嘉当的学位论文相比, 我们所说的范德瓦尔登 – 邓肯的构作更有意义, 不应等闲视之. 当然, 范德瓦尔登的既清楚又简洁的几何构作 (见注记 256) 带有初看起来似乎相距很远的论题的意想不到的接触点, 是现代数学风格的典型, 这主要源于外尔的基础性研究 (见后者的《连续半单群通过线性变换的表示论 I-Ⅲ 及补充》(*Theorie der Darstellung kontinuierliche halbeinfacher Gruppen durch lineare Trasformationen* I-Ⅲ *und Nachtrag*),《数学杂志》(*Math. Zeitschrift*), 23, 1925, 271—309 页; 24, 1926, 328—376 页; 377—395 页; 789—791 页, 也出现在外尔的《论文全集》(*Gesammelte Abhandlugen*, 1–4 卷, 海德堡: 施普林格出版社, 1968) 中) 和 "邓肯图" (见注记 257), 反过来受到范德瓦尔登的想法的启发. 同时, 嘉当的《学位论文》仍然是 "数学经典" 之一.

[256]范德瓦尔登,《单李群的分类》(*Die Klassifizierung der einfachen Lie'schen Gruppen*),《数学杂志》(*Math. Zeitschrift*), 37, 1933, 446—

462 页.

[257]也见邓肯的不浅显但写得清楚和优美的文章,《半单李代数的结构》(*The structure of semisimple Lie algebras*),《数学科学的成就》(*Uspepi mat. nauk*), 系列 2, 4(20), 1947, 50—127 页 (俄文), 或与我们这里结果有关的更简要的解释: 邓肯,《单李群的分类》(*Classification of simple Lie groups*),《数学汇刊》(*Math.sbornik*)[97], 18 (60), 1946, 347—452 页 (俄文). 注意邓肯的分类构造化成寻找与单李群对应的一个平面图的系统 (a system of plane graphs); 它们的数目 (更精确一些, 平面图的系列的数目, 因为每个李群的 "系列" 对应图的一个 "系列") 变得非常小. 作为数学科学的深刻的普遍性质的一个例子, 它反映了我们的世界的特定的简单性与和谐 (这里我们的观点稍微异于公元前 6 世纪到公元前 5 世纪的毕达哥拉斯主义者的观点, 更一般地, 异于古代数学家的观点), 我们注意到邓肯图, 它最初出现在一个相当狭窄的数学问题中, 已经变成远离这个原始问题的诸多课题. 因此给李群分类的邓肯图碰巧被用于光滑映射的奇点, 焦散曲线和波阵面的分类等等 (见阿诺尔德《灾变理论》(*Catastrophe Theory*)[98], 纽约: 施普林格出版社, 1984, 或详细的专著, 阿诺尔德, 瓦尔琴科, 侯赛因 – 扎德,《光滑映射的奇点》(*Singularities of Smooth Maps*), 第 1 部分《临界点, 焦散曲线和波阵面的分类》(*Classification of Critical Points,Caustics and Wave Fronts*), 第 2 部分《代数 – 拓扑方面》(*Algebraic-topological Aspect*), 莫斯科: 科学出版社, 1982, 1983 (俄文; 一个英译本正在准备中)[99].) 联系到这一点, 来自上面提到的阿诺尔德的第一本书的语录是合适的: "在奇点理论中存在某些神秘的东西, 正如在整个数学中: 在初看起来似乎彼此远离的理论和课题中出现了意外的重合和关系." 此外, 有些莫斯科的数学家和自然科学家近来发现了邓肯图和起源于社会现象和自然现象的研究中的分类问题的联系. 如果他们的解释成真, 这将证实邓肯图的深刻的性质, 它

[97] 是 *Математический Сборник* 的拉丁文转写, 该刊创刊于 1866 年, 在专业的俄文数学杂志中是创办最早的. —— 译者注

[98] 该书有中译本,《突变理论》, 陈军译. 北京: 商务印书馆, 1992. —— 译者注

[99] 该书的两卷英译本是 V. I. Arnold, S. M. Husein-Zade, A. N. Varchenko, *Singularities of Differentiable Maps*, Vol I, *The Classification of Critical Points, Caustics and Wave Fronts*, Birkhäuser, 1985.

V. I. Arnold, S. M. Husein-Zade, A. N. Varchenko, *Singularities of Differentiable Maps*, Vol II, *Monodromy and Asymptotics of Integral*, Birkhäuser, 1988. —— 译者注

揭开了 —— 正如数学所应当的 —— 特定的极其隐秘的宇宙定律 (如毕达哥拉斯主义者想的和说的 “世界和谐”).

[258]在二维, 三维和 n 维仿射 (向量) 和欧几里得空间中的向量也常常被称为点. 这一等同赋予平面上的每个点, 比如说, A 以向量 $\mathbf{a} = \overline{OA}$ 的可能性相联系; 这里 O 是 “向量的原点” (它对应于零向量 $\mathbf{0}$, 出现在向量空间的公理中) 例如, 在注记 64 所引用的书中迪厄多内就是这样做的, 他把那本书视为中学教科书的初步概要. 另一方面, 在向量代数中, 零向量所起的重要作用预先决定了在几何学的这一构造中突出的点 0 的出现. 由于这个原因, 因向量的集合视为与点的集合等同, 平面或空间有时被称为中心仿射 (centroaffine) 平面 (或空间) 或中心 - 欧几里得平面 (或空间); 该欧几里得平面有时被描述为 “有孔的平面”, 即突出的点被移去的平面. 如果我们不区分这个平面上任何的点, 那么我们就被引向像赫尔曼 · 外尔在关于相对论的著名的教科书《空间、时间、物质》(*Raum, Zeit, Materie*) 中的几何学描述, 该书 1923 年由柏林施普林格出版社出版. 于是我们所考虑的系统的基本元素既包括向量的集合 $\mathscr{V} = \{\mathbf{a}, \mathbf{b}, \mathbf{c}, \cdots, \mathbf{0}\}$ 又包括点的集合 $\mathscr{T} = \{A, B, C, \cdots\}$; 向量和点之间的联系通过赋予每个点对 $A, B \in \mathscr{T}$ 一个唯一的用 $\overline{AB}$ 表示的向量 $\mathbf{a} \in \mathscr{V}$ 实现; 这一运算必须符合两条公理:

$$A_1 : \forall A \in \mathscr{T}, \mathbf{a} \in \mathscr{V}, \quad \exists! B \in \mathscr{T} | \overline{AB} = \mathbf{a};$$

$$A_2 : \forall A, B, C \in \mathscr{T}, \quad | \overline{AB} + \overline{BC} + \overline{CA} = \mathbf{0}.$$

[259]参阅弗赖登塔尔的基本 (但不易理解) 的文章《八元数, 例外群和八元数几何学》(*Oktawen, Ausnahmegruppen und Oktavengemetrie*), 油印本, 乌得勒支, 1951, 或, 例如, 蒂茨《八元数的射影平面和例外李群》(*Le plan projectif des octaves et les groupes de Lie exceptionels*),《比利时皇家科学院院报》(*Bull. Acad. Roy. Belg. Sci.*), 39, 1953, 300—329 页.

[260]目前在极端困难的, 而且似乎是相当狭窄的有限单群的课题上有很大的兴趣, 在当代的 “纯粹数学” 中, 典型的是对作为连续数学的对立面的有限 (或离散) 数学的关注有爆炸性增长, 对有限单群的兴趣是这种增长的不可思议的自然结果. 关于兴趣从连续数学 (这包括连续群的计算和其李理论) 的转移, 见注记 42 和 45, 以及亚格洛姆的《初等几何学, 过去和现在》(*Elementary Geometry, Then and Now*), 在《几何气质》(*Geometric Vein*) (考克斯特纪念文集 (The Coxeter Festschift)) 一书中,

由钱德勒 · 戴维斯、格林鲍姆、谢尔克编, 纽约: 施普林格出版社, 1981, 258—269 页. 有限单群的理论值得更详细地考察. 伽罗瓦已建立了对任意 $n \neq 4$ 的交错群 A_n —— n 个元素的所谓的偶置换的群 —— 是单的 (见前面的第 1 章). 另一方面, 因为 "几何学"(向量空间) 不仅能建立在实数域、复数域、四元数的非交换域和八元数的代数上, 而且能建立在有限 (伽罗瓦) 域上, 它们有 26 个, 它们的名单以 7920 阶 (元素的数目) 的群 M_{11} 开始并且以所谓的婴儿魔群 (阶为 $2^{41}\cdot3^{13}\cdot5^6\cdot7^2\cdot11\cdot13\cdot17\cdot19\cdot23\cdot31\cdot47\approx10^{34}$) 和阶为 $2^{46}\cdot3^{20}\cdot5^9\cdot7^6\cdot11^2\cdot13^2\cdot17\cdot19\cdot23\cdot31\cdot47\cdot59\cdot71(\approx10^{54})$ 的魔群 (或大魔群) 结束. 试着去想象这些群的凯莱表! 似乎现在所有这些群的存在性可以被视为是确定的. 它经过了几个国家的许多研究人员在计算机的实质帮助之下的长期推敲; 见阿希巴谢尔的已经部分陈旧但令人印象深刻的评论,《有限单群和它们的分类》(*The Finite Simple Groups and Their Classification*), 康涅狄格州纽黑文: 耶鲁大学出版社, 1980, 其作者后来在 1980 年 10 月 24 日洛杉矶《时报》(*Times*) 上的访谈可作为补充. 也见戈恩施泰因的 "高深的" 书《有限单群》(*Finite Simple Groups*), 纽约: 般实出版社, 1982, 或他的更易理解的文章,《巨大的定理》(*The Enormous Theorem*),《科学美国人》(*Scientific American*), 6, 104—115 页.

实际上, 在这一与境下 "证明" 和 "完全" 有些非标准的 (而且也许不是很清楚的) 含义. 所实施的数量惊人的工作令我们信服 26 个稀疏单群的名单是正确的, 但是是在什么意义上, 我们这些毕达哥拉斯、柏拉图、亚里士多德、高斯、罗素和希尔伯特的继承人理解这项工作是一个 "证明" 吗? 这里引起的问题中的第一个 (而且远不是最复杂的!) 关系到计算机的使用. 我们可以没有任何担心地说, 例如, 著名的四色问题真地被解决了, 即使达到其解的论证需要数千小时的计算机时间而且被计算机执行的证明的部分从来没有被任何人检查过? (关于这一点, 见阿佩尔[100]和哈肯的文章,《四色问题的解》(*The Solution of the Four-Color Problem*),《科学美国人》, 1977 年 10 月, 108—121 页, 或阿佩尔和哈肯,《四色问题》(*The Four-Color Problem*),《今日数学 (12 篇非正式的论文)》(*Mathematics Today* (*Twelve Informal Essays*)[101]), 斯蒂恩编, 纽

[100] 阿佩尔 (1932—2013). —— 译者注

[101] 该书有中译本,《今日数学》, 马继芳译. 上海: 上海科技出版社, 1982. —— 译者注

约: 施普林格出版社, 1979, 153—188 页.) 关于这里引起的困难, 知名的美国组合问题专家丹尼尔 · 科恩在早至 1978 年就说他能简化阿佩尔 - 哈肯的证明. 顺边提一句, 这不是只由肯尼思 · 阿佩尔和沃尔夫冈 · 哈肯得到的, 而是一个大的团队得到的, 包括许多数学家、程序员和计算机科学家 (后者之中约翰 · 科克应被挑选出来) 以及在伊利诺伊大学的功能强大的 IBM360 计算机. 丹尼尔 · 科恩计划中的证明意味着 "可以通过手验证", 即证明中的计算机部分短到能被人类数学家检验; 科恩恰当地把正准备中的书称为《四色问题的人类解》(*Human Solution of the Four-Color Problem*). 不过, 就我所知, 这本书尚未付印[102], 因此对于四色问题是 "解决了的" 或 "未解决的" 问题, 还没有确定的答案.

但在稀疏单群的情形, 形势要比四色问题的情形复杂得多. 通向所有这样的群的名单是完全的这一结论的论证从未被写出. 这不是因为似乎存在对这 26 个群 (或者因为近来有这样的怀疑) 中的一个或两个的唯一性有怀疑, 而是不可能写出、阅读、校读并且验证所需的成千页接着成千页的文本. 像阿希巴谢尔这样的专家觉得我们刚刚开始精雕细琢整个论证链的特定的接合处. 这一雕琢, 来自许多不同国家的研究人员会参与其中, 可能会持续若干年, 之后接下来的几代人将可以使用包含这个问题的一个可疑解法的 "若干册厚厚的, 细心准备的书籍".

现在, 如果寻找稀疏单群需要这样巨人般的努力, 它真的值得吗? 该结果值得这样的努力吗? 这里我们返回到注记 257 中触及过的对现代数学的一般考虑, 它孤立地证明数学科学的存在性是正当的. 关于这一点, 见注记 109 中提到的菲利普 · 戴维斯和赫什的书《数学经验》, 以及如下杰出的物理学家, 诺贝尔奖获得者们的文章: 维格纳,《数学在自然科学中的不合情理的有效性》(*The Unreasonable Effectiveness of Mathematics in the Natural Science*),《纯粹和应用数学评论》(*Comm.in Pure Appl. Math.*), 13, 1960, 1—14 页; 杨振宁《爱因斯坦和 20 世纪后半叶的物理学》(*Einstein and the Physics of the Second Half of the Twentieth Century*)[103] (杨在专为庆祝爱因斯坦诞生 100 周年的第二次马塞尔 · 格

[102] 在 2015 年 5 月之前没有出版. —— 译者注

[103] 原标题应为 *Einstein's Impact on Theorical Physics*, 原刊于《今日物理学》(*Physics Today*), 33, 6 (1986 年 6 月), 第 42—44 页, 复制在杨振宁的《论文选集》(*Selected Papers*) 中, 第 563—567 页. 中译文载《自然辩证法通讯》1981 年第 2 期, 题为《爱因斯坦对理论物理学的影响》, 乐光尧译. —— 译者注

罗斯曼会议上的报告的文本, 包含在杨的《论文选集》(*Selected Papers*) 中, 圣弗朗西斯科: 弗里曼出版社, 1983), 或者杨振宁的较少陈述但更具体的文本,《纤维丛和磁单极的物理学》(*Fibre Bundles and the Physics of the Magnetic Monopole*), 载《1979 年陈研讨会》(*The Chern Symposium* 1979), 纽约: 施普林格出版社, 1980, 247—253 页). 李类型的有限单群或谢瓦莱群似乎也是一种高雅的玩具, 不值得认真关注或付出大的努力 —— 但是这些群的发现不是结束而是在代数学、分析学、数论、几何学、代数几何学, 等等内部联系的一长串研究的起点. (见, 例如, 施泰因贝格的评论,《谢瓦莱群讲义》(*Lectures on Chevalley Groups*), 康涅狄格州纽黑文: 耶鲁大学出版社, 1967.) 这里也许我们应该提到关于类型 E_8 (群 E_8 是奇异李 – 基灵 – 嘉当单群中的最后一个也是最复杂的一个, 由于一些理由曾是数学家们和物理学家们关注的焦点) 的单群中的第一个群的阶与宇宙中的质子数目之间关系的古怪的想法. 这个想法在考克斯特和莫泽的《离散群的生成元和关系》(*Generators and Relations for Discrete Groups*) 中 9.8 节的末尾被讨论, 海德堡: 施普林格出版社, 1972. 类似地, 稀疏单群的理论结果可能变得对重要的科学分支有普遍的数学重要性. 在一定程度上, 这一理论的极端困难表明了其深度. 涉及稀疏单群的著名的事中人 (dramatis personae) 之一的康韦在一篇热情的 —— 但也许没有充分的根据 —— 文章[104], 讨论了破解大魔群的结构对数学的可能的影响 (《数学信使》(*The Math.Intelligencer*), 1980, 2, #4).

261 见, 例如, 若尔当,《巴黎综合理工学院分析学教程》(*Cours d'Analyse de l'École Polytéchnique*) 卷 1—3, 巴黎: 戈蒂埃 – 维尔拉出版社, 1905—1915; 皮卡,《巴黎大学理学院分析学专论》(*Traité d'Analyse de la Faculté des Sciences de Paris*) 卷 1—3, 巴黎: 戈蒂埃 – 维尔拉出版社, 1891—1896 (李的理论出现在这些著名的微积分学教程的最后一卷).

262 在 20 世纪的前半叶和后半叶解微分方程的研究方法的不同, 这个典型的例子反映了上面 (例如, 在注记 260 中) 讨论过的对 "无穷的数学" 和 "离散的数学" 的态度的变化, 是微分方程和差分方程之间关系的变化, 微分方程自牛顿的时代起就被视为描述自然定律的主要的数

[104] 标题是 *Monsters and Moonshine.* —— 译者注

学语言, 而差分方程是它们的 “离散的类似物”. 在第二次世界大战之前, 差分方程被认为是微分方程的原始模型, 是工程师和自然科学家的工具. 因此, 例如, 有常系数的线性差分方程与有常系数的微分方程非常相似, 在大学常常在微分方程之后作为一个 “玩具” —— 线性微分方程的一个算术模型学习; 它的确吸引学生, 因为它与 “真正的” 数学理论相像. 一旦在应用中产生差分方程, 数学家通常通过一个类似的微分方程逼近它, 而且通过后者的解估计前者的解. 在我们的时代, 反转更常发生: 为了准备一个微分方程的计算机解 (在机器上的解在原则上是离散的 (数值的)), 人们用逼近微分方程的差分方程代替它. 这种研究方法在所有现代的微分方程教科书中都有反映. 用微分方程描述所有自然定律的 “牛顿主义者的” 思想以一种完全不同的方式受到批评 —— 通过一个类似的观点, 在我们的计算机时代是典型的 —— 在芒德布罗的一本出色的书中,《大自然的分形几何学》(*The Fractal Geometry of Nature*)[105], 圣弗朗西斯科: 弗里曼出版社, 1982. 用有些简化和夸张的形式, 芒德布罗的观点可以描述如下. 描述自然和社会科学现象的所有函数都是连续但无处可微的 (即在每一个点 “改变方向” 的函数); 牛顿的和莱布尼茨的可微函数正是事件的真实状态的理想的逼近.

263相关的两本书籍是奥尔弗《李群对微分方程的应用》(*Applications of Lie Groups to Differential Equations*), 纽约: 施普林格出版社, 1986 和奥夫斯相尼科夫《微分方程的群分析学》(*Group Analysis of Differential Equations*)[106], 莫斯科: 科学出版社, 1978 (俄文).

264埃德蒙 · 拉盖尔是杰出的法国数学家, 他极为多才多艺. 他在单复变函数论、经典的数学分析学和几何学上工作. 作为在本书中多次提到的巴黎综合理工学院的毕业生 (在后来他在此任教多年), 拉盖尔是这个机构的典型的产物. 尤其是, 这家学校有非常难的考试 (伽罗瓦在入学考试上失败了!) 而且对准备考试的学生有专门的指导老师; 拉盖尔有几年做这种服务. 无疑这些严格的考试对拉盖尔影响很大, 发散了他的科学兴趣, 并且发展了他对困难问题的爱好, 他不断提出困难问题并且定期发表在法国的数学期刊上.

拉盖尔为他的圆几何学专门写了一系列文章, 其中 “线 – 素圆变

[105] 该书有中译本,《大自然的分形几何学》, 陈守吉、凌复华译. 上海: 上海远东出版社, 1998. —— 译者注

[106] 该书的英译本 1982 年由学术出版社 (Academic Press) 出版. —— 译者注

换”(line-element circle transformation) 起等距在平面上起的作用. 尤其是, 在这些文章中, 他描述了所有的 “拉盖尔圆的族”, 即有 “拉盖尔自身变换” 的曲线 (参阅下面我们关于克莱因和李的 W 曲线所说的). 所有这些文章出现在拉盖尔的著作的第 2 卷 (《全集》(*Œuvres*), 巴黎: 戈蒂埃 – 维尔拉出版社, 1898—1905) 拉盖尔自己对他的变换的研究手法与在这里和注记 265 中发展的不同. 至于对拉盖尔作为一个数学家的评价, 见庞加莱关于拉盖尔的著作的介绍.

[265]在第 3 章描述的默比乌斯反演 (或逐点反演) (注意他首先被佩尔吉的阿波罗尼奥斯 (约前 262 年 — 前 190 年) 发现, 在默比乌斯之后, 威廉 · 汤姆森, 即开尔文勋爵 (1824—1907) 在联系到通常归功于他的特定的静电学问题时重新发现了它) 常常被描述如下. (这一做法属于施泰纳.) 一个点 A 相对于中心在 Q 的半径为 r 的圆的幂定义为从 A 到 S 的切线的片段 $t(A,S)$ 的 (实的或纯虚的) 长度的平方, 用 po (A,S) 表示, 即 po $(A,S)=t^2=d^2-r^2$, 这里 $d=AQ$. 我们也可以写成 po $(A,S)=\overline{AB_1}\cdot\overline{AB_2}$, 这里 B_1 和 B_2 是过 A 的任意一条直线 a 与圆 S 的交点. 有根中心 (radical center) 和幂 k 的圆族 $\mathscr{A}=\{S|\text{po}(Q,S)=k\}$ 被称为圆丛. 现在, 设 $S\in\mathscr{A}$ 且 $A\in S$. 所有这样的圆 S 包含除点 A 外的另一个点 A' (在极限的情形 A' 可能与 A 重合; 那么所有的圆在 A 彼此相切). 变换 $A\to A'$ 被称为有中心 Q 和幂 k 的默比乌斯反演. 类似地, 我们能定义 po $(a,S)=(r-d)/(r+d)$, 这里 $S=S(Q,r)$ 是一个圆, a 是一条定向的直线且 d 是从 Q 到 a 的正的或非负的距离 (或者 po $(a,S)=\tan^2(\angle(a,S)/2)$, 这里 $\angle(a,S)$ 是 a 和 S 之间的实角或虚角; 或者 po $(a,S)=\tan(\angle(a,b_1)/2)\cdot\tan(\angle(a,b_1)/2)$, 这里 b_1 和 b_2 是从 (任意!) 一个点 $A\in a$ 到 S 画的两条切线, 且 po $(S_1,S_2)=d^2-(r_1-r_2)^2$, 这里 $S_1=S_1(Q_1,r_1)$ 和 $S_2=S_2(Q_2,r_2)$ 是任意两个定向圆且 $d=Q_1Q_2$; 或者 po $(S_1,S_2)=(t(S_1,S_2))^2$, 这里 $t(S_1,S_2)$ 是 S_1 和 S_2 之间的 (实的或虚的) 切线距离, 即它们之间的公切线的片段之间的距离). 现在设 $\mathscr{B}=\{S|\text{po}(q,S)=k\}$ 是轴为 q 和幂为 k 的圆的网 (*net*) 且 $\mathscr{C}=\{S|\text{po}(S,\Sigma)=k\}$ 是有中心圆 Σ 轴和幂为 k 的圆的束 (bunch). 所有圆 S 的族, 这里 $S\in\mathscr{B}$ 且 $S\tau a$ (这里 a 是一条定向直线且 τ 意味着 “相切于”), 又切于另一条直线 a' (在极限的情形 a 可以与 a' 重合). 所有圆 $\mathfrak{s}$ 的族, $\mathfrak{s}\in\mathscr{C}$ 且 $\mathfrak{s}\tau S$, 这里 S 是一个定向的圆, 它切于另一个圆 S' (它在极限的情形可以与 S 重合). 在所有定向直线上的变换 $a\to a'$ 是拉

盖尔反演; 这样的反演产生平面的拉盖尔变换 —— 平面的线素变换. 称变换 $S \to S'$ 是李反演将是适宜的, 因为这些反演生成李切圆变换的族. 细节见亚格洛姆,《论默比乌斯, 拉盖尔和李的圆变换》(*On the Circle Transformations of Möbius, Laguerre and Lie*), 载《几何气质》(见注记 260), 345—353 页. 所有这些概念和做法可以在三维和 n 维的几何学中进行.

这三种圆几何学的一个初等的导引包含在亚格洛姆的《圆的几何学》中, 载《初等数学百科全书》, 第 4 卷 (几何学), 457—526 页. 所有这些几何学的一个详细的理论包含在布拉施克的《微分几何学讲义》(*Vorlesungen über Differentialgeometrie*), 第 3 卷《圆和球的微分几何学》(*Differentialgeometrie der Kreise und Kugeln*) 中, 柏林: 施普林格出版社, 1929. [关于威廉 · 布拉施克 (1885—1962), 是 20 世纪的领头的几何学家, 见, 例如我为布拉施克的书《圆和球》(*Kreis und Kugel*)[107]写的后记, 该书 1967 年由莫斯科科学出版社出版, 201—227 页 (俄文).] 详细程度稍小的是克莱因和比伯巴赫为德国大学写的《高等几何学》中对 "圆变换" 和 "圆几何学" 的处理, 该书在 20 世纪的前三分之一个世纪非常流行.

从在注记 42、45、260 和 262 指出的现代数学的普遍性的趋势来看, 圆的几何学的提倡者, 像射影几何学的提倡者, 在对几何学的兴趣普遍地减少的背景下, 试图通过转移到有限圆几何学 (有限 (伽罗瓦) 域上的圆几何学导致平面只包含有限个点; 通过适当的公理, 这些平面也可以用 "纯粹几何学的" 词语刻画) 上, 而且通过强调圆几何学和代数学之间的关系而保持其学术的重要性. 关于这一点, 见亚格洛姆的初等的书《几何学中的复数》(见注记 203) , 那里出现了圆几何学; 参阅近来的本茨的专著更佳,《代数的几何学讲义》(*Vorlesungen über Geometrie der Algebren*), 海德堡: 施普林格出版社, 1973 . (瓦尔特 · 本茨现任著名的汉堡大学数学研究所所长, 该所由布拉施克创建, 在这里本茨是圆几何学的现代学派的领袖; 尤其是, 它处理有限圆几何学.)

[266]见, 例如, 在注记 208 中提到的阿诺尔德的书.

[267]在克莱因的和李的著作中, 词语 "W 曲线" 出自德文单词 der Wurf, 很难向现代读者解释 der Wurf 的数学意义. 该词字面上的翻译

[107] 该书有中译本,《圆和球》, 苏步青 (1902—2003) 译. 上海: 上海科技出版社, 1986. —— 译者注

是“投掷一次骰子的点数”. 冯 · 施陶特在纯粹射影的意义上 (不使用距离, 距离是度量的或欧几里得几何学的一个概念) 把该词用于四个共线点 A, B, C 和 D 的交比或用于三个点的简单比 (出现在仿射几何学中的一个概念). 他的确切的愿望是强调这个概念独立于非射影概念, 这导致冯 · 施陶特造出新词 der Wurf. 在约翰 · 韦斯利 · 扬写得很优美的小书《射影几何学》中, 他以接近现代的语言给出了冯 · 施陶特的“Wurf 演算”(Wurf calculus) 一个典雅的解释. 该书在 1983 年作为卡卢斯数学专著丛书 (The Carus mathematical monographs series) 之一出版. 在冯 · 施陶特的“Wurf 演算”中, 直线的射影自变换的扩展群起关键的作用; 就是这一事实导致克莱因和李称拥有射影自变换的所有曲线为“Wurf 曲线”, 或简称“W 曲线”.

[268]对寻找有“自相似的”所有曲线的问题的一个简单的解, 见, 例如, 亚格洛姆和阿什基努泽的《仿射几何学和射影几何学的思想和方法》(*Ideas and Methods of Affine and Projective Geometry*), 第一部分,《仿射几何学》(*Affine Geometry*), 莫斯科: 教育科学出版社, 1962 (俄文), 问题 234a 和它的解答.

例如, 布拉施克的《微分几何学讲义》, 第 2 卷《仿射微分几何学》(*Affine Differentialgeometrie*), 柏林: 施普林格出版社, 1923, 在书中研究了 W 曲线的论题. 比较在上面提到的亚格洛姆和阿什基努泽的书中问题 234b 及其解答, 那里列出了有自相似群的所有的曲线. 一般的 W 曲线可以描述为在亚格洛姆和阿什基努泽的书中讨论的仿射 W 曲线的“射影修改”.

第 7 章

[269]几何学的另一个一般的处理方法, 它不包括圆几何学或射影几何学, 但不仅包括在几何学的名单上的欧几里得几何学、双曲几何学和椭圆几何学, 还包括特定的“弯曲的”空间, 是在黎曼的 1854 年的演讲中概述的. 但正如我们早先已经指出的, 这种度量的处理方法 (即基于距离的概念) 很久之后才被注意和理解.

[270]实际上, 几何图形是任意点集的想法对于几何学是太一般了: 在这一定义下所有图形的研究变成了集论和拓扑学的主题, 但确实不是几何学的主题. 从几何学的观点, 为了使“图形”一词有意义, 限制可被允

许的点集的族是必要的 (比较, 例如, 亚格洛姆和弗拉基米尔 · 格里戈里耶维奇 · 博尔强斯基,《凸图形》(*Convex Figures*), 纽约: 霍尔特, 赖因哈特和温斯顿出版社 (Holt, Rinehart & Winston), 1961, 附录 Ⅱ,《论凸图形和非凸图形的概念》(*On the concepts of convex and nonconvex figures*)).

[271]因此, 例如, 米 (meter) 曾被定义为过巴黎的子午线的 4000 万分之一. 但是这个定义已不再被接受. 这个长度 —— 米 —— 后来被定义为保存在 (法国) 塞夫尔的布勒特伊楼[108]的一根铂棒上两个平行的标记之间在 0°C 时的距离; 现在它被定义为对应于光谱的一个特定点的波长. 关于这一点的选择是基于物理化学 (更精确一些, 是谱分析) 的, 而不是几何学的观念和观察. (也许长度单位的定义不是 “纯粹数学” 之事的一个更容易想到的例证是码 (yard) 的定义, 在几年前, 码仍是英国度量系统中官方接受的长度单位: 一码是从国王亨利一世的鼻尖到他伸开右臂时的中指指尖之间的距离.)

[272]注意, 与长度的单位不同, 角的单位是纯粹用几何定义的. 因此一个直角是一个直线角的一半, 一度是一个周角的 365 分之一; 弧度是一个长度等于该圆的半径的圆弧所对应的圆心角. 怎样比较长度和角度出现在众所周知的定理的陈述中: 如果三角形 ABC 的角 C 和 B 分别等于 60° 和 30°, 则 $AB:AC=2:1$.

[273]在图形 (尤其是, 三角形) 被确定 “至相似” (即相似三图形被视为是等同的或 “相等的”) 的几何学中, 三角形 (在这种意义上) 仅被两个而不是三个独立的元素或条件确定. 因此, 普通中学几何学中的一个 “典型的作图问题”, 比如说, 是给定一个三角形的边 AB, BC 和角 B 作三角形 ABC 的问题, 另一个 (众所周知的!) 是给定 $\triangle ABC$ 的中线 BM, 角平分线 BN 和高 BP 作 $\triangle ABC$ 的问题. 在 “相似形的几何学” 中, 我们可以提到这样的作图问题, 诸如求 (做出) 给定一个三角形两边的比 $AB:BC$ 和角 B 作三角形 ABC (回忆在这种几何学中, 长度没有意义, 而长度的比有意义!), 以及 (众所周知的) 给定角 B 被中线 BM, 角平分线 BN 和高 BP 分成 4 个相等的角作 $\triangle ABC$ 的问题. 注意假设这个问题被叙述成两个关系的问题, 即 $\angle ABC=\angle MBN$ 和 $\angle NPC=\angle PBC$.

[274]如下的事实完美地说明了这两种几何学之间的差异. 在 “等距的

[108] 原作 Breteuil Pavillion, 应为 Pavillion de Breteuil, 由路易十四在 1672 年兴建. 自 1875 年起这座建筑被国际度量衡局使用. —— 译者注

几何学”中,仅有的“齐性的”曲线(其所有点都是等价的曲线——存在自变换的可迁群的结果)是直线和圆;而在“相似的几何学”中,存在其他的曲线——对数螺线(见第 6 章,尤其是图 26).

[275]从集合 $\mathfrak{M}$ 到“类的集合”这一段描述相对于等价关系“$\sim$”的 $\mathfrak{M}$ 的商集. 该商集用 $\mathfrak{M}/\sim$ 表示. 现在这些记号在大多数数学课程中出现.

[276]相对于给定点 $M(x,y)$ 的(直角笛卡儿)坐标 x,y 和其像 $M'(x',y')$ 的坐标 x',y', 直接等距群 $\mathfrak{I}$ 可以解析地(即用坐标)由方程(6.1)描述. 平面的仿射变换群 $\mathfrak{A}$ 解析地由方程(6.2)(这里 x,y 和 x',y' 是任意的直线或仿射坐标,因为在仿射几何学中直角的笛卡儿坐标没有意义)描述. 类似地,射影变换群 $\mathfrak{P}$ 可以描述为群变换

$$
\begin{aligned}
&M(x_0:x_1:x_2)\to M'(x_0':x_1':x_2')\\
&\equiv M'(a_{00}x_0+a_{01}x_1+a_{02}x_2:a_{10}x_0+a_{11}x_1\\
&\qquad +a_{12}x_2:a_{20}x_0+a_{21}x_1+a_{22}x_2),
\end{aligned}
$$

这里 $x_0:x_1:x_2$ 和 $x_0':x_1':x_2'$ 是给定点和其像的射影坐标(见第 3 章)且 $\Delta=|a_{ij}|\neq 0$; 这里 Δ 是项为 $a_{ij},i,j=0,1,2$ 的三阶行列式. 群 $\mathfrak{A}$ 也可以定义为普通平面或仿射平面 Π_0 上把每条直线 a 映到直线 a' 的一一映射的集合;群 $\mathfrak{P}$ 也可以定义射影平面 Π 上有同样性质的映射的集合(见,例如,在注记 73 中提到的亚格洛姆的书《几何变换 Ⅲ》).

[277]我们也可以假设 $\mathfrak{P}\subset\mathfrak{A}$, 这里 $\mathfrak{P}$ 是平面的射影变换群;那么我们必须假定射影变换和仿射变换的“作用域”是相同的,即我们必须通过增加由“无穷远点”构成的“无穷远直线”把仿射平面扩展到射影平面. 在这种意义上,射影几何学的每个定理和概念在仿射(欧几里得)几何学中获得了意义. 因此,在一条直线上的四个点的交比 $(A,B;C,D)$ 这个非常重要的射影概念在仿射几何学或欧几里得几何学中可以被描述为“简单比之比” $(AC/BC)/(AD/BD)$. 于是,被冯 · 施陶特如此出色地解决的问题由证明交比能用“射影几何学的语言”描述,无需应用在这一几何学中没有意义的“简单比” (AC/BC) 和 (AD/BD).

根据 $\mathfrak{G}_1\supset\mathfrak{G}_2$, 也请注意我们的陈述蕴含在几何学 Γ_1 中的每一个定理在几何学 Γ_2 中成立,不包括群 $\mathfrak{G}_1$ 明确地出现在定理中的情形. 例如,在“相似的几何学”中断言对数螺线是“齐性”曲线的定理——有一个自身的变换把它上面的任意一个给定的点映到另一个任意给定的

点 —— 在欧几里得几何学中是假的. 按照相同的方式, 李和克莱因的 W 曲线包括所有的 "仿射齐性曲线" 但不限于它们, 等等.

278普吕克可以说是 "解析直线几何学"(analytic rectilinear geometry) 的创始人. "微分直线几何学"(differential rectilinear geometry) (它可以既在射影空间中, 又可在欧几里得空间中开展) 的主要目的是包括直线的单参数族或直纹曲面 (例如, 所谓的半二次曲面 (demiquadrics), 即在空间中与三条固定的直线相交的所有的直线的集合; 词语 "半二次曲面" 由这一事实解释: 按照这种方式我们得到填满一个 "二次曲面" 的两族直线中的一族, 该二次曲面由空间坐标 x, y, z 的一个二次方程确定) 或可展曲面, 由在空间中一条 (光滑的) 曲线的所有切线构成. 其他例子是两个参数的直线的族, 所谓的线汇 (congruences of lines), 例如与一个固定的曲面垂直的所有直线生成的法线汇 (normal congruences) (有证据表明早期的几何光学的大师们对此很有兴趣, 例如哈密尔顿), 或三个参数的直线, 所谓的线丛 (complexes of lines). 这里直线的族必须由 "光滑的"(可微的) 函数确定, 它有一个或多个参数 $p_{12} = p_{12}(t)$ 或 $p_{12}(u, v)$ 等, 这里的, $p_{12}, \cdots$ 是该直线的坐标 (见注记 89).

279当我们说到平面的等距时, 我们心中想的总是直接等距群 (6.1), 因此排除通过固定一个点 ξ 的所有反射的等距类. 在欧几里得空间, 假设一条直线被补充了一个定向是更为方便的, 因此, 这样一条直线的自变换群化为沿这条直线的平移 (在这条直线上的点的反射被排除).

280关于这个一般的概要在研究中起作用的一个例子, 我们注意陈省身的文章《论克莱因空间中的积分几何学》 (*On Integral Geometry in Klein Space*),《数学年刊》(*Annals of Math.*), 43, 1942, 178—189 页, 也包含在陈省身的《论文选集》(*Selected Papers*) 中, 纽约: 施普林格出版社, 1978. 在威廉 · 布拉施克 (我们在前面提到过他, 例如, 在注记 265 中) 开始发展一个新的数学分支, 他称之为积分几何学, 显然希望几何学的这一新的研究方向不久将会在重要性上堪比经典的微分几何学. [顺便提一句, 这些期待并未成真, 因此知名的莫斯科数学家伊兹赖尔 · 莫伊谢耶维奇 · 盖尔范德 (生于 1913 年)[109]甚至提议从布拉施克的工作中窃取有前途的 "积分几何学" 的名号 (因为它没有实现承诺), 而且现在这一词语更常在盖尔范德的意义上使用. (参见布拉施克的《积分几何学讲义》(*Vorlesungen über Integralgeometrie*), 柏林 (德意志民主共和国): 德

[109] 盖尔范德已于 2009 年去世. —— 译者注

国科学出版社, 1955; 路易 · 桑塔洛,《积分几何学和几何概率》(*Integral Geometry and Geometric Probability*)[110] ,麻省雷丁: 艾迪生 – 韦斯利出版公司 (《数学及其应用百科全书》(*Encyclopedia of Mathematics and Its Application*) (Gian -Carlo Rota 编, 第 1 卷) 以及, 另一方面, 盖尔范德, 格拉夫, 维连金的《广义函数, 第 5 卷, 积分几何学和表示论》(*Generalized Functions* v.5 , *Integral Geometry and Representation Theory*), 纽约: 学术出版社, 1966).] 为了得到有意义的几何结论, 布拉施克的主要想法是在一个几何学系统中比较共存的不同本性的元素的测度, 例如在平面欧几里得几何学中点集的测度和线的集合的测度 (诸如 "逐点" 曲线的测度和所有与它相交的直线的集合的测度). 但是在 1942 年, 布拉施克的最杰出的学生, 来自中国的陈省身 (生于 1911 年)[111], 在汉堡大学跟布拉施克学习, 在中国任教, 后来成为美国公民, 通过考虑最一般的情形, 使得对其特殊情况的研究变得不必要了 (见上面引用的陈的那篇论文), 从而 "封闭了" 布拉施克的整个研究方向. 这就是, 陈考虑一个任意的齐性的克莱因空间和其中的两个不同的生成元, 即群 $\mathfrak{G}$ 和两个不同的子群 $\mathfrak{g}$ 和 $\mathfrak{h}$, 并建立 "$\mathfrak{G}$ 相对于 $\mathfrak{g}$ 的陪集" 和 "$\mathfrak{G}$ 相对于 $\mathfrak{h}$ 的陪集" 之间的联系. 于是, 他在一般的情形实现了布拉施克和他的以阿根廷人路易 · 桑塔洛为首的学生们在特殊的齐性克莱因几何学和这些几何学中的特殊对象所做的工作 (比较路易 · 桑塔洛,《积分几何学和几何概率》《数学及其应用百科全书》, 第 1 卷, 麻省雷丁: 艾迪生 – 韦斯利出版公司, 1976).

281容易验证 (读者实际这样做将是有益的!) 如果 $\mathfrak{G}$ 是直接等距群 (6.1), 同时 $\mathfrak{g}$ 是围绕原点的所有旋转的子群:

$$x' = \cos\alpha \cdot x + \sin\alpha \cdot y, \quad y' = -\sin\alpha \cdot x + \cos\alpha \cdot y$$

则在三维群空间 (a, b, α) (更精确一些, 是这个空间中等同平面 $\alpha = 0$ 和 $\alpha = 2\pi$ 的层中) 中的陪集可以用 "竖直的条" $a = a_0$ (= 常数) 和 $b = b_0$ (= 常数) 表示 (假设 x 轴是竖直的). 群 $\mathfrak{G}$ 交换这些条正如它对平面 $\alpha = 0$ 上的点所做的, 即这个群与该平面的普通的等距群重合. 如果 $\mathfrak{h}$ 是沿 x 轴的平移的群 $x' = x + a, y' = y$, 则陪集用平行于 (a, b) 平面

[110] 该书有中译本,《积分几何与几何概率》, 吴大任 (1908—1997) 译. 天津: 南开大学出版社, 1991. —— 译者注

[111] 陈省身已于 2004 年去世. —— 译者注

$a = \alpha_0$ (= 常数), $b = \tan\alpha_0 \cdot a + l$ 的层中的直线表示. 群 $\mathfrak{G}$ 交换这些直线正如 (a, b) 平面的平面等距群交换上面所描述的表示陪集的直线在平面 $\alpha = 0$ 上的射影, 因此我们实际得到了线素欧几里得几何学.

[282]有等距群 (3) 的三维空间的几何学 (有时被称为三维半欧几里得几何学) 和 "洛伦兹群的几何学"(以闵科夫斯基伪欧几里得几何学 (pseudo-Euclidean geometry) 知名) 都是 "射影度量"(或非欧几里得凯莱 – 克莱因几何学; 参见第 4 章). 这里出现的非欧几里得几何学和力学之间的联系的一个更详细的阐释, 见注记 159 中提到的 (为公众写的) 书: 亚格洛姆,《简单的非欧几里得几何学及其物理基础》.

第 8 章

[283]见劳伦斯 · 扬的《数学家和他们的时代》中克莱因的遗孀写给扬的母亲的信.

[284]尤其是, 李对 "无限" 连续群 —— 构成连续群的变换不能使之依赖的参数为有限的集合 —— 的长篇研究令埃利 · 嘉当感兴趣. 按照嘉当的观点, 李的长篇数学论文如此缺乏嘉当的时代流行的严密性的标准, 以致嘉当把它认作是对想象力的刺激而不是应被继续的前辈数学家的研究工作. [例如: 无限连续群包括由公式 $x = u(x, y), y = v(x, y)$ 确定的欧几里得平面 x, y 中的保形变换 (变换保持角不变) 群 (局部地考虑, 即, 在一个点的邻域), 这里的 u 和 v 是满足柯西 – 黎曼方程 $\partial u/\partial x = \partial v/\partial y; \partial u/\partial y = -\partial v/\partial x$ 的两个变量的任意函数. 关于这样的群, 见李,《无限连续群研究》(*Untersuchungen über unendliche kontinuierliche Gruppen*),《萨克森科学学会会议报告》(*Berichte Sächs. Geselschaft*), 21, 1895, 43—150 页; 包含在《论文全集》中, 6, 396—493 页.]

[285]以一本书为例 (与说英语的读者相比, 这本书可能更被读俄文的读者所知晓), 该书以 "孤独的数学家" 为特色 —— 并将索菲斯 · 李刻画为一名出类拔萃 (par excellence) 的数学家, 这本小说的名字是《柯吉克 · 列达耶夫》(*Pussycat Letayev*)[112]. 这本书是 20 世纪初俄罗斯最有趣的作家之一安德烈 · 别利 (这是他的笔名, 他本名是鲍里斯 · 尼古拉耶维奇 · 布加耶夫, 1880—1934) 的未完成的四部曲《莫斯科》(*Moscow*)

[112] 该书原名 *Котик Латаев*. 由 Gerald Janecek 译为英文并以 *Kotik Letaev* 为名在 1971 年出版. —— 译者注

的第一部. 他是一位诗人、小说家、著有回忆录和文学理论著作. 尼古拉 (柯吉克) · 列达耶夫的父亲的形象贯穿于整部小说, 他是世界著名的列达耶夫教授 (在小说中, 他与埃尔米特通信, 而且庞加莱很器重他, 尽管魏尔斯特拉斯对他赏识不够); 他远离一切俗务, 沉浸在科学, 尤其是李的著作之中. 特别地, 作者重复小说的主人公儿时对父亲的回忆: 父亲经过住宅的大厅去浴室时, 手拿蜡烛 (故事发生在 19 世纪) 并且胳膊下夹着李的一卷著作. 安德烈 · 别利颇有独创性的人格, 曾在他父亲尼古拉 · 布加耶夫 (1837—1903) 任教的莫斯科大学接受数学教育. 尼古拉 · 布加耶夫在那时被认为是数论方面的重要的俄罗斯专家, 今天已几乎被人们所遗忘. 他无疑是小说中列达耶夫教授的原型. 显然, 别利所接受的数学教育帮助他撰写关于诗学中的数学方法的重要著作, 这些著作在其作者去世多年之后才被认可, 并且在那时由著名的莫斯科数学家安德烈 · 柯尔莫戈洛夫 (生于 1903 年)[113]继续. 奇怪的是, 数学家别利的计算被诗人别利用到他的诗之中.

286这个加入埃朗根大学哲学系和评议会 (Programm zu Eintritt in die philosophische Facultät und den Senat der Universität za Erlangen) 的演讲首次以《关于新近几何学研究的比较考察》(*Vergleichende Betrachtungen über neuere geometrische Vorschungen*)[114]为题发表, 埃朗根: 戴歇尔特出版社 (Deichert), 1872. 现在《埃朗根纲领》实际上已被译为欧洲所有的语言. 它以德文出版了许多次, 例如, 见克莱因,《数学论文全集》, 第 1 卷, 1921, 460—497 页. 在这一联系上见本章的结尾部分. 克莱因的《数学论文全集》在 1973 年再次发行 (海德堡: 施普林格出版社). 在他的全集中克莱因为他的文章增加了极有价值的历史性和科学性评注. 尤其是, 对于 (à propos) "埃朗根纲领", 他提到应他的邀请, 李在 1872 年 9 月 1 日来到哥廷根, 而且他们一起编辑李将要发表的论文 (它们接近埃朗根纲领的主要思想) 和克莱因的埃朗根演讲的文本. 克莱因回忆李立刻对该报告的主要想法非常感兴趣, 而这给了他很大鼓励. 在李的建议下, 克莱因把原始表述 "由各种变换群生成的不同的几何方法"(这一表述在文章《论所谓的非欧几里得几何学》的第二部分 (第二

---

[113] 柯尔莫戈洛夫已于 1987 年去世. —— 译者注

[114] 这篇文章有中译文,《关于现代几何学研究的比较考察》, 何绍庚、郭书春译, 载《数学史译文集》. 上海: 上海科技出版社, 1981. —— 译者注

篇文章 (*zweiter Aufsatz*)) 中保持不变[115], 该文发表得晚于"埃朗根纲领"但写得较早) 用"由各种变换群生成的不同的几何学"代替. 因此这一名言, 在 1872 年 10 月克莱因的埃朗根演讲中首次陈述而且不久后发表, 这一名言与"克莱因的埃朗根纲领"一致, 在形式上 (尽管不是在实质上) 归之于李而不是克莱因.

[287]两个演讲 —— 黎曼的和克莱因的 —— 勾画了欧几里得几何学的大幅推广的可能性, 包括双曲几何学和椭圆几何学作为特殊情况. 不过, 欧几里得几何学、双曲几何学和椭圆几何学是仅有的既是黎曼空间, 又是克莱因空间的概型 (scheme). [在黎曼几何学和克莱因几何学的随后的发展中, 这些构造被拓宽以便在推广这两种情形时包括黎曼空间和克莱因空间. 这里描述这是怎样作的. 黎曼空间 R (一般说来) 可以想象成一个"弯曲的"流形, 它的每个点有一个邻域"看起来像欧几里得空间". 换言之, 对黎曼空间 R 的每个点 M, 我们可以指派一个欧几里得空间"在点 M 与 R 相切". 用现代的术语这一指派被称为一个可微 (光滑) 流形的切丛, 它的底是流形 R 本身, 而且它的纤维是在给定点与 R 相切的欧几里得空间. 相邻的切空间 (在一个特定的意义上) 是相关的, 因为, 如果彼此接近的 $M_1, M_2 \in R$, 那么它们属于 R 中相同的"殆欧几里得"域. 类似地, 如果对一个弯曲的 (但可微的) 流形 T 的每一个点我们指派一个平坦的克莱因 (同维度的) 空间, 这个空间的类型是事先 (a priori) 选择的, 例如仿射空间 (或射影空间, 或保形空间), 那么我们得到所谓的仿射 (或射影, 或保形) 联络空间. 用切丛的术语, 我们可以说有一个丛, 它的"纤维"是仿射, 或射影, 或保形空间 (最后的空间是其"等距群"是默比乌斯圆变换群的空间).

这些一般的概念在很大程度上归功于赫尔曼 · 外尔和埃利 · 嘉当, 这两人都是希尔伯特和克莱因的学生. 这些研究始于通过使用黎曼空间的概念推广爱因斯坦的广义相对论的尝试; 最初这样的尝试属于外尔和杰出的英国物理学家阿瑟 · 斯坦利 · 爱丁顿 (1882—1944). 带联络的一个空间的概念的现代形式归功于杰出的法国几何学家查尔斯 · 埃雷斯曼[116] (见, 例如《可微纤维空间的无穷小联络》(*Les connexions infinitésimales dans un espace fibré differentiable*),《拓扑学文集》(*Col. de topologie*),

[115] 似指 Die verschiedenen Methoden der Geometrie sind durch eine zugehörige Transformationsgruppe charakterisiert 这一表述. —— 译者注

[116] 埃雷斯曼 (1905—1979) 是吴文俊先生在法国求学时的导师. —— 译者注

布鲁塞尔, 1950, 29—55 页). 一个 "带一个联络的一般空间" 和一个齐性 (非弯曲的) 克莱因空间及一个黎曼空间之间的关系可以用下面的 (纯粹是符号的!)"比的相等" 转达

克莱因空间: 欧几里得空间 = 带一个联络的一般空间: 黎曼空间.

[288]见, 例如, 克莱因,《高等几何学讲义》, 海德堡: 施普林格出版社, 1968; 比伯巴赫,《高等几何学入门》(*Einleitung in die höhere Geometrie*), 莱比锡: 托伊布纳出版社, 1933.

[289]见克莱因,《高观点下的初等数学》中关于代数的部分, 第 1 卷, 海德堡: 施普林格出版社, 1968. 克莱因也在前面重复提到过的《数学在 19 世纪的发展讲义》(*Vorlesungen über die Entwicklung der Mathematik im 19 Jahrhundert*) 中稍为详细地讨论了这一主题 (在第一部分的最后一章). 在本书的正文中提到的克莱因的书已被译成英文:《二十面体和五次方程的解讲义》(*Lectures on the Icosahedron and the Solution of Equations of the Fifth Degree*), 纽约: 多佛出版社, 1956.

[290]从现在的观点, 克莱因的疏忽似乎是无法说明的. 由于他对非欧几里得几何学的深入理解, 我们发现这是他忽视他自己的 (射影) 模型与平面的非欧几里得几何学的庞加莱的 (保形或默比乌斯 – 类型) 模型之间的简单联系的障碍. 事实上, 存在多种方式表达这一联系.

例如, 半径为 2 的庞加莱圆模型在平面 π 上, 半径为 1 的球面 Σ 与 π 切于该庞加莱模型的圆心 O, 如果我们从球面 Σ 的北极把该庞加莱模型投影到 Σ 的下半球面, 然后我们把得到的像垂直投影于 π, 那么我们得到克莱因模型. 另一方面, 如果我们用于罗巴切夫斯基平面, 它由其克莱因模型给出 (中心为 O 的一个圆 K), 以比 1/2 收缩 (即以中心 O 和系数 1/2 的相似缩小, 对圆 K 内的每个点 A 赋予区间 OA 中的一个点 A' 使得 $d_{OA'} = d_{OA}/2$, 这里 d 表示点之间的 "双曲距离"), 那么我们得到庞加莱模型. 关于这一联系, 见在注记 107 引用的克莱因的书的第 10 章的部分, 或亚格洛姆,《几何变换》(*Geometric Transformations*) 第 2 章的附录, 国立技术理论书籍出版社, 1956 (俄文). 不过, 在 19 世纪 70 年代的背景下, 诸如单复变自守函数论和非欧几里得几何学这样相距甚远的课题之间能有任何联系是不那么显然的.

[291]在 19 世纪和 20 世纪之交, 法国最伟大的数学家之一庞加莱对发现数学的几个新的分支 (例如, 拓扑学) 以及对已有数学分支的发展做出

了贡献, 这些贡献往往是决定性的. 庞加莱的科学兴趣以其巨大的广度而著名, 除了数学, 包括物理学 (在这里他应被认为是 —— 与阿尔伯特 · 爱因斯坦一样的 —— 狭义相对论的创立者之一)、力学和天文学. 庞加莱的杰出的著述才能使他能通过他的文章和教科书影响那些甚至他没有特别成就的科学领域, 例如概率论. 就是这同样的才能使他既当选法国科学院的成员, 又当选 (对于一个科学家确实是罕见的情形) 著名的 (文科性的) 法兰西学术院的成员. 见庞加莱的关于科学与哲学著作的英文译本, 它们促使他入选法兰西学术院:《科学与假设》,《科学与方法》(*Science and Method*)[117] 以及《科学的价值》(*The Value of Science*)[118], 这几本书也以单卷本出版, 名为《科学的基础》(*The Foundations of Science*), 科学出版社 (Science Press), 1964. 庞加莱是一位和平主义者, 他为他的堂弟和朋友雷蒙 (后来的法国总统) 新造的著名短语 "庞加莱战争 (Poincaré la guerre)" 在一战前流行全世界. 亨利与他的堂弟持不同政见.

关于庞加莱的著述是非常广泛的. 在克莱因的《数学在 19 世纪的发展讲义》第 1 卷的结尾部分专门写到庞加莱, 罗列了他的一部分著述, 克莱因本打算在书中专用特别的一章写庞加莱, 另一章写索菲斯 · 李, 但他没有时间. 这部书从未写完, 而且它的第二卷是在克莱因去世后出版的. 这里, 我们限于引用让 · 加斯东 · 达布的文章 (《亨利 · 庞加莱的历史性颂词》(*Éloge historique d'Henri Poincaré*)), 它在庞加莱的《全集》(*Oeuvres*), 第 1—11 卷, 巴黎: 戈蒂埃 – 维尔拉出版社, 1916—1956) 第 2 卷的附录之中; 我们经常参照贝尔的《数学家》中专写庞加莱的那一章 (最后一个全才 (*The Last Univeralist*)); 以及下面的书: 图卢兹,《亨利 · 庞加莱》(*Henri Poincaré*), 巴黎, 1910; 丹齐格,《亨利 · 庞加莱》(*Henri Poincaré*), 纽约 – 伦敦: 斯克里布纳公司出版 (Charles Scribner's Sons), 1954[119]; 和贝利维耶,《亨利 · 庞加莱或神圣的使命》(*Henri Poincaré ou la vocation souveraine*), 巴黎, 1956.

292 黎曼椭圆几何学的庞加莱模型几乎是以相同的方式构造的 (见, 例如, 在注记 288 和 293 中的文献).

293 这个模型在, 例如, 佩多,《大学几何学教程》(第 6 章); 埃瓦尔德,

[117] 该书有中译本,《科学与方法》, 郑太朴 (1901—1949) 译. 上海: 商务印书馆, 1934. —— 译者注

[118] 该书有中译本, 《科学的价值》, 李醒民译. 北京: 光明日报出版社, 1988. —— 译者注

[119] 原书没有此处的出版社和出版日期. —— 译者注

《几何学导引》(第 6 和 7 章); 以及亚格洛姆,《几何学中的复数》(见注记 203), 第 11 部分和第 17 部分; 亚格洛姆,《几何变换 II》(*Geometric Transformations II*), 对第 2 章的补充 (俄文, 见注记 290) 中, 有着细节丰富 (甚至过于丰富) 的解释.

[294]见, 例如, 在注记 107 提到的克莱因的书的第 11 章的简短的第 3 部分.

[295]见《普通心理学学会会刊》(*Bulletin de L'Institut Général de Psychologie*), 巴黎, 1908, 第 3 期 (第 8 卷); 也重印在注记 291 中提到的书中: 庞加莱,《科学与方法》.

[296]见, 例如, 施韦特费格尔,《复数的几何学》(*Geometry of Complex Numbers*), 纽约: 多佛出版社, 1979; 或前面提到的亚格洛姆,《几何学中的复数》和《简单的非欧几里得几何学及其物理基础》. 在许多其他关于几何学和单复变函数论的书中论述了单复变数的线性分式变换和默比乌斯变换之间的联系.

[297]克莱因曾抱怨在他年轻的时候, 处理自守函数、阿贝尔积分和基本的代数几何学的整个问题范围的知识被认为对每一位数学家是绝对必须的, 他活着看到一个时期, 当时年轻的研究人员对所有这些概念不感兴趣. 但是在我们这个时代该研究主题正经历一次复兴 (把这与我们关于微分方程的李理论所说的相比较) —— 一些关于克莱因群理论的国际会议的举行和许多相关专著的出版 (见, 例如, 克拉,《自守形式和克莱因群》(*Automorphic Forms and Kleinian Groups*), 麻省雷丁: 本杰明出版社, 1972).

[在现代文献中, 术语 "克莱因群" 比庞加莱引入的术语 "富克斯群"(指伊曼纽尔 · 拉扎鲁斯 · 富克斯, 1833—1902, 德国数学家而且是魏尔斯特拉斯的学生) 更为常见. 不过, 这并非意味着在与克莱因的竞争中庞加莱被 "击败" 了: 庞加莱关于这些问题的著作同样被现代数学家们广泛使用.]

[298]见瑞德,《库朗在哥廷根和纽约》(*Courant in Gottingen and New York*) [120]一书, 纽约: 施普林格出版社, 1976, 230—232 页, 论及库朗和罗宾斯的名著《数学是什么?》的由来, 伦敦: 牛津大学出版社, 1948; 第

[120] 该书有中译本,《库朗一位数学家的双城记》, 胡复等译. 上海: 东方出版中心, 1999. —— 译者注

一版在 1942 年. 这本书的大部分是赫伯特 · 罗宾斯写的, 现在[121]他是数理统计学和概率论的一个权威, 但在当时他作为一个拓扑学家刚刚开始他在数学上的工作, 同时著名的理查德 · 库朗是推动者和整个这项工作的领导者. 库朗想在该书的书名页上只留下一个人的名字, 当罗宾斯说了 "我们不生活在德国" 之后, 库朗立即改变了他的态度.

299我们注意到克莱因 - 弗里克的两部书中只有第二部在书名页上出现平等的两位作者; 第一部书只有克莱因署名为作者, 尽管书名页上说它由罗伯特 · 弗里克撰写并补充 (ausgearbeitet und vervollständigt von R. Fricke).

300因此《高等几何学讲义》由威廉 · 布拉施克编订, 他大量使用了克莱因的油印讲义. (公认布拉施克只是该书第 77—81 章的作者, 在撰写它们时没有参考克莱因的讲义).《数学的发展讲义》的付印是由库朗、奥托 · 诺伊格鲍尔 (生于 1899 年)[122] 和其他人准备的. 布拉施克、库朗和诺伊格鲍尔都是著名的学者.

301在第 2 章我们已经有机会比较克莱因与莫斯科物理学家列夫 · 德维多维奇 · 朗道. 这里指出的克莱因的特征也使他与朗道 (以及莫斯科数学家盖尔范德) 有关联. 朗道与盖尔范德都能迅速地吸收那些口头交流给他们的信息, 与通过读书、读报了解科学中的新发展相比, 他们总是更喜欢这种方法. 这两人都与他们的合著者 "谈论" 著作, 但他们自己从来不写这些著作 —— 不过, 这丝毫无损于他们的作者身份. 在莫斯科数学家中与此相反的心理类型, 也许类似于索菲斯 · 李, 以安德烈 · 尼古拉耶维奇 · 柯尔莫戈洛夫为代表, 在吸收口头信息上他相对较弱 (在他的头脑中总要对它做相当大的改变), 而且是单独的作者, 即便是联名发表的著作 —— 虽然他可以与合著者共同讨论, 但作为一个规则, 著作由柯尔莫戈洛夫单独写出.

302在后来尝试把克莱因的百科全书译为法文时也没能挽回这一局面; 这一尝试很早就放弃了, 只完成了一小部分工作. 本打算每个词条由合适的法国数学家做工作, 为了使该词条保持最新, 他所做的不仅是翻译. 因此在这种意义上, 嘉当不仅是一个译者, 而且是施图迪关于 (超) 复数的词条的 "共同作者".

303也许数学科学失去它们的统一性并且分裂成孤立的知识之岛的

[121] 罗宾斯生于 1915 年, 已于 2001 年去世. —— 译者注
[122] 诺伊格鲍尔已于 1990 年去世. —— 译者注

危险在某种程度上 (我们仍不清楚) 对在 20 世纪几个通才 (正如高斯和黎曼是 19 世纪的通才) 的出现有所贡献. 这些人是大卫 · 希尔伯特、亨利 · 庞加莱、赫尔曼 · 外尔、约翰 (用匈牙利文是 Janos, 德文是 Johann) · 冯 · 诺伊曼 (1903—1957) 以及安德烈 · 柯尔莫戈洛夫 (生于 1903 年). 相同的环境也导致了伟大数学家尼古拉 · 布尔巴基的出现, 其 "形象 (figure)" 标志着创造性的努力从个人到集体的转变. 意味深长的是, 布尔巴基的知名文章《数学的建筑》(*L'Architecture de mathématique*)[123] (载于文集《数学思想的大趋势》(*Les grands courants de la pensée mathématique*), 利奥纳斯, 南方杂志出版社 (Cahiers du Sud), 1948, 35—47 页, 或其英译文, 见《美国数学月刊》, 57, 1950, 221—232 页, 亦见利奥纳斯,《数学思想的大趋势》(*Great Currents of Mathematical Thought*), 纽约: 多佛出版社, 1971, 23—36 页), 它能被称为布尔巴基学派的宣言, 开始的一节以 "数学或数学们 (La Mathématique ou les Mathématiques)?" 为标题, 作者赞同使用数学的单数形式而非其复数形式.

304比较布尔巴基学派的创始人之一让 · 迪厄多内在他的论文《尼古拉 · 布尔巴基的工作》(*The Work of Nicolas Bourbaki*)[124]中的话语, 该文发表于《美国数学月刊》(*Amer. Math. Monthly*), 77, 1970, 134—145 页, 尤其是, 该文指出布尔巴基的《数学原本》(*Elements of Mathematics*) 与克莱因的《数学科学百科全书》之间的差别, 以及导致克莱因的事业失败的困难. 差别包括, 尤其是在联系上布尔巴基学派比为这套百科全书供稿的一批人要紧密得多. 迪厄多内挑出的这套百科全书的缺点之一就是克莱因的包罗万象, 这可以用一个事实说明: 克莱因最初甚至指定了初等几何学的一个条目 (对三角形的几何学、圆的几何学、以及其他存疑的 "知识 (sciences)" 的回顾). 然而, 克莱因最终放弃了这个条目 (见注记 260 提到的论文,《初等几何学, 过去和现在》).

305他的生平和研究的一个极好的描述包含在外尔的文章《大卫 · 希尔伯特和他的数学工作》(*David Hilbert and His Mathematical Work*)[125] 中,《美国数学会会刊》(*Bulletin of the American Mathematical Society*),

[123] 这篇文章有中译文,《数学的建筑》, 胡作玄译, 载《科学与哲学》, 第 3 辑, 1984. —— 译者注

[124] 这篇文章有中译文,《布尔巴基的事业》, 胡作玄译, 载《科学与哲学》, 第 3 辑, 1984. —— 译者注

[125] 这篇文章有中译文,《大卫 · 希尔伯特及其数学工作》, 胡作玄译, 载《数学史译文集》. 上海: 上海科技出版社, 1981. —— 译者注

50, 1944, 612—645 页, 复制在外尔的《论文全集》中, 第 4 卷, 柏林 – 海德堡 – 纽约: 施普林格出版社, 1968, 130—172 页; 还见瑞德[126] 的书《希尔伯特》[127], 柏林 – 海德堡 – 纽约: 施普林格出版社, 1970, 以及注记 298 中参照的《库朗在哥廷根和纽约》. 在创建其他科学中心时, 尤其是在我们这个时代如此众多的数学和物理中心, 毫无疑问都借鉴了哥廷根大学的经验. 例子包括著名的普林斯顿高等学术研究院 (Institute for Advanced Study in Princeton), 阿尔伯特 · 爱因斯坦、赫尔曼 · 外尔、约翰 · 冯 · 诺伊曼, 以及许多其他 20 世纪的科学的领袖们都在此工作过; 靠近巴黎伊维特河畔比尔斯的法国高等科学研究院 (Institut des Hautes Etudes Scientifique); 苏联的许多科学城, 例如在靠近新西伯利亚的那个科学城, 整合新西伯利亚大学为乌拉尔以东的整个苏联地区提供服务; 等等. 最后, 纽约大学的库朗数学科学研究所 (Courant Institute of Mathematical Sciences) 是库朗创办的, 依据了他担任哥廷根数学研究所所长的经验, 是后者的一个直接的产物.

306希尔伯特 (见注记 305 列出的文献) 对现代数学的几乎所有的分支 —— 几何学、代数学、数学分析 —— 做出了重大的 (往往是决定性的) 贡献. 他被公正地认为是泛函分析的创立者. 他对逻辑学和理论物理学有贡献; 他对相对论的贡献, 见梅拉,《爱因斯坦, 希尔伯特和引力理论》(*Einstein, Hilbert and Theory of Gravitation*), 荷兰和美国: 里德尔出版公司 (Reidel), 1974 —— 但本书可能夸大了希尔伯特的成就. 希尔伯特的著名的报告《数学问题》(*Mathematical Problems*)[128] 是他的惊人的渊博的最佳表现, 这个报告是 1900 年在巴黎国际数学家大会上做的, 其中他叙述了 19 世纪留给 20 世纪的 23 个数学问题. 这个报告 (见在注记 232 指出的带有注释的英文版本) 是随后数学发展的一个纲领.

希尔伯特生于柯尼斯堡, 毕业于那里的一所文理高级中学, 在柯尼斯堡大学, 他先是学生然后成为该校的教授. 著名的代数学家和杰出的教师海因里希 · 韦伯 (1842—1913) 是他的导师. 菲利克斯 · 克莱因高兴地认可了韦伯极高的教学天赋和在现代数学兴起中的领导作用. 韦伯把数学作为其所有分支紧密联系的一门统一的学问加以研究, 这是他突出

[126] 瑞德 (1918—2010). —— 译者注

[127] 该书有中译本,《希尔伯特》, 袁向东、李文林译. 上海: 上海科技出版社, 1982. —— 译者注

[128] 这个报告有中译文,《数学问题》, 李文林、袁向东译, 载《数学史译文集》. 上海: 上海科技出版社, 1981 . —— 译者注

的特征. 他从他崇敬的黎曼那里继承了这一理念. 在黎曼逝世之后, 韦伯发表了一些黎曼的著作, 包括关于偏微分方程理论的讲义, 很长时间它作为 "黎曼 – 韦伯" 的一本书流行. 不过, 该书显然远离了黎曼最初的讲稿. 正是在柯尼斯堡, 希尔伯特与韦伯的其他两位学生开始了密切的朋友关系. 他们是著名的几何学家和数论学家闵科夫斯基, 以及杰出的分析学家阿道夫 · 胡尔维茨 (1859—1919). 这种友谊对扩大希尔伯特的数学兴趣也有贡献.

307见注记 298 参照的书:《库朗在哥廷根和纽约》.

308"纯粹的理论家" 玻恩在他从学生时代起的老朋友詹姆斯 · 弗兰克 (1882—1964) 指导实验工作的条件下, 同意担任哥廷根物理研究所的所长. 理论家玻恩和实验家弗兰克的互补关系被证明是非常成功的. 弗兰克后来赢得物理学方面的诺贝尔奖. (对于哥廷根作为物理学的一个中心, 见, 例如, 罗伯特 · 容克的引人入胜的书,《比一千个太阳更明亮》(*Brighter Than a Thousand Suns*)[129], 纽约: 哈考特公司出版 (Harcourt Brace Jovanovich), 1958.)

309关于后者, 见, 例如, 古德奇尔德,《尤利乌斯 · 罗伯特 · 奥本海默》(*J. Robert Oppenheimer*)[130], 波士顿: 霍顿米夫林公司出版 (Houghton Mifflin), 1981, 以及《比一千个太阳更明亮》(见注记 308).

310特别地, 克莱因定期为德国的中学教师做报告以及讲课. 这些报告的结果是他的书《高观点下的初等数学》, 第 1—3 卷 (海德堡: 施普林格出版社, 1968), 以及大多在哥廷根油印的一些较短的出版物.

311威廉 · 弗雷德里克 · 奥斯特瓦尔德无疑是一位一流的科学家; 在 1909 年他获得化学方面的诺贝尔奖. 同时奥斯特瓦尔德是一位有原创力的哲学家 —— 例如, 众所周知的把所有的科学家分为古典主义者和浪漫主义者 (classicists and romanticists), 以及归功于他的关于研究本性的启发性的思想. 在普及科学上的经典遗产上, 也必须归功于奥斯特瓦尔德; 他是知名丛书《奥斯特瓦尔德精密科学经典》(*Ostwald's Klassiker der exakten Wissenschaften*) 的创始人和第一任编辑, 很难高估这套丛书在普及科学中的经典著作上的重要性. 他的人格是复杂的. 在他的时代, 他

[129] 原著为德文, 书名是 *Heller als tausand Sonnen*, 1956 年由 Scherz 出版. 有中译本,《比一千个太阳还亮》, 何纬译, 北京: 中国工业出版社, 1966. —— 译者注

[130] 该书有中译本,《罗伯特 · 奥本海默传》, 吕应中、陈槐庆译, 北京: 原子能出版社, 1986. —— 译者注

是物质的原子论的死敌. 他宣扬一种所谓的 “能量主义 (energetism)”, 宣称能量是现实世界的基本元素. 他对杰出的奥地利物理学家路德维希 · 玻尔兹曼 (1844—1906) 的极端尖刻而且在很大程度上是无理的批评, 也许要为玻尔兹曼的悲剧性自杀负责, 玻尔兹曼是比他本人更伟大的科学家 (这在今天是显然的, 但他的同时代人对此一点也不清楚). 奥斯特瓦尔德的沙文主义, 在他的书《伟人》(*Grosse Männer*) 可以寻到踪迹, 这很难给他带来荣誉.

[312]然而, 必须指出, 20 世纪最重要的法国数学家雅克 · 索洛蒙 · 阿达马 (1865—1963), 他无疑在个人关系上熟悉克莱因, 曾 (在他关于数学的心理学的众所周知的著作中) 谴责后者的民族主义和沙文主义. (见增补和修订的法文版: 阿达马,《论数学领域中发现的心理学》(*Essai sur la psychologie de l'invention dans le domaine mathématique*)[131], 巴黎: 阿尔贝 · 布兰夏尔科学出版社 (Librairie Scientifique Albert Blanchard), 1960). 阿达马参照了克莱因在 1893 年出版一本书, 在这本书中后者说: “似乎一种强烈的空间直觉是条顿人的科学固有的, 同时纯逻辑的、批判的精神在法兰西和犹太种族之中发展得更好.” 阿达马补充道, 因为无疑克莱因重视直觉甚于逻辑, 由此而来的是他认为条顿民族比法兰西民族和犹太民族更优秀. 阿达马对德国人克莱因的激愤评价无疑反映了写作这部书的可怕的时代 —— 它以阿达马 1943 年在纽约作的一系列演讲为基础, 这在阿达马从法国流亡之后. 当然, 克莱因认为自己是一名德国人, 甚至是一名普鲁士人 (认识他的劳伦斯 · 扬曾写道, 克莱因组合了普鲁士人的最佳特性). 克莱因乐于指出德国科学的功绩和成就, 正如他乐于相信双曲几何学是高斯单独一个人发现的, 而且从他传给了罗巴切夫斯基和波尔约 (参见第 4 章). 然而, 正如后来克莱因完全否定了高斯影响波尔约和罗巴切夫斯基的观点 (在《非欧几里得几何学讲义》正式印刷的文本中), 并因此承认这个观点是错误的, 在他的《数学的发展讲义》中也没有只言片语支持 1893 年的 (毫无疑问是不正确的) 这个陈述 —— 相反, 这本书的重要性在于所有种族和国家的科学家联手工作的概念, 他们对数学体系的建设贡献的方式可能不同, 但有同等的功绩. 在这一著作中, 克莱因高度重视不同种族的成员的合作 (法国人、德国

[131] 该书以 *The Psychology of Invention in the Mathematical Field* 为名 1945 年由普林斯顿大学出版社出版. 有中译本,《数学领域中的发明心理学》, 陈植阴、肖奚安译, 南京: 江苏教育出版社, 1989. —— 译者注

人、英国人、爱尔兰人以及犹太人). 无疑, 不难指出在这本书中对特定国家的学派 (俄罗斯的, 意大利的) 和科学的趋势 (概率论) 没有给予足够的关注, 但很难责备克莱因; 他写了他最了解的或他直接参与的数学分支. 至于在数论和概率论方面的圣彼得堡学派, 或者, 比如说在张量分析和微分几何学上的意大利人的研究, 这些超出了他的知识范围. 克莱因是一个沙文主义者而且喜爱 "数学家 – 物理学家" 甚于 "数学家 – 逻辑学家" 的观念与瑞德描述的如下情节矛盾 (在前面提到过的关于希尔伯特的那本书中). 闵科夫斯基逝世后, 克莱因坚持认为由此空缺的职位不应提供给奥斯卡 · 佩龙 (1880—1975) —— 一个德国人, 思维具有直觉 – 几何方式, 他得到了哥廷根数学研究所的大多数成员的支持 —— 应提供给埃德蒙德 · 兰道 (1877—1938), 一个犹太人而且是纯逻辑类型的数学家. (兰道或许太讲逻辑; 例如, 他总是拒绝与同事们讨论一个证明的 "一般思路", 坚持应完整地写出证明.)

联系到思维的不同类型与不同的种族有内在联系的传闻, 我想回忆我的朋友列夫 · 卡卢任 (生于 1914 年)[132]讲给我的一个故事. 卡卢任现任 (乌克兰) 基辅大学教授, 在柏林他跟伊赛 · 舒尔学习, 在舒尔被驱逐出德国后, 他在汉堡跟埃米尔 · 阿廷 (1898—1962) 学习. 卡卢任曾参加了著名数学家、出色的教师和狂热的纳粹分子路德维希 · 比伯巴赫 (1886—1980) 在柏林大学举办的那场臭名昭著的概论演讲 (《雅利安数学和犹太数学》(*Arische und Jüdische Mathematik*)). 作为一个犹太人, 舒尔拒绝参加. 演讲之后, 卡卢任拜访舒尔, 舒尔问他与这场概论演讲相关的问题. 听卡卢任说了之后, 舒尔沉思着说: "在比伯巴赫断言存在心理素质完全不同, 在某种程度上相反的数学家时, 我非常赞同: 例如, 魏尔斯特拉斯从未理解黎曼, 同时利奥波德 · 克罗内克 (1823—1891) 也不能理解集合论的创建者格奥尔格 · 康托尔 (1845—1918). 但我难以理解的是, 种族差异与此有何关系: 魏尔斯特拉斯和黎曼都是德国人, 同时克罗内克与康托尔又都是犹太人." 魏尔斯特拉斯与黎曼很少有共同之处, 而且魏尔斯特拉斯相信如果黎曼的风格广泛传播, 对数学将是灾难, 但总是支持黎曼是他的功劳. 另一方面, 克罗内克粗暴地攻击康托尔 —— 结果是康托尔在一家精神病院中度日. 尽管魏尔斯特拉斯也发现康托尔的观点十分反常, 但他仍支持康托尔. 不过, 在种族或宗教的不同中寻求这些差异的根源是完全错误的; 克罗内克信仰犹太教, 康托尔是路德教

[132] 卡卢任已于 1990 年去世. —— 译者注

派的信徒, 而魏尔斯特拉斯是天主教徒. 数学上的分歧是科学家个人之间的纯粹的个体差异.

人名对照表

A

Abbott, E.A. 阿博特
Abel, Niels Henrik 尼尔斯 · 亨里克 · 阿贝尔
Adam 亚当
Albert, Abraham Adrian 亚伯拉罕 · 阿德利安 · 阿尔伯特
Alexandroff, Pavel Sergeevich 保罗 · 谢尔盖耶维奇 · 亚历山 德罗夫
al-Hasan ibn al-Haitham 哈桑 · 海赛姆
Alhazen 阿尔哈森
Archmides 阿基米德
Ariadn 阿里阿德涅
Apollonius of Perga 佩尔吉的阿波罗尼奥斯
Appel, Kenneth 肯尼思 · 阿佩尔
Argand, Jean Robert 让 · 罗贝尔 · 阿尔冈
Aristotle 亚里士多德
Arnol'd, Igor Vladimirovich 伊戈尔 · 弗拉基米罗维奇 · 阿诺尔德
Arnold, Vladimir Igorievich 弗拉基米尔 · 伊戈列维奇 · 阿诺尔德
Artin, Emil 埃米尔 · 阿廷
Artzy, R. 阿茨
Ashbacher, M. 阿希巴谢尔
Ashkinuze, V. G. 阿什基努泽
Atanasjan, L. S. 阿塔纳斯扬
Athena Pallada 雅典娜
Azra, T. P. 阿兹拉

B

Boole, George 乔治 · 布尔
Bordoni, Antonio Maria 安东尼奥 · 马利亚 · 博尔多尼
Boris Semionovich 鲍里斯 · 谢苗诺维奇
Born, Max 马克斯 · 玻恩
Bossut, Charles 查尔斯 · 博叙
Bourbaki, Nicolas 尼古拉 · 布尔巴基
Bourgne, R. 布尔涅
Bradley, G. I. 布雷德利
Brioschi, Francesco 弗朗切斯科 · 布廖斯基
Brouwer, Luizten Egbertus Jan 鲁伊兹 · 埃荷贝特斯 · 扬 · 布劳威尔
Budden, F. J. 巴登
Bugayev, Boris Nicolaevich 鲍里斯 · 尼古拉耶维奇 · 布加耶夫
Bugayev, Nikolai 尼古拉 · 布加耶夫
Bunyakovsky, Victor 维克多 · 布尼亚科夫斯基
Burago, Yu. D. 布拉戈
Burger, D. 伯格
Bürger, M. J. 毕尔格
Burkhardt, Heinrich 海因里希 · 布克哈特
Burkhardt, Johann Jacob 约翰 · 雅各 · 布克哈特
Burns, J. E. 伯恩斯
Busemann, H. 布斯曼

C

Caesar, Julius 尤利乌斯 · 恺撒
Cantor, Georg 格奥尔格 · 康托尔
Cardano, Girolamo 吉罗拉莫 · 卡尔达诺
Carnot, Lazare Marguerite 拉扎尔 · 马格里特 · 卡诺
Carslaw, H. S. 卡斯劳
Cartan, Elie 埃利 · 嘉当
Catherine II 叶卡捷琳娜二世
Cauchy, Augustin Louis 奥古斯坦 · 路易 · 柯西
Cavalieri, Bonaventura 博纳旺蒂拉 · 卡瓦列里
Cayley, Arthur 阿瑟 · 凯莱
Charles X 查理十世
Chasles, Michel 米歇尔 · 沙勒
Chern, S. S. 陈省身

D

Destouches, Louis-Camus　德图什
Diderot, Denis　德尼 · 狄德罗
Dieudonné, Jean Aléxandre　让 · 亚历山大 · 迪厄多内
Diophantus of Alexandera　亚历山大里亚的丢番图
Dirac, Paul Adrien Maurice　保罗 · 艾德里安 · 莫里斯 · 狄拉克
Dirichlet, Pierre Gustave Lejeune　皮埃尔 · 居斯塔夫 · 勒热纳 · 狄利克雷
Dirichlet-Mendelssohn, Rebecca　雷蓓卡 · 狄利克雷 – 门德尔松
Dubnov, Ya. S.　杜布诺夫
Dumas, Alexandre (pére)　大仲马
Dupuy, P.　迪皮伊
Dürer, Albert　阿尔伯特 · 丢勒
Dynkin, E. B.　邓肯

E

Eddington, Arthur Stanley　阿瑟 · 斯坦利 · 爱丁顿
Ehresmann, Charles　查尔斯 · 埃雷斯曼
Einstein, Albert　阿尔伯特 · 爱因斯坦
Eisenstein, Ferdinand Gotthold Max　费迪南德 · 戈特霍尔德 · 马克斯 · 艾森斯坦
Ellers, E.　埃勒斯
Engel, Friedrich　弗里德里希 · 恩格尔
Enriques, Federigo　费代里戈 · 恩里克斯
Ernst-Augustus II　恩斯特 – 奥古斯特二世
Escher, Maurits Cornelis　毛里茨 · 科内利乌斯 · 埃舍尔
Euclid　欧几里得
Euler, Leonhard　莱昂哈德 · 欧拉
Euler, Paul　保罗 · 欧拉
Ewald, G.　埃瓦尔德

F

Fedorov, Efgraf Stepanovich　叶夫格拉夫 · 斯捷潘诺维奇 · 费多洛夫
Feferman, S.　费弗曼
Fermat, Pierre de　皮埃尔 · 德 · 费马
Ferrari, Ludovico　卢多维科 · 费拉里
Ferro, Scipione del　希皮奥内 · 费罗
Fibonacci　斐波那契

G

Graves, Charles 查尔斯 · 格雷夫斯
Graves, John Thomas 约翰 · 托马斯 · 格雷夫斯
Greenberg, M. J. 格林伯格
Greitzer, S. L. 格雷策
Grimm, Jacob 雅各 · 格林
Grimm, Wilhelm 威廉 · 格林
Grossman, Marcel 马塞尔 · 格罗斯曼
Gruenberg, K. W. 格林贝格
Grünbaum, B. 格林鲍姆
Gueridon, J. 盖里东
Gurevich, Gigory Borisovich 格里高里 · 鲍里索维奇 · 古列维奇

H

Hadamard, Jacques Solomon 雅克 · 索洛蒙 · 阿达马
Haken, Wolfgang 沃尔夫冈 · 哈肯
Hall, Marshall, Jr. 小马歇尔 · 霍尔
Hamilton, William Rowan 威廉 · 罗恩 · 哈密尔顿
Hankel, Hermann 赫尔曼 · 汉克尔
Hartshorne, R. 哈茨霍恩
Harvard, J. 哈佛
Hausdorff, Felix 菲利克斯 · 豪斯多夫
Hawking, Stephen 斯蒂芬 · 霍金
Heaviside, Oliver 奥利弗 · 赫维塞德
Heegard, Poul 保罗 · 赫戈
Heisenberg, Werner 维尔纳 · 海森伯
Hellwich, M. 赫尔维克
Henry I 亨利一世
Hermite, Chales 沙莱斯 · 埃尔米特
Hersh, R. 赫什
Hilbert, David 大卫 · 希尔伯特
Hitler, A. 希特勒
Hittorf, Johann Wilhelm 约翰 · 威廉 · 希托夫
Hölder, Otto 奥托 · 赫尔德
Hooke, Robert 罗伯特 · 胡克
Hopf, Heinz 海因茨 · 霍普夫
Hopkins, Johns 约翰斯 · 霍普金斯

I

J

K

Khayyam, Omar　莪默 · 伽亚谟
Killing, Wilhelm Karl Joseph　威廉 · 卡尔 · 约瑟夫 · 基灵
Klein, Felix Christian　菲利克斯 · 克里斯蒂安 · 克莱因
Kline, Morris　莫里斯 · 克兰
Klotzck, B.　克洛茨克
Koch, John　约翰 · 科克
Kolmogorov, Andre Nikolaevich　安德烈 · 尼古拉耶维奇 · 柯尔莫戈洛夫
Koptsik, V. A.　科普齐克
Kotelnikov, Alexander Petrovich　亚历山大 · 彼得罗维奇 · 科捷利尼科夫
Kra, I.　克拉
Kronecker, Leopold　利奥波德 · 克罗内克
Krylov, Alexei Nikolaevich　阿列克谢 · 尼古拉耶维奇 · 克雷洛夫
Kummer, Ernest Eduard　埃内斯特 · 爱德华 · 库默尔
Kurschák, J.　屈尔沙克

L

Lagrange, Joseph Louis　约瑟夫 · 路易 · 拉格朗日
Laguerre, Edmond Nicolas　埃德蒙 · 尼古拉 · 拉盖尔
Lakatos, Imre　伊姆雷 · 洛考托什
Lambert, Johann Heinrich　约翰 · 海因里希 · 兰伯特
Landau, Edmund　埃德蒙德 · 兰道
Landau, Lev Devidovich　列夫 · 德维多维奇 · 朗道
Laplace, Pierre Simon　皮埃尔 · 西蒙 · 拉普拉斯
Lebesgue, Henri Léon　亨利 · 莱昂 · 勒贝格
Legendre, Adrien Marie　安德烈 · 马里 · 勒让德
Leibniz, Gottfried Wilhelm　戈特弗里德 · 威廉 · 莱布尼茨
Letayev, Nicolai (Pussycat)　尼古拉 · (柯吉克)· 勒塔耶夫
Levi-Civita, Tullio　图利奥 · 列维 – 齐维塔
Lie, Sophus Marius　索菲斯 · 马里乌斯 · 李
Liebmann, H.　利布曼
Lionnais, F. Le　利奥纳斯
Liouville, Joseph　约瑟夫 · 刘维尔
Lipkin, H. J.　利普金
Listing, Johann Benedict　约翰 · 本尼迪克特 · 利斯廷
Lobatschevsky, Nikolay Ivanovitsch　尼古拉 · 伊万诺维奇 · 罗巴切夫斯基
Löbell, F.　勒贝尔

M

N

Nicomachus of Gerasa　杰拉萨的尼科马凯斯
Nikolsky, G. B.　尼科尔斯基
Nobel, A. B.　诺贝尔
Nöbeling, G.　内贝林
Norden, A. P.　诺尔金

O

Olbers, Wilhelm　威廉 · 奥伯斯
Olver, P. J.　奥尔弗
Oppenheimer, Julius Robert　尤利乌斯 · 罗伯特 · 奥本海默
Ore, O.　奥勒
Osipovsky, Timofei　季莫费 · 奥斯波夫斯基
Ostwald, Wilhelm Frederick　威廉 · 弗雷德里克 · 奥斯特瓦尔德
Ovsiannikov, L. V.　奥夫斯相尼科夫

P

Pacioli, Luca　卢卡 · 帕乔利
Pascal, Blaise　布莱斯 · 帕斯卡
Pascal, Etienne　埃蒂安 · 帕斯卡
Pavel I　保罗一世
Peacock, George　乔治 · 皮科克
Peano, Guiseppe　圭斯佩 · 皮亚诺
Pedoe, D.　佩多
Peiffer, J.　派弗
Peirce, Benjamin　本杰明 · 皮尔斯
Peirce, Charles Sander　查尔斯 · 桑德 · 皮尔斯
Perron, Oskar　奥斯卡 · 佩龙
Persits, David Borisovich　达维德 · 鲍里索维奇 · 佩尔西茨
Personne, Gilles　吉尔 · 佩尔索纳
Pestalozzi, Johann Heinrich　约翰 · 海因里希 · 裴斯泰洛齐
Petrovich, Pavel　保罗 · 彼得罗维奇
Pfaff, Johann Friedrich　约翰 · 弗里德里希 · 普法夫
Philippe, Louis　路易 · 菲利普
Picard, Emile　埃米尔 · 皮卡
Pickert, G.　皮克特
Pieri, Mario　马里奥 · 皮耶里

Q

R

S

Santaló, Louis A. 路易 · 桑塔洛
Scheffers, Georg 格奥尔格 · 舍费尔斯
Schläfli, Ludwig 路德维希 · 施勒夫利
Schönflies, Arthur Moritz 阿图尔 · 莫里茨 · 舍恩费尔德
Schoute, P. H. 斯考特
Schouten, Jan Arnoldus 扬 · 阿诺尔德斯 · 斯豪腾
Schur, Friedrich Heinrich 弗里德里希 · 海因里希 · 舒尔
Schur, Issai 伊赛 · 舒尔
Schwarz, Carl Hermann Amandus 卡尔 · 赫尔曼 · 阿曼杜斯 · 施瓦茨
Schweikart, Ferdinand Karl 费迪南德 · 卡尔 · 施韦卡特
Schwerdtfeger, H. 施韦特费格尔
Seaborg, G. T. 西博格
Segre, Corrado 科拉多 · 塞格雷
Senechal, M. 塞内沙尔
Serre, J.-P. 塞尔
Shenitzer, Abe 阿贝 · 施尼策尔
Shepard, G. C. 谢泼德
Sherk, F. A. 谢尔克
Shervatov, V. G. 舍尔瓦托夫
Shubnikov, Alexei Vassilievich 阿列克谢 · 瓦西里耶维奇 · 舒布尼科夫
Skljarenko, E. G. 斯克雅伦克
Smith, R. 史密斯
Solodovnikov, A. S. 索洛多夫尼科夫
Sommerfeld, Arnold 阿诺尔德 · 索末菲
Sommerville, Duncan MacLaren Young 邓肯 · 麦克拉伦 · 杨 · 萨默维尔
Sossinsky, Alexei 阿列克谢 · 索辛斯基
Sossinsky, Sergei 谢尔盖 · 索辛斯基
Sperry, Roger 罗杰 · 斯佩里
Stäckel, Paul 保罗 · 施塔克尔
Steen, L. A. 斯蒂恩
Steinberg, R. 施泰因贝格
Steiner, Jacob 雅各 · 施泰纳
Stender, R. 斯滕德
Stevenson, E. W. 史蒂文森
Stifel, Michael 米夏埃尔 · 施蒂费尔
Stolz, Otto 奥托 · 施托尔茨

T

V

W

Weber, Heinrich　海因里希 · 韦伯
Weber, Wilhelm　威廉 · 韦伯
Weierstrass, Karl Theodor Wilhelm　卡尔 · 特奥多尔 · 威廉 · 魏尔斯特拉斯
Weil, André　安德烈 · 韦伊
Weir, A. J.　韦尔
Wessel, Caspar　卡斯珀 · 韦塞尔
Weyl, Hermann　赫尔曼 · 外尔
Wheeler, John Archibald　约翰 · 阿奇博尔德 · 惠勒
Whitehead, Alfred North　艾尔弗雷德 · 诺思 · 怀特海
Wiechert, E.　维歇特
Wigner, E. P.　维格纳
Wolf, J. A.　沃尔夫
Wordsworth, William　威廉 · 华兹华斯
Wussing, H. L.　武辛

Y

Yaglom, Akiva Moiseevich　阿基瓦 · 莫伊谢耶维奇 · 亚格洛姆
Yaglom, Isaac Moiseevich　伊萨克 · 莫伊谢耶维奇 · 亚格洛姆
Yale, E.　耶鲁
Yang, C. N.　杨振宁
Yang, C. T.　杨忠道
Yasinskaya, W. V.　雅辛斯卡娅
Young, John Wesley　约翰 · 韦斯利 · 扬
Young, Laurence　劳伦斯 · 扬

Z

Zeno of Elea　埃利亚的芝诺
Zeus　宙斯
Zeuthen, H.-G.　措伊藤

地名对照表

A

Alexandria　亚历山大里亚
Alps　阿尔卑斯
Alsatia　阿尔萨斯
America　美洲
Amherst　阿默斯特
Amsterdam　阿姆斯特丹
Arabia　阿拉比亚
Ardennes, the　阿登
Athens　雅典
Austria　奥地利
Azerbaijan　阿塞拜疆

B

Babylonia　巴比伦
Baltimore　巴尔的摩
Basel　巴塞尔
Belgium　比利时
Bergen　卑尔根
Berkeley　伯克利
Berlin　柏林
Bern　伯尔尼
Boeotia　维奥蒂亚
Bologna　博洛尼亚
Bonn　波恩
Boston　波士顿
Bourg-la-Reine　皇后镇
Braunsberg　布劳恩斯贝格
Braunschweig　不伦瑞克
Brescia　布雷西亚
Breslau　布雷斯劳
Brilon　布里隆
Britannia　大不列颠
Bruxelles　布鲁塞尔
Budapest　布达佩斯
Bukhara　布哈拉
Buressur-Yvette　伊维特河畔比尔斯
Burgundy　勃艮第
Byelorussia　白俄罗斯

C

California　加利福尼亚
Cambridge　剑桥
Cambridge　剑桥 (麻省)

Leningrad 列宁格勒
Lithuania 立陶宛
London 伦敦
Los Angeles 洛杉矶
Lund 隆德

M

Magdeburg 马格德堡
Malaya 马来亚
Marage 马腊格
Massachusetts 马萨诸塞
Madeira 马德拉
Merv 梅尔夫
Mezières 梅齐埃尔
Milano 米兰
Miletus 米利都
Minnesota 明尼苏达
Minsk 明斯克
Modena 摩德纳
Mongolia 蒙古
Moscow 莫斯科
Munich 慕尼黑
Munster 明斯特

N

Nancy 南锡
Napoli 那不勒斯
Netherlands, the 荷兰
New Haven 纽黑文
New Jersey 新泽西
New York 纽约
Nîmes 尼姆
Nishapur 内沙布尔
Norway 挪威
Novosibirsk 新西伯利亚

O

Orléans 奥尔良
Oslo 奥斯陆
Oxford 牛津

P

Palermo 巴勒莫
Paris 巴黎
Pavia 帕维亚
Perga 佩尔吉
Persia 波斯
Pisa 比萨
Pleissenburg 普莱森堡
Poland 波兰
Prague 布拉格
Princeton 普林斯顿
Providence 普罗维登斯
Prussia 普鲁士

Q

Quhistan 库希斯坦

R

Reading 雷丁
Rhine 莱茵
Rhode Island 罗得岛
Riga 里加
Rome 罗马
Russia 俄罗斯

S

Samarkand 撒马尔罕
Samos 萨摩斯
San Francisco 圣弗朗西斯科
Saratov 萨拉托夫
Saxony 萨克森

T

U

V

W

Y

Z

译后记

1974 年 5 月 30 日, 李政道教授走进毛泽东 (1893—1976) 在中南海的书房, 他向这位中国领导人解释为什么 "对称是重要的", 因为毛泽东不理解对称在物理学中为何有如此高的地位, 在他看来人类社会的整个进化过程是基于 "动力学" 变化的. 在毛泽东和李政道之间有一张圆桌, 上面有书写用的本子和铅笔, 李政道把一支铅笔放在一个本子上, 让本子向着毛泽东和自己反复倾斜而让铅笔来回滚动. 他告诉毛泽东, 尽管铅笔没有一个瞬间是静止的, 但这个动力学过程具有对称性. 据说毛泽东很赞赏这个简单的演示.

关于对称的重要性, 与李政道一起因为发现宇称不守恒而获得 1957 年诺贝尔物理学奖的杨振宁说: "通过理论和实验的发展, 现在已认识到对称、李群和规范不变性在确定物理世界的基本力方面起着根本作用. 我曾把它称为对称决定相互作用原理." 对称如此重要, 是否古来如此呢?

自然界存在对称的物体, 而且我们知道古人很早就利用对称图形美化生活. 在外尔的《对称》一书中, 他引用了两个中国窗户的图案. 更早的对称图案可以在中国出土的古陶器中发现, 如青海乐都县出土的距今约 4000 年的盆 (图1126)[133], 盆中绘的图是对称的. 中国文化中最著名的对称图形也许是太极图, 丹麦物理学家玻尔 (N. Bohr, 1885—1962) 如此看重太极图, 甚至把它包括在自家的纹章里. 古汉语中没有 "对称" 一词, 而与现在对称观念相近的思想似乎是循环的概念, 如《汉书》中

[133] 张朋川.《中国彩陶图谱》, 北京: 文物出版社, 1990, 375.

翼奉说: "天道终而复始, 穷则反本, 故能延长而无穷也." 1912 年出版的翟理斯 (H. A. Giles, 1845—1935) 的《华英字典》(*A Chinese-English Dictionary*) 的第二版中与汉字 "对" 有关的词和短语有 76 项, 但没有 "对称". 1915 年商务印书馆出版的《英华合解辞汇》(*A Modern English-Chinese Dictionary*) 中词条 "symmetry" 的汉语释义中有 "对称", 而其原文 "Due proportion of the several parts of a body to each other; union and conformity of the members of a work to the whole" 更切近作为 symmetry 的词源的希腊文 Σύμμετρα 的原意, 即在艺术和自然现象的描述中指比例恰当 (well proportioned). Σύμμετρα 的另一个意思是指在数学中能表示为同种量的比 (有一个公共的度量; 相当或适当的比例), 在欧几里得《几何原本》第 10 卷中正是在这一意义下使用 Σύμμετρα 定义有公度的量. 这就是说, 古代虽用 "对称" 这个词, 但没有现代数学中的意义; 不像 "素数" 那样, 其词义古今没有发生变化.

由于 "对称" 在数学中, 以及在整个科学中的重要性, 霍恩 (G. Hon) 和戈尔茨坦 (B. R. Goldstein) 用一本书[134] 研究这个概念的演变. 对于 symmetry 在古代的用法, 他们从数学和美学两方面进行研究. 通过分析一些著名作家 (如柏拉图, 亚里士多德, 欧几里得, 维特鲁维 (M. Vitruvius), 丢勒, 开普勒, 巴罗 (I. Barrow, 1630—1677), 牛顿, 莱布尼茨等) 在他们的著作中对 Σύμμετρα (或该词在其他语言中对应的词) 的使用, 可知在数学上其用法一如欧几里得在《几何原本》中的用法; 在美学上 Σύμμετρα 的意义比较丰富, 多与美, 优雅, 比例有关. 霍恩和戈尔茨坦全书的结论是: 现代意义上的对称概念始自勒让德 1794 年出版的《几何学的基础》(*Éléments de géométrie*), 其中给出了 symmetry 的新的定义. 用他们的话说, 是 "勒让德的对称的定义作为一个科学概念是革命性的 (Legendre's revolutionary definition of symmetry as a scientific concept)". 那么, 这个革命性的定义是如何来的呢?

问题出在欧几里得在《几何原本》第 11 卷中对相似的立体图形和相等且相似的立体图形的定义[135]:

---

[134] Giora Hon,Bernard R. Goldstein,*From Summetria to Summery: The Making of a Revolutionary Scientific Concept*, Springer, 2008.

[135] 译自希思 (T. L. Heath, 1861—1940) 的英译本 *The Thirteen Books of Euclid's Elements*, Cambridge: Cambridge University Press, 1918.

定义 9 相似的立体图形是那些由数目同样多的相似的面 (Plane) 围成的图形.

定义 10 相等且相似的立体图形是那些由数目同样多的大小 (magnitude) 相等的相似的面 (Plane) 围成的图形.

西姆森 (R. Simson, 1687—1768) 通过反例说明以上两个定义是有问题的, 应该修正, 而且通过他的修正中能消除他自己提出的反例. 更大的一步是勒让德迈出的. 他的《几何学的基础》的第 5 卷的标题是《平面和立体角》(*Les plans et les angles solides*), 在这一卷他把 "对称 (symmétrie)" 引入了到立体几何学中:

第 5 卷, 命题 23, 定理 如果 2 个立体角各由 3 个彼此分别相等的平面角构成, 则相等的角所在的平面彼此相等地倾斜.[136]

在证明了这个定理之后, 勒让德附上关于两个立体角重合的一个说明:

不过, 这种重合仅发生在这些相等的平面角对这 2 个立体角按照相同的方式排列的假定之下; 因为, 如果相等的平面角按照相反的顺序排列 …… 2 个立体角在它们所有的组成部分相等, 但不可能叠合. 这种既不是绝对的又不是通过叠合 (superposition) 的相等值得通过一个特别的名称加以区分: 我们称之为通过对称相等 (égalité par symmétrie).[137]

引入对称之后, 勒让德在他的书中还定义了对称立体角和对称多面体的概念.

霍恩和戈尔茨坦在阅读, 分析大量文献的基础上确定对称一词何时在现代的意义上出现在数学中是很有意义的. 但这似乎掩盖了一个重要的问题: 在现代的意义上应用对称之实并不需要有对称之名. 我们以牛顿的《原理》为例来说明. 虽然在这一巨著中丝毫没有出现对称一词, 但在一些地方牛顿使用了对称. 外尔在他的《对称》中说, 牛顿写下这一

---

[136] 原文为 Liver V, Proposition XXIII, Théorêm: Si deux angles solides sont composés de trois angles plans éaux chacun à chacun, les plans dans lesquels sont les angles éaux seront éalement inclinés entre eux.

[137] 原文为 Cette coïcidence cependent n'a lieu qu'en supposant que les angles plans égaux sont *disposés de la même maiere* dans les deux angles solides;car si les angles plans égaux étaient *disposés dans un ordre inverse* ... les deux angles solodes serient égaux dans toutes leurs parties consitituantes, sans néanmoins pouvoir être superposés. Cette sorte d' éalité, qui n'est pas absolue ou de superposition, mérite d' étre distinguée par une dénomination particuliere; nous l'appellerons *égalité par symmétrie*.

著作是为了回答地球在空间中运动的问题. 牛顿认识到空间的各向同性, 他说: "因为我们看不到空间的这些部分, 而且由我们的感觉不能彼此区分它们; 我们代之以可以感觉到的测量." 在第 1 卷命题 10 和 11 (它们分别确定力的中心在椭圆的中心和一个的焦点时, 沿椭圆轨道运动的质点的向心力) 的证明中, 牛顿充分运用了椭圆的对称性, 这在与命题相关的插图上表现得尤为明显. 第 1 卷命题 51 展现了 (等时摆的) 运动的对称性和图形 (旋轮线) 的对称性之间的关系, 当然这有惠更斯的研究作为先例; 第 2 卷命题 44 利用旋轮线的对称性和 U 型管中水的运动的对称性之间的相似性, 并由此导出了令拉普拉斯震惊的求波速的公式. 不过, 牛顿在《原理》中对上帝的描述也许可以说明他对对称的理解, 他说: "因此他 [上帝] 也完全与自身相似, 全都是眼, 全都是耳 ……"

至于对称的观念在 19 世纪的发展, 这是本书的主题. 本书的作者是苏联数学家伊萨克 · 莫伊谢耶维奇 · 亚格洛姆 (Исаáк Моисéевич Ягло́м). 亚格洛姆 1921 年生于苏联哈尔科夫市, 1938 年进入国立莫斯科大学. 在第二次世界大战期间他志愿入伍, 但由于近视而未能如愿. 在撤离莫斯科期间他随着全家来到斯维尔德洛夫斯克. 他在国立斯维尔德洛夫大学学习, 并于 1942 年毕业. 毕业之后, 在当时也从莫斯科撤退到斯维尔德洛夫斯克的几何学家卡甘的指导下, 亚格洛姆开始研究生的学习. 1945 年他从国立莫斯科大学获副博士学位, 1965 年获得博士学位. 亚格洛姆曾在国立莫斯科大学, 国立雅罗斯拉夫尔大学, 奥彼克霍夫 – 基辅教育学院 (Orekhovo-Zuevo Pedagogical Institute), 国立列宁教育学院, 苏联教育科学研究院, 苏联外国文献出版社等机构工作. 1988 年, 亚格洛姆去世.

亚格洛姆的专长是几何学, 他的朋友罗森菲尔德在回忆的文章中写道: "亚格洛姆在非欧几里得几何学, 辛几何学, 以及微分和积分几何学上得到了重要的数学成果; 还写了关于哈密尔顿和格拉斯曼, 以及关于克莱因和李的有趣的历史书. 这些成果中最重要的我认为是他在退化射影度量领域的研究以及带退化范数的代数对几何学的应用. 他不止一次把几何学家的注意力转移到这些几何学上."[138] 亚格洛姆还对数学教育和数学史感兴趣, 博尔强斯基等人在《俄罗斯数学综述》发表的讣告中说: "…… 他 [亚格洛姆] 的兴趣的广度确实非同寻常: 他对哲学史很有

[138] S. Zdravkovska, P. L. Duren (Eds), *Golden Years of Moscow Mathematics*, (2ndEd.) AMS, 2007.

兴趣, 热爱并且了解文学和艺术 ……" 他写了 (包括合著) 40 多部书和许多论文, 这些书中的一些被译成其他语言出版, 有的还成了标准的参考书, 为他赢得了声誉. 本书 (*Felix Klein and Sophus Lie*) 出版于 1988 年, 虽说是英译本, 但与 1977 年由莫斯科知识出版社 (Знание) 出版的俄文原著 *Феликс Клейн и Софус Ли* 有较大差异. 俄文原著有 6 章, 标题如下:

第 1 章　先驱者们: 埃瓦里斯特 · 伽罗瓦和卡米耶 · 若尔当

第 2 章　若尔当的学生们

第 3 章　19 世纪的几何学; 射影几何学和非欧几里得几何学

第 4 章　连续李群

第 5 章　克莱因的埃朗根纲领

第 6 章　生平

由此可以看出, 英译本新增加了多维空间、向量和 (超) 复数的一章, 并把俄文本的第 3 章分成两章, 分别叙述射影几何学和非欧几里得几何学. 此外, 俄文原著的正文只有 64 页, 没有注记 (Notes). 英译本不仅扩充了正文的不少内容, 而且增加了 312 个注记, 它们几乎占了全书一半的篇幅.

2009 年, 这个英译本以《19 世纪的几何学, 群和代数学》(*Geometry, Groups and Algebra in the Nineteenth Century*) 为名由岩石出版社 (Ishi Press) 重新出版. 这个新版本有博祖里奇 (R. Bozulich) 写的前言, 并且带有勘误表和增加的参考文献, 其他一仍其旧.

本书因为涉及几种西方语言, 而且俄文字母转写成拉丁字母的方式并不唯一, 有时从转写后的拉丁词找对应的俄文单词并不顺利. 还因此出现了一名两拼的情况, 如本文作者的名字在英译本中有的地方是 I. M. Jaglom, 有的地方是 I. M. Yaglom. 当译为中文时, 如果一个人名的出现可能引起混淆, 则使用该人的全名. 原书没有索引, 为了便于查考, 附上人名对照表和地名对照表. 在翻译中使用了本书英文新版的勘误表. 本书是与历史相关的数学书, 因此在翻译过程中对原书中所引用的重要的资料 (如高斯关于非欧几里得几何学的通信), 尽可能核对了原始文献. 为了方便读者, 对中文翻译中遇到的一些情况, 加了脚注. 由于译者水平有限, 以及上面提到的困难, 虽经努力, 但错误在所难免, 希望读者批评指正.

一如既往, 本书的翻译得到了清华大学梅生伟教授的支持和帮助, 谨此致谢.

译者 2015 年 7 月
于北京百望山

数学概览　图书清单

注：书号前缀为 978-7-04-0xxxxx-x

	书号	书名	著译者
1	35167-5	Klein 数学讲座	F. 克莱因 著 陈光还 译　徐佩 校
2	35182-8	Littlewood 数学随笔集	J. E. 李特尔伍德 著 李培廉 译
3	33995-6	直观几何（上册）	D. 希尔伯特、S. 康福森 著 王联芳 译　江泽涵 校
4	33994-9	直观几何（下册）附亚历山德罗夫的拓扑学基本概念	D. 希尔伯特、S. 康福森 著 王联芳、齐民友 译
5	36759-1	惠更斯与巴罗，牛顿与胡克:数学分析与突变理论的起步，从渐伸线到准晶体	В. И. 阿诺尔德 著 李培廉 译
6	35175-0	生命・艺术・几何	M. 吉卡 著 盛立人 译
7	37820-7	关于概率的哲学随笔	P.-S. 拉普拉斯 著 龚光鲁　钱敏平 译
8	39360-6	代数基本概念	I.R. 沙法列维奇　著 李福安　译
9	41675-6	圆与球	W. 布拉施克 著 苏步青 译
10.1	43237-4	数学的世界 I	J.R. 纽曼 编 王善平 李璐 译
10.2	44640-1	数学的世界 II	J.R. 纽曼 编 李文林 译
10.3	43699-0	数学的世界 III	J.R. 纽曼 编 王耀东 袁向东 冯绪宁 李文林 等译
11	45070-5	对称的观念在 19 世纪的演变: Klein 和 Lie	I.M. 亚格洛姆 著 赵振江 译

反盗版举报电话　(010) 58581999　58582371　58582488

反盗版举报传真　(010) 82086060

反盗版举报邮箱　dd@hep.com.cn

通信地址　北京市西城区德外大街 4 号

高等教育出版社法律事务与版权管理部

邮政编码　100120